北京市高等教育精品教材

教育部科学技术进步二等奖

可计算性与计算复杂性导引

(第3版)

张立昂　编著

内 容 简 介

本书是学习计算理论的教材和参考书,内容包括三部分:可计算性、形式语言与自动机、计算复杂性.主要介绍几种计算模型及它们的等价性,函数、谓词和语言的可计算性等基本概念,形式语言及其对应的自动机模型,时间和空间复杂性,NP完全性等.

本书可作为计算机专业本科生和研究生的教材,也可作为从事计算机科学技术的研究和开发人员的参考书,还可作为对计算理论感兴趣的读者的入门读物.

图书在版编目(CIP)数据

可计算性与计算复杂性导引/张立昂编著.—3版.—北京:北京大学出版社,2011.8
(高等院校计算机专业及专业基础课系列教材)
ISBN 978-7-301-17768-6

Ⅰ.①可… Ⅱ.①张… Ⅲ.①电子计算机—可计算性—高等学校—教材②电子计算机—计算复杂性—高等学校—教材 Ⅳ.①TP301.4②TP301.5

中国版本图书馆CIP数据核字(2010)第176359号

书　　名:可计算性与计算复杂性导引(第3版)
著作责任者:张立昂 编著
责 任 编 辑:沈承风
标 准 书 号:ISBN 978-7-301-17768-6/TP·1131
出 版 发 行:北京大学出版社
地　　址:北京市海淀区成府路205号 100871
网　　址:http://www.pup.cn 电子信箱:zpup@pup.pku.edu.cn
电　　话:邮购部62752015 发行部62750672 编辑部62765014 出版部62754962
印 刷 者:北京鑫海金澳胶印有限公司
经 销 者:新华书店
787毫米×1092毫米 16开本 16.75印张 415千字
2004年7月第2版
2011年8月第3版 2020年5月第2次印刷
定　　价:35.00元

前　言

计算机科学技术日新月异,新东西层出不穷、旧东西迅速被淘汰.但是,作为一门科学,它有其自身的基础理论.这些思想精华长久地、甚至永恒地放射着光芒.这些理论在应用开发中好像是“无用的”,但实际上,对于每一位从事计算机科学技术的研究和开发的人来说,它们都是不可缺少的,就像能量守恒之类的物理定律对于每一位自然科学工作者和工程技术人员那样.北京大学计算机科学技术系开设了“理论计算机科学基础”这门课,就是希望能把这样一些最基本的知识介绍给学生.本书是在这门课的讲稿的基础上加工而成的.

本书的内容包括三部分:可计算性、形式语言与自动机、计算复杂性.这三个领域(更不用说整个理论计算机科学)的内容极其丰富并且在不断地发展.作为本科生一个学期的课程只能选择其中最基本的部分,使学生在这些方面有一个大的理论框架.本书主要取材于参考文献[1]～[4].书中部分章节涉及到数理逻辑和图论中的一些问题,不熟悉这些内容的读者可查阅参考文献[6]、[7].书末附有中英文名词索引和记号,并给出定义这些名词和记号的章节.

本书的出版得到北京大学出版社的热情支持,笔者在此表示衷心的感谢.在本书的出版和写作过程中得到董士海教授、袁崇义教授、王捍贫博士和黄雄的各种形式的帮助,对他们表示感谢.最后,笔者要特别感谢许卓群教授,作为主管教学工作的系领导,许卓群教授从这门课的开设到本书的出版给予了一贯的积极支持和指导.

张立昂

1996年春于北大燕北园

再版前言

本书第二版保留了第一版的框架，由可计算性、形式语言与自动机和计算复杂性三部分组成，但在内容上做了较大的调整. 在可计算性部分，改写了 Turing 机与 $\mathscr{S}$ 程序之间的模拟，删去了几个用于模拟的辅助模型和参数定理、递归定理，这两个定理对于本教材来说太深了一点. 在计算复杂性部分改写了一章，增写了三章. 增写的三章分别介绍 PSPACE 和一个自然的难解问题、P 和 P 内的复杂性类、随机算法和随机复杂性类. 这样一来，这部分内容就丰富多了，而不仅仅是 NP 完全性(当然，NP 完全性仍是这部分内容的核心). 近二三十年提出了许多求解 NP 难问题的算法，诸如模拟退火算法、遗传算法、进化算法、蚁群算法、禁忌搜索算法等等，介绍这些算法已超出了本书的范围. 在这种情况下，只介绍近似算法也就不大合适了，因此干脆删去了第一版中的这一章. 形式语言和自动机部分删去了上下文有关语言一章，改用一节作了简单介绍.

在风格上，这次再版也有稍许变化，增添了一些说明解释的文字和例子. 除此之外，增加了相当数量的练习和习题，并把它们分别放在节后和章后. 节后的练习一般都很简单，基本上是直接应用本节的内容，不需要什么技巧. 例如，根据定义作出判断，把构造性证明的构造方法应用到具体实例上，等等. 认真地做一做这类题目有助于对定义、定理及定理证明的理解和掌握. 每一章的最后是习题，有些习题实际上是对正文的补充，有些习题需要一定的技巧. 多做习题对培养提高理论分析和抽象思维能力是有益的.

本书是计算机专业计算理论教材. 第一章到第六章是可计算性部分，第七、八章是形式语言与自动机部分，第九章到第十三章是计算复杂性部分. 三部分相互关联，又相对独立. 除内在的联系外，仅就必需的先修内容而言，第二部分只需要 5.1 和 5.3 节中关于文法的定义，第三部分只需要第四章提供的各种 Turing 机模型. 因此，本教材可以根据不同层次、不同要求组织教学. 例如，可以只选择其中的一部分或两部分讲授，也可以以介绍计算模型、基本概念和主要结论为主，而省略证明的细节. 笔者企盼本书能对我国高校计算机专业计算理论的教学起到一点促进作用.

本书得到北京市高等教育精品教材建设项目的资助，特此感谢. 笔者还要感谢北京大学出版社理科编辑部同志们的支持和辛勤劳动. 衷心地希望读者和使用本书的同仁指点谬误、提出意见和建议(电子邮箱：zliang@pku. edu. cn).

作　者

2004 年 4 月于北大燕北园

第三版前言

这一版主要是新增了习题解答，当然也对在第二版中发现的错误做了订正. 有些解答写得比较简单，只是解题的思路或方法，我想这已足够了. 不过希望读者，特别是初学者自己能给出完整的解答. 没有提供节后练习的解答，因为这些练习都很简单或是某个定义、定理证明的实例，只要看懂了书中的内容，就能做出来. 反过来，做这些练习能帮助读懂、理解书中的内容.

作　者

2010 年初于百环公寓

目　录

第一章　程序设计语言 $\mathscr{S}$ 和可计算函数

1.1　预备知识

本书设想读者熟悉离散数学，掌握数理逻辑、集合论、图论中的基本概念、术语和符号（参阅参考文献[7]）. 这一节仅对本书中某些术语和符号的特殊用法作一说明.

在本书中通常只使用自然数. 如无特殊声明，“数”均指自然数. 自然数集合记作 $N=\{0,1,2,\cdots\}$.

设集合 S 和 T，$S\times T$ 的元素 (a,b) 称作**有序对**，又称作**有序二元组**或**二元组**. $S\times T$ 的子集称作 S 到 T 的**二元关系**. S 到 S 的二元关系，即 $S\times S$ 的子集，称作 S 上的二元关系.

设 R 是 S 到 T 的二元关系，R 的**定义域**

$$\mathrm{dom}\,R=\{a\mid \exists b\quad (a,b)\in R\}.$$

R 的**值域**

$$\mathrm{ran}\,R=\{b\mid \exists a\quad (a,b)\in R\}.$$

设 $A\subseteq S$，A 在 R 下的**象**

$$R(A)=\{b\mid \exists a\quad (a\in A\wedge (a,b)\in R)\}.$$

特别地，设 $a\in A$，把 $\{a\}$ 在 R 下的象简称作 a 在 R 下的象，并记作 $R(a)$，即

$$R(a)=\{b\mid (a,b)\in R\}.$$

设 f 是 S 到 T 的二元关系，如果对每一个 $a\in S$，$f(a)=\varnothing$ 或 $\{b\}$，则称 f 是 S 到 T 的**部分函数**，或 S 上的部分函数. 部分函数也可简称为函数. 若 $f(a)=\{b\}$，则称 $f(a)$ 有定义，b 是 f 在 a 点的函数值并记作 $f(a)=b$. 若 $f(a)=\varnothing$，则称 $f(a)$ 无定义并记作 $f(a)\uparrow$. 当 $f(a)$ 有定义时，可记作 $f(a)\downarrow$. 如果对每一个 $a\in S$ 都有 $f(a)\downarrow$，即 $\mathrm{dom}f=S$，则称 f 是 S 上的**全函数**. 此时可记作 $f:S\rightarrow T$. 空集 $\varnothing$ 本身是任何集合上的部分函数，称作**空函数**. 空函数处处无定义.

设 f 是笛卡儿积 $S_1\times S_2\times\cdots\times S_n$ 上的部分函数，把 $f((a_1,a_2,\cdots a_n))$ 记作 $f(a_1,a_2,\cdots,a_n)$. 集合 S^n 上的部分函数称作 S 上的 ***n* 元部分函数**. 当需要表明 n 元时，常用 $f(x_1,x_2,\cdots,x_n)$ 代替 f.

N^n 到 N 的部分函数称作 n 元部分**数论函数**. 作为数论函数，$2x$ 是全函数，而 $x/2$，$x-y$，$\sqrt{x}$ 都只是部分函数，不是全函数. 在这里 $3/2$，$4-6$，$\sqrt{5}$ 都没有定义.

字母表是一个非空有穷集合. 设 A 是一个字母表，A 中元素的有穷序列 $w=(a_1,a_2,\cdots,a_m)$ 称作 A 上的**字符串**或**字**. 今后总把它记作 $w=a_1a_2\cdots a_m$. 字符串 w 的长度（即 w 中的符号个数）记作 $|w|$. 用 ε 表示空串，它不含任何符号，是唯一的长度为 0 的字符串. A 上字符串的全体记作 A^*. 设 $u,v\in A^*$，把 v 连接在 u 的后面得到的字符串记作 uv. 例如，$u=ab$，$v=ba$，则 $uv=abba$，$vu=baab$.

设 $u\in A^*$，规定

$$u^0=\varepsilon,$$
$$u^{n+1}=u^n u,\ n\in N.$$

显然，当 $n>0$ 时，u^n 等于 n 个 u 连接在一起.

$(A^*)^n$ 到 A^* 的部分函数称作 A 上的 n 元部分**字函数**.

1.2 Church-Turing 论题

现在人人都知道计算机能做很多事情，而且能做的事情越来越多，似乎无所不能. 计算机真的是什么都能做吗？它的能力有没有界限？是否存在计算机不能完成的任务？其实，这个问题早在 20 世纪 30 年代就已经解决了. 答案是确实存在计算机不能完成的任务.

用计算机完成的任务，就是让计算机执行一个算法. 计算机能不能完成一项任务，取决于能不能设计出完成这项任务的算法. 人类早就开始研究算法，我国的珠算口诀、求两个正整数最大公约数的辗转相除法都是算法. 现在已经有数不清的各式各样的算法. 但是，到底什么是算法？这可不是一个简单的问题. 直观地说，算法是为完成某项任务而设计的一组可以机械执行的规则. 这样定义算法，也许在很多场合是可以的，但要回答上面的问题就远远不够了.

1900 年 David Hilbert 在巴黎举行的第二届国际数学家大会上发表了题为"数学问题"的著名讲演，他在这个讲演中提出了 23 个问题. 这 23 个问题涉及现代数学的大部分重要领域，推动了 20 世纪的数学发展. 其中第 10 个问题是整系数多项式是否有整数根的判定，这里多项式可以有任意多个变量. Hilbert 要求给出"通过有限次运算就可以决定的过程". 他虽然没有使用"算法"一词，但实际上是要求设计出解决这个问题的算法. 70 年后，1970 年 Yuri Matijasevic 在 Matin Davis，Hilary Putnam 和 Julia Robinson 等人工作的基础上，证明不存在这样的判定算法，从而彻底解决了 Hilbert 第 10 问题. 这在当时是不可能的，因为那时算法还没有精确的形式定义. 算法的直观概念可以适用于设计某些任务的算法，甚至可以用来区分哪些是算法，哪些不是算法. 但是，要证明某项任务不存在算法，单凭直观概念就远远不够了，必须要有精确的形式定义.

为了精确地定义算法，从 20 世纪 30 年代开始提出了多种形式迥异的计算模型. 它们是 λ 转换演算（A. Church，1935 年），Turing 机（A. M. Turing，1936 年），递归函数（K. Gödel，J. Herrand和 S. C. Kleene，1936 年），正规算法（A. A. Markov，1951 年）以及无限寄存器机器（J. C. Shepherdson，1963 年）等. Church 提出：可以用 λ 转换演算定义的函数类与直观可计算的函数类相同. 而Turing提出：可以用 Turing 机计算的函数类与直观可计算的函数类相同. 实际上，可以用 λ 转换演算定义的函数类与可以用 Turing 机计算的函数类是同一个函数类. 因此，他们两人说的是一回事，现在通称为 Church-Turing 论题.

Church-Turing 论题：直观可计算的函数类就是 Turing 机以及任何与 Turing 机等价的计算模型可计算（可定义）的函数类.

上面提到的模型以及本书将要介绍的 $\mathscr{S}$ 程序设计语言和半 Thue 过程都是等价的. 两个模型等价的意思是它们能够相互模拟，即一个模型中的操作（运算、指令）都能够在另一个模型中实现，从而它们具有相同的计算能力. 例如，Pascal 与 C 是两种程序设计语言，Pascal 的每一条指令都能够用 C 语言实现，反之亦然. 因此，它们是等价的，具有相同的计算能力.

这么多形式迥异的模型具有完全相同的计算能力，有力地表明这些模型确实很好地描述了可计算性这个概念. 现在 Church-Turing 论题已被数学家和计算机科学家普遍接受，成为可计算性理论的基本论题.

Church-Turing 论题不是定理，而是论题，它只是断言某个直观概念（直观可计算性）对应于某个数学概念（Turing 机可计算的）. 因为它不是一个数学命题，所以是不能证明的. 直观可计算性不是一个数学概念，没有严格的形式定义，当然也无法对它进行严格的形式论证. 提出计算模型正是为了给出可计算性的严格的形式定义. Church-Turing 论题的意思就是说 Turing 机等计算模型确实解决了这个问题. 在理论上，有可能推翻 Church-Turing 论题，证明它是不对的. 这只要找到一项任务，大家在直觉上都公认它是可计算的，但可以证明它不是 Turing 机或任何其他等价模型可计算的. 但是，至今还没有发现这样的任务，可见 Church-Turing 论题是正确的.

可计算性理论又称能行性理论，或算法理论. 下面从 $\mathscr{S}$程序设计语言开始. $\mathscr{S}$程序设计语言与普通的计算机程序设计语言十分相似，只是它的指令很少，只有 4 条，并且都非常简单. 与普通的计算机程序设计语言不同的是，它没有限制使用变量的数目. 在直观上，任何人都不会怀疑这些指令是可计算的. 但是，这几条指令就足够了，它与 Turing 机等价.

思考题 在你的心目中什么是算法？什么是可计算的？

1.3 程序设计语言 $\mathscr{S}$

考虑 N 上的计算. 先通过几个例子直观地说明程序设计语言 $\mathscr{S}$.

语言 $\mathscr{S}$使用三种变量：输入变量 $X_1, X_2, \cdots$，输出变量 Y 和中间变量 $Z_1, Z_2, \cdots$. 变量可以取任何数作为它的值. 语言还要使用标号 $A_1, A_2, \cdots$. 约定：当下标为 1 时，可以略去. 例如，X_1 和 X 表示同一个变量. 另外，虽然在语言的严格定义中规定只能使用上述变量和标号，但在今后书写程序时也常使用其他字母表示中间变量和标号，以方便阅读.

语言 $\mathscr{S}$有三种类型的语句：

(1) 增量语句 $V \leftarrow V+1$，变量 V 的值加 1.

(2) 减量语句 $V \leftarrow V-1$，若变量 V 的当前值为 0，则 V 的值保持不变；否则 V 的值减 1.

(3) 条件转移语句 IF $V \neq 0$ GOTO L，若变量 V 的值不等于 0，则下一步执行带标号 L 的指令（转向标号 L）；否则顺序执行下一条指令.

开始执行程序时，中间变量和输出变量的值都为 0. 从第一条指令开始，一条一条地顺序执行，除非遇到条件转移语句. 当程序没有指令可执行时，计算结束. 此时 Y 的值为程序的输出值.

［例 1.1］

```
[A]  X←X−1
     Y←Y+1
     IF X≠0 GOTO A
```

这里 A 是第一条指令的标号. 不难看出，这个程序计算函数

$$f(x) = \begin{cases} x, & \text{若 } x > 0, \\ 1, & \text{否则}. \end{cases}$$

这里有一个特殊的点 $x=0$. 如果我们希望把 X 的值复制给 Y，即计算 $f(x)=x$，则需要对 $x=0$ 的情况作特殊处理，可以修改程序如下.

[例 1.2]

[A] IF $X \neq 0$ GOTO B
$Z_1 \leftarrow Z_1 + 1$
IF $Z_1 \neq 0$ GOTO E
[B] $X \leftarrow X - 1$
$Y \leftarrow Y + 1$
$Z_2 \leftarrow Z_2 + 1$
IF $Z_2 \neq 0$ GOTO A

在这个程序中,执行

$Z_1 \leftarrow Z_1 + 1$
IF $Z_1 \neq 0$ GOTO E

的结果总是转向标号 E. 这相当于一条“无条件转向语句”

GOTO E

但是,在语言 $\mathscr{S}$ 中没有这样的语句. 我们把它作为这段程序的缩写,称作**宏指令**. 对应的这段程序称作这条宏指令的**宏展开**. 使用宏指令可以使程序的书写大为精简. 当然,在必要的时候,可以用宏展开代替宏指令得到详细的 $\mathscr{S}$ 程序.

程序的最后两条也可以缩写成宏指令 GOTO A. 利用宏指令改写程序如下:

[A] IF $X \neq 0$ GOTO B
GOTO E
[B] $X \leftarrow X - 1$
$Y \leftarrow Y + 1$
GOTO A

这个程序把 X 的值赋给 Y,但是当计算结束时 X 的值为 0,失去了计算开始时的值. 在把一个变量的值赋给另一个变量时,通常要求在赋值结束时保持前者的值不变. 为此,引入一个中间变量 Z,在把 X 的值赋给 Y 的同时也赋给 Z,在给 Y 的赋值完成后再把 Z 的值赋给 X. 程序在下例中给出.

[例 1.3]

[A] IF $X \neq 0$ GOTO B
GOTO C
[B] $X \leftarrow X - 1$
$Y \leftarrow Y + 1$
$Z \leftarrow Z + 1$
GOTO A
[C] IF $Z \neq 0$ GOTO D
GOTO E
[D] $Z \leftarrow Z - 1$
$X \leftarrow X + 1$
GOTO C

[例 1.4] $V \leftarrow V'$ 的宏展开.

宏指令 $V \leftarrow V'$ 的含义是把 V' 的值赋给 V,而保持 V' 的值不变. 例 1.3 中的程序把 X 的值赋给 Y,并且 X 的值在计算结束时与计算开始时相同. 这个程序已经基本上实现了这条宏指令的要求.但是,一个宏展开和一个独立使用的程序是有区别的.其一,例 1.3 中的程序在执行开始时,Y 的值自动为 0.而在开始执行宏指令 $V \leftarrow V'$ 时,变量 V 很可能在前面已经使用过,从而它的值不一定为 0.因此,为了保证赋值的正确性,必须在宏展开的开头将 V 的值重新置 0.按照习惯,把它写成

```
V←0
```

当然,这也是一条宏指令.它的宏展开是

```
[L]  V←V−1
     IF V≠0 GOTO L
```

其二,当执行完宏指令后应该接着执行下一条指令,这就要求宏展开必须在最后一条指令退出运算.为此,可利用空语句来实现.当宏指令需要从中间退出时,在宏指令的最后设置一条带标号的空语句,让程序转到这条空语句即可.

现将 $V \leftarrow V'$ 的宏展开列表如下,这里使用了多条宏指令.

```
     V←0
[A]  IF V′≠0 GOTO B
     GOTO C
[B]  V′←V′−1
     V←V+1
     Z←Z+1
     GOTO A
[C]  IF Z≠0 GOTO D
     GOTO E
[D]  Z←Z−1
     V′←V′+1
     GOTO C
[E]  V←V
```

前面几个例子计算的函数都是全函数,下面举一个计算部分函数的例子.

[例 1.5]

```
[A]  IF X≠0 GOTO B
     Z←Z+1
     IF Z≠0 GOTO A
[B]  X←X−1
     Y←Y+1
     IF X≠0 GOTO B
```

它计算的函数是

$$f(x) = \begin{cases} x, & \text{若 } x > 0, \\ \uparrow, & \text{否则}. \end{cases}$$

若程序执行开始时 X 的值为 0,则程序无休止地执行下去,永不停止.

现在给出程序设计语言 $\mathscr{S}$ 的严格描述.

1. 变量

输入变量 $X_1, X_2, \cdots$

输出变量 Y

中间变量 $Z_1, Z_2, \cdots$

2. 标号 $A_1, A_2, \cdots$

正如前面所说的那样，下标 1 常常省去．语言 $\mathscr{S}$ 严格地规定上述变量和标号，但在书写程序时通常可以任意地使用其他英文大写字母．

3. 语句

增量语句 $V \leftarrow V+1$

减量语句 $V \leftarrow V-1$

空语句 $V \leftarrow V$

条件转移语句 IF $V \neq 0$ GOTO L

其中，V 是任一变量，L 是任一标号．空语句不做任何运算，类似 FORTRAN 中的 CONTINUE，它对语言的计算能力没有影响，引入空语句是由于理论上的需要，这要在第三章才能看到．

4. 指令

一条**指令**是一个语句（称作无标号指令）或[L]后面跟一个语句，其中 L 是任一标号，称作该指令的标号，也称该指令带标号 L．

5. 程序

一个**程序**是一张指令表，即有穷的指令序列．程序的指令数称作程序的长度．长度为 0 的程序称作**空程序**．空程序不包含任何指令．

6. 状态

设 σ 是形如等式 $V=m$ 的有穷集合，其中 V 是一个变量，m 是一个数．如果：(1)对于每一个变量 V，σ 中至多含有一个等式 $V=m$，(2) 若在程序 $\mathscr{P}$ 中出现变量 V，则 σ 中含有等式 $V=m$，那么称 σ 是程序 $\mathscr{P}$ 的一个**状态**．

例如，例 1.1 的程序中有变量 X 和 Y．对于这个程序

$$\{X=5, Y=3\}$$

是一个状态，而

$$\{X_1=5, X_2=4, Y=3\}$$
$$\{X=5, Z=6, Y=3\}$$

也是它的状态．根据定义，虽然 X_2 和 Z 不出现在程序中，但允许状态中包含关于 X_2 和 Z 的等式．

$$\{X=5, X=6, Y=3\}$$

不是一个状态，它包含 2 个关于 X 的等式；

$$\{X=5\}$$

也不是这个程序的状态，它缺少关于 Y 的等式．

状态描述程序在执行的某一步各个变量的值．对于程序中的变量 V，在 σ 中有唯一的等式 $V=m$，表示 V 的当前值等于 m．此时也称在状态 σ 中 V 的值等于 m．规定：若 σ 中不含关于 V 的等式（因而程序中不出现 V），则变量 V 的值自动取 0．

7. 快相

程序的一个**快相**或**瞬时描述**是一个有序对 (i,σ)，其中 σ 是程序的状态，$1 \leqslant i \leqslant q+1$，$q$ 是程序的长度．快相 (i,σ) 表示程序的当前状态为 σ，即将执行第 i 条指令．当 $i=q+1$ 时，表示计

算结束. $(q+1,\sigma)$ 称作程序的**终点快相**.

除输入变量外,所有变量的值为 0 的状态称作**初始状态**. 若 σ 是初始状态,则称 $(1,\sigma)$ 是**初始快相**.

8. 后继

设 (i,σ) 是程序 $\mathscr{P}$ 的非终点快相,定义它的**后继** (j,τ) 如下:

情况 1: $\mathscr{P}$ 的第 i 条指令是 $V\leftarrow V+1$(不带标号或带标号,下同)且 σ 包含等式 $V=m$,则 $j=i+1$,而 τ 由把 σ 中的 $V=m$ 替换成 $V=m+1$ 得到.

情况 2: $\mathscr{P}$ 的第 i 条指令是 $V\leftarrow V-1$ 且 σ 包含等式 $V=m$,则 $j=i+1$,并且当 $m>0$ 时,把 σ 中的 $V=m$ 替换成 $V=m-1$ 得到 τ;当 $m=0$ 时,$\tau=\sigma$.

情况 3: $\mathscr{P}$ 的第 i 条指令是 $V\leftarrow V$,则 $j=i+1$ 且 $\tau=\sigma$.

情况 4: $\mathscr{P}$ 的第 i 条指令是 IF$V\neq 0$ GOTO L 且 σ 包含等式 $V=m$,则 $\tau=\sigma$,并且当 $m=0$ 时,$j=i+1$;当 $m>0$ 时,若 $\mathscr{P}$ 中有带标号 L 的指令,则 j 是 $\mathscr{P}$ 中带标号 L 的指令的最小序号,即第 j 条指令是 $\mathscr{P}$ 中带标号 L 的第一条指令;若 $\mathscr{P}$ 中没有带标号 L 的指令,则 $j=q+1$,q 是程序 $\mathscr{P}$ 的长度.

通过后继给出了语句的严格解释. 我们没有限制只能有一条带标号 L 的指令. 当程序中有多条指令以 L 为标号时,由 IF $V\neq 0$ GOTO L 只能转到这些指令中的第一条. 从而,下述程序和例 1.1 中的程序实际上是一样的,添加在第 2 条和第 3 条指令前的标号在计算中不起作用,完全是多余的. 但在语法上,这是允许的.

[A]　$X\leftarrow X-1$

[A]　$Y\leftarrow Y+1$

[A]　IF $X\neq 0$ GOTO A

9. 计算

设 $s_1,s_2,\cdots$ 是程序 $\mathscr{P}$ 的快相序列,序列的长为 k(对于无穷序列,$k=\infty$). 如果: (1) s_1 是初始快相; (2) 对于每一个 $i(1\leqslant i<k)$,s_{i+1} 是 s_i 的后继; (3) 当 $k<\infty$ 时,s_k 是终点快相,则称该序列是 $\mathscr{P}$ 的一个**计算**.

例如,下述 2 个序列都是例 1.5 中程序的计算:

(1)

$(1,\{X=1,Z=0,Y=0\})$

$(4,\{X=1,Z=0,Y=0\})$

$(5,\{X=0,Z=0,Y=0\})$

$(6,\{X=0,Z=0,Y=1\})$

$(7,\{X=0,Z=0,Y=1\})$

(2)

$(1,\{X=0,Z=0,Y=0\})$

$(2,\{X=0,Z=0,Y=0\})$

$(3,\{X=0,Z=1,Y=0\})$

$(1,\{X=0,Z=1,Y=0\})$

$(2,\{X=0,Z=1,Y=0\})$

$(3,\{X=0,Z=2,Y=0\})$

$(1,\{X=0,Z=2,Y=0\})$

…

序列(2)不断地重复执行第 1,2,3 条指令,计算永不休止.

练　　习

1.3.1　设 $\mathscr{P}_1$:

[A] $X \leftarrow X-1$
　　$Y \leftarrow Y+1$
　　IF $X \neq 0$ GOTO A
　　$Y \leftarrow Y-1$

$\mathscr{P}_2$:

　　IF $X \neq 0$ GOTO A
　　$Y \leftarrow Y+1$
　　$Z \leftarrow Z+1$
　　IF $Z \neq 0$ GOTO E
[A] $X \leftarrow X-1$
[B] IF $X \neq 0$ GOTO B

$\mathscr{P}_3$:

　　$X_1 \leftarrow X_1+1$
　　$X_1 \leftarrow X_1+1$
[A] $X_1 \leftarrow X_1-1$
　　IF $X_1 \neq 0$ GOTO C
[B] $Z \leftarrow Z+1$
　　IF $Z \neq 0$ GOTO B
[C] $X_1 \leftarrow X_1-1$
　　IF $X_1 \neq 0$ GOTO A
　　IF $X_2 \neq 0$ GOTO D
　　$Y \leftarrow Y+1$
[D] $Y \leftarrow Y$

下述集合中哪些是 $\mathscr{P}_1$,$\mathscr{P}_2$,$\mathscr{P}_3$,的状态? 哪些不是? 为什么?

$\sigma_1=\{X=2,Y=3\}$

$\sigma_2=\{X=1,Z=2,Y=3\}$

$\sigma_3=\{X_1=1,X_2=2,Z=0,Y=0\}$

$\sigma_4=\{X=1,X=2,Z=0,Y=0\}$

$\sigma_5=\{X=1,Z=X+2,Y=3\}$

$\sigma_6=\{X=0,Z=-1,Y=0\}$

1.3.2　对于练习 1.3.1 中的 $\mathscr{P}_1$,给出下述快相的后继:

(1) $(1,\{X=0,Y=0\})$;

(2) $(2,\{X=2,Y=3\})$;

(3) $(3,\{X=1,Y=5\})$;

(4) $(3,\{X=0,Y=5\})$;

(5) $(4,\{X=0,Y=5\})$.

1.3.3　对于练习 1.3.1 中的 $\mathscr{P}_2$,给出下述快相的后继:

(1) $(2,\{X=0,Z=0,Y=0\})$;

(2) $(5,\{X=3,Z=0,Y=0\})$;

(3) $(1,\{X=1,Z=0,Y=0\})$;

(4) $(4,\{X=0,Z=1,Y=1\})$;

(5) $(6,\{X=2,Z=0,Y=0\})$.

1.3.4　对于练习 1.3.1 中的 $\mathscr{P}_3$,程序即将执行第 5 条指令,且各变量的值为 $X_1=0,X_2=3,Z=2,Y=0$,试给出这个快相及其后继.

1.3.5　给出练习 1.3.1 中的 $\mathscr{P}_1$ 从输入变量 X 分别等于 0,1,2 的初始状态开始的计算.

1.3.6　给出练习 1.3.1 中的 $\mathscr{P}_2$ 从输入变量 X 分别等于 0,1,5 的初始状态开始的计算.

1.3.7　设练习 1.3.1 中 $\mathscr{P}_3$ 的输入变量在初始状态中的值如下:

(1) $X_1=2,X_2=0$;

(2) $X_1=4,X_2=3$;

(3) $X_1=1,X_2=4$.

试写出它的计算.

1.4　可计算函数

本章所说的函数均指数论函数.

设 $\mathscr{P}$ 是一个 $\mathscr{S}$ 程序,n 是一个正整数. $\mathscr{P}$ 计算的 n 元部分函数记作 $\psi_{\mathscr{P}}^{(n)}(x_1,\cdots,x_n)$,规定为:对于任给的 n 个数 $x_1,x_2,\cdots,x_n$,构造初始状态 σ,它由下述等式:

$$X_1 = x_1, X_2 = x_2, \cdots, X_n = x_n, Y = 0$$

组成;以及对于 $\mathscr{P}$ 中其余的变量 V,均有 $V=0$. 记初始快相 $s_1=(1,\sigma)$,有两种可能:

(1) 如果从 s_1 开始的计算是有穷序列 $s_1,s_2,\cdots,s_k$,其中 s_k 是终点快相,则 $\psi_{\mathscr{P}}^{(n)}(x_1,x_2,\cdots,x_n)$ 等于 Y 在 s_k 中的值;

(2) 如果从 s_1 开始的计算是一个无穷序列 $s_1,s_2,\cdots$,则 $\psi_{\mathscr{P}}^{(n)}(x_1,x_2,\cdots,x_n)\uparrow$.

前面在例 1.1 和例 1.5 中已经给出程序所计算的一元函数.

在上述定义中,对每一个正整数 n,程序 $\mathscr{P}$ 计算一个 n 元部分函数. n 可以等于、也可以大于或小于 $\mathscr{P}$ 中的自变量个数 m. 当 $n>m$ 时,多出的自变量 $x_{m+1},\cdots,x_n$ 不起作用;当 $n<m$ 时,多出的输入变量 $X_{n+1},\cdots,X_m$ 的初始值为 0,即在初始状态中的值为 0. 例如,设 $\mathscr{P}$ 有 2 个自变量,且 $\psi_{\mathscr{P}}^{(2)}(x_1,x_2)=x_1+x_2$,那么 $\psi_{\mathscr{P}}^{(1)}(x)=x+0=x$, $\psi_{\mathscr{P}}^{(3)}(x_1,x_2,x_3)=x_1+x_2$.

定义 1.1　设 $f(x_1,x_2,\cdots,x_n)$ 是一个部分函数,如果存在程序 $\mathscr{P}$ 计算 f,即对任意的 $x_1,x_2,\cdots,x_n$ 有

$$f(x_1,x_2,\cdots,x_n)=\psi_{\mathscr{P}}^{(n)}(x_1,x_2,\cdots,x_n),$$

则称 f 是**部分可计算的**.

如果一个函数既是部分可计算的,又是全函数,则称这个函数是**可计算的**.

定义中的等式的含义是,等号两边都有定义且值相等,或者两边都没有定义.

［例 1.6］ 证明 $f(x)=k$ 是可计算的，其中 k 是一个固定的常数.

证：计算 $f(x)=k$ 的程序很简单，由 k 条 $Y\leftarrow Y+1$ 组成：

$$\left.\begin{array}{l} Y\leftarrow Y+1 \\ Y\leftarrow Y+1 \\ \cdots \\ Y\leftarrow Y+1 \end{array}\right\} k\text{ 条}$$

当 $k=0$ 时，这是空程序. 空程序计算零函数 $n(x)=0$.

不难证明，$x+y, xy, x\dot{-}y$ 都是可计算的，其中，

$$x \dot{-} y = \begin{cases} x-y, & \text{若 } x \geqslant y, \\ 0, & \text{否则}. \end{cases}$$

$x-y$ 是部分可计算的. 注意：$x\dot{-}y$ 是全函数，而 $x-y$ 只是部分函数. 如，$2\dot{-}3=0$，而$2-3\uparrow$.

可计算函数的概念同样适用于谓词，只需把谓词看作取值 0 或 1 的全函数. 我们把真值等同于 1，假值等同于 0. 如果谓词 $P(x_1, x_2, \cdots, x_n)$ 作为一个全函数是可计算的，则称它是**可计算谓词**.

［例 1.7］ 证明 $x\neq 0$ 是可计算谓词.

证：只需给出计算

$$P(x) = \begin{cases} 1, & \text{若 } x \neq 0, \\ 0, & \text{否则} \end{cases}$$

的程序. 程序如下：

```
     IF X≠0 GOTO A
     GOTO E
[A]  Y←Y+1
```

不难证明 $x>0, x\leqslant y, x<y, x=y$ 等都是可计算的.

虽然语言 $\mathscr{S}$ 很简单，但是我们将会看到它的计算能力是非常强的.

练　　习

1.4.1　给出练习 1.3.1 中的 $\mathscr{P}_1$，$\mathscr{P}_2$ 和 $\mathscr{P}_3$ 计算的函数 $\psi_{\mathscr{P}_1}^{(1)}(x)$，$\psi_{\mathscr{P}_2}^{(1)}(x)$和 $\psi_{\mathscr{P}_3}^{(2)}(x_1, x_2)$.

1.4.2　写出计算下述函数或谓词的 $\mathscr{S}$ 程序（不使用宏指令）：

(1) $f(x)=3x+1$；

(2) $x=0$；

(3) $f(x)=x-2$.

1.5　宏　指　令

在 1.2 节中，为了简化程序的书写，把一段常用的程序缩写成一条宏指令. 实际上，对任何一个部分可计算函数和一个可计算谓词都可以构造一条对应的宏指令. 本节考虑两种形式的宏指令：

(1) 一般形式的赋值语句：$W\leftarrow f(V_1, V_2, \cdots, V_n)$，

(2) 一般形式的条件转移语句：IF $P(V_1,V_2,\cdots,V_n)$ GOTO L，
其中 $f(x_1,x_2,\cdots,x_n)$ 是部分可计算函数，$P(x_1,x_2,\cdots,x_n)$ 是可计算谓词.

设程序 $\mathscr{P}$ 计算 $f(x_1,x_2,\cdots,x_n)$. 不失一般性，总可以假设 $\mathscr{P}$ 使用输入变量 $X_1,X_2,\cdots,X_n$，输出变量 Y，中间变量 $Z_1,Z_2,\cdots,Z_k$，标号 $A_1,A_2,\cdots,A_t$，并且程序唯一的"出口"是执行最后一条指令后停止计算. 记

$$\mathscr{P}=\mathscr{P}(Y,X_1,\cdots,X_n,Z_1,\cdots,Z_k;A_1,\cdots,A_t).$$

对于正整数 m，记

$$\mathscr{P}_m=\mathscr{P}(Z_m,Z_{m+1},\cdots,Z_{m+n},Z_{m+n+1},\cdots,Z_{m+n+k};A_m,\cdots,A_{m+t-1}),$$

$\mathscr{P}_m$ 是对 $\mathscr{P}$ 中的变量和标号做相应地替换后得到的程序.

$W\leftarrow f(V_1,V_2,\cdots,V_n)$ 的宏展开为：

$Z_m\leftarrow 0$
$Z_{m+1}\leftarrow V_1$
$\cdots$
$Z_{m+n}\leftarrow V_n$
$Z_{m+n+1}\leftarrow 0$
$\cdots$
$Z_{m+n+k}\leftarrow 0$
$\mathscr{P}_m$
$W\leftarrow Z_m$

m 应取得足够大，使得宏展开中的变量和标号不出现在使用这条宏指令的主程序中. 对 Z_m 以及 $Z_{m+n+1},\cdots,Z_{m+n+k}$ 置 0 是必要的，因为在程序执行过程中可能要多次执行这段程序. 对第 2 次及其以后的执行，这些置 0 是必不可少的. 这些置 0 和对 $Z_{m+1},\cdots,Z_{m+n}$ 的赋值在这里都是以宏指令的形式给出的. 当然，对它们的宏展开也要做类似的处理.

$f(x_1,x_2,\cdots,x_n)$ 是部分可计算函数. 当 $f(V_1,V_2,\cdots,V_n)$ 有定义时，宏展开计算结束后，已将 $f(V_1,V_2,\cdots,V_n)$ 的值赋给 W，并进入主程序继续计算；当 $f(V_1,V_2,\cdots,V_n)$ 无定义时，宏展开中 $\mathscr{P}_m$ 的计算永不停止，从而整个计算也永不停止.

例如，下面有两个程序

$\mathscr{P}_1$：	$\mathscr{P}_2$：
$Z\leftarrow X_1+X_2$	$Z\leftarrow X_1-X_2$
$Y\leftarrow Z-X_2$	$Y\leftarrow Z+X_2$

它们计算的二元函数分别是

$$\psi_{\mathscr{P}_2}^{(2)}(x_1,x_2)=x_1$$

和

$$\psi_{\mathscr{P}_2}^{(2)}(x_1,x_2)=\begin{cases}x_1, & 若\ x_1\geqslant x_2,\\ \uparrow, & 否则,\end{cases}$$

这两者是不同的.

IF $P(V_1,V_2,\cdots,V_n)$ GOTO L 的宏展开是

$W\leftarrow P(V_1,V_2,\cdots,V_n)$
IF $W\neq 0$ GOTO L

例如，下述宏指令是合法的，

IF $V=0$ GOTO L

IF $V_1 \neq V_2$ GOTO L

练　　习

1.5.1　写出下述宏指令的宏展开：

(1) $V \leftarrow k$，其中 k 是一个正整数；

(2) IF $V=0$ GOTO L.

习　　题

1.1　写出计算下述函数的 $\mathscr{S}$ 程序(允许使用宏指令)：

(1) $f(x)=\lfloor x/2 \rfloor$，这里 $\lfloor x \rfloor$ 等于不超过 x 的最大整数；

(2) 当 x 为偶数时 $f(x)=1$，当 x 为奇数时 $f(x)$ 没有定义.

1.2　给出下述程序 $\mathscr{P}$ 计算的函数 $\psi_{\mathscr{P}}^{(1)}(x)$：

(1) [A]　$X \leftarrow X+1$

　　　　$X \leftarrow X-1$

　　　　IF $X \neq 0$ GOTO A

(2) [A]　$X \leftarrow X-1$

　　　　IF $X=0$ GOTO A

　　　　$X \leftarrow X-1$

　　　　IF $X \neq 0$ GOTO A

(3) 空程序

1.3　证明下述函数是部分可计算的：

(1) x_1+x_2；　(2) x_1-x_2；　(3) x_1x_2；　(4) 空函数.

1.4　证明下述谓词是可计算的：

(1) $x \geqslant a$，其中 a 是一个正整数；

(2) $x_1 \leqslant x_2$；

(3) $x_1=x_2$.

第二章　原始递归函数

本章介绍另一个计算模型——递归函数,它从另一个角度刻画可计算性. 直观上,某些最简单的函数,如恒等于 0,$x+1$ 等,应该是可计算的;某些运算,如经常使用的函数复合和递推公式,也应该是可计算的. 于是,能够由这些简单的函数经过这类运算得到的函数就是可计算的函数. 下面将要证明:部分递归函数都是$\mathscr{S}$程序设计语言可计算的. 实际上,部分递归函数就是$\mathscr{S}$程序设计语言可计算的部分函数. 本章从递归函数的一个真子集——原始递归函数开始,我们将看到它已经包含许多相当复杂的函数,这可以使我们体会到$\mathscr{S}$程序设计语言的非凡计算能力.

2.1　原始递归函数

2.1.1　合成

设 f 是 k 元部分函数,$g_1,g_2,\cdots,g_k$ 是 k 个 n 元部分函数. 令

$$h(x_1,\cdots,x_n)=f(g_1(x_1,\cdots,x_n),\cdots,g_k(x_1,\cdots,x_n)),$$

称函数 h 是由 f 和 $g_1,\cdots,g_k$ **合成**得到的.

显然,$h(x_1,\cdots,x_n)$ 有定义当且仅当 $z_1=g_1(x_1,\cdots,x_n),\cdots,z_k=g_k(x_1,\cdots,x_n)$ 和 $f(z_1,\cdots,z_k)$ 都有定义. 如果 f 和 $g_1,\cdots,g_k$ 都是全函数,则 h 也是全函数. 下面证明(部分)可计算函数合成得到的函数也是(部分)可计算的.

定理 2.1　如果 h 是由(部分)可计算函数 f 和 $g_1,\cdots,g_k$ 合成得到的,则 h 也是(部分)可计算函数.

证:计算 h 的程序如下:

$Z_1\leftarrow g_1(X_1,\cdots,X_n)$

　$\cdots$

$Z_k\leftarrow g_k(X_1,\cdots,X_n)$

$Y\leftarrow f(Z_1,\cdots,Z_k)$

由于 f 和 $g_1,\cdots,g_k$ 是(部分)可计算的,这些宏指令都是合法的. □

2.1.2　原始递归

设 g 是2元全函数,k 是一个常数. 函数 h 由下述等式给出

$$\begin{aligned}h(0)&=k,\\h(t+1)&=g(t,h(t)),\end{aligned}\tag{2.1}$$

称 h 是由 g 经过**原始递归**运算得到的.

设 f 和 g 分别是 n 元和 $n+2$ 元全函数,$n+1$ 元函数 h 由下述等式给出

$$\begin{aligned}h(x_1,\cdots,x_n,0)&=f(x_1,\cdots,x_n),\\h(x_1,\cdots,x_n,t+1)&=g(t,h(x_1,\cdots,x_n,t),x_1,\cdots,x_n),\end{aligned}\tag{2.2}$$

称 h 是由 f 和 g 经过**原始递归**运算得的.

下面证明,可计算函数经过原始递归运算得到的函数也是可计算的.

定理 2.2 设 h 由(2.2)式给出,如果 f 和 g 都是可计算的,则 h 是可计算的.

证:计算 $h(x_1,\cdots,x_{n+1})$ 的程序如下:

```
      Y←f(X1,…,Xn)
[A]   IF X(n+1)=0 GOTO E
      Y←g(Z,Y,X1,…,Xn)
      Z←Z+1
      X(n+1)←X(n+1)-1
      GOTO A
```

□

(2.1)式可以看作(2.2)式当 $n=0$ 时的特殊情况,此时 f 为某个常数.例 1.6 已经证明常数 k 是可计算的,故有:

推论 2.3 设 h 由(2.1)式给出,如果 g 是可计算的,则 h 也是可计算的.

2.1.3 原始递归函数

初始函数包括:

后继函数 $s(x)=x+1$,

零函数 $n(x)=0$,

投影函数 $u_i^n(x_1,\cdots,x_n)=x_i$, $1\leqslant i\leqslant n$.

定义 2.1 由初始函数经过有限次合成和原始递归得到的函数称作**原始递归函数**.

定理 2.4 由原始递归函数经过合成或原始递归得到的函数仍是原始递归函数.

证:由定义立即得到. □

定理 2.5 每一个原始递归函数都是可计算的.

证:根据定理 2.1,2.2 和推论 2.3,只需证明初始函数都是可计算的.这是很容易的. $s(x)$ 用程序

$X\leftarrow X+1$

$Y\leftarrow X$

计算, $n(x)$ 用空程序计算, $u_i^n(x)$ 用程序

$Y\leftarrow X_i$

计算. □

在本章的最后一节将要给出一个非原始递归的可计算函数,从而说明原始递归函数类是可计算函数类的真子集.

2.1.4 常用原始递归函数

下面给出一些常用的原始递归函数.当然这些函数也都是可计算的,从而使我们对语言 $\mathscr{S}$ 的计算能力有进一步的了解.

1. 常数 k

$\underbrace{s(\cdots(s}_{k\text{个}}(n(x)))\cdots)=k$,故 $h(x)=k$ 是原始递归函数.

2. x

$u_1^1(x)=x$,它本身就是一个初始函数.

3. $x+y$

记 $h(x,y)=x+y$,可由下式

$$h(x,0)=x,$$
$$h(x,y+1)=h(x,y)+1$$

得到,即 $x+y$ 可由 $f(x)=x$ 和 $g(y,z,x)=z+1$ 经过原始递归得到,故 $x+y$ 是原始递归函数.下面一般只给出所需要的表达形式,而不再作详细的解释.

4. $x\cdot y$

$x\cdot y$ 可由下式

$$x\cdot 0=0,$$
$$x\cdot(y+1)=x\cdot y+x$$

原始递归得到.

5. $x!$

$x!$ 可由下式

$$0!=1,$$
$$(x+1)!=x!\cdot(x+1)$$

原始递归得到.

6. x^y

原始递归等式为

$$x^0=1,$$
$$x^{y+1}=x^y\cdot x.$$

这里规定 $0^0=1$.由于 x^y 是原始递归函数,故对于任何常数 a,x^a 和 a^y 都是原始递归函数,它们分别由 x^y 与 $y=a$ 和 $x=a$ 合成得到.

7. $p(x)$

前驱函数

$$p(x)=\begin{cases}x-1, & 若\ x>0,\\ 0, & 若\ x=0.\end{cases}$$

它可由下述原始递归等式

$$p(0)=0,$$
$$p(x+1)=x$$

得到.

8. $x\dot{-}y$

原始递归等式为

$$x\dot{-}0=x,$$
$$x\dot{-}(y+1)=p(x\dot{-}y).$$

9. $|x-y|$

$|x-y|$ 与通常的理解是一样的,即

$$|x-y|=\begin{cases}x-y, & \text{若 } x\geqslant y,\\ y-x, & \text{否则}.\end{cases}$$

它可表示成

$$|x-y|=(x\dot{-}y)+(y\dot{-}x).$$

10. $\alpha(x)$

$\alpha(x)$的定义为

$$\alpha(x)=\begin{cases}1, & \text{若 } x=0,\\ 0, & \text{否则}.\end{cases}$$

我们有

$$\alpha(x)=1\dot{-}x.$$

实际上,$\alpha(x)$相当于谓词 $x=0$.

练　　习

2.1.1　设 $f(x)=x^2$,$g(x)=\sqrt{x}$,求 $f(g(x))$和 $g(f(x))$.

2.1.2　给出下述用递归形式定义的函数的显式表示:

(1) $f(0)=0$,

$f(x+1)=f(x)+2$;

(2) $f(x,0)=2^x$,

$f(x,y+1)=2f(x,y)$;

(3) $f(0)=0$,

$f(x+1)=(x+1)^{f(x)}$.

2.1.3　设$g(x,0)=x$,$g(x,y+1)=xg(x,y)$,试给出下述函数 $f(x)$的显式表示:

(1) $f(x)=g(x,x)$;

(2) $f(x)=g(x,g(x,x))$;

(3) $f(x)=g(g(x,x),x)$.

2.1.4　把下述函数表成初始函数的合成和原始递归:

(1) $x+5$;

(2) $3x+1$;

(3) x_1+x_2.

2.1.5　用本节的函数 1～10 描述下述函数,从而证明这些函数都是原始递归的:

(1) $E(x)=\begin{cases}1, & \text{若 } x \text{ 为偶数},\\ 0, & \text{若 } x \text{ 为奇数};\end{cases}$

(2) $H(x)=\begin{cases}x/2, & \text{若 } x \text{ 为偶数},\\ (x-1)/2, & \text{若 } x \text{ 为奇数};\end{cases}$

(3) $\max(x,y)=\begin{cases}x, & \text{若 } x\geqslant y,\\ y, & \text{若 } x<y;\end{cases}$

(4) $\min(x,y)=\begin{cases}x, & \text{若 } x\leqslant y,\\ y, & \text{若 } x>y.\end{cases}$

2.2　原始递归谓词

正如前面说过的那样，谓词就是一个取值 0 或 1 的全函数，因此原始递归函数的概念同样适用于谓词. 即，如果一个谓词作为 0 或 1 的全函数是原始递归的，则称作**原始递归谓词**. 下面接着给出常用的原始递归谓词.

11. $x=y$

谓词 $x=y$ 可以看作函数

$$e(x,y)=\begin{cases}1, & \text{若 } x=y,\\ 0, & \text{否则}.\end{cases}$$

它可表示为

$$e(x,y)=\alpha(|x-y|),$$

故 $x=y$ 是原始递归谓词.

12. $x\leqslant y$

它可表示为：$\alpha(x\dot{-}y)$.

定理 2.6　如果 P,Q 是原始递归谓词(可计算谓词)，则 $\neg P$，$P\vee Q$ 和 $P\wedge Q$ 也是原始递归谓词(可计算谓词).

证：由下述 3 个表达式，立即得到所需的结论：

$$\neg P(x_1,\cdots,x_n)=\alpha(P(x_1,\cdots,x_n)),$$

$$P(x_1,\cdots,x_n)\wedge Q(x_1,\cdots,x_n)=P(x_1,\cdots,x_n)\cdot Q(x_1,\cdots,x_n),$$

$$P(x_1,\cdots,x_n)\vee Q(x_1,\cdots,x_n)=\neg(\neg P(x_1,\cdots,x_n)\wedge\neg Q(x_1,\cdots,x_n)).\qquad\square$$

由定理 2.6 可得到下述两个原始递归谓词.

13. $x<y$

因为 $x<y\Leftrightarrow\neg(y\leqslant x)$.

14. $x\neq y$

因为 $x\neq y\Leftrightarrow\neg(x=y)$.

由上面的几个原始递归谓词，对于任意的常数 a，谓词 $x=a,x\leqslant a,x<a$ 和 $x\neq a$ 都是原始递归的.

定理 2.7　如果 g 和 h 是 n 元原始递归(可计算)函数，P 是 n 元原始递归(可计算)谓词，令

$$f(x_1,\cdots,x_n)=\begin{cases}g(x_1,\cdots,x_n), & \text{若 } P(x_1,\cdots,x_n),\\ h(x_1,\cdots,x_n), & \text{否则},\end{cases}$$

则 f 也是原始递归(可计算)函数.

证：由下式，结论显然成立.

$$f(x_1,\cdots,x_n)=g(x_1,\cdots,x_n)\cdot P(x_1,\cdots,x_n)+h(x_1,\cdots,x_n)\cdot\alpha(P(x_1,\cdots,x_n)).\qquad\square$$

实际上还可以有下述结论：如果 g 和 h 是 n 元部分可计算函数，P 是 n 元可计算谓词，则 f 是 n 元部分可计算函数. 因此，当 g 和 h 是 n 元部分可计算函数，P 是 n 元可计算谓词时，在 $\mathscr{S}$ 程序中可以使用下述形式的"条件语句"：

$$\text{IF } P(V_1,\cdots,V_n) \text{ THEN } W \leftarrow g(V_1,\cdots,V_n) \text{ ELSE } W \leftarrow h(V_1,\cdots,V_n).$$

2.3 迭代运算、有界量词和极小化

2.3.1 迭代运算

定理 2.8 设 $f(x_1,\cdots,x_n,x_{n+1})$是原始递归(可计算)函数,则

$$g(x_1,\cdots,x_n,y)=\sum_{t=0}^{y} f(x_1,\cdots,x_n,t)$$

和

$$h(x_1,\cdots,x_n,y)=\prod_{t=0}^{y} f(x_1,\cdots,x_n,t)$$

也是原始递归(可计算)函数.

证:由下述递归等式得证定理,

$$g(x_1,\cdots,x_n,0)=f(x_1,\cdots,x_n,0),$$
$$g(x_1,\cdots,x_n,y+1)=g(x_1,\cdots,x_n,y)+f(x_1,\cdots,x_n,y+1)$$

和

$$h(x_1,\cdots,x_n,0)=f(x_1,\cdots,x_n,0),$$
$$h(x_1,\cdots,x_n,y+1)=h(x_1,\cdots,x_n,y)\cdot f(x_1,\cdots,x_n,y+1).$$ □

有时需要考虑从 1(而不是从 0)开始的求和或求积,即考虑

$$\sum_{t=1}^{y} f(x_1,\cdots,x_n,t) \text{ 和 } \prod_{t=1}^{y} f(x_1,\cdots,x_n,t).$$

只要将上述定理证明中的 2 个初值改为

$$g(x_1,\cdots,x_n,0)=0$$

和

$$h(x_1,\cdots,x_n,0)=1,$$

就可得到下述结论:

推论 2.9 设 $f(x_1,\cdots,x_n,x_{n+1})$是原始递归(可计算)函数,则

$$g(x_1,\cdots,x_n,y)=\sum_{t=1}^{y} f(x_1,\cdots,x_n,t)$$

和

$$h(x_1,\cdots,x_n,y)=\prod_{t=1}^{y} f(x_1,\cdots,x_n,t)$$

也是原始递归(可计算)函数.

这里我们约定:空和 $\left(\sum_{t=1}^{0}\right)$等于 0,空积$\left(\prod_{t=1}^{0}\right)$等于 1.

2.3.2 有界量词

定理 2.10 设 $P(x_1,\cdots,x_n,y)$是原始递归(可计算)谓词,则

$$(\forall t)_{\leqslant y} P(x_1,\cdots,x_n,t)$$

和

$$(\exists t)_{\leqslant y} P(x_1,\cdots,x_n,t)$$

也是原始递归(可计算)谓词.

证：注意到

$$(\forall t)_{\leqslant y} P(x_1,\cdots,x_n,t) \Leftrightarrow \prod_{t=0}^{y} P(x_1,\cdots,x_n,t) = 1,$$

$$(\exists t)_{\leqslant y} P(x_1,\cdots,x_n,t) \Leftrightarrow \sum_{t=0}^{y} P(x_1,\cdots,x_n,t) \neq 0,$$

根据定理 2.8 以及 $x=1, x\neq 0$ 都是原始递归谓词,得证结论成立. □

有时需要使用量词$(\forall t)_{<y}$或$(\exists t)_{<y}$. 由于

$$(\forall t)_{<y} P(x_1,\cdots,x_n,t) \Leftrightarrow (\forall t)_{\leqslant y}[t = y \vee P(x_1,\cdots,x_n,t)],$$

$$(\exists t)_{<y} P(x_1,\cdots,x_n,t) \Leftrightarrow (\exists t)_{\leqslant y}[t \neq y \wedge P(x_1,\cdots,x_n,t)],$$

由上述定理立即得到:

推论 2.11　设 $P(x_1,\cdots,x_n,y)$是原始递归(可计算)谓词,则

$$(\forall t)_{<y} P(x_1,\cdots,x_n,t)$$

和

$$(\exists t)_{<y} P(x_1,\cdots,x_n,t)$$

也是原始递归(可计算)谓词.

下面是两个常用的原始递归谓词.

15. $y|x$

$y|x$ 表示 y 可以整除 x,它是原始递归的,因为

$$y \mid x \Leftrightarrow (\exists t)_{\leqslant x}(y \cdot t = x).$$

这里约定:0 整除 0.

16. $\text{Prime}(x)$

$\text{Prime}(x)$表示 x 是素数. 它也是原始递归的,因为

$$\text{Prime}(x) \Leftrightarrow x > 1 \wedge (\forall t)_{<x}[t = 1 \vee \neg(t \mid x)].$$

2.3.3　极小化

设 $P(x_1,\cdots,x_n,t)$是一个谓词,考虑函数

$$g(x_1,\cdots,x_n,y) = \sum_{u=0}^{y} \prod_{t=0}^{u} \alpha(P(x_1,\cdots,x_n,t)).$$

设 $t_0 \leqslant y$ 是使 $P(x_1,\cdots,x_n,t)$为真的 t 的最小值,即

$$P(x_1,\cdots,x_n,t_0) = 1,$$

并且对所有的 $t<t_0$,有

$$P(x_1,\cdots,x_n,t) = 0.$$

于是,

$$\prod_{t=0}^{u} \alpha(P(x_1,\cdots,x_n,t)) = \begin{cases} 1, & 若\ u < t_0, \\ 0, & 若\ u \geqslant t_0, \end{cases}$$

从而,

$$g(x_1,\cdots,x_n,y)=t_0.$$

故，当存在 $t\leqslant y$ 使得 $P(x_1,\cdots,x_n,t)$ 为真时，函数 $g(x_1,\cdots,x_n,y)$ 的值等于使 $P(x_1,\cdots,x_n,t)$ 为真的 t 的最小值；否则，$g(x_1,\cdots,x_n,y)=y+1$.

定义 2.2 设 $P(x_1,\cdots,x_n,t)$ 是一个谓词，定义

$$\min_{t\leqslant y}P(x_1,\cdots,x_n,t)=\begin{cases}g(x_1,\cdots,x_n,y), & \text{若}(\exists t)_{\leqslant y}P(x_1,\cdots,x_n,t),\\0, & \text{否则}^{①},\end{cases}$$

称运算“$\min_{t\leqslant y}$”为**有界极小化**，y 是极小化的上界.

根据定理 2.7,2.8 和 2.10，我们有

定理 2.12 设 $P(x_1,\cdots,x_n,t)$ 是原始递归(可计算)谓词，则

$$f(x_1,\cdots,x_n,y)=\min_{t\leqslant y}P(x_1,\cdots,x_n,t)$$

是原始递归(可计算)函数.

下面继续给出三个常用的原始递归函数.

17. $\lfloor x/y\rfloor$

$\lfloor x/y\rfloor$是 x 除以 y 的整数部分. 由等式

$$\lfloor x/y\rfloor=\min_{t\leqslant x}\{(t+1)\cdot y>x\}$$

得证它是原始递归的. 这里取$\lfloor x/0\rfloor=0$.

18. $R(x,y)$

$R(x,y)$等于 x 除以 y 的余数. 它的原始递归性由下式

$$R(x,y)=x\dot{-}(\lfloor x/y\rfloor\cdot y)$$

可得. 根据这个式子，我们取 $R(x,0)=x$.

19. p_n

定义 $p_0=0$；当 $n>0$ 时，p_n 是第 n 个素数(按从小到大的顺序). 例如，$p_0=0$，$p_1=2$，$p_2=3$，$p_3=5$，$p_4=7$，$p_5=11$，…. p_n 是 n 的函数.

引理 2.13 $p_{n+1}\leqslant(p_n)!+1$

证：对每一个 $i(1\leqslant i\leqslant n)$，

$$\frac{(p_n)!+1}{p_i}=K+\frac{1}{p_i},$$

其中 K 是一个整数，故$(p_n)!+1$ 不被 $p_1,p_2,\cdots,p_n$ 整除. 因此，$(p_n)!+1$ 或者本身是一个素数，或者被一个大于 p_n 的素数整除. 总之，必存在大于 p_n 且小于等于$(p_n)!+1$ 的素数. 所以，$p_{n+1}\leqslant(p_n)!+1$. □

由引理 2.13，有下述递归等式：

$$p_0=0,$$

$$p_{n+1}=\min_{t\leqslant(p_n)!+1}\{\text{Prime}(t)\land t>p_n\}.$$

为了说明第二个等式右端是一个原始递归函数. 令

$$h(y,z)=\min_{t\leqslant z}\{\text{Prime}(t)\land t>y\},$$

---

① 在有的书中把这个值规定为 $y+1$；即定义

$$\min_{t\leqslant y}P(x_1,\cdots,x_n,t)=g(x_1,\cdots,x_n,y).$$

由定理 2.12，$h(y,z)$是原始递归的. 上述递归等式可表示为

$$p_0 = 0,$$
$$p_{n+1} = h(p_n,(p_n)!+1),$$

得证 p_n 是原始递归的.

下面给出没有上界限制的极小化，并作初步讨论.

定义 2.3　设 $P(x_1,\cdots,x_n,t)$是一个谓词，如果存在 t 使 $P(x_1,\cdots,x_n,t)$为真，则 $\min\limits_t P(x_1,\cdots,x_n,t)$等于使 $P(x_1,\cdots,x_n,t)$为真的 t 的最小值；否则$\min\limits_t P(x_1,\cdots,x_n,t)$没有定义. 运算"$\min\limits_t$"称作**极小化**.

$f(x_1,\cdots,x_n)=\min\limits_t P(x_1,\cdots,x_n,t)$是一个 n 元部分函数，称 f 是由谓词 P 经过极小化运算得到的.

设 $g(x_1,\cdots,x_n,t)$是一个 $n+1$ 元全函数，若

$$f(x_1,\cdots,x_n) = \min_t\{g(x_1,\cdots,x_n,t) = 0\},$$

则称 f 是由函数 g 经过极小化运算得到的.

定义 2.4　由初始函数经过有限次合成、原始递归和极小化运算得到的函数称作**部分递归函数**. 部分递归的全函数称作**递归函数**.

如果一个谓词作为取值 1(真值)或 0(假值)的全函数是递归的，则称这个谓词是**递归谓词**.

如，$x-y=\min\limits_t(|x-(y+t)|=0)$是一个部分递归函数. 由定义，原始递归函数都是递归函数，原始递归谓词都是递归谓词.

定理 2.14　设 $P(x_1,\cdots,x_n,t)$是可计算谓词，则$\min\limits_t P(x_1,\cdots,x_n,t)$是部分可计算的.

证：下述程序计算这个函数.

[A]　IF $P(X_1,\cdots,X_n,Y)$ GOTO E

　　$Y \leftarrow Y+1$

　　GOTO A　□

推论 2.15　设 $g(x_1,\cdots,x_n,t)$是可计算函数，则$\min\limits_t\{g(x_1,\cdots,x_n,t)=0\}$是部分可计算的.

定理 2.16　部分递归函数是部分可计算函数.

证：因为初始函数都是可计算的，根据定理 2.1，2.2 以及推论 2.3，2.15，所以部分递归函数是部分可计算的.　□

推论 2.17　递归函数是可计算函数，递归谓词是可计算谓词.

事实上，定理 2.16 和推论 2.17 的逆也成立，即部分递归函数、递归函数、递归谓词分别就是部分可计算函数、可计算函数、可计算谓词. 暂且将它们放下，待到第五章再讨论.

练　　习

2.3.1　把下述谓词表成带有界量词的形式：

(1) x 是完全平方数；

(2) 函数 $f(t)$在 x 处取到$\{1,2,\cdots,N\}$上的最大值，其中 N 是给定的正整数，$f(t)$是$\{1,2,\cdots,N\}$上的全函数；

(3) x 与 y 互素，并问：按照你给出的表达式，当 x 与 y 中有一个或两个都为 0 时，是如何规定 x 与 y 互

素的？这里约定：$0|0$.

2.3.2 用有界极小化表示下述函数 $f(x)$：

(1) $f(x)$等于使 $2^t \geqslant x$ 的最小的 t，如 $f(0)=0, f(1)=0, f(2)=1, f(3)=2, \cdots, f(10)=4, \cdots$；

(2) 设 $g(x)$是全函数，若$g(0), g(1), \cdots, g(x)$中第 k 个等于 0 且前面的都大于 0，则 $f(x)=k$；若$g(0), g(1), \cdots, g(x)$全大于 0，则 $f(x)=0$；

(3) x 和 y 的最小公倍数 $\mathrm{lcm}(x,y)$，这里约定：$0|0$.

2.3.3 用普通语言说明下述表达式的含义：

(1) $\min_{t\leqslant x}\{(t+1)^2>x\}$；

(2) $(\exists t)_{\leqslant x}\{t\neq 1 \wedge t\neq x \wedge t|x\}$；

(3) $(\forall t)_{\leqslant x}\{t\geqslant 10 \vee \neg \mathrm{Prime}(t) \vee t|x\}$.

2.3.4 利用极小化给出下述函数 $f(x)$：

(1) $f(x)=\begin{cases}\sqrt{x}, & \text{若 } x \text{ 是完全平方数,} \\ \uparrow, & \text{否则;}\end{cases}$

(2) 设 $g(x)$是全函数，若存在 t 使 $g(t)=x$，则 $f(x)$等于使 $g(t)=x$ 成立的最小的 t；否则 $f(x)\uparrow$.

2.4 配对函数和 Gödel 数

配对函数和 Gödel 数是对数偶和有穷数列的一种编码方法.

2.4.1 配对函数

令

$$\langle x,y\rangle = 2^x(2y+1) \dot{-} 1,$$

$\langle x,y\rangle$称作**配对函数**. 它是一个原始递归函数. 由于 $2^x(2y+1)\neq 0$，减号上面的点 · 可省去，写成

$$\langle x,y\rangle = 2^x(2y+1) - 1.$$

例如，$\langle 2,3\rangle = 2^2(2\times 3+1)-1=27$.

反之，任给一个数 z，存在唯一的一对数 x 和 y 使

$$\langle x,y\rangle = z.$$

x 是 $z+1$ 含有的因子 2 的个数，即使 $2^t|(z+1)$的 t 的最大值. $(z+1)/2^x$ 必为奇数，y 是

$$2y+1 = (z+1)/2^x$$

的唯一解. 显然，$x\leqslant z, y\leqslant z$.

记

$$l(z) = x, \quad r(z) = y,$$

则有

$$l(z) = \min_{t\leqslant z}\{\neg(2^{t+1} \mid (z+1))\},$$

$$r(z) = \lfloor(\lfloor(z+1)/2^{l(z)}\rfloor \dot{-} 1)/2\rfloor.$$

这表明，$l(z)$和 $r(z)$是原始递归函数. 实际上，在 $r(z)$的表达式中取整号是不必要的.

例如，$27+1=28=2^2\times 7$，得 $l(27)=2$. 又$(27+1)/2^2=7=2\times 3+1$，得 $r(27)=3$.

综上所述，我们有：

定理 2.18　函数$\langle x,y\rangle$，$l(z)$和$r(z)$有下述性质：

(1) $\langle x,y\rangle$，$l(z)$和$r(z)$都是原始递归函数；

(2) $l(\langle x,y\rangle)=x$，$r(\langle x,y\rangle)=y$；

(3) $\langle l(z),r(z)\rangle=z$；

(4) $l(z)\leqslant z$，$r(z)\leqslant z$.

用$z=\langle x,y\rangle$作为一对数偶x和y的编码. 定理 2.18(2)和(3)表明，编码和它表示的一对数偶是一一对应的. 而(1)表明“编码”和“解码”的计算都是原始递归的.

2.4.2　Gödel 数

记

$$[a_1,a_2,\cdots,a_n]=\prod_{i=1}^{n} p_i^{a_i},$$

$[a_1,a_2,\cdots,a_n]$称作有穷数列$(a_1,a_2,\cdots,a_n)$的 **Gödel 数**. 例如：

$$[2,0,1,3]=2^2\cdot 3^0\cdot 5^1\cdot 7^3=6860.$$

根据定义，对于每一个固定的n，$[a_1,a_2,\cdots,a_n]$是原始递归函数. 用 Gödel 数作为有穷数列的编码，根据整数素因子分解的唯一性，这种编码具有下述唯一性.

定理 2.19　如果$[a_1,a_2,\cdots,a_n]=[b_1,b_2,\cdots,b_n]$，则

$$a_i=b_i,\quad i=1,2,\cdots,n.$$

应该注意到

$$[a_1,\cdots,a_n]=[a_1,\cdots,a_n,0]=[a_1,\cdots,a_n,0,0]=\cdots=[a_1,\cdots,a_n,0,\cdots,0],$$

即，在有穷数列的右端添加任意有限个 0，其 Gödel 数不变. 这是 Gödel 数的一个“缺陷”，但它不会妨碍 Gödel 数的使用.

由于$1=2^0=2^0\cdot 3^0=2^0\cdot 3^0\cdot 5^0=\cdots$，故 1 是数列(0)，(0,0)，(0,0,0)，…的 Gödel 数. 而这些数列都是在空数列(长度为 0 的数列，即不含任何数的数列)的右端添加若干个 0，所以我们约定空数列的 Gödel 数等于 1.

设$x=[a_1,\cdots,a_n]$，记

$$(x)_i=\begin{cases}a_i, & 若\ i=1,2,\cdots,n,\\ 0, & 否则,\end{cases}$$

并且规定对于每一个i，$(0)_i=0$. 于是，我们定义了一个 2 元全函数$(x)_i$，以x和i为自变量. (注意：不存在 Gödel 数为 0 的数列. 为了使$(x)_i$成为全函数，必须对这种特殊情况做出专门的规定)

不难看到

$$(x)_i=\min_{t\leqslant x}\{\neg(p_i^{t+1}\mid x)\}.$$

因此，$(x)_i$是原始递归函数. 根据有界极小化的定义，上式对于$(0)_i$和$(x)_0$这些特殊情况也都成立.

把以x为 Gödel 数的最短数列(最后一个数不为 0 的数列)的长度记作$\mathrm{Lt}(x)$，即当$x>1$时，若$(x)_n>0$并且对所有的$i>n$有$(x)_i=0$，亦即p_n整除x并且所有的$p_i(i>n)$不整除x，则$\mathrm{Lt}(x)=n$；当$x=0$或$x=1$时，规定$\mathrm{Lt}(x)=0$.

根据定义,有下述等式

$$\mathrm{Lt}(x) = \min_{i\leqslant x}\{(\forall j)_{\leqslant x}(j \leqslant i \vee (x)_j = 0)\},$$

故 $\mathrm{Lt}(x)$是原始递归的.

现将关于 Gödel 数的主要性质综合如下:

定理 2.20

(1) 下述函数都是原始递归的:

a. 对每一个固定的 n,$[a_1,\cdots,a_n]$,

b. $(x)_i$,这里把它看作 x 和 i 的 2 元函数,

c. $\mathrm{Lt}(x)$.

(2)

$$([a_1,\cdots,a_n])_i = \begin{cases} a_i, & \text{若 } 1\leqslant i\leqslant n, \\ 0, & \text{否则}. \end{cases}$$

(3) 如果 $n\geqslant \mathrm{Lt}(x)$且 $x\neq 0$,则$[(x)_1,\cdots,(x)_n]=x$.

练　　习

2.4.1　求:(1) $\langle 0,0\rangle,\langle 2,3\rangle,\langle 1,0\rangle,\langle 1,\langle 0,1\rangle\rangle,\langle\langle 1,0\rangle,1\rangle$;

(2) $l(1),r(1),l(10),r(10)$.

2.4.2　求:(1) $[1,2,0,1]$;

(2) $(693)_i,i\in N$;

(3) $\mathrm{Lt}(693)$;

(4) Gödel 数等于 693 的最短数列.

2.4.3　验证

$$(x)_i = \min_{t\leqslant x}\{\neg(p_i^{t+1} \mid x)\}$$

对于$(0)_i$ 和$(x)_0$ 成立,其中 i 和 x 是任意的自然数.

2.5　原始递归运算

在 2.1 节给出最基本的原始递归运算形式(2.1)和(2.2).本节介绍另外三种较为复杂的原始递归形式,它们是多变量递归、多步递归和联立递归.证明原始递归函数和可计算函数在这些递归运算下是封闭的.证明使用的主要工具是配对函数和 Gödel 数.因此,本节既是对2.1节的补充,又是配对函数和 Gödel 数的应用.

2.5.1　联立递归

设 f_1 和 f_2 是两个 n 元全函数(当 $n=0$ 时是两个常数),g_1 和 g_2 是两个 $n+3$ 元全函数.为方便起见,记 $\boldsymbol{x}=(x_1,\cdots,x_n)$.例如 $f_1(\boldsymbol{x})=f_1(x_1,x_2,\cdots,x_n)$,$g_1(t,z_1,z_2,\boldsymbol{x})=g_1(t,z_1,z_2,x_1,\cdots,x_n)$等.下述递归等式可以定义两个 $n+1$ 元全函数 h_1 和 h_2:

$$
\begin{aligned}
&h_1(\boldsymbol{x},0)=f_1(\boldsymbol{x}),\\
&h_2(\boldsymbol{x},0)=f_2(\boldsymbol{x}),\\
&h_1(\boldsymbol{x},t+1)=g_1(t,h_1(\boldsymbol{x},t),h_2(\boldsymbol{x},t),\boldsymbol{x}),\\
&h_2(\boldsymbol{x},t+1)=g_2(t,h_1(\boldsymbol{x},t),h_2(\boldsymbol{x},t),\boldsymbol{x}).
\end{aligned}
\tag{2.3}
$$

这是由函数的有序对(f_1,f_2)和(g_1,g_2)递归得到有序对(h_1,h_2). 为了将式(2.3)化成式(2.2)的形式,令

$$
\begin{aligned}
&H(\boldsymbol{x},y)=\langle h_1(\boldsymbol{x},y),h_2(\boldsymbol{x},y)\rangle,\\
&F(\boldsymbol{x})=\langle f_1(\boldsymbol{x}),f_2(\boldsymbol{x})\rangle,\\
&G(y,z,\boldsymbol{x})=\langle g_1(y,l(z),r(z),\boldsymbol{x}),g_2(y,l(z),r(z),\boldsymbol{x})\rangle.
\end{aligned}
$$

有

$$
\begin{aligned}
&H(\boldsymbol{x},0)=F(\boldsymbol{x}),\\
&H(\boldsymbol{x},t+1)=G(t,H(\boldsymbol{x},t),\boldsymbol{x}).
\end{aligned}
\tag{2.4}
$$

定理 2.21　设 f_1,f_2 和 g_1,g_2 都是原始递归(可计算)函数,则由(2.3)式定义的 h_1 和 h_2 也是原始递归(可计算)函数.

证：由已知条件,F 和 G 是(原始)递归的. 根据(2.4)式和定理 2.2、定理 2.4,H 是(原始)递归的,从而 $h_1=l(H)$,$h_2=r(H)$也是(原始)递归的. □

(2.3)式很容易推广到 $m\geqslant 3$ 个函数的情况,由 m 个 n 元全函数 $f_1,\cdots,f_m$ 和 m 个 $n+m+1$ 元全函数 $g_1,\cdots,g_m$ 联立递归得到 m 个 $n+1$ 元全函数 $h_1,\cdots,h_m$. 也有与上述定理相同的结论.

2.5.2　多步递归

多步递归又叫**串值递归**. 在(2.1)和(2.2)式中,在递归计算的过程中每一步只用到上一步的函数值. 现在把它推广到使用前面已经算得的若干个函数值,甚至全部函数值. Fibonacci数列就是一个典型的例子,它由下述递归等式:

$$
\begin{aligned}
&f_0=1,\\
&f_1=1,\\
&f_{t+1}=f_t+f_{t-1},\quad t\geqslant 1
\end{aligned}
$$

给出. 从计算 f_2 开始,每一步用到前面的 2 个函数值. 为了说明原始递归函数和可计算函数的递归运算是封闭的,我们先看一个更一般性的例子.

设

$$
\begin{aligned}
&\phi(0)=1,\\
&\phi(t+1)=\phi(t)+2\phi(t-1)+\cdots+(t+1)\phi(0).
\end{aligned}
\tag{2.5}
$$

ϕ 的函数值依次是 1,1,3,8,21,$\cdots$. 为了说明这个函数是原始递归的,我们要设法把(2.5)式化成(2.1)式的形式. 这里是由数列$(\phi(0),\phi(1),\cdots,\phi(t))$计算出 $\phi(t+1)$,因而需要把这个数列看成一个数. 可以利用 Gödel 数进行编码. 令

$$
\Phi(t)=[\phi(0),\phi(1),\cdots,\phi(t)]=\prod_{i=0}^{t}p_{i+1}^{\phi(i)},
$$

有

$$
\phi(i)=(\Phi(t))_{i+1},\quad 0\leqslant i\leqslant t.
$$

于是

$$\phi(t+1) = \sum_{i=0}^{t}(i+1)\phi(t-i) = \sum_{i=0}^{t}(i+1)(\Phi(t))_{t-i+1}.$$

令 $g(t,y) = \sum_{i=0}^{t}(i+1)(y)_{t-i+1}$，上式可写成

$$\phi(t+1) = g(t,\Phi(t)).$$

从而得到下述关于 $\Phi(t)$ 的递归等式：

$$\begin{aligned}\Phi(0) &= [\phi(0)] = 2,\\ \Phi(t+1) &= [\phi(0),\phi(1),\cdots,\phi(t+1)]\\ &= [\phi(0),\phi(1),\cdots,\phi(t)]\cdot p_{t+2}^{\phi(t+1)}\\ &= \Phi(t)\cdot p_{t+2}^{g(t,\Phi(t))}.\end{aligned}$$

令 $G(t,y)=y\cdot p_{t+2}^{g(t,y)}$，上述递归等式可表示成

$$\begin{aligned}\Phi(0) &= 2,\\ \Phi(t+1) &= G(t,\Phi(t)).\end{aligned}$$

因为 $g(t,y)$ 是原始递归函数，进而 $G(t,y)$ 也是原始递归函数，所以 $\Phi(t)$ 是原始递归函数. 从而，得证 $\phi(t)=(\Phi(t))_{t+1}$ 是原始递归函数.

一般地，设 $f(\boldsymbol{x})$ 是 n 元全函数，$g(t,y,\boldsymbol{x})$ 是 $n+2$ 元全函数，这里 $\boldsymbol{x}=(x_1,\cdots,x_n)$. 考虑由下述递归等式定义的 $n+1$ 元全函数 $h(x,t)$：

$$\begin{aligned}&h(\boldsymbol{x},0)=f(\boldsymbol{x}),\\ &h(\boldsymbol{x},t+1)=g(t,[h(\boldsymbol{x},0),\cdots,h(\boldsymbol{x},t)],\boldsymbol{x}).\end{aligned}\tag{2.6}$$

令

$$\begin{aligned}H(\boldsymbol{x},t) &= [h(\boldsymbol{x},0),\cdots,h(\boldsymbol{x},t)],\\ F(\boldsymbol{x}) &= 2^{f(\boldsymbol{x})},\\ G(t,y,\boldsymbol{x}) &= y\cdot p_{t+2}^{g(t,y,\boldsymbol{x})},\end{aligned}$$

则

$$\begin{aligned}&H(\boldsymbol{x},0)=F(\boldsymbol{x}),\\ &H(\boldsymbol{x},t+1)=G(t,H(\boldsymbol{x},t),\boldsymbol{x}).\end{aligned}\tag{2.7}$$

如果 f 和 g 是原始递归(可计算)函数，则 F 和 G 也是原始递归(可计算)函数. 由(2.7)式，H 是原始递归(可计算)函数，从而 $h(\boldsymbol{x},t)=(H(\boldsymbol{x},t))_{t+1}$ 也是原始递归(可计算)函数，于是可以得到下述定理：

定理 2.22 设 f 和 g 是原始递归(可计算)函数，则由(2.6)式给出的 h 也是原始递归(可计算)函数.

经常使用的多步递归是在每一步用到前面的 k 个函数值，这里 $k\geqslant 2$ 是一个固定常数. 如 Fibonacci 数列就是这样.

设 $f_0,f_1,\cdots,f_{k-1}$ 是 k 个 n 元全函数，g 是 $n+k+1$ 元全函数，$\omega_1,\omega_2,\cdots,\omega_k$ 是 k 个 $n+1$ 元全函数，并且对任意的 $\boldsymbol{x}$ 和 t，$\omega_i(\boldsymbol{x},t)\leqslant t, i=1,2,\cdots,k$. $n+1$ 元函数 h 由下述等式给出：

$$\begin{aligned}&h(\boldsymbol{x},0)=f_0(\boldsymbol{x}),\\ &\cdots\\ &h(\boldsymbol{x},k-1)=f_{k-1}(\boldsymbol{x}),\\ &h(\boldsymbol{x},t+1)=g(t,h(\boldsymbol{x},\omega_1(\boldsymbol{x},t)),\cdots,h(\boldsymbol{x},\omega_k(\boldsymbol{x},t)),\boldsymbol{x}),t\geqslant k-1.\end{aligned}\tag{2.8}$$

令

$$g'(t,y,\boldsymbol{x}) = \begin{cases} f_{t+1}(\boldsymbol{x}), & \text{若 } t < k-1, \\ g(t,(y)_{\omega_1(\boldsymbol{x},t)+1},\cdots,(y)_{\omega_k(\boldsymbol{x},t)+1},\boldsymbol{x}), & \text{若 } t \geqslant k-1, \end{cases}$$

则(2.8)式可表成(2.6)式的形式：

$$h(\boldsymbol{x},0) = f_0(\boldsymbol{x}),$$
$$h(\boldsymbol{x},t+1) = g'(t,[h(\boldsymbol{x},0),\cdots,h(\boldsymbol{x},t)],\boldsymbol{x}).$$

于是，我们有：

推论 2.23　设 $f_0,\cdots,f_{k-1},\omega_1,\cdots,\omega_k$ 和 g 都是原始递归(可计算)函数，且对任意的 $x_1,\cdots,x_n,t$ 有 $\omega_i(x_1,\cdots,x_n,t)\leqslant t,1\leqslant i\leqslant k$，则由(2.8)式定义的 h 也是原始递归(可计算)函数.

2.5.3　多变量递归

前面讲的递归都是单变量递归.在递归计算过程中只有一个变量 t 在变动，而其余的变量保持不变，实际上都是参数.

现在考虑双变量递归.设 f_1 和 f_2 是 $n+1$ 元全函数，g 是 $n+4$ 元全函数，$n+2$ 元全函数 h 由下述等式给出

$$\begin{aligned} &h(\boldsymbol{x},0,t_2)=f_1(\boldsymbol{x},t_2), \\ &h(\boldsymbol{x},t_1+1,0)=f_2(\boldsymbol{x},t_1), \\ &h(\boldsymbol{x},t_1+1,t_2+1)=g(t_1,t_2,h(\boldsymbol{x},t_1+1,t_2),h(\boldsymbol{x},t_1,t_2+1),\boldsymbol{x}). \end{aligned} \tag{2.9}$$

在第 2 式等号的左端用 $h(\boldsymbol{x},t_1+1,0)$ 而不是用 $h(\boldsymbol{x},t_1,0)$，是为了避免第 1、2 两个式子同时给出 $h(\boldsymbol{x},0,0)$ 的值而可能产生冲突.如果在第 2 式用 $h(\boldsymbol{x},t_1,0)$，则必须对 f_1 和 f_2 加以限制：$f_1(\boldsymbol{x},0)=f_2(\boldsymbol{x},0)$.

根据(2.9)式，h 的值可像图 2.1 那样逐个计算.在两条坐标轴上 h 的值已知，逐条计算对角线上 h 的值.(t_1,t_2)点在第 t_1+t_2 条对角线上.第 $k+1$ 条对角线上的点的 h 值由第 k 条对角线上相邻两点的 h 值算得.

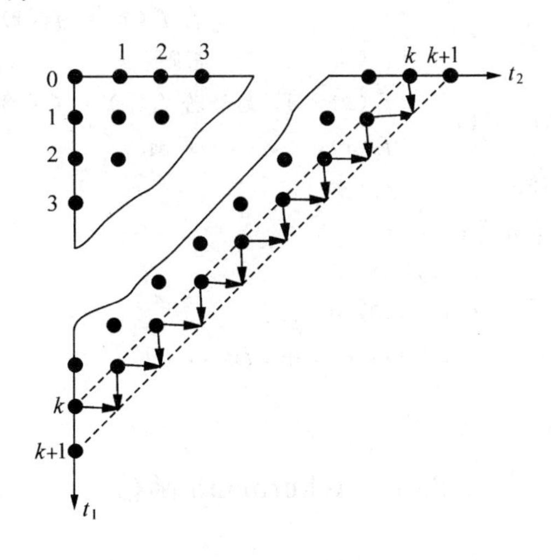

图 2.1　h 的递归计算

把 h 在第 k 条对角线上的函数值数列的 Gödel 数记作 $H(\boldsymbol{x},k)$，即

$$H(\boldsymbol{x},k)=[h(\boldsymbol{x},0,k),h(\boldsymbol{x},1,k-1),\cdots,h(\boldsymbol{x},k,0)]=\prod_{i=0}^{k}p_{i+1}^{h(\boldsymbol{x},i,k-i)}.$$

由(2.9)式得

$$H(\boldsymbol{x},0)=2^{f_1(\boldsymbol{x},0)},$$

$$\begin{aligned}H(\boldsymbol{x},k+1)&=p_1^{h(\boldsymbol{x},0,k+1)}\cdot\left\{\prod_{i=1}^{k}p_{i+1}^{h(\boldsymbol{x},i,k+1-i)}\right\}\cdot p_{k+2}^{h(\boldsymbol{x},k+1,0)}\\&=p_1^{f_1(\boldsymbol{x},k+1)}\cdot\left\{\prod_{i=1}^{k}p_{i+1}^{g(i-1,k-i,h(x,i,k-i),h(x,i-1,k+1-i),x)}\right\}\cdot p_{k+2}^{f_2(\boldsymbol{x},k)}.\end{aligned}$$

令

$$F(\boldsymbol{x})=2^{f_1(\boldsymbol{x},0)},$$

$$G(k,y,\boldsymbol{x})=p_1^{f_1(\boldsymbol{x},k+1)}\cdot\left\{\prod_{i=1}^{k}p_{i+1}^{g(i-1,k-i,(y)_{i+1},(y)_i,\boldsymbol{x})}\right\}\cdot p_{k+2}^{f_2(\boldsymbol{x},k)},$$

则上述等式可写成

$$H(\boldsymbol{x},0)=F(\boldsymbol{x}),$$
$$H(\boldsymbol{x},k+1)=G(k,H(\boldsymbol{x},k),\boldsymbol{x}).$$

注意到 $h(\boldsymbol{x},t_1,t_2)=(H(\boldsymbol{x},t_1+t_2))_{t_1+1}$,从而有:

定理 2.24 设 f_1,f_2 和 g 都是原始递归(可计算)函数,则由(2.9)式定义的函数 h 也是原始递归(可计算)函数.

练　习

2.5.1 设

$$f_1(0)=0,$$
$$f_2(0)=0,$$
$$f_1(x+1)=\begin{cases}0, & \text{若 } f_1(x)=f_2(x),\\ f_1(x)+1, & \text{否则},\end{cases}$$
$$f_2(x+1)=\begin{cases}f_2(x)+1, & \text{若 } f_1(x)=f_2(x),\\ f_2(x), & \text{否则}.\end{cases}$$

试给出 $f_1(x),f_2(x)$ 的取值规律.

2.5.2 设 $f(x,y)$ 递归定义如下:

$$f(0,y)=y,$$
$$f(x+1,0)=0,$$
$$f(x+1,y+1)=2f(x,y+1).$$

试给出 $f(x,y)$ 的表达式.

2.6 Ackermann 函数

原始递归函数类是可计算函数类的子集.这种包含关系是否是真包含?回答是肯定的.这一节给出一个函数,它是可计算的,但不是原始递归的.从而证明可计算函数类真包含原始递归函数类.这个函数叫做 Ackermann 函数.另外,上一节给出三种形式较复杂的递归运算,并证明在这三种运算下原始递归函数类是封闭的.要问：是否存在一种递归运算，在这种递归运算下原始递归函数类不封闭？回答也是肯定的.实际上，Ackermann 函数就是以一种新的递归方式定义的.

Ackermann 函数的定义如下：

$$A(0,x)=x+1,$$
$$A(k+1,0)=A(k,1),$$
$$A(k+1,x+1)=A(k,A(k+1,x)).$$

它最初的一些值如表 2-1 所示.函数 $A(k,x)$的值随着自变量，特别是随着 k 的增加而增加的速度非常快.为了在直觉上对此有更深刻的印象，让我们来看它的一个变种 $B(k,x)$，它们的定义仅当 $x=0$ 时不同.

表 2-1　Ackermann 函数

k \ x	0	1	2	3	4	5
0	1	2	3	4	5	6
1	2	3	4	5	6	7
2	3	5	7	9	11	13
3	5	13	29	61	125	253
4	13	32 765	…			
5	32 765	…				

$B(k,x)$的定义如下：

$$B(0,x)=x+1,$$
$$B(k,0)=\begin{cases}2, & 若\ k=1,\\ 0, & 若\ k=2,\\ 1, & 若\ k\geqslant 3,\end{cases}$$
$$B(k+1,x+1)=B(k,B(k+1,x)).$$

记 $f_k(x)=B(k,x)$.于是，

$$f_0(x)=x+1,$$
$$f_k(0)=\begin{cases}2, & 若\ k=1,\\ 0, & 若\ k=2,\\ 1, & 若\ k\geqslant 3,\end{cases}$$
$$f_{k+1}(x+1)=f_k(f_{k+1}(x)).$$

最初几个 $f_k(x)$如下：

$$f_0(x)=x+1,$$
$$f_1(x)=x+2,$$
$$f_2(x)=2x,$$
$$f_3(x)=2^x,$$
$$f_4(x)=2^{2^{\cdot^{\cdot^{\cdot^2}}}}\Big\}\ x\ 个,$$

$$f_5(x)=\underbrace{2^{2^{\cdot^{\cdot^{\cdot^{2^{2}}}}}}\quad 2^{2^{\cdot^{\cdot^{\cdot^{2}}}}}\text{个}\Big\}\quad\cdots\Big\}\quad 2^{2}\text{个}\Big\}2\text{个}}_{x\text{个}},$$

例如，$f_5(0)=1$，$f_5(1)=2$，$f_5(2)=2^2=4$，$f_5(3)=2^{2^{2^{2}}}=65\,536$，$f_5(4)=2^{2^{\cdot^{\cdot^{\cdot^{2}}}}}\Big\}65\,536$ 个. 函数值的增长速度令人吃惊！这也正是 Ackermann 函数不是原始递归函数的原因所在.

首先给出 Ackermann 函数的一些性质.

引理 2.25 Ackermann 函数具有下述性质：

(1) $A(k,x)>x$；

(2) $A(k,x+1)>A(k,x)$；

(3) $A(k,x)>k$；

(4) $A(k+1,x)>A(k,x)$；

(5) $A(k+1,x)\geqslant A(k,x+1)$；

(6) $A(k+2,x)>A(k,2x)$.

证：证性质(1). 对 k 作归纳证明：当 $k=0$ 时，$A(0,x)=x+1>x$，结论成立. 假设对 k 结论成立，即对任意的 x，$A(k,x)>x$. 要证对 $k+1$ 结论也成立，即对任意的 x，

$$A(k+1,x)>x.$$

为此，再对 x 作归纳证明. 当 $x=0$ 时，$A(k+1,0)=A(k,1)$. 由对 k 的归纳假设，$A(k,1)>1$. 得证 $A(k+1,0)>0$，结论成立. 假设对 x 结论成立，即 $A(k+1,x)>x$. 要证对 $x+1$ 结论也成立，即 $A(k+1,x+1)>x+1$.

由对 k 的归纳假设，$A(k+1,x+1)=A(k,A(k+1,x))>A(k+1,x)$. 从而，$A(k+1,x+1)\geqslant A(k+1,x)+1$. 又由对 x 的归纳假设，得证 $A(k+1,x+1)>x+1$.

证性质(2). 分两种情况讨论：

当 $k=0$ 时，$A(0,x)=x+1$，结论显然成立；

当 $k\geqslant 1$ 时，由定义和性质(1)，有

$$A(k,x+1)=A(k-1,A(k,x))>A(k,x).$$

下面先证性质(5). 对 x 作归纳证明：当 $x=0$ 时，$A(k+1,0)=A(k,1)$，结论成立. 假设对 x 结论成立，即 $A(k+1,x)\geqslant A(k,x+1)$. 要证对 $x+1$ 结论也成立，即 $A(k+1,x+1)\geqslant A(k,x+2)$.

由归纳假设和性质(1)，$A(k+1,x)\geqslant A(k,x+1)\geqslant x+2$. 再由定义和性质(2)，得 $A(k+1,x+1)=A(k,A(k+1,x))\geqslant A(k,x+2)$.

证性质(3). 重复使用性质(5)可得 $A(k,x)\geqslant A(0,x+k)$. 而 $A(0,x+k)=x+k+1$，得证 $A(k,x)>k$.

证性质(4). 由性质(5)和(2)可得 $A(k+1,x)\geqslant A(k,x+1)>A(k,x)$.

证性质(6). 对 x 作归纳证明：当 $x=0$ 时，由性质(4)，$A(k+2,0)>A(k,0)$，结论成立. 假设对 x 结论成立，即 $A(k+2,x)>A(k,2x)$. 要证对 $x+1$ 结论也成立，即

$$A(k+2,x+1)>A(k,2x+2).$$

由定义及性质(4)，$A(k+2,x+1)=A(k+1,A(k+2,x))>A(k,A(k+2,x))$. 由归纳假设，$A(k+2,x)>A(k,2x)$. 而 $A(k,2x)>2x$，得 $A(k+2,x)\geqslant A(k,2x)+1\geqslant(2x+1)+1$. 于是，得证 $A(k+2,x+1)>A(k,2(x+1))$. □

引理 2.26　设 n 元全函数 f 由 n 元全函数 $g_1,\cdots,g_m$ 和 m 元全函数 h 合成得到的，即

$$f(x_1,\cdots,x_n)=h(g_1(x_1,\cdots,x_n),\cdots,g_m(x_1,\cdots,x_n)).$$

如果存在自然数 $k_1,\cdots,k_m$ 和 k_0 使得对所有的 $x_1,\cdots,x_n$ 和 $y_1,\cdots,y_m$ 有

$$g_i(x_1,\cdots,x_n)<A(k_i,\max\{x_1,\cdots,x_n\}),\quad 1\leqslant i\leqslant m$$

和

$$h(y_1,\cdots,y_m)<A(k_0,\max\{y_1,\cdots,y_m\}),$$

则对所有的 $x_1,\cdots,x_n$，有

$$f(x_1,\cdots,x_n)<A(k,\max\{x_1,\cdots,x_n\}),$$

其中 $k=\max\{k_0,k_1,\cdots,k_m\}+2$.

证：记 $x^*=\max\{x_1,\cdots,x_n\}$. 注意到 $k\geqslant 2$，由引理 2.25(5)和 Ackermann 函数的定义，有

$$A(k,x^*)\geqslant A(k-1,x^*+1)=A(k-2,A(k-1,x^*)).$$

由于 $k-1>k_i(1\leqslant i\leqslant m)$，根据引理 2.25(4)和假设的条件，有

$$A(k-1,x^*)>A(k_i,x^*)>g_i(x_1,\cdots,x_n),\quad 1\leqslant i\leqslant m.$$

于是，

$$A(k-1,x^*)>\max\{g_1(x_1,\cdots,x_n),\cdots,g_m(x_1,\cdots,x_n)\}.$$

从而，

$$A(k,x^*)>A(k-2,\max\{g_1(x_1,\cdots,x_n),\cdots,g_m(x_1,\cdots,x_n)\}).$$

而 $k-2\geqslant k_0$，所以

$$\begin{aligned}A(k,x^*)&>A(k_0,\max\{g_1(x_1,\cdots,x_n),\cdots,g_m(x_1,\cdots,x_n)\})\\&>h(g_1(x_1,\cdots,x_n),\cdots,g_m(x_1,\cdots,x_n))\\&=f(x_1,\cdots,x_n).\end{aligned}$$

□

引理 2.27　设 $n+1$ 元全函数 f 由 n 元全函数 g 和 $n+2$ 元全函数 h 递归得到，即

$$f(x_1,\cdots,x_n,0)=g(x_1,\cdots,x_n),$$
$$f(x_1,\cdots,x_n,y+1)=h(y,f(x_1,\cdots,x_n,y),x_1,\cdots,x_n).$$

如果存在自然数 k_g 和 k_h 使得对所有的 $x_1,\cdots,x_n,y$ 和 z，有

$$g(x_1,\cdots,x_n)<A(k_g,\max\{x_1,\cdots,x_n\})$$

和

$$h(y,z,x_1,\cdots,x_n)<A(k_h,\max\{x_1,\cdots,x_n,y,z\}),$$

则对所有的 $x_1,\cdots,x_n$ 和 y，有

$$f(x_1,\cdots,x_n,y)<A(k,\max\{x_1,\cdots,x_n,y\}),$$

其中 $k=\max\{k_g,k_h\}+3$，当 $n=0$ 时 g 为一固定常数.

证：记 $x^*=\max\{x_1,\cdots,x_n\}$. 由引理 2.25(6)，

$$\begin{aligned}A(k,\max\{x_1,\cdots,x_n,y\})&=A(k,\max\{x^*,y\})\\&>A(k-2,2\max\{x^*,y\})\\&\geqslant A(k-2,x^*+y).\end{aligned}$$

因此，只要证 $A(k-2,x^*+y)>f(x_1,\cdots,x_n,y)$.

对 y 进行归纳证明. 当 $y=0$ 时，由于 $k-2>k_g$，有

$$A(k-2,x^*+0)>A(k_g,x^*)>g(x_1,\cdots,x_n)=f(x_1,\cdots,x_n,0),$$

结论成立.假设对 y 结论成立,下面考虑 $y+1$ 的情况.

由引理 2.25(2),得到

$$A(k-2,x^*+y)>x^*+y\geqslant \max\{x_1,\cdots,x_n,y\}.$$

再由归纳假设 $A(k-2,x^*+y)>f(x_1,\cdots,x_n,y)$,得到

$$A(k-2,x^*+y)>\max\{x_1,\cdots,x_n,y,f(x_1,\cdots,x_n,y)\}.$$

注意到 $k-3\geqslant k_h$,由 Ackermann 函数的定义、引理 2.25(2)、(4)以及假设的条件,得到

$$\begin{aligned}A(k-2,x^*+y+1)&=A(k-3,A(k-2,x^*+y))\\&>A(k_h,\max\{x_1,\cdots,x_n,y,f(x_1,\cdots,x_n,y)\})\\&>h(y,f(x_1,\cdots,x_n,y),x_1,\cdots,x_n)\\&=f(x_1,\cdots,x_n,y+1).\end{aligned}$$

□

定理 2.28 对于任意的 n 元原始递归函数 f,存在自然数 k 使得对所有的 $x_1,\cdots,x_n$,有

$$f(x_1,\cdots,x_n)<A(k,\max\{x_1,\cdots,x_n\}).$$

证:根据引理 2.26 和 2.27,只要证明结论对初始函数成立.实际上,对于 $s(x)$,$n(x)$ 和 $u_i^n(x)$,可以分别取 $k=1,0,0$. □

引理 2.29 $A(k,x)$ 和 $A(x,x)$ 都不是原始递归函数.

证:只需证 $A(x,x)$ 不是原始递归的.用反证法.记 $f(x)=A(x,x)$,假设它是原始递归的.由定理 2.28,存在常数 k 使得对所有的 x,有

$$f(x)<A(k,x).$$

取 $x=k$,得

$$f(k)<A(k,k)=f(k),$$

矛盾. □

最后,证明 Ackermann 函数是可计算的.为此,先看一下计算 $A(2,1)$ 的过程:

计算 $A(2,1)=A(1,A(2,0))$,记 $x_1=A(2,0)$,保存 $k_1=1$;

计算 $x_1=A(2,0)=A(1,1)=A(0,A(1,0))$,记 $x_2=A(1,0)$,保存 $k_2=0$;

计算 $x_2=A(1,0)=A(0,1)=2$;

取出 $k_2=0$,计算 $x_1=A(k_2,x_2)=A(0,2)=3$;

取出 $k_1=1$,计算 $A(2,1)=A(k_1,x_1)=A(1,3)=A(0,A(1,2))$,记 $x_3=A(1,2)$,保存 $k_3=0$;

计算 $x_3=A(1,2)=A(0,A(1,1))$,记 $x_4=A(1,1)$,保存 $k_4=0$;

计算 $x_4=A(1,1)=A(0,A(1,0))$,记 $x_5=A(1,0)$,保存 $k_5=0$;

计算 $x_5=A(1,0)=A(0,1)=2$;

取出 $k_5=0$,计算 $x_4=A(k_5,x_5)=A(0,2)=3$;

取出 $k_4=0$,计算 $x_3=A(k_4,x_4)=A(0,3)=4$;

取出 $k_3=0$,计算得到 $A(2,1)=A(k_3,x_3)=A(0,4)=5$.

设当前要计算 $A(k,x)$,当 $k\neq 0$,$x\neq 0$ 时,由 $A(k,x)=A(k-1,A(k,x-1))$,记 $k'=k-1$,$x'=A(k,x-1)$,转为当前计算 $x'=A(k,x-1)$,同时要保存 k'.等到计算出 x' 的值后(可能是在若干步之后),再取出 k',返回来计算 $A(k,x)=A(k',x')$.在计算过程中,可能要连续保存若干个 k',连续取出若干个 k'.保存和取出交替进行,保存和取出的顺序总是相反,即先存后取.于是,可以用一个栈保存这些 k'.正在计算的 x' 所对应的 k' 总是在栈的顶部.

在下面的程序中，继续沿用前面的符号，用 K 和 X 作为输入变量，输出变量还是 Y，S 表示栈，L 表示栈的长度. $S\leftarrow\langle K,S\rangle$ 是把 K 的值推入栈 S，而

$K\leftarrow l(S)$

$S\leftarrow r(S)$

是把 K 从栈顶托出.

计算 $A(k,x)$ 的程序如下：

```
[A]  IF K≠0 GOTO B
     X←X+1              /注:A(0,x)=x+1/
     IF L=0 GOTO E
     L←L−1
     K←l(S)
     S←r(S)
     GOTO A
[B]  IF X≠0 GOTO C
     K←K−1              /注:A(k,0)=A(k−1,1)/
     X←1
     GOTO A
[C]  X←X−1              /注:A(k,x)=A(k−1,A(k,x−1))/
     L←L+1
     S←⟨K−1,S⟩
     GOTO A
[E]  Y←X
```

于是，我们证明了下述定理.

定理 2.30　Ackermann 函数 $A(k,x)$ 是可计算的，但不是原始递归的.

$A(x,x)$ 也是非原始递归的可计算函数.

练　　习

2.6.1　(1) 设 $f(x)$ 是原始递归函数，则存在自然数 n，当 $x\geqslant n$ 时，恒有 $A(x,x)>f(x)$；

(2) 利用(1)证明 $A(x,x)$ 不是原始递归的.

2.6.2　给出 $A(1,x)$，$A(2,x)$ 和 $A(3,x)$ 的表达式.

2.7　字函数的可计算性

前面介绍的(部分)可计算性和原始递归性都局限于数论函数. 本节把这些概念推广到字母表 A 上的字函数. 其实，数都要以某种进制的形式表示，这种表示形式是一个字符串. 如，二进制数是一个 0、1 串. 反过来，也可以把字符串对应到数，从而在字符串与数之间建立起对应关系. 下面先介绍字符串的数字表示.

设字母表 $A=\{s_1,s_2,\cdots,s_n\}$，对 A 中的元素规定一个顺序，如所列的那样. 对每一个 $u\in A^*$，定义一个数 x 与它对应. 当 $u=\varepsilon$ 时，$x=0$；当 $u=s_{i_k}s_{i_{k-1}}\cdots s_{i_0}$ 时，

$$x = i_k \cdot n^k + i_{k-1} \cdot n^{k-1} + \cdots + i_1 \cdot n + i_0, \tag{2.10}$$

其中 $1 \leqslant i_j \leqslant n, j=0,1,\cdots,k$. u 称作 x 的**以 n 为底的表示**或 x 的 **n 进制表示**.

例如, $A=\{a,b,c\}$, 元素的顺序如所示的那样. $u=bcab$ 是

$$x = 2 \times 3^3 + 3 \times 3^2 + 1 \times 3 + 2 = 86$$

的 3 进制表示.

任给一个数 x, 可以求出它的 n 进制表示. 当 $x=0$ 时, 它的 n 进制表示是空串 ε. 当 $x>0$ 时, 可以求出 $i_0, i_1, \cdots, i_k$ 使得(2.10)式成立. 为此, 先定义两个原始递归函数.

$$R^+(x,y)=\begin{cases} R(x,y), & \text{若} \neg(y \mid x), \\ y, & \text{否则}, \end{cases}$$

$$Q^+(x,y)=\begin{cases} \lfloor x/y \rfloor, & \text{若} \neg(y \mid x), \\ \lfloor x/y \rfloor \dot{-} 1, & \text{否则}, \end{cases}$$

其中 $\lfloor x/y \rfloor$ 和 $R(x,y)$ 已在 2.3 节给出, 都是原始递归的. 设 $y>0$, 当 y 不整除 x 时, $Q^+(x,y)$ 和 $R^+(x,y)$ 就是 x 除以 y 的整数部分和余数; 当 y 整除 x 时, "余数" $R^+(x,y)$ 不是 0, 而是 y; 相应地, "商" $Q^+(x,y)$ 也不是 x/y, 而是 $x/y \dot{-} 1$. 但是, 除法中被除数、除数、商和余数的关系在这里仍成立: 当 $y \neq 0$ 时,

$$x = y \cdot Q^+(x,y) + R^+(x,y),$$

只是这里 $R^+(x,y)$ 可能取值 $1,2,\cdots,y$, 而不是 $0,1,\cdots,y-1$.

令

$$u_0 = x, u_{m+1} = Q^+(u_m, n), \tag{2.11}$$

由(2.10)式有

$$\begin{aligned} u_0 &= i_k \cdot n^k + i_{k-1} \cdot n^{k-1} + \cdots + i_1 \cdot n + i_0, \\ u_1 &= i_k \cdot n^{k-1} + i_{k-1} \cdot n^{k-2} + \cdots + i_1, \\ &\cdots \\ u_k &= i_k. \end{aligned} \tag{2.12}$$

于是,

$$i_m = R^+(u_m, n), \quad m = 0,1,\cdots,k. \tag{2.13}$$

令

$$g(m,n,x) = u_m, \tag{2.14}$$

$$h(m,n,x) = R^+(g(m,n,x),n), \tag{2.15}$$

由(2.11)式, g 满足下述递归等式

$$\begin{aligned} g(0,n,x) &= x, \\ g(m+1,n,x) &= Q^+(g(m,n,x),n), \end{aligned}$$

故 $g(m,n,x)$ 和 $h(m,n,x)$ 都是原始递归函数.

由(2.13)式有

$$i_m = h(m,n,x), \quad m = 0,1,\cdots,k.$$

这表明通过原始递归运算可以得到 x 的 n 进制表示.

任给 $x \in N$, 令 $\text{LENGTH}_n(x)$ 等于 x 的 n 进制表示的长度. 注意到长度为 $k+1$ 的最小的

n 进制数是 $\sum_{i=0}^{k} n^i$，故

$$\mathrm{LENGTH}_n(x) = \min_{k \leqslant x}\left\{\sum_{i=0}^{k} n^i > x\right\}.$$

函数LENGTH_n 是原始递归的.

可以把数的 n 进制表示看作数的一种编码，(2.11)式和(2.13)式给出编码函数，(2.10)式是译码函数. 编码和译码都是原始递归的.

数的这种表示方法和通常的记数法的原理是一样的，区别在于当以 n 为底时，我们使用数字 $1,2,\cdots,n$(分别用 n 个符号 $s_1,s_2,\cdots,s_n$ 表示)，而不是 $0,1,\cdots,n-1$. 例如，在通常用的二进制数中有 2 个数字 0 和 1，4 和 5 分别表示为 100 和 101. 而在我们的二进制数中使用数字 1 和 2，4 和 5 分别表示为 12 和 21. 这种表示方法有两点好处：

(1) 避免了不唯一性. 在通常用的记数法中，11，011，0011，00011，…是一个数. 现在避免了这种不唯一性，数和它的 n 进制表示是一一对应的.

(2) 可以以 1 为底. 在通常使用的记数法中，不能用 1 做底，没有一进制数. 现在可以用 1 做底. 设 $A=\{s_1\}$，数 x 的一进制表示是 s_1^x.

设字母表 $A=\{s_1,s_2,\cdots,s_n\}$，f 是 A 上的 m 元字函数. 把 A 上的字符串看作数的 n 进制表示，于是 f 自动地成为一个 m 元数论函数. 把 f 称作这个数论函数的 **n 进制表示**或**以 n 为底的表示**. 通常不必严格地区分它们(如同通常不会去严格地区分数和数的十进制表示一样)，使用同一个函数符号表示，并根据上下文把它看作数论函数或 A 上的字函数. 这样一来，部分可计算、可计算、原始递归的概念都可以自然地移植到 A 上的字函数.

定义 2.5　设 A 是包含 n 个符号的字母表，f 是 A 上的字函数. 如果 f 以 n 为底所表示的数论函数是部分可计算的(可计算的、原始递归的)，则称 f 是**部分可计算的(可计算的，原始递归的)**.

例如，设 $A=\{a,b\}$，$f(w)=wa$，$\forall w\in A^*$. 规定 A 中符号的顺序是 a,b，函数 f 以 2 为底表示函数 $2x+1$. 因为 $2x+1$ 是原始递归的，所以 $f(w)=wa$ 是原始递归的.

A 上的**谓词**可以看作取值 s_1(真值)或 ε(假值)的 A 上的全函数，所以 A 上的**可计算谓词**和**原始递归谓词**都有明确的定义. 定义 2.5 可以推广到在 N 上取值的 A 上的函数.

但是，在定义 2.5 正式生效之前，我们必须证明这个定义与指定的 A 中符号的顺序无关. 当指定的顺序不同时，同一个字符串表示的数一般是不同的，同一个字函数表示的数论函数一般也是不同的. 例如，对上面的例子，若指定顺序 b,a，则 $f(w)=wa$ 表示的数论函数是 $2x+2$. 而 A 中符号顺序完全是人为指定的. 幸运的是有下述引理，因此定义 2.5 是有效的.

引理 2.31　A 上的字函数表示的数论函数是否是部分可计算的(可计算的、原始递归的)，与 A 中符号的指定顺序无关.

证：设字母表 $A=\{s_1,s_2,\cdots,s_n\}$，π 是$\{1,2,\cdots,n\}$到自身的双射. 取顺序Ⅰ：$s_1,s_2,\cdots,s_n$；顺序Ⅱ：$s_{\pi(1)},s_{\pi(2)},\cdots,s_{\pi(n)}$. 任给 $w\in A^*$，在顺序Ⅰ和顺序Ⅱ下 w 以 n 为底分别表示数 x 和 x'，令$\eta(x)=x'$.

$$\eta(x) = \sum_{i=0}^{k} \pi(h(i,n,x)) \cdot n^i,$$

$$\eta^{-1}(x') = \sum_{i=0}^{k} \pi^{-1}(h(i,n,x')) \cdot n^i,$$

这里 $k=\mathrm{LENGTH}_n(x)-1=\mathrm{LENGTH}_n(x')-1$,与顺序无关. η 是 N 到自身的双射函数,η^{-1} 是它的逆. 根据上式,η 和 η^{-1} 都是原始递归的.

设 f 是 A 上的 m 元字函数,在顺序Ⅰ和顺序Ⅱ下以 n 为底分别表示数论函数 f_1 和 f_2,则

$$f_2(x_1,\cdots,x_m)=\eta(f_1(\eta^{-1}(x_1),\cdots,\eta^{-1}(x_m))),$$
$$f_1(x_1,\cdots,x_m)=\eta^{-1}(f_2(\eta(x_1),\cdots,\eta(x_m))),$$

因此,f_1 是部分可计算的(可计算的、原始递归的)当且仅当 f_2 是部分可计算的(可计算的、原始递归的). □

练　　习

2.7.1　设字母表 $A=\{a,b,c\}$,元素的顺序如括号中所列.

(1) 给出下列字符串作为 3 进制表示所表示的数:$abc,cab,aaaa,cccc$;

(2) 给出下列数的三进制表示:3,17,21,0.

2.7.2　设字母表 $A=\{a,b\}$,元素的顺序如括号中所列. 试给出下述字函数作为二进制表示所表示的数论函数:

(1) $f(w)=wba,\quad w\in A^*$;

(2) $f(w)=ww,\quad w\in A^*$.

习　　题

2.1　试证明:仅在有穷个点取非零值,而在其余的点的值均为零的函数必为原始递归函数.

2.2　设 $g(x)$ 是一个原始递归函数,又设 $f(0,x)=g(x)$,$f(n+1,x)=f(n,f(n,x))$. 证明 $f(n,x)$ 是原始递归的.

2.3　设 $f(0)=0$,$f(1)=1$,$f(2)=2^2$,$f(3)=3^{3^3}=3^{27}$ 等. 一般地,$f(n)$ 等于高度为 n 的一叠 n,这些 n 都作为指数. 试证明 f 是原始递归的.

2.4　设 $g(x)$ 是一个原始递归函数,试证明下述 $f(x,y)$ 是原始递归函数:

(1) $f(x,0)=g(x)$,

$f(x,y+1)=f(f(\cdots f(f(x,y),y-1),\cdots),0)$;

(2) $f(x,0)=g(x)$,

$f(x,y+1)=f(f(\cdots f(f(x,0),1),\cdots),y)$;

(3) $f(0)=g(0)+1$,

$f(1)=g(g(0)+1)+1$,

…

$f(x)=\underbrace{g(g(\cdots(g}_{x+1\text{个}g}(0)+1)\cdots)+1)+1$.

2.5　设 $\sigma(0)=0$;当 $x\neq 0$ 时 $\sigma(x)$ 是 x 的所有因子之和. 例如,$\sigma(6)=1+2+3+6=12$. 试证明 $\sigma(x)$ 是原始递归函数.

2.6　设 $\pi(x)$ 是小于等于 x 的素数的个数. 例如,$\pi(0)=0$,$\pi(1)=0$,$\pi(2)=1$,$\pi(3)=2$,$\pi(4)=2$. 试证明 $\pi(x)$ 是原始递归函数.

2.7　设 $\phi(x)$ 是小于等于 x 且与 x 互素的正整数的个数. 例如,$\phi(0)=0$,$\phi(1)=1$,$\phi(2)=1$,$\phi(3)=2$,$\phi(4)=2$. $\phi(x)$ 称作 **Euler 函数**. 试证明 $\phi(x)$ 是原始递归函数.

2.8　设 $h(x)$ 是使得 $n\leqslant\sqrt{2}x<n+1$ 的整数 n. 试证明 $h(x)$ 是原始递归函数.

2.9　设 $h(x)$ 是使得 $n\leqslant(1+\sqrt{2})x<n+1$ 的整数 n. 试证明 $h(x)$ 是原始递归函数.

2.10　设按照从小到大排列，$u(n)$ 是第 n 个两平方数之和. 试证明 $u(n)$ 是原始递归函数.

2.11　设 $R(x,t)$ 是原始递归谓词，定义**有界极大化**

$$g(x,y)=\max_{t\leqslant y}R(x,t)$$

如下：当存在 $t\leqslant y$ 使 $R(x,t)$ 为真时，$g(x,y)$ 等于这样的 t 的最大值；当不存在这样的 t 时，$g(x,y)=0$. 试证明 $g(x,y)$ 是原始递归函数.

2.12　证明：x 和 y 的最大公约数 $\gcd(x,y)$ 是原始递归函数，要求分别利用有界极大化和有界极小化.

2.13　(1) Cantor 编码 $\pi(x,y)$ 的定义如表 2-2 所示.

(2) 若 $\pi(x,y)=z$，则 $\sigma_1(z)=x$，$\sigma_2(z)=y$.

(3) $\sigma(z)=\sigma_1(z)+\sigma_2(z)$.

试证明：$\pi(x,y)$，$\sigma_1(z)$，$\sigma_2(z)$，$\sigma(z)$ 都是原始递归的.

表 2-2　Cantor 编码 $\pi(x,y)$

x \ y	0	1	2	3	…
0	0	1	3	6	…
1	2	4	7		
2	5	8			
3	9				
…	…				

2.14　利用 Cantor 编码(2.13 题)把双变量递归((2.9)式)化成多步递归((2.8)式)的形式.

2.15　引入第二个函数，利用联立递归，证明下述函数是原始递归的：

(1) $f(x)$ 在 $x=0,1,2,\cdots$ 的值依次为 $0,1,0,2,1,0,3,2,1,0,4,3,2,1,0,\cdots$；

(2) $f(0)=0$，$f(1)=f(2)=1$，$f(3)=\cdots=f(6)=2$，$f(7)=\cdots=f(14)=3,\cdots$.

2.16　用(2.1)式证明 Fibonacci 数列 $f(0)=1$，$f(1)=1$，$f(i+1)=f(i-1)+f(i)$，$i\geqslant1$，是原始递归的.

2.17　设 $g(x)$ 和 $h(x)$ 是原始递归函数，$f(x,y)$ 由下式：

$$f(x,0)=g(x),$$

$$f(x,y+1)=h\left(\sum_{j=0}^{x}f(j,y)\right)$$

给出，试证明：$f(x,y)$ 是原始递归的.

2.18　设

$$f(0,0)=0,$$
$$f(0,y+1)=h(f(y,0)),$$
$$f(x+1,y)=h(f(x,y+1)).$$

证明：若 h 是原始递归的，则 f 也是原始递归的.

2.19　令 $g_i(x)=A(i,x)$，$h_i(x)=A(x,i)$，这里 $A(x,y)$ 是 Ackermann 函数. 试证明：对每一个 i，$g_i(x)$ 是原始递归函数，$h_i(x)$ 不是原始递归函数.

2.20　设 $S(k,x)$ 是根据定义计算 $A(k,x)$ 的步数，

(1) 给出 $S(k,x)$ 的递归表达式；

(2) 证明：对于所有的 k,x，

① $S(k+1,x)>x$，

② $S(k,x)>k$，

③ $S(k+1,x+1)>A(k,x)$；

(3) 证明：$S(k,x)$不是原始递归的.

2.21 证明下述字函数是原始递归的：

(1) 长度函数$|w|$

$|w|$等于 w 的长度，即 w 中的字符个数；

(2) 连接函数$\text{CONCAT}^{(m)}(w_1,w_2,\cdots,w_m)$，其中 m 是正整数，

$$\text{CONCAT}^{(m)}(w_1,w_2,\cdots,w_m)=w_1w_2\cdots w_m;$$

(3) 字尾函数 $\text{RTEND}(w)$

当 $w=\varepsilon$ 时，$\text{RTEND}(w)=\varepsilon$；当 $w\neq\varepsilon$ 时，$\text{RTEND}(w)$等于 w 最右端的字符；

(4) 字头函数 $\text{LTEND}(w)$

当 $w=\varepsilon$ 时，$\text{LTEND}(w)=\varepsilon$；当 $w\neq\varepsilon$ 时，$\text{LTEND}(w)$等于 w 最左端的字符；

(5) 截尾函数 w^-

当 $w=\varepsilon$ 时，$w^-=\varepsilon$；当 $w\neq\varepsilon$ 时，w^- 等于 w 删去最右端的字符后的子串；

(6) 截头函数^-w

当 $w=\varepsilon$ 时，$^-w=\varepsilon$；当 $w\neq\varepsilon$ 时，^-w 等于 w 删去最左端的字符后的子串.

2.22 设两个字母表 $A=\{s_1,s_2,\cdots,s_n\}$和 $\tilde{A}=\{s_1,s_2,\cdots,s_m\}$，其中 $n<m$. 任给一个数 x，设 $w\in A^*$ 是 x 的 n 进制表示，w 也是 $\tilde{A}$ 上的字符串，把以 m 为底 w 所表示的数记作 $\text{UPCHANGE}_{n,m}(x)$. 例如，$s_1s_2s_1$ 以 2 为底表示 9，以 5 为底表示 36，故$\text{UPCHANGE}_{2,5}(9)=36$.

反之，任给一个数 x，设 $w\in\tilde{A}^*$ 是 x 的 m 进制表示，删去 w 中不属于A 的符号后得到 $w'\in A^*$，把以 n 为底 w'所表示的数记作$\text{DOWNCHANGE}_{n,m}(x)$. 例如，$\text{DOWNCHANGE}_{2,5}(36)=9$. 又如，$s_1s_4s_2s_3$ 以 5 为底表示 238，删去 s_4 和 s_3 得到 s_1s_2，s_1s_2，以 2 为底表示 4，故$\text{DOWNCHANGE}_{2,5}(238)=4$.

试证明：$\text{DOWNCHANGE}_{n,m}(x)$和$\text{UPCHANGE}_{n,m}(x)$是原始递归的.

第三章　通 用 程 序

现代计算机是通用的，它能够执行给它提供的任何程序，能够完成任何算法能够完成的任务．是否也存在类似的 $\mathscr{S}$ 程序，它能够执行任何 $\mathscr{S}$ 程序，能够完成任何 $\mathscr{S}$ 程序能够完成的任务？回答是肯定的，这就是通用程序．通用程序是现代计算机的数学模型．

用计算机执行一个程序，要把程序以某种编码形式存储在计算机的内存里并提供该程序的一个输入，这样计算机就可以执行这个程序对它的输入的运算．实际上，对于计算机而言，程序（以编码形式）和程序的输入（也是以编码形式）没有什么区别，都是它的输入．通用程序也一样，它把任何 $\mathscr{S}$ 程序及其输入作为自己的输入．当然，为此也要将 $\mathscr{S}$ 程序编码，只有这样才能把它作为通用程序的输入．

本章首先介绍程序的编码，给出第一个不可计算的问题——停机问题，然后证明通用程序的存在性，最后介绍递归集和递归可枚举集．

3.1　程序的代码

本节叙述程序的一种编码方法，每一个 $\mathscr{S}$ 程序 $\mathscr{P}$ 有一个数与之对应，称作 $\mathscr{P}$ 的**代码**，记作 $\#(\mathscr{P})$．从 $\mathscr{P}$ 可以得到它的代码 $\#(\mathscr{P})$；反之，任给一个数 p，也可以译码得到它所表示的程序 $\mathscr{P}$，即使得 $\#(\mathscr{P})=p$．

首先要排定所有变量和标号的顺序．变量的排列顺序为：$YX_1Z_1X_2Z_2X_3Z_3\cdots$，标号的排列顺序为：$A_1A_2A_3\cdots$．变量 V 和标号 L 在上述排列中的序号称作它们的编号，分别记作 $\#(V)$ 和 $\#(L)$．例如，$\#(Y)=1$，$\#(X)=2$，$\#(Z)=3$，$\#(A_3)=3$．输入变量的编号为偶数，编号为 1 的变量是 Y，其余奇数编号的变量都是中间变量．这里所说的变量和标号严格限定在 $\mathscr{S}$ 语言规定的范围内．

指令 I 的代码 $\#(I)$ 规定为：$\#(I)=\langle a,\langle b,c\rangle\rangle$，其中，

(1) 若 I 不带标号，则 $a=0$；若 I 带标号 L，则 $a=\#(L)$；

(2) 若 I 中的变量是 V，则 $c=\#(V)-1$；

(3) 若 I 中的语句是 $V\leftarrow V$，$V\leftarrow V+1$，$V\leftarrow V-1$，则 b 分别等于 0，1，2；

(4) 若 I 中的语句是 IF $V\neq 0$ GOTO L，则 $b=\#(L)+2$．

例如，

指令 $X\leftarrow X+1$ 的代码等于 $\langle 0,\langle 1,1\rangle\rangle=\langle 0,5\rangle=10$；

指令 $[A]$ $X\leftarrow X+1$ 的代码等于 $\langle 1,\langle 1,1\rangle\rangle=\langle 1,5\rangle=21$；

指令 IF $Z\neq 0$ GOTO A 的代码等于 $\langle 0,\langle 3,2\rangle\rangle=\langle 0,39\rangle=78$．

反过来，给定一个数 q，不难得到唯一的指令 I 使得 $\#(I)=q$．由 $l(q)$ 确定 I 是否带标号和带什么标号．由 $l(r(q))$ 和 $r(r(q))$ 分别确定 I 中语句的类型和变量．如果是条件转移语句，$l(r(q))$ 同时给出了转移语句中的标号．

例如，设 $\#(I)=95$．由 $95+1=2^5\times 3$，得 $l(95)=5$，I 带标号 A_5．由 $r(95)=1$，$1+1=2^1\times 1$，$l(r(95))=1$，$r(r(95))=0$，知 I 中的语句是 $Y\leftarrow Y+1$．所以，I 为：

$[A_5]$ $Y \leftarrow Y+1$

现在来规定程序的代码. 设程序 $\mathscr{P}$ 由指令 $I_1, I_2, \cdots, I_k$ 组成，则 $\mathscr{P}$ 的代码为：

$$\#(\mathscr{P})=[\#(I_1), \#(I_2), \cdots, \#(I_k)]-1.$$

例如，设 $\mathscr{P}$ 是计算 $\alpha(x)$ 的程序

IF $X \neq 0$ GOTO A

$Y \leftarrow Y+1$

那么，

$\#(I_1)=\langle 0,\langle 3,1\rangle\rangle=46$

$\#(I_2)=\langle 0,\langle 1,0\rangle\rangle=2$

$\#(\mathscr{P})=[46,2]-1=2^{46}\times 3^2-1$

根据约定，空数列的 Gödel 数为 1，故空程序的代码为 0.

注意到不带标号的指令 $Y \leftarrow Y$ 的代码是 $\langle 0,\langle 0,0\rangle\rangle=0$. 由于在数列的尾部添加若干 0 不改变其 Gödel 数，所以在程序的末尾添加若干条指令 $Y \leftarrow Y$ 不改变程序的代码. 从而这些不同的程序具有相同的代码. 不过，这种多义性一般说来是无害的. 在程序的末尾添加若干条$Y \leftarrow Y$ 不会改变程序的功能. 但是，如果能避免这种多义性总是无害的，并且能减少不必要的麻烦. 为此，我们规定：不允许程序的最后一条指令是不带标号的 $Y \leftarrow Y$. 这样一来，任给一个数 p，存在唯一的程序 $\mathscr{P}$ 使得 $\#(\mathscr{P})=p$. 从而，用这样的编码方式给出程序和数(程序的代码)之间的一一对应关系.

例如，设 $\#(\mathscr{P})=125$，求程序 $\mathscr{P}$.

由于 $125+1=2\times 3^2\times 7=[1,2,0,1]$，$\mathscr{P}$ 由 4 条指令组成，其编码分别为 1,2,0,1. 而

$1=\langle 1,0\rangle=\langle 1,\langle 0,0\rangle\rangle$

$2=\langle 0,1\rangle=\langle 0,\langle 1,0\rangle\rangle$

$0=\langle 0,0\rangle=\langle 0,\langle 0,0\rangle\rangle$

故 $\mathscr{P}$ 为

$[A]$ $Y \leftarrow Y$

$Y \leftarrow Y+1$

$Y \leftarrow Y$

$[A]$ $Y \leftarrow Y$

它计算函数 $f(x)=1$. 尽管谁也不会编写出这样的程序，但它确实是一个合法的程序.

练　　习

3.1.1 给出下述指令的代码：

(1) $X_2 \leftarrow X_2+1$；

(2) $Z \leftarrow Z-1$；

(3) $[A]$ $X_2 \leftarrow X_2+1$；

(4) $[A_3]$ $Y \leftarrow Y$；

(5) IF $Z_2 \neq 0$ GOTO A_2；

(6) $[A_2]$ IF $Z \neq 0$ GOTO A_5.

3.1.2 给出指令，使其代码为：

(1) 702；(2) 11.

3.1.3　设 $\mathscr{P}$ 为例 1.1 中的程序，求 $\#(\mathscr{P})$.

3.1.4　设 $\#(\mathscr{P})=575$，试写出程序 $\mathscr{P}$.

3.1.5　设 $\#(\mathscr{P})=k$，给出下述程序 $\mathscr{Q}$ 的代码：

```
      IF X≠0 GOTO A1
      Z←Z+1
      IF Z≠0 GOTO A2
[A1]  X←X
      𝒫
```

3.2　停机问题

上一节给出程序与自然数之间的一一对应，共有可数个程序. 每一个(部分)可计算函数都有计算它的程序(可能不只一个)，故至多有可数个(部分)可计算函数. 而自然数集 N 上的函数全体的势是 $\aleph>\aleph_0$，这样就得到下述结论：一定存在不是可计算的全函数和不是部分可计算的部分函数.

下面给出这样的例子. 任给一个程序 $\mathscr{P}$ 和一个数 x，问程序 $\mathscr{P}$ 对输入 x 的计算最终是否停止？这个问题称作**停机问题**. 用谓词 $\mathrm{HALT}(x,y)$ 描述这个问题. 谓词 $\mathrm{HALT}(x,y)$ 定义如下：

$\mathrm{HALT}(x,y)\Leftrightarrow$ 以 y 为代码的程序对输入 x 的计算最终停止，即

$$\mathrm{HALT}(x,y)\Leftrightarrow\psi_{\mathscr{P}}^{(1)}(x)\downarrow\text{，其中 }\#(\mathscr{P})=y.$$

定理 3.1　$\mathrm{HALT}(x,y)$ 和 $\mathrm{HALT}(x,x)$ 不是可计算的.

证：只需证 $\mathrm{HALT}(x,x)$ 不是可计算的. 假设不然，则可构造程序 $\mathscr{P}$ 如下：

$[A]$ IF $\mathrm{HALT}(X,X)$ GOTO A

显然，

$$\psi_{\mathscr{P}}^{(1)}(x)=\begin{cases}0, & \text{若}\neg\,\mathrm{HALT}(x,x),\\ \uparrow, & \text{若 }\mathrm{HALT}(x,x).\end{cases}$$

记 $\#(\mathscr{P})=y_0$，则对任意的 x，有

$$\mathrm{HALT}(x,y_0)\Leftrightarrow\psi_{\mathscr{P}}^{(1)}(x)=0\Leftrightarrow\neg\,\mathrm{HALT}(x,x).$$

令 $x=y_0$，得

$$\mathrm{HALT}(y_0,y_0)\Leftrightarrow\neg\,\mathrm{HALT}(y_0,y_0),$$

矛盾. □

上述证明中的程序 $\mathscr{P}$ 很有意思，如果 x(作为程序)对 x(作为输入)不停机，则 $\mathscr{P}$ 对 x 停机；如果 x(作为程序)对 x(作为输入)停机，则 $\mathscr{P}$ 对 x 不停机. 要问：$\mathscr{P}$ 对它自己(设 $\mathscr{P}$ 的代码是 y_0，也就是 y_0 对 y_0)停不停机？结果是停不对，不停也不对，总是矛盾. 这和著名的哲学家 Russell 提出的理发师悖论中的理发师一样：如果你不给自己理发，他就给你理发；如果你给自己理发，他就不给你理发. 同样要问：理发师给不给自己理发？结果也一样，理不是，不理也不是，总是矛盾.

定理 3.1 证明用的是所谓对角化方法. **对角化方法**是由数学家 Cantor 提出的，当时他是为了证明实数集是不可数的. 为了说明对角化方法，下面先来证明(0,1)是不可数的.

假设(0,1)是可数的,那么存在 N 到(0,1)的一一对应 f. 对于每一个 $i=0,1,\cdots,f(i)$可写成有无穷多位的小数. 当只有有限位小数时,在后面补上无穷多个 0. 由于 $1=0.999\cdots$,为了避免二义性,限定不允许无穷多个连续的 9. 我们可以构造一个 0、1 之间的实数 r,使得 r 不等于任何 $f(i)$,从而与 f 是一一的矛盾. 这只需要对每一个 i,r 都与 $f(i)$至少有一位小数不等. 我们让 r 与 $f(i)$的第 $i+1$ 位小数不等,例如设 $f(i)$的第 $i+1$ 位为 $k(k=0,1,\cdots,9)$,可以取 r 的第 $i+1$ 位为 $k+1 \bmod 9$. 从上至下依次排列 $f(0),f(1),\cdots$,得到一张无穷多行、无穷多列的表. 如果把 r 放到这张表中,不管放在哪一行,r 都与这一行对角线上的元素不等,从而 r 不等于任何 $f(i)$. 构造 r 的方法是让它在这张表的对角线上出问题,故称作对角化方法.

现在来解释为什么定理 3.1 证明用的是对角化方法. 如果 $\mathrm{HALT}(x,x)$是可计算的,则可以构造出程序 $\mathscr{P}$:当 $\mathrm{HALT}(x,x)$为真,即 x(作为程序)对 x 停机时,$\mathscr{P}$ 对 x 不停机;当 $\mathrm{HALT}(x,x)$为假,即 x(作为程序)对 x 不停机时,$\mathscr{P}$ 对 x 停机. 我们也可以列出一张无穷多行、无穷多列的表,每一行是一个程序,依次列出所有的程序 $\mathscr{P}_1,\mathscr{P}_2,\cdots$. 第 i 行的内容是 $\mathscr{P}_i$ 对 $\#(\mathscr{P}_1)$,$\#(\mathscr{P}_2),\cdots$是否停机. 对于每一个 i,$\mathscr{P}$ 与 $\mathscr{P}_i$ 在对角线上正好相反,即 $\mathscr{P}_i$ 停机,则 $\mathscr{P}$ 不停机;$\mathscr{P}_i$ 不停机,则 $\mathscr{P}$ 停机. 从而,$\mathscr{P}$ 不在这张表中,矛盾.

3.3 通用程序

对于每一个 $n>0$,定义:

$$\Phi^{(n)}(x_1,\cdots,x_n,y)=\psi_{\mathscr{P}}^{(n)}(x_1,\cdots,x_n),$$

这里 $\#(\mathscr{P})=y$.

令 $y=0,1,2,\cdots$可以枚举出所有的 $\mathscr{S}$ 程序. 因此,对于每一个 $n>0$,

$$\Phi^{(n)}(x_1,\cdots,x_n,0),\Phi^{(n)}(x_1,\cdots,x_n,1),\cdots,$$

枚举出所有的 n 元部分可计算函数. 当 y 是一个固定的常数、而不作为自变量时,记

$$\Phi_y^{(n)}(x_1,\cdots,x_n)=\Phi^{(n)}(x_1,\cdots,x_n,y),$$

即

$$\Phi_y^{(n)}(x_1,\cdots,x_n)=\psi_{\mathscr{P}}^{(n)}(x_1,\cdots,x_n),$$

这里 $\#(\mathscr{P})=y$. 当 $n=1$ 时,常略去上标,写成 $\Phi(x,y)$和 $\Phi_y(x)$.

定理 3.2(通用性定理) 对于每一个 $n>0$,函数 $\Phi^{(n)}(x_1,\cdots,x_n,y)$是部分可计算的.

在证明这个定理之前,先解释一下它的含义. 由于 $\Phi^{(n)}(x_1,\cdots,x_n,y)$是部分可计算的,故存在计算这个函数的程序 $\mathscr{U}_n$. 根据函数 $\Phi^{(n)}$ 的定义,$\mathscr{U}_n$ 有这样的能力:任给一个程序 $\mathscr{P}$(以它的编码 $\#(\mathscr{P})=y$ 的形式)和对 $\mathscr{P}$ 的输入 $x_1,\cdots,x_n$,以 $x_1,\cdots,x_n,y$ 作为 $\mathscr{U}_n$ 的输入,其计算结果恰好等于程序 $\mathscr{P}$ 以 $x_1,\cdots,x_n$ 为输入的计算结果. 换句话说,$\mathscr{U}_n$ 可以完成任何程序的计算. 因此,它是一个通用程序. 通用程序是现代通用电子计算机的数学模型,早在 1936 年 A. Turing 已经证明了它的存在性(以通用 Turing 机的形式). 从历史上,这个定理预示了现代通用电子计算机的可能性.

证:$\mathscr{U}_n$ 的工作方式类似一个解释程序. 设 $\#(\mathscr{P})=y$,$\mathscr{U}_n$ 取出 $\mathscr{P}$ 的一条指令,译出这条指令并完成其功能,然后执行下一条指令,直到计算结束.

$\mathscr{U}_n$ 用输入变量 $X_1,\cdots,X_n$ 分别表示 $\Phi^{(n)}(x_1,\cdots,x_n,y)$的自变量 $x_1,\cdots,x_n$,用 X_{n+1} 表示

y，函数值由输出变量 Y 给出.

为了描述程序 $\mathscr{P}$ 在计算过程中的当前情况，只需指明 $\mathscr{P}$ 中所有变量的当前值和即将执行的指令. 用 K 表示 $\mathscr{P}$ 即将执行第 K 条指令. 用 S 以 Gödel 数的形式存储 $\mathscr{P}$ 的所有变量的当前值，具体地说，

$$S = [Y, X_1, Z_1, X_2, Z_2, \cdots, X_n, Z_n, \cdots, X_d, Z_d],$$

其余变量 $X_i, Z_i, (i > d)$ 的值为 0. 下面按这个顺序来称呼变量，如第 1 个变量是 Y，第 2 个变量是 X_1，第 3 个变量是 Z_1，$\cdots$.

程序 $\mathscr{U}_n$ 如下：

	$W \leftarrow X_{n+1} + 1$	$/W \leftarrow y+1/$
	$S \leftarrow \prod_{i=1}^{n} p_{2i}^{X_i}$	/ 将初始状态赋给 S/
	$K \leftarrow 1$	/从第 1 条指令开始执行/
$[C]$	IF $K = \mathrm{Lt}(W)+1 \vee K=0$ GOTO F	
	$U \leftarrow r((W)_K)$	/设 $\#(I_K) = \langle a, \langle b, c\rangle\rangle, U \leftarrow \langle b, c\rangle$/
	$P \leftarrow p_{r(U)+1}$	/当前要用第 $c+1$ 个变量 V/
	IF $l(U)=0$ GOTO N	/I_K 的语句为 $V \leftarrow V$/
	IF $l(U)=1$ GOTO A	/I_K 的语句为 $V \leftarrow V+1$/
	IF $\neg(P \mid S)$ GOTO N	/V 的值为 0/
	IF $l(U)=2$ GOTO M	/I_K 的语句为 $V \leftarrow V-1$/
	$K \leftarrow \min_{i \leqslant \mathrm{Lt}(W)} \{l((W)_i)+2 = l(U)\}$	
	GOTO C	
$[M]$	$S \leftarrow \lfloor S/P \rfloor$	/执行 $V \leftarrow V-1$/
	GOTO N	
$[A]$	$S \leftarrow S \cdot P$	/执行 $V \leftarrow V+1$/
$[N]$	$K \leftarrow K+1$	
	GOTO C	
$[F]$	$Y \leftarrow (S)_1$	/计算结束/

说明：设 $\mathscr{P}$ 有 m 条指令 $I_1, I_2, \cdots, I_m$，则 $W = [\#(I_1), \cdots, \#(I_m)]$，$m = \mathrm{Lt}(W)$. S 的初值为 $\mathscr{P}$ 的初始状态，$S = [0, x_1, 0, \cdots, x_n, 0, \cdots, 0]$.

即将执行第 K 条指令 I_K，设 $\#(I_K) = (W)_K = \langle a, \langle b, c\rangle\rangle$，则 $U = r((W)_K) = \langle b, c\rangle$，$l(U) = b, r(U) = c$. I_K 中使用第 $c+1$ 个变量，设为 V. I_K 的语句类型由 b 确定. 若 $b=0$，则 I_K 的语句是$V \leftarrow V$，不做任何运算，下一步执行 I_{K+1}；若 $b=1$，则 I_K 的语句是 $V \leftarrow V+1$，要在 S 的 p_{c+1} 的指数上加 1，即 S 乘以 p_{c+1}. 以 A 为标号的宏指令完成这个运算；若 $b \geqslant 2$，则 I_K 的语句是 $V \leftarrow V-1$ 或 IF $V \neq 0$ GOTO A_j. 当 $V=0$，即 S 不被 p_{c+1} 整除时，这两个语句都不做任何运算；当 $b=2$ 且 $V>0$ 时执行 $V \leftarrow V-1$，要将 S 的 p_{c+1} 的指数减 1，即 S 除以 p_{c+1}. 以 M 为标号的宏指令完成这个运算；当 $b \geqslant 3$ 且 $V>0$ 时执行语句 IF $V \neq 0$ GOTO A_j，程序转去执行 $\mathscr{P}$ 中以 A_j 为标号的第一条指令，其中 $j = b-2$. 令

$$t = \min_{i \leqslant \mathrm{Lt}(W)} \{l((W)_i) + 2 = b\},$$

I_t 是以 A_j 为标号的第一条指令，将 t 赋给 K. 注意到，当 $\mathscr{P}$ 没有以 A_j 为标号的指令时 $t=0$，故当 $K=m+1$ 或 $K=0$ 时计算结束. □

对每一个 $n>0$，定义谓词

$\mathrm{STP}^{(n)}(x_1,\cdots,x_n,y,t)\Leftrightarrow$代码为 y 的程序对输入 $x_1,\cdots,x_n$ 至多在 t 步之后计算结束

$\Leftrightarrow$代码为 y 的程序关于输入 $x_1,\cdots,x_n$ 的计算的长度小于等于 $t+1$.

下述定理表明，任给一个程序 $\mathscr{P}$ 和输入 $x_1,\cdots,x_n$ 以及 t，能够判断 $\mathscr{P}$ 对输入 $x_1,\cdots,x_n$ 的计算在 t 步之内是否结束.

定理 3.3(计步定理)　对每一个 $n>0$，谓词$\mathrm{STP}^{(n)}(x_1,\cdots,x_n,y,t)$是可计算的.

证：只需对 $\mathscr{U}_n$ 做稍许修改就可得到计算这个谓词的程序. 添加一个输入变量 X_{n+2} 存放 t 值，添加变量 Q 记录程序 $\mathscr{P}$ 执行的步数，这里 $\#(\mathscr{P})=y$. $\mathscr{U}_n$ 大循环一次，即 $\mathscr{P}$ 执行一步，Q 的值加 1. 若 $\mathscr{P}$ 在 t 步之内(即 $Q\leqslant t$)计算结束，则 $Y=1$. 若 $\mathscr{P}$ 执行 t 步仍未结束，则输出 $Y=0$ 并停止计算.

程序清单如下(其中添加或修改的部分标有记号(＊))：

$W\leftarrow X_{n+1}+1$

$S\leftarrow \prod_{i=1}^{n} p_{2i}^{X_i}$

$K\leftarrow 1$

[C]　$Q\leftarrow Q+1$　(＊)

IF $K=\mathrm{Lt}(W)+1\vee K=0$ GOTO F

IF $Q>X_{n+2}$ GOTO E　(＊)

$U\leftarrow r((W)_K)$

$P\leftarrow p_{r(U)+1}$

IF $l(U)=0$ GOTO N

IF $l(U)=1$ GOTO A

IF $\neg(P\mid S)$ GOTO N

IF $l(U)=2$ GOTO M

$K\leftarrow \min_{i\leqslant \mathrm{Lt}(W)}\{l((W)_i)+2=l(U)\}$

GOTO C

[M]　$S\leftarrow\lfloor S/P\rfloor$

GOTO N

[A]　$S\leftarrow S\cdot P$

[N]　$K\leftarrow K+1$

GOTO C

[F]　$Y\leftarrow 1$　(＊)　□

练　　习

3.3.1　设 $\mathscr{P}$ 为例 1.1 中的程序，要用通用程序 $\mathscr{U}_2$ 计算 $\psi_{\mathscr{P}}^{(1)}(5)$，$\mathscr{U}_2$ 的输入应是什么？

3.3.2　设程序 $\mathscr{P}$ 计算 $g(x)$. $f(x)$定义如下：若用程序 $\mathscr{P}$ 在 10000 步之内能计算出 $g(x)$，则 $f(x)=g(x)$；否则 $f(x)=0$. 试利用计步函数和 $\mathscr{P}$，写出计算 $f(x)$的程序.

3.3.3　设程序 $\mathscr{P}$,$\mathscr{Q}$ 分别计算函数 $f(x)$,$g(x)$. 函数 $h(x)$定义如下：若 $f(x)\downarrow$ 或 $g(x)\downarrow$，则 $h(x)=1$；否则 $h(x)\uparrow$. 试利用 $\mathscr{P}$,$\mathscr{Q}$ 和计步函数，写出计算 $h(x)$的程序.

3.4　递归可枚举集

3.4.1　递归集和递归可枚举集

本节讨论集合识别的可计算性. 所谓**集合识别问题**,是指对于给定的集合,任给一个元素,问这个元素是否属于该集合? 集合识别问题又称作**集合的成员资格问题**. 这一小节限制在自然数集 N 上.

设 $B \subseteq N$,B 的**特征函数**χ_B 是一个谓词,定义如下:

$$\chi_B(x) \Leftrightarrow x \in B, \quad \forall x \in N,$$

或

$$\chi_B(x) = \begin{cases} 1, & 若\ x \in B, \\ 0, & 否则. \end{cases}$$

反过来,B 可用它的特征函数表示成

$$B = \{x \in N \mid \chi_B(x)\}.$$

定义3.1　设 $B \subseteq N$,如果 B 的特征函数 χ_B 是可计算的,则称集合 B 是**递归的**.

如果存在部分可计算函数 g 使得

$$B = \{x \in N \mid g(x)\downarrow\},$$

则称集合 B 是**递归可枚举的**(缩写为 r.e.).

根据上述定义,如果 B 是递归集,则存在 $\mathscr{S}$程序 $\mathscr{P}$,它对所有的输入都停机. 当输入 $x \in B$ 时,$\mathscr{P}$输出 1;当 $x \notin B$ 时,$\mathscr{P}$输出 0. 如果 B 是 r.e. 集,则存在 $\mathscr{S}$程序 $\mathscr{Q}$,当输入 $x \in B$ 时,$\mathscr{Q}$停机;当 $x \notin B$ 时,$\mathscr{Q}$永不停机. 非形式地说,若 B 是递归集,则存在一个算法判断任给的数 x 是否属于B. 若 B 是 r.e. 集,则只能有这样的"算法",当 $x \in B$ 时算法给出肯定的回答,而当 $x \notin B$时算法不能给出回答. 因为在计算停止之前,无法判断是最终会停机而尚未停机、还是永不停机. 也就是说,这个算法只能肯定 $x \in B$,而不能肯定 $x \notin B$. 这是递归可枚举集与递归集的本质区别.

定理 3.4　如果集合 B 和 C 是递归的,则集合 $B \cup C$,$B \cap C$ 和 $\overline{B}$ 都是递归的.

证: 设 B 和 C 的特征函数分别是χ_B 和 χ_C,则

$$B \cup C = \{x \in N \mid \chi_B(x) \vee \chi_C(x)\},$$

$$B \cap C = \{x \in N \mid \chi_B(x) \wedge \chi_C(x)\},$$

$$\overline{B} = \{x \in N \mid \neg \chi_B(x)\}.$$

根据定义 3.1 和定理 2.6 立即得到所需结论. □

定理 3.5　递归集必是递归可枚举集.

证:设 B 是一个递归集,它的特征函数 χ_B 是递归的. 考虑程序 $\mathscr{P}$:

[A]　IF $\neg \chi_B(X)$ GOTO A

显然,对所有的 $x \in N$,

$$\chi_B(x) \Leftrightarrow 对输入\ x,\mathscr{P}最终停机,$$

故

$$B = \{x \in N \mid \psi_{\mathscr{P}}(x)\downarrow\},$$

得证 B 是 r. e.. □

定理 3.6 集合 B 是递归的当且仅当 B 和 $\overline{B}$ 是递归可枚举的.

证：设 B 是递归的. 由定理 3.4，$\overline{B}$ 也是递归的. 再由定理 3.5，B 和 $\overline{B}$ 是 r. e..

反之，设 B 和 $\overline{B}$ 是 r. e.，则存在部分可计算函数 $g(x)$ 和 $h(x)$ 使得

$$B = \{x \in N \mid g(x)\downarrow\},$$
$$\overline{B} = \{x \in N \mid h(x)\downarrow\}.$$

设 $g(x)$ 和 $h(x)$ 分别由程序 $\mathscr{P}$ 和 $\mathscr{Q}$ 计算，要利用 $\mathscr{P}$ 和 $\mathscr{Q}$ 构造计算谓词 $\chi_B(x)$ 的程序 $\mathscr{R}$. $\mathscr{R}$ 用如下方式工作：执行 $\mathscr{P}$ 一步、执行 $\mathscr{Q}$ 一步. 如果 $\mathscr{P}$,$\mathscr{Q}$ 都不停机，则回到初始状态，重新执行 $\mathscr{P}$ 二步、执行 $\mathscr{Q}$ 二步，…. 由于 $x\in B$ 和 $x\in\overline{B}$ 必有且只有一个为真，$g(x)$ 和 $h(x)$ 必有且只有一个有定义，因此 $\mathscr{P}$ 和 $\mathscr{Q}$ 必有且只有一个在某一步停机. 当 $\mathscr{P}$ 停机时，$\mathscr{R}$ 令 $Y=1$ 并停机；当 $\mathscr{Q}$ 停机时，$\mathscr{R}$ 令 $Y=0$ 并停机. 设 $p=\#(\mathscr{P})$，$q=\#(\mathscr{Q})$，程序 $\mathscr{R}$ 如下：

```
[A]  IF STP^(1)(X,p,T) GOTO C
     IF STP^(1)(X,q,T) GOTO E
     T←T+1
     GOTO A
[C]  Y←Y+1
```
□

定理证明中利用计步函数联合程序 $\mathscr{P}$ 和 $\mathscr{Q}$ 构造 $\mathscr{R}$ 的方法是很有用的，下一个定理的证明将再次用到这个方法.

定理 3.7 如果集合 B 和 C 是递归可枚举的，则 $B\cup C$ 和 $B\cap C$ 也是递归可枚举的.

证：设部分可计算函数 $g(x)$ 和 $h(x)$ 使得

$$B = \{x \in N \mid g(x)\downarrow\},$$
$$C = \{x \in N \mid h(x)\downarrow\},$$

则

$$B \cap C = \{x \in N \mid g(x)\downarrow \ \wedge\ h(x)\downarrow\}.$$

考虑程序

```
Z←X
Y←g(X)
Y←h(Z)
```

设它计算的函数为 $f(x)$，则有

$$f(x)\downarrow \Leftrightarrow g(x)\downarrow \ \wedge\ h(x)\downarrow,$$

所以

$$B \cap C = \{x \in N \mid f(x)\downarrow\},$$

得证 $B\cap C$ 是 r. e..

而

$$B \cup C = \{x \in N \mid g(x)\downarrow \ \vee\ h(x)\downarrow\}.$$

设 $g(x)$ 和 $h(x)$ 分别由代码为 p 和 q 的程序计算. 考虑程序

```
[A]  IF STP^(1)(X,p,T) GOTO E
     IF STP^(1)(X,q,T) GOTO E
     T←T+1
     GOTO A
```

设它计算的函数为 $r(x)$，则

$$r(x)\downarrow \Leftrightarrow g(x)\downarrow \vee h(x)\downarrow,$$

从而

$$B\cup C=\{x\in N \mid r(x)\downarrow\},$$

得证 $B\cup C$ 是 r. e.. □

对每一个 $n\in N$，记

$$W_n=\{x\in N \mid \Phi(x,n)\downarrow\}.$$

当 n 遍取全体自然数时，$\Phi(x,n)$ 给出所有的部分可计算函数，故有：

定理 3.8 （枚举定理）集合 B 是递归可枚举的当且仅当存在 $n\in N$ 使得 $B=W_n$.

由这个定理，序列 $W_0, W_1, W_2, \cdots$ 枚举出全部 r. e. 集，这也是定理名字的来源.

3.4.2 递归语言和递归可枚举语言

设字母表 $A=\{s_1,s_2,\cdots,s_n\}$，A^* 的任何子集称作 A 上的语言，简称**语言**. A^* 上的集合识别问题又称作 A 上的**语言识别**问题. 语言 L 的特征函数定义为

$$\chi_L(w)\Leftrightarrow w\in L, \forall w\in A^*$$

或

$$\chi_L(w)=\begin{cases}1, & 若\ w\in L,\\ 0, & 若\ w\in A^*-L.\end{cases}$$

类似定义 3.1，关于语言有下述定义.

定义 3.2 设字母表 A，$L\subseteq A^*$. 如果 L 的特征函数 χ_L 是可计算的，则称语言 L 是**递归的**.

如果存在 A 上的部分可计算函数 g 使得

$$L=\{w\in A^* \mid g(w)\downarrow\},$$

则称语言 L 是**递归可枚举的**（缩写成 r. e.）.

可以像 2.7 节那样，指定 A 中符号的顺序，A 上的字符串成为数的 n 进制表示. 于是，A 上的语言 L 成为 N 的子集，并且 L 是递归可枚举的（递归的）当且仅当 L 作为 N 的子集是递归可枚举的（递归的）. 因此，上一小节的定理 3.4～3.7 对于 A 上的语言同样成立. 将它们叙述如下：

定理 3.4′ 如果字母表 A 上的语言 L_1 和 L_2 是（原始）递归的，则 $L_1\cup L_2$，$L_1\cap L_2$ 和 $\overline{L_1}=A^*-L_1$ 都是（原始）递归的.

定理 3.5′ A 上的递归语言必是递归可枚举的.

定理 3.6′ A 上的语言 L 是递归的当且仅当 L 和 $\overline{L}=A^*-L$ 都是递归可枚举的.

定理 3.7′ 如果 A 上的语言 L_1 和 L_2 是递归可枚举的，则 $L_1\cup L_2$ 和 $L_1\cap L_2$ 是递归可枚举的.

3.4.3 一个非递归集和一个非递归可枚举集

一方面，自然数集合的所有子集是不可数的. 另一方面，只有可数个可计算谓词和可数个部分可计算函数，从而只有可数个递归集和可数个 r. e. 集. 因此，一定存在非递归集和非 r. e.

集.本小节将给出这样的例子.

令

$$K = \{n \in N \mid n \in W_n\}.$$

定理 3.9 K 是递归可枚举的、但不是递归的.

证：由定义，

$$K = \{n \in N \mid \Phi(n,n)\downarrow\}.$$

$\Phi(n,n)$是部分可计算的,故 K 是 r.e..

由定义,K 的特征函数是 HALT(n,n),即

$$K = \{n \in N \mid \text{HALT}(n,n)\}.$$

已知 HALT(n,n)不是可计算谓词(定理 3.1),故 K 不是递归集. □

推论 3.10 $\overline{K}$ 不是递归可枚举的.

证：由定理 3.9 和定理 3.6 推出. □

练　　习

3.4.1 给出下述集合的特征函数,并证明它们是递归的：

(1) 所有完全平方数组成的集合.完全平方数是形如 x^2 的数,如 0,1,4,9 等.

(2) 所有 Mersenne 素数组成的集合. Mersenne 素数是形如 $M_p = 2^p - 1$ 的素数,其中 p 是素数,如 $M_2 = 3, M_3 = 7, M_5 = 31, M_7 = 127$ 是 Mersenne 素数,而 $M_{11} = 2047 = 23 \times 89$ 不是 Mersenne 素数.

3.4.2 自然数集合 N 和空集$\varnothing$是 r.e. 吗? 是递归的吗?

3.4.3 请把 $\overline{K}$ 与理发师悖论对比.

习　　题

3.1 证明 HALT$(0,x)$不是可计算的.

3.2 试证明对于每一个 $n>0$,$\text{STP}^{(n)}$是原始递归的.

3.3 证明不存在可计算函数 $f(x)$使得当 $\Phi(x,x)\downarrow$时 $f(x)=\Phi(x,x)+1$.

3.4 (1) 设 $g(x),h(x)$是部分可计算函数.试证明存在部分可计算函数 $f(x)$使得 $f(x)\downarrow$当且仅当 $g(x)\downarrow$或 $h(x)\downarrow$,并且当 $f(x)\downarrow$时 $f(x)=g(x)$或 $f(x)=h(x)$;

(2) 对于任何部分可计算函数 $g(x),h(x)$,是否都存在 f 满足(1)的所有要求并且当 $g(x)\downarrow$时 $f(x)=g(x)$?试证明之.

3.5 设 f 是一个全函数,记 $B=\{f(n)\mid n\in N\}$.试证明：

(1) 若 f 是可计算的,则 B 是 r.e.;

(2) 若 f 是可计算的和严格增加的($\forall n\, f(n)<f(n+1)$),则 B 是递归的.

3.6 设 A,B 是 N 的非空子集,定义

$$A\odot B = \{2x \mid x \in A\} \cup \{2x+1 \mid x \in B\},$$

$$A \otimes B = \{\langle x,y\rangle \mid x \in A, y \in B\}.$$

试证明：

(1) $A\odot B$ 是递归的当且仅当 A 和 B 是递归的;

(2) $A\otimes B$ 是递归的当且仅当 A 和 B 是递归的.

3.7　证明下述集合:

$$B_1 = \{x \in N \mid a \in \mathrm{dom}\Phi_x\},$$
$$B_2 = \{x \in N \mid a \in \mathrm{ran}\Phi_x\},$$
$$B_3 = \{x \in N \mid \mathrm{dom}\Phi_x \neq \varnothing\}$$

是 r.e.,其中 a 是一个常数.

3.8　设 A 是 r.e.集,试证明 $\bigcup_{n \in A} W_n$ 是 r.e.集.

3.9　用对角化方法证明 K 不是递归集.

第四章　Turing 机

4.1　Turing 机的基本模型

A. Turing 于 1936 年提出一种计算模型，现在称之为 **Turing** 机，是最重要的计算模型之一. Turing 机有很多种形式，本节介绍一种基本的形式，叫做基本 Turing 机.

它有一条带作为存储装置和一个控制器，控制器带一个读写头(又叫做带头)，如图 4.1 所示. 带的两端是无穷的，被划分成无穷多个小方格. 每个小方格内可以存放一个符号. 控制器有有穷个状态. 在计算的每一步，控制器总处于某个状态，读写头扫描一个方格. 根据控制器当前所处的状态和读写头扫描的方格内的符号(以后简称读写头扫描的符号)，机器完成下述三个动作中的一个：

(1) 改写被扫描方格的内容，控制器转换到一个新状态；

(2) 读写头向左移动一格，控制器转换到一个新状态；

(3) 读写头向右移动一格，控制器转换到一个新状态.

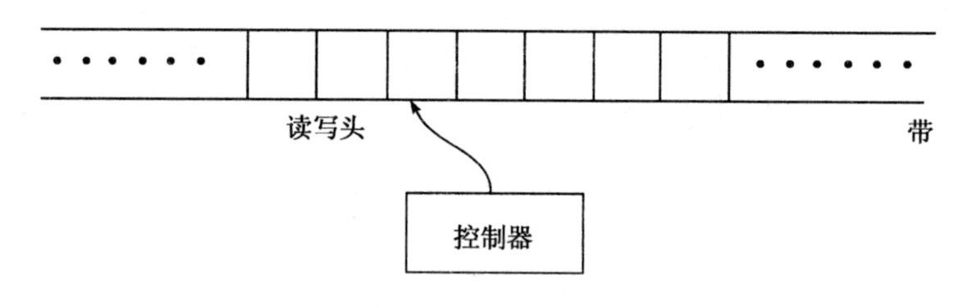

图 4.1　TM 示意图

定义 4.1　一台基本 **Turing** 机 $\mathscr{M}$ 由下述 7 部分组成：

(1) 状态集 Q，Q 是一个非空有穷集合；

(2) 带字母表 C，C 是一个非空有穷集合；

(3) 动作函数 δ，δ 是 $Q\times C$ 到 $(C\cup\{L,R\})\times Q$ 的部分函数；

(4) 输入字母表 $A\subseteq C-\{B\}$；

(5) 空白符 $B\in C$；

(6) 初始状态 $q_1\in Q$；

(7) 接受状态集 $F\subseteq Q$，F 中的元素叫做接受状态.

记作 $\mathscr{M}=(Q,A,C,\delta,B,q_1,F)$. 今后如无特别说明，Turing 机均指基本 Turing 机，缩写为 TM.

Turing 机的每一步计算由动作函数 δ 确定. 设当前的状态 q，被扫描的符号 s，

(1) 若 $\delta(q,s)=(s',q')$，则把被扫描的方格的内容改写成 s' 并且转换到状态 q'，读写头的位置保持不变；

(2) 若 $\delta(q,s)=(L,q')$，则读写头左移一格并且转换到状态 q'，带的内容保持不变；

(3) 若 $\delta(q,s)=(R,q')$，则读写头右移一格并且转换到状态 q'，带的内容保持不变；

(4) 若 $\delta(q,s)$ 无定义，则停止计算.

Turing 机的**格局**包括带的内容、读写头的位置和控制器的状态，可表示成

$$a_1a_2\cdots qa_j\cdots a_{k-1}a_k,$$

它表示带的内容是 $a_1a_2\cdots a_k$，两端其余部分全是 B，读写头正在扫描 a_j，控制器处于状态 q. 如果 $\delta(q,a_j)\uparrow$，则称这个格局是**停机格局**. 如果停机格局中的状态是接受状态，则称这个格局是**接受格局**.

设 σ 和 τ 是两个格局. 如果 σ 经过一步计算变成 τ，则记作

$$\sigma \vdash_{\mathscr{M}} \tau.$$

如果存在 $\sigma_1,\sigma_2,\cdots,\sigma_k$ 使得

$$\sigma=\sigma_1 \vdash_{\mathscr{M}} \sigma_2 \vdash_{\mathscr{M}} \cdots \vdash_{\mathscr{M}} \sigma_k=\tau,$$

则记作

$$\sigma \overset{*}{\vdash}_{\mathscr{M}} \tau.$$

当不需要指明 Turing 机时，$\sigma \vdash_{\mathscr{M}} \tau$ 和 $\sigma \overset{*}{\vdash}_{\mathscr{M}} \tau$ 分别简记作 $\sigma\vdash\tau$ 和 $\sigma \overset{*}{\vdash} \tau$.

如果格局的序列 $\sigma_1,\sigma_2,\cdots$（有穷的或无穷的）使得 $\sigma_1 \vdash_{\mathscr{M}} \sigma_2 \vdash_{\mathscr{M}} \cdots$，并且当序列有穷时最后一个格局 σ_k 是停机格局，则称这个序列是 Turing 机的一个**计算**.

任意给定输入 $x_1,x_2,\cdots,x_m\in A^*$，Turing 机总是从初始状态 q_1 开始计算. 格局

$$\sigma_1=q_1Bx_1Bx_2\cdots Bx_m$$

称作**初始格局**. 从初始格局 σ_1 开始计算有 3 种可能：

(1) 计算是一个有穷序列 $\sigma_1,\sigma_2,\cdots,\sigma_h$，其中 σ_h 是接受格局.

(2) 计算是一个有穷序列 $\sigma_1,\sigma_2,\cdots,\sigma_h$，其中 σ_h 是非接受的停机格局.

这两种情况称 Turing 机停机在(接受或非接受)格局 σ_h. 设 σ_h 中的状态是 q，又称Turing 机停机在(接受或非接受)状态 q.

(3) 计算是一个无穷序列 $\sigma_1,\sigma_2,\cdots$，此时称 Turing 机永不停机.

定义 4.2　设 Turing 机 $\mathscr{M}=(Q,A,C,\delta,B,q_1,F)$，对每一个正整数 m，$\mathscr{M}$ 计算 A 上的 m 元部分函数 $\psi_{\mathscr{M}}^{(m)}$ 定义如下：对于所有的 $x_1,x_2,\cdots,x_m\in A^*$，以 $x_1,x_2,\cdots,x_m$ 作为输入，从初始格局 σ_1 开始计算，如果 $\mathscr{M}$ 最终停机在接受格局 σ_h，删去 σ_h 的带内容中所有不属于 A 的符号，得到字符串 $y\in A^*$，则 $\psi_{\mathscr{M}}^{(m)}(x_1,x_2,\cdots,x_m)=y$；如果 $\mathscr{M}$ 停机在非接受状态或永不停机，则 $\psi_{\mathscr{M}}^{(m)}(x_1,x_2,\cdots,x_m)$ 无定义.

定义 4.3　设 Turing 机 $\mathscr{M}=(Q,A,C,\delta,B,q_1,F)$，$f$ 是 A 上的 m 元部分函数. 如果对于所有的 $x_1,x_2,\cdots,x_m\in A^*$，有

$$\psi_{\mathscr{M}}^{(m)}(x_1,x_2,\cdots,x_m)=f(x_1,x_2,\cdots,x_m),$$

则称 $\mathscr{M}$ **计算** f.

定义 4.4　设 f 是 A 上的部分函数，如果存在 Turing 机 $\mathscr{M}$ 计算 f，则称 f 是 **Turing 部分可计算的**. 如果 A 上的全函数 f 是 Turing 部分可计算的，则称 f 是 **Turing 可计算的**.

[例 4.1]　设 Turing 机 $\mathscr{M}=(Q,A,C,\delta,B,q_1,\{q_3,q_5\})$，其中 $Q=\{q_i\mid i=1,2,3,4,5\}$，$A=\{0,1\}$，$C=\{0,1,B\}$，$\delta$ 由表 4-1 给出. 表中空白的地方表示 δ 无定义.

表 4-1　一台 TM

δ	0	1	B
q_1			(R,q_2)
q_2	(R,q_2)	(R,q_2)	(L,q_3)
q_3	(B,q_5)	(L,q_4)	
q_4	(L,q_4)	(L,q_4)	(B,q_1)
q_5			

当输入 1010 时，计算如下：

$q_1B1010B \vdash Bq_21010B \vdash B1q_2010B \vdash B10q_210B \vdash B101q_20B$
$\vdash B1010q_2B \vdash B101q_30B \vdash B101q_5BB$

最后停机在接受格局，计算结束.

当输入 1001 时，计算如下：

$q_1B1001B \vdash Bq_21001B \vdash B1q_2001B \vdash B10q_201B \vdash B100q_21B$
$\vdash B1001q_2B \vdash B100q_31B \vdash B10q_401B \vdash B1q_4001B \vdash Bq_41001B$
$\vdash q_4B1001B \vdash q_1B1001B \vdash \cdots$

经过 11 步计算又回到初始格局，如此重复下去，永不停机.

一般地，设输入 x，读写头右移一格并且转移到状态 q_2. 若 $x=\varepsilon$，此时扫描 B，读写头左移一格并且转移到 q_3，停机在接受状态 q_3. 若 $x\neq\varepsilon$，在状态 q_2 下继续右移，直到读完 x，扫描 x 右边的第一个 B. 读写头左移一格扫描 x 右端的第一个符号. 若这个符号是 0，则把这个 0 删去（即改写成 B），并转移到接受状态 q_5 停机；若这个符号是 1，则读写头再左移一格并且转移到 q_4. 然后在状态 q_4 下继续左移，直到扫描 x 左边的第一个 B. 把状态转移到 q_1，恢复到初始格局. 如此重复下去，永不停机.

对所有的 $x\in\{0,1\}^*$，

$$\psi_{\mathscr{M}}^{(1)}(x)=\begin{cases}x^-, & \text{若 } x \text{ 以 0 结束或 } x=\varepsilon,\\ \uparrow, & \text{否则.}\end{cases}$$

$\mathscr{M}$ 以二进制数的形式计算 N 上的部分函数

$$f(x)=\begin{cases}x/2, & \text{若 } x \text{ 是偶数,}\\ \uparrow, & \text{若 } x \text{ 是奇数.}\end{cases}$$

把 $Q\times C$ 到 $(C\cup\{L,R\})\times Q$ 的二元关系的元素 $((q,s),(s',q'))$，$((q,s),(L,q'))$，$((q,s),(R,q'))$ 分别记作 $qss'q'$，$qsLq'$，$qsRq'$，并把它们称作 4 元组. 于是，δ 也可以表示成上述 3 种类型的 4 元组的有穷集合，在这个集合中没有两个 4 元组以相同的 qs 开始. 例如，例 4.1 中的动作函数

$\delta=\{q_1BRq_2, q_20Rq_2, q_21Rq_2, q_2BLq_3, q_30Bq_5, q_31Lq_4, q_40Lq_4, q_41Lq_4, q_4BBq_1\}$.

δ 还可以用有向图描述，这个有向图称作**状态转移图**. 例 4.1 中的 Turing 机的状态转移图如图 4.2 所示.

用节点表示状态，弧 (q_1,q_2) 旁的 B/R 表示 $\delta(q,B)=(R,q_2)$，弧 (q_3,q_5) 旁的 $0/B$ 表示 $\delta(q_3,0)=(B,q_5)$. 顶点 q_2 的环旁的 $0,1/R$ 是 $0/R$ 与 $1/R$ 的缩写. q_1 旁的小箭头→表示它是初始状态. q_3 和 q_5 是双圈，表示它们是接受状态.

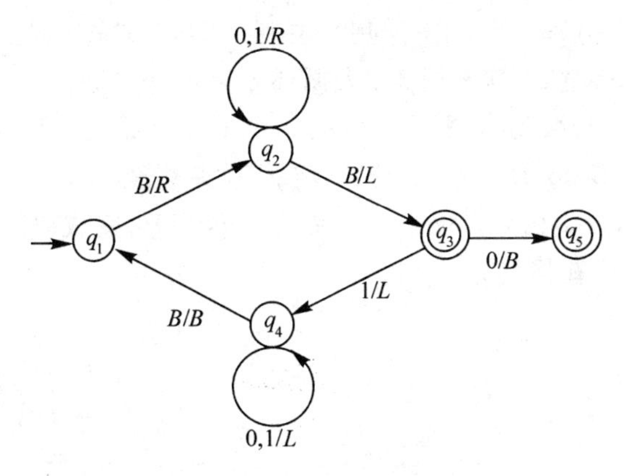

图 4.2 TM 的状态转移图

［**例 4.2**］ 设计一台 Turing 机计算函数

$$f(x) = xx, \forall x \in \{0,1\}^*.$$

解:这是一台复制机,在 x 的右边复制出一个 x. 为了区分原来的 x 和复制出的 x,用 B 把它们分隔开来. 在接受格局中,带的内容为 xBx. Turing 机如下工作:使用两个工作符号 a 和 b,分别表示已被复制或即将复制的 0 和 1,待复制完成后再将它们分别恢复成 0 或 1. 若左端第一个未被复制的符号是 0,则把它改写成 a,然后向右查寻,越过一个 B 后找到右边的第一个 B,把这个 B 改写成 0. 类似地,若左端第一个未被复制的符号是 1,则把它改写成 b,然后向右查寻,越过一个 B 后找到右边的第一个 B,把这个 B 改写成 1. 不论是哪一种情况,在复写一个符号后向左查寻,直到遇到 a 或 b 为止. 右移一格,若扫描到的是 0 或 1 则重复上述过程. 若扫描到的是 B,则表明复制工作已经完成. 读写头向左移动,把 a 和 b 分别恢复成 0 和 1,直到完成这项工作为止. Turing 机的状态转移图如图 4.3 所示.

如果要求在最终的接受格局中带的内容为 xx,可以让 Turing 机继续工作,把右边的 x 向左移一格. 具体做法如下:读写头向右找到两个 x 之间的 B,向右移一格,检查 B 右边的符号是 0 还是 1,然后向左移一格返回到 B 的位置,把它改写成刚扫描到的符号;再向右移一格,把刚扫描到的符号改写成 B,这样就把 x 的第一个符号左移了一格. 如此重复,将 x 的符号一个一个地左移一格,从而实现 x 的整体左移.

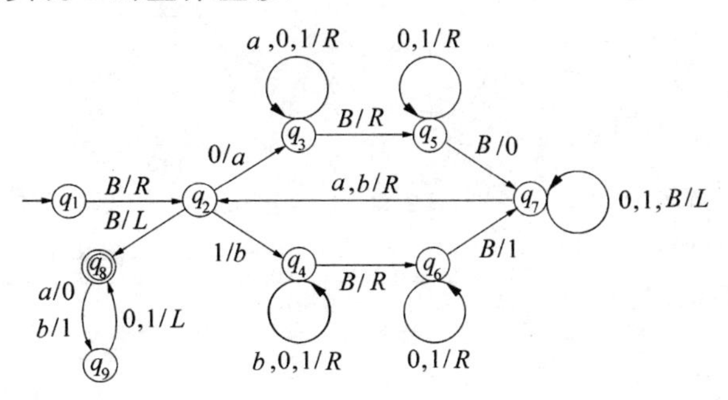

图 4.3 复制机

［**例 4.3**］ 设计一台 Turing 机以 1 为底计算 $x \cdot y$,即任给 $x,y \in N$,输入 1^x 和 1^y,输出 1^{xy}.

解:记 $u=1^x$,$v=1^y$. 基本思想是:对 u 中的每一个 1,复制一个 v. Turing 机的状态转移图如图 4.4 所示. 小循环 $q_4 \to q_5 \to q_6 \to q_7 \to q_4$ 用来复制 v. 复制 v 完成时,原来的 v 被改写成 a^y,a 是工作符号. 用 $q_8 \to q_9 \to q_8$ 把 a^y 恢复成 1^y. 大循环 $q_2 \to q_3 \to \cdots \to q_{10} \to q_2$ 一次把 u 中的一个 1 改写成 a 并复制出一个 v. 当回到 q_2 发现 u 中的 x 个 1 已全部被改写成 a 时,整个复制工作已全部完成. 此时的格局为 $Ba^x q_2 B1^y B1^{xy}$. 最后,将读写头移至左端,然后从左向右消去 a^x 和 1^y,即把它们都改写成 B,分别由 q_{12}—q_{13}—q_{12} 和 q_{14}—q_{15}—q_{14} 完成. 任给 $x, y \in N$,初始格局为 $q_1 B1^x B1^y$,计算结束时停机在格局 $q_{14} B1^{xy}$.

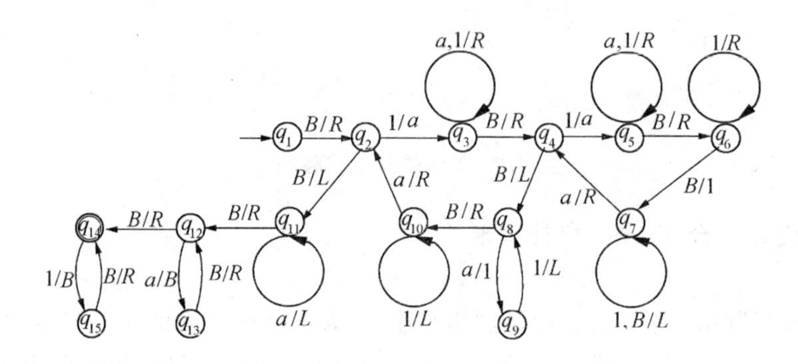

图 4.4　乘法机

练　　习

4.1.1　设 TM$\mathscr{M}=(Q,A,C,\delta,B,q_1,\{q_2\})$,其中$Q=\{q_1,q_2\}$,$A=\{0,1\}$,$C=\{0,1,B\}$,$\delta$ 如表 4-2 所示.

(1) 画出 $\mathscr{M}$ 的状态转移图;

(2) 给出下述格局的后继:

$\sigma_1 = B11q_1010$,

$\sigma_2 = B11q_1101$,

$\sigma_3 = B11q_1B$,

$\sigma_4 = B11q_2B$;

表 4-2

	0	1	B
q_1	(B,q_2)	(R,q_1)	(R,q_1)
q_2			

(3) 写出关于下述输入的计算:

① 11010,

② 11111,

③ ε;

(4) 写出 $\psi_{\mathscr{M}}^{(1)}(x)$.

4.1.2　设 TM$\mathscr{M}=(Q,A,C,\delta,B,q_1,\{q_2\})$,其中$Q=\{q_1,q_2\}$,$A=\{0,1\}$,$C=\{0,1,B\}$,$\delta$ 如表 4-3 所示.

(1) 画出 $\mathscr{M}$ 的状态转移图;

(2) 给出下述格局的后继:

$\sigma_1 = q_1B01$,

$\sigma_2 = q_1B10$,

$\sigma_3 = Bq_201$,

$\sigma_4 = Bq_210$;

表 4-3

	0	1	B
q_1			(R,q_2)
q_2	(B,q_1)	(B,q_2)	

(3) 写出关于下述输入的计算:

① 0011,

② 1010,

③ 0000;

(4) 写出 $\psi_{\mathscr{M}}^{(1)}(x)$.

4.1.3 设 TM$\mathscr{M}=(Q,A,C,\delta,B,q_1,\{q_4\})$,其中 $Q=\{q_1,q_2,q_3,q_4,q_5\}$,$A=\{a,b,c\}$,$C=\{a,b,c,B\}$,$\delta$ 如表 4-4 所示.

表 4-4

	a	b	c	B
q_1				(R,q_2)
q_2	(b,q_3)	(c,q_3)	(a,q_3)	(R,q_4)
q_3	(R,q_2)	(R,q_2)	(R,q_2)	
q_4	(c,q_5)	(a,q_5)	(b,q_5)	
q_5	(R,q_4)	(R,q_4)	(R,q_4)	

(1) 画出 $\mathscr{M}$ 的状态转移图;

(2) 写出关于下述输入的计算:

① $abac$,$caba$,

② ε,$aabc$,

③ $bacb$,

④ a,b,c;

(3) 写出 $\psi_{\mathscr{M}}^{(1)}(x)$,$\psi_{\mathscr{M}}^{(2)}(x_1,x_2)$ 和 $\psi_{\mathscr{M}}^{(3)}(x_1,x_2,x_3)$.

4.1.4 设对 $w\in\{0,1\}^*$,$f(w)=\overline{w}$,其中 $\overline{w}$ 是 w 的反码,即把 w 中的 0 变成 1,1 变成 0. 试构造一台 TM 计算 $\overline{w}$.

4.2 Turing 机的各种形式

本节介绍几种其他形式的 Turing 机. 尽管在形式上有的受到限制,有的得到加强,但它们的计算能力都与基本 Turing 机相同. 也就是说,它们中的任何一种计算的函数类都是 Turing 部分可计算函数类.

4.2.1 五元 Turing 机

基本 Turing 机的动作函数可以用 4 元组的有穷集合来表示,故又称作**四元 Turing 机**. 四元 Turing 机的 4 元组有 3 种类型:

(1) $qss'q'$;

(2) $qsLq'$;

(3) $qsRq'$.

四元 Turing 机的一步只能改写一个符号、或者左移一格、或者右移一格. **五元 Turing 机**的一步要做四元 Turing 机两步做的事情,改写一个符号并且左移一格、或者改写一个符号并且右移一格. 五元 Turing 机的动作函数 δ 是从 $Q\times C$ 到 $C\times\{L,R\}\times Q$ 的部分函数,它可以表示成 5 元组的有穷集合. 5 元组有两种类型:

(1) $qss'Lq'$,它表示 $\delta(q,s)=(s',L,q')$,若当前状态是 q,被扫描的符号是 s,则把这个 s 改写成 s',读写头左移一格,并且转移到状态 q'.

(2) $qss'Rq'$,和上面的类似,不同的是读写头右移一格. 和四元 Turing 机一样,不允许有两个 5 元组的前两个分量相同.

五元 Turing 机和四元 Turing 机是等价的,它们可以相互模拟.

用五元 Turing 机模拟四元 Turing 机. 设四元 Turing 机 $\mathscr{M}=(Q,A,C,\delta,s_0,q_1,F)$,其中 $Q=\{q_1,q_2,\cdots,q_t\}$,$C=\{s_0,s_1,\cdots,s_n\}$. 模拟 $\mathscr{M}$ 的五元 Turing 机 $\mathscr{M}'$ 使用相同的输入字母表 A,带字母表 C,空白符 s_0,初始状态 q_1 以及接受状态集 F. 状态集 $Q'=\{q_1,\cdots,q_t,q_{t+1},\cdots,q_{2t}\}$,动作函数 δ' 与 δ 的关系列于表 4-5,以 5 元组和 4 元组的形式给出.

表 4-5 用五元 TM 模拟四元 TM

4 元组	5 元组
(1) $q_is_jLq_l$	$q_is_js_jLq_l$
(2) $q_is_jRq_l$	$q_is_js_jRq_l$
(3) $q_is_js_kq_l$	$q_is_js_kRq_{l+t}$
(4)	$q_{l+t}s_rs_rLq_l$, $1\leqslant l\leqslant t$, $0\leqslant r\leqslant n$

用四元 Turing 机模拟五元 Turing 机. 设五元 Turing 机 $\mathscr{M}=(Q,A,C,\delta,s_0,q_1,F)$,其中 $Q=\{q_1,q_2,\cdots,q_t\}$,$C=\{s_0,s_1,\cdots,s_n\}$. 模拟 $\mathscr{M}$ 的四元 Turing 机 $\mathscr{M}'$ 使用相同的输入字母表 A,带字母表 C,空白符 s_0,初始状态 q_1 和接受状态集 F. 状态集 $Q'=\{q_1,\cdots,q_t,q_{t+1},\cdots,q_{3t}\}$,动作函数 δ' 和 δ 的关系列于表4-6.

表 4-6 用四元 TM 模拟五元 TM

5 元组	4 元组
(1) $q_is_js_kLq_l$	$q_is_js_kq_{l+t}$
(2) $q_is_js_kRq_l$	$q_is_js_kq_{l+2t}$
(3)	$q_{l+t}s_rLq_l$
	$q_{l+2t}s_rRq_l$, $1\leqslant l\leqslant t$, $0\leqslant r\leqslant n$

4.2.2 单向无穷带 Turing 机

基本 Turing 机的带是双向无穷的,两端可以任意地伸长. **单向无穷带 Turing 机**的带仅在一个方向上是无穷的,有一个最左方格,称作带的左端,如图 4.5 所示. 它有一个特殊的带符号 #,# 被固定放置在带的左端. 它不能被改写,也不能在任何其他方格内打印 #. 对于任何状态 q,$\delta(q,\#)$ 或者等于 (R,q')、或者无定义. 因此,当读写头扫描左端时,或者右移,或者停机,永远不会左移出带外[①].

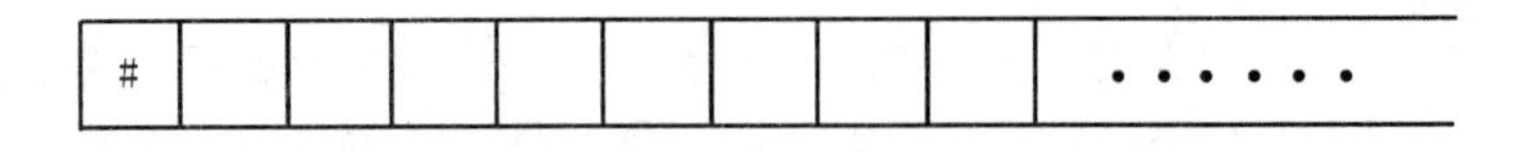

图 4.5 单向无穷带

单向无穷带 Turing 机是基本 Turing 机的特殊类型:有一个特殊的带符号 #,并对 δ 作上

① A. Turing 在它的原始模型中使用的是单向无穷带. 在一些书中用这种 Turing 机作为基本 Turing 机.

述限制. 放置 # 的方格看作带的左端，它左边的方格永远不会被使用.

用单向无穷带 Turing 机模拟基本 Turing 机的关键是要解决如何在带上存放符号. 在双向无穷带上指定一个方格，给它编号 1，向右依次编号 2，3，…，向左依次编号 −1，−2，…. 沿方格 1 的左边剪开，将带的左半部折到下面，和右半部并在一起成为一条单向无穷带，如图 4.6 所示. 这条单向无穷带被分成两道，上道对应原带的右半部，下道对应原带的左半部. 每个方格被分成上下两个小方格，各存放一个符号，例如 a 和 b，把有序对 (a,b) 看作一个符号.

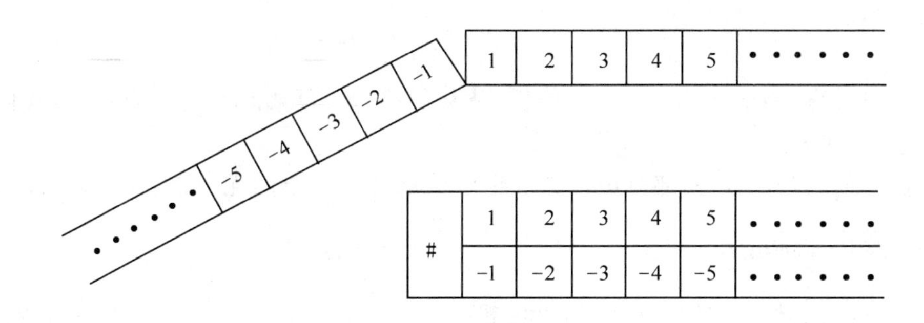

图 4.6　用单向无穷带模拟双向无穷带

具体做法如下：设基本 Turing 机 $\mathscr{M}$，它的状态集 $Q=\{q_1,q_2,\cdots,q_t\}$，q_1 是初始状态，带字母表 $C=\{s_0,s_1,\cdots,s_n\}$，s_0 是空白符. 模拟 $\mathscr{M}$ 的单向无穷带 Turing 机 $\mathscr{M}'$ 的状态集 $Q'=\{q_i',q_i''\mid 1\leqslant i\leqslant t\}$，$q_i'$ 模拟 q_i 在读写头扫描右半带时的动作，q_i' 只注视上道内存放的符号；类似地，q_i'' 模拟 q_i 在读写头扫描左半带时的动作，q_i'' 只注视下道内存放的符号. $\mathscr{M}'$ 的带字母表 $C'=\{\#\}\cup\{s_j^r\mid 0\leqslant j,r\leqslant n\}$，$s_j^r$ 表示 (s_r,s_j)，即上道为 s_r，下道为 s_j. s_0^0 是 $\mathscr{M}'$ 的空白符. δ' 和 δ 的对应关系列于表 4-7.

表 4-7　用单向无穷带 TM 模拟双向无穷带 TM

双向无穷带	单向无穷带
(1) $q_is_js_kq_l$	$q_i's_r^js_r^kq_l'$
	$q_i''s_j^rs_k^rq_l''$，$0\leqslant r\leqslant n$
(2) $q_is_jLq_l$	$q_i's_r^jLq_l'$
	$q_i''s_j^rRq_l''$，$0\leqslant r\leqslant n$
(3) $q_is_jRq_l$	$q_i's_r^jRq_l'$
	$q_i''s_j^rLq_l''$，$0\leqslant r\leqslant n$
(4)	$q_l'\#Rq_l''$
	$q_l''\#Rq_l'$，$1\leqslant l\leqslant t$

前三组的含义是清楚的. 对于 $\mathscr{M}$ 的每一个 4 元组，$\mathscr{M}'$ 有对应的这样一组 4 元组. 除此之外，$\mathscr{M}'$ 还应添加第(4)组. 只有在下述情况才会出现在状态 q_l' 下扫描 #：在状态 q_i' 下扫描紧挨 # 的方格，方格内存放着 s_r^j. 根据 $q_i's_r^jLq_l'$，读写头左移扫描 #，转移到状态 q_l'. 被模拟的 $\mathscr{M}$ 的动作是读写头从方格 1 左移到方格 −1，状态从 q_i 转移到 q_l. 因此，需要添加一个 4 元组 $q_l'\#Rq_l''$，把读写头移回到原来的位置并将状态转移到注视下道的 q_l''. 类似地，应添加 4 元组 $q_l''\#Rq_l'$.

设 f 是一元部分可计算的字函数，基本 Turing 机 $\mathscr{M}$ 计算 f，$\mathscr{M}'$ 是按上述方式构造的模拟

$\mathscr{M}$的单向无穷带 Turing 机. 不难看到,对于每一个 $x=s_{i_1}s_{i_2}\cdots s_{i_k}$,若 $f(x)\downarrow$,则 $\mathscr{M}$ 从初始格局 $\sigma=q_1 s_0 s_{i_1} s_{i_2}\cdots s_{i_k}$ 开始,最后停机在接受格局. 设带的内容为 $y=s_{j_1}s_{j_2}\cdots s_{j_l}$,删去 y 中不属于 A 的符号后得到 $f(x)$. 相对应地,$\mathscr{M}'$ 从初始格局 $\sigma_1'=\# q_1' s_0^0 s_0^{i_1} s_0^{i_2}\cdots s_0^{i_k}$ 开始,最终停机,并且停机时带的上下道内的符号连在一起恰好构成 y. 它可以都在上道从左到右连成 y;也可以都在下道从右到左连成 y;还可以一部分在下道、一部分在上道,在下道从右到左,然后转入上道从左到右连成 y. 给 $\mathscr{M}'$ 添加一些新的 4 元组(这里不再详细给出这些 4 元组,但确实是可以做到的)将带的内容变成

$$s_0^{j_1} s_0^{j_2}\cdots s_0^{j_l},$$

若 $f(x)\uparrow$,从初始格局 σ_1 开始,$\mathscr{M}$ 永不停机. 从初始格局 σ_1' 开始,$\mathscr{M}'$ 也永不停机. 我们将 s_0^i 等同于 s_i,则 $\mathscr{M}'$ 计算 f[①].

类似地,任何 $m(m>1)$元部分可计算的字函数都可以用单向无穷带 Turing 机计算.

4.2.3 多带 Turing 机

基本 Turing 机只有一条带. ***k* 带 Turing 机**有 k 条带,这里 $k\geqslant 2$ 是一个固定常数. 每一条带和基本 Turing 机的带一样,被分成无穷多个小方格,每一个方格内可以存放一个符号,带的两边是无穷的(当然也可以是单向无穷的). 有 k 个读写头,每个读写头扫描一条带,可以改写被扫描方格内的符号、左移一格、或者右移一格. 读写头的动作由当前的状态和 k 个读写头从 k 条带上读到的 k 个符号决定,其动作函数 δ 是 $Q\times C^k$ 到 $(C\cup\{L,R\})^k\times Q$ 的部分函数. 图 4.7 是一台 3 带 Turing 机的示意图. 计算开始时,输入被存放在第一条带上,其余 $k-1$ 条带全部是空白. 当停止计算时,输出的内容也是存放在第一条带上.

基本 Turing 机是单带 Turing 机. 用 k 带 Turing 机模拟单带 Turing 机是十分简单的. 第一条带的读写头和给定的基本 Turing 机的读写头做一样的动作,其余的保持不动.

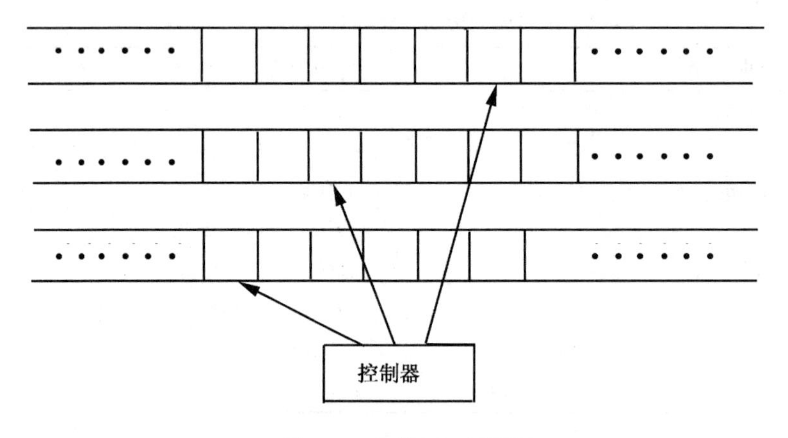

图 4.7 多带 TM 示意图

① 实际上,可以将$\{s_0,s_1,\cdots,s_n\}$加入 C',在 $\mathscr{M}$ 中添加若干 4 元组使得格局

$$qBs_0 s_{i_1} s_{i_2}\cdots s_{i_k} \text{ 和 } \# q' s_0^0 s_0^{i_1} s_0^{i_2}\cdots s_0^{i_k}$$

可以相互转变.

用单带 Turing 机模拟 k 带 Turing 机的关键技术仍然是上一小节中采用的**多道技术**. 设 $\mathscr{M}$ 是一台 k 带 Turing 机,要用一台基本 Turing 机 $\mathscr{M}'$来模拟 $\mathscr{M}$. 把 $\mathscr{M}'$的带分成 $2k$ 道,用 2 道模拟 $\mathscr{M}$ 的一条带,其中一道存放着和这条带一样的内容,另一道除一个方格内放置一个特殊的符号 ↑ 外所有方格都是空白. 符号 ↑ 指明了这条带的读写头的位置. 图 4.8 给出用一条带模拟 3 条带的示意图. 为了模拟 $\mathscr{M}$ 的一步,$\mathscr{M}'$的读写头要从左到右、再从右到左地做一次来回运动. 在模拟的开始,$\mathscr{M}'$的读写头位于最左的 ↑ 的左边. 读写头向右移动,读入每一个 ↑ 所指示的符号,直到右边不再有 ↑ 为止. 这时 $\mathscr{M}'$已经知道了 $\mathscr{M}$ 的 k 个读写头扫描的符号,从而也知道了 $\mathscr{M}$ 在这一步要做的动作. $\mathscr{M}'$的读写头向左往回运动并且模拟这些动作,直到它的左边不再有 ↑ 为止. $\mathscr{M}'$要记录读写头右边 ↑ 的个数 t. 读写头向右运动时,每越过一个 ↑,t 减 1. 当 $t=0$时,停止向右运动. 读写头向左运动时,每越过一个 ↑,t 加 1. 当 $t=k$ 时,停止向左运动. 最后,$\mathscr{M}'$还要改变它记录的 $\mathscr{M}$ 的状态. 这就完成了对 $\mathscr{M}$ 的一步计算的模拟. 记录 $\mathscr{M}$ 的状态,读到的符号以及 t 都可以用状态实现,$\mathscr{M}'$的状态集为 $Q\times C^k\times\{0,1,\cdots,k\}$. 给出 $\mathscr{M}'$详细的形式描述是一件工作量很大的事情,这里免去.

……	×	×	×	×	×	×	×	……
……							↑	……
……	×	×	×	×	×	×	×	……
……		↑						……
……	×	×	×	×	×	×	×	……
……					↑			……

图 4.8 用一条带模拟多条带

此外,还有多维 Turing 机和多头 Turing 机. 二维 Turing 机的存储装置不是一条带,而是一个平面,平面被水平和垂直的直线划分成无数个小方格,左右上下四个方向上都是无限的. 读写头可以左右上下移动和改写所扫描的方格内的符号. 更一般地,k 维 Turing 机($k\geqslant 2$是一个固定的常数)的存储装置是 k 维空间,每一个存储单元是一个 k 维小立方体. 在 $2k$ 个方向上都是无限的,读写头可以在 $2k$ 个方向上自由地移动. k 头 Turing 机有一条带和 k 个读写头,每个读写头都可以各自左移、右移、或者改写符号. 它们也和上述几种模型一样,和基本Turing 机具有相同的计算能力.

4.2.4 离线 Turing 机

离线 Turing 机是具有一条只读输入带的多带 Turing 机,如图 4.9 所示. 它有一条输入带和 k 条工作带,输入带的带头只读不写,工作带的带头是和普通多带 Turing 机的带头一样的读写头. 给定输入 x,计算开始时把 # x \$ 存放在输入带上,其中 # 和 \$ 是两个特殊的带符号,分别表示输入带的左端和右端. 当输入带的带头扫描 # 时只能右移,扫描 \$ 时只能左移,使得带头不会移出输入带. 由于输入带的带头只读不写,输入带的内容 # x \$ 在计算中保持不变.

容易用 $k+1$ 带 Turing 机模拟具有 k 条工作带的离线 Turing 机,只需用一条带作为输入带并且开始计算时首先把 # 和 \$ 分别放置在输入串的两端. 反之,也容易用具有 k 条工作带的

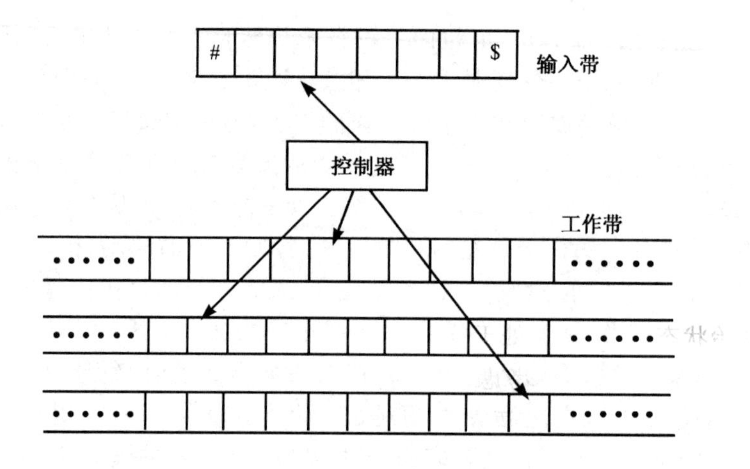

图 4.9 离线 Turing 机

离线 Turing 机模拟 k 带 Turing 机，只要先把输入串写到一条工作带上，然后用 k 条工作带像 k 带 Turing 机一样地进行计算. 因此，离线 Turing 机也和基本 Turing 机具有相同的计算能力.

离线 Turing 机能区分输入数据和中间数据占用的存储单元. 在第九章考虑计算需要占用的存储单元数时将采用离线 Turing 机作为基本的计算模型. 相应地，前面介绍的各种 Turing 机模型都称作**在线 Turing 机**. 在线 Turing 机计算时不保留输入串，输入串占用的单元也可以用来存放中间数据.

4.3 Turing 机与可计算性

Turing 机和 $\mathscr{S}$语言是等价的，即 Turing 部分可计算函数类就是部分可计算函数类. 下面给出 Turing 机和 $\mathscr{S}$语言相互模拟的方法.

4.3.1 用 Turing 机模拟$\mathscr{S}$语言

任给 $\mathscr{S}$程序 $\mathscr{P}$，要构造一台 Turing 机 $\mathscr{M}$ 模拟 $\mathscr{P}$. 进行模拟首先要用 $\mathscr{M}$ 的元素（带的内容，状态，带头的位置等）来表示 $\mathscr{P}$ 的元素（变量的值，将要执行第几条指令等），即用 $\mathscr{M}$ 的格局表示 $\mathscr{P}$ 的快相；然后用 $\mathscr{M}$ 的动作模拟 $\mathscr{P}$ 的指令.

设程序 $\mathscr{P}$ 由 t 条指令 $I_1, I_2, \cdots, I_t$ 组成，有 m 个自变量 $X_1, X_2, \cdots, X_m$ 和 n 个中间变量 $Z_1, Z_2, \cdots, Z_n$. 采用一进制表示，$\mathscr{M}$ 的输入字母表 $A=\{a\}$，用 a^x 表示数 x. 由于多带 Turing 机与基本 Turing 机等价，为方便起见，我们采用多带 Turing 机. $\mathscr{M}$ 有 $m+n+1$ 条带，依次用来存放 $Y, X_1, X_2, \cdots, X_m, Z_1, Z_2, \cdots, Z_n$ 的值. 只是在开始时，按照规定，暂时把输入放在第一条带上. 设 $\mathscr{P}$ 的输入为 $x_1, x_2, \cdots, x_m$ 在 $\mathscr{M}$ 的初始格局中，第一条带的内容为 $Ba^{x_1}Ba^{x_2}B\cdots Ba^{x_m}$，其中 B 是空白符，其余的带皆为空白带. $\mathscr{M}$ 首先把 $a^{x_1}, a^{x_2}, \cdots, a^{x_m}$ 分别复制到第 $2, 3, \cdots, m+1$ 条带上，并将第一条带清空. 下面用 $V_1, V_2, \cdots, V_{m+n+1}$ 依次表示 $Y, X_1, X_2, \cdots, X_m, Z_1, Z_2, \cdots, Z_n$，于是第 j 条带存放 V_j 的值. $\mathscr{M}$ 有 $t+1$ 个状态 $q_1, q_2, \cdots, q_{t+1}$. 前 t 个状态分别对应 $\mathscr{P}$ 的 t 条指令；q_{t+1} 是接受状态，它没有任何动作，$\mathscr{M}$ 一旦进入状态 q_{t+1} 就停机，这对应于程序 $\mathscr{P}$ 计算结束. $\mathscr{M}$ 有 t 个"子 Turing 机"$\mathscr{M}_i$ $(i=1,2,\cdots,t)$，它们使用的状态都是互不相同的，q_i 是 $\mathscr{M}_i$ 的"入口".

当 $\mathscr{P}$ 即将执行第 i 条指令时，$\mathscr{M}$ 转移到状态 q_i，开始进入子 Turing 机 $\mathscr{M}_i$. $\mathscr{M}_i$ 模拟 I_i：

若 I_i 为 $V_j \leftarrow V_j+1$，则 $\mathscr{M}_i$ 在第 j 条带的右端添加一个 a，然后转移到状态 q_{i+1}.

若 I_i 为 $V_j \leftarrow V_j-1$，则当第 j 条带不是空白带时，$\mathscr{M}_i$ 删去第 j 条带上最右端的 a，然后转移到状态 q_{i+1}；当第 j 条带是空白带时，$\mathscr{M}_i$ 直接转移到状态 q_{i+1}.

若 I_i 为 $V_j \leftarrow V_j$，则 $\mathscr{M}_i$ 直接转移到状态 q_{i+1}.

若 I_i 为 IF $V_j \neq 0$ GOTO L，设 $\mathscr{P}$ 中带标号 L 的第一条指令是 I_k，则当第 j 条带不是空白带时，$\mathscr{M}_i$ 转移到状态 q_k；当第 j 条带是空白带时，$\mathscr{M}_i$ 转移到状态 q_{i+1}.

q_1 是初始状态，$\mathscr{M}$ 开始时处于状态 q_1，这对应 $\mathscr{P}$ 从指令 I_1 开始. 详细地给出 $\mathscr{M}$ 的形式化描述，当然还有许多细节需要考虑，但已经没有什么实质性的困难了. 实际上，能够用 Turing 机以任意的 n 进制表示模拟 $\mathscr{S}$ 语言，只是当 $n>1$ 时，实现 $V \leftarrow V+1$ 和 $V \leftarrow V-1$ 要麻烦得多.（见习题 4.3）

4.3.2 用 $\mathscr{S}$ 语言模拟 Turing 机

设 $\mathscr{M}$ 是一台单向无穷带 Turing 机，带字母表为 $C=\{s_1, s_2, \cdots, s_r\}$，输入字母表为 $A=\{s_1, s_2, \cdots, s_n\}$，其中 $n \leqslant r-2$，s_{n+1} 是空白符，s_r 是左端符号 #，状态集 $Q=\{q_1, q_2, \cdots, q_t\}$，其中 q_1 是初始状态. 要构造程序 $\mathscr{P}$ 模拟 $\mathscr{M}$.

$\mathscr{P}$ 用中间变量 K 存放 $\mathscr{M}$ 的带头的位置，从左端算起（包括带的左端符号 #）. $\mathscr{M}$ 的带的内容 w 是 C 上的字符串，把它以 r 为底表示的数仍记作 w，在 $\mathscr{P}$ 中用一个中间变量 W 存放. 这里有三点需要说明. 一是在我们的 r 进制表示中空白符 s_{n+1} 是 $n+1$，左端符号 # 是 r，二是约定 w 由到当前为止带头访问过的所有方格内的符号（包括带的左端符号 #）组成，三是在我们的 r 进制表示中，位数的顺序恰好与标准的 r 进制表示相反，把 w 左端第一个符号作为个位，而在标准的 r 进制表示中右端第一个符号是个位. 设 w 的第 k 个符号是 s_j，则记 $w(k)=j$. 在 2.7 节中，我们已经知道 $w(k)=h(k,r,w)$ 是原始递归函数.

除首尾之外，$\mathscr{P}$ 由 $t(r+1)$ 个子程序组成，对应每一个状态 q_i 有一个子程序 $\mathscr{P}_i$，对应每一对 (q_i, s_j) 有一个子程序 $\mathscr{P}_{ij}$，他们分别以标号 A_i 和 B_{ij} 作为入口. $\mathscr{P}_i$ 的功能是读取带头扫描的符号，设这个符号是 s_j，则转移到子程序 $\mathscr{P}_{ij}$ 如下所示.

```
[A_i]  J ← W(K)
       GOTO B_iJ
```

$\mathscr{P}_{ij}$ 的功能是模拟 $\delta(q_i, s_j)$. 若 $\delta(q_i, s_j)=(L, q_k)$，则 K 减 1，然后转移到子程序 $\mathscr{P}_k$；若 $\delta(q_i, s_j)=(R, q_k)$，则 K 加 1，然后转移到子程序 $\mathscr{P}_k$；若 $\delta(q_i, s_j)=(s_l, q_k)$，注意到此时带头扫描第 K 个方格，要把这个方格内的 s_j 换成 s_l，这相当于把 W 的值改变成 $W+(l-j)r^{K-1}$，然后转移到子程序 $\mathscr{P}_k$；若 $\delta(q_i, s_j)$ 没有定义且 q_i 是接受状态，则转移到标号 E；若 $\delta(q_i, s_j)$ 没有定义、但 q_i 不是接受状态，则转移到标号 R. 以 E 为标号的语句将计算结果赋给输出变量后计算结束，而以 R 为标号的语句产生死循环. $\mathscr{P}_{ij}$ 与 $\delta(q_i, s_j)$ 的对应列于表 4-8 中.

表 4-8

$\delta(q_i, s_j)$	$\mathscr{P}_{ij}$
(L, q_k)	$[B_{ij}]$ $K \leftarrow K-1$ GOTO A_k
(R, q_k)	$[B_{ij}]$ $K \leftarrow K+1$ GOTO A_k
(s_l, q_k)	$[B_{ij}]$ $W \leftarrow W+(l-j)r^{K-1}$ GOTO A_k
↑且 q_i 是接受状态	$[B_{ij}]$ GOTO E
↑但 q_i 不是接受状态	$[B_{ij}]$ GOTO R

最后还要处理输入和输出. 设 $\mathscr{M}$ 的输入是 $x_1, x_2, \cdots, x_m$. 注意到输入字母表 A 有 n 符号, 它们可以作为数的 n 进制表示. 但是, $\mathscr{M}$ 的带字母表 C 有 r 个符号, 带的内容 w 只能作为数的 r 进制表示, $\mathscr{P}$ 在运行中必须使用 r 进制表示, 因此需要把以 n 进制表示的输入转换成 r 进制表示的数. 这可以用换底函数 UPCHANGE 来实现(见习题 2.22). $\mathscr{M}$ 开始计算时带的内容为 $w=\#x_1Bx_2B\cdots Bx_m$, 以 r 为底表示的数为

$$r+x_1\times r+(n+1+x_2\times r)\times r^{|x_1|+1}+\cdots$$
$$+(n+1+x_m\times r)\times r^{|x_1|+\cdots+|x_{m-1}|+m-1}$$

这里, 已经把 $x_1, x_2, \cdots, x_m$ 转换成 r 进制表示的数, $|x_i|$ 是 x_i 的 r 进制表示的长度.

同样地, $\mathscr{P}$ 在计算结束前还需要把 W($\mathscr{M}$ 的带的内容)转换成 n 进制数(删去不属于 A 的符号)后赋给输出变量 Y. 这可以用换底函数 DOWNCHANGE 来实现. 换底函数 UPCHANGE, DOWNCHANGE 及长度函数 LENGTH 都是原始递归函数(见 2.7 节和习题 2.22), 故上面使用的运算都是合法的. 子程序 $\mathscr{P}_i$ 和 $\mathscr{P}_{ij}$ 可以以任意的顺序排列, 唯一的限制是 $\mathscr{P}_1$ 必须排在最前面. 图 4.10 列出了程序 $\mathscr{P}$.

$X_1 \leftarrow \text{UPCHANGE}_{n,r}(X_1)$

⋮

$X_m \leftarrow \text{UPCHANGE}_{n,r}(X_m)$

$L_1 \leftarrow \text{LENGTH}_r(X_1)$

⋮

$L_m \leftarrow \text{LENGTH}_r(X_m)$

$K \leftarrow 1$

$W \leftarrow r+X_1\times r+(n+1+X_2\times r)\times r^{L_1+1}+\cdots+(n+1+X_m\times r)\times r^{L_1+\cdots+L_{m-1}+m-1}$

$\mathscr{P}_1$

⋮

$\mathscr{P}_t$

$\mathscr{P}_{11}$

⋮

$\mathscr{P}_{tr}$

$[R]$ GOTO R

$[E]$ $Y \leftarrow \text{DOWNCHANGE}_{n,r}(W)$

图 4.10 模拟 Turing 机 $\mathscr{M}$ 的程序 $\mathscr{P}$

这样我们就证明了 Turing 机与 $\mathscr{S}$ 语言的等价性，从而得到下述定理.

定理 4.1　m 元部分函数 f 是部分可计算的当且仅当 f 是 Turing 部分可计算的.

4.4　Turing 机接受的语言

定义 4.5　设 Turing 机 $\mathscr{M}=(Q,A,C,\delta,B,q_1,F)$，$x\in A^*$. 如果从初始格局 q_1Bx 开始计算，$\mathscr{M}$ 最终停机在接受格局，则称 $\mathscr{M}$ **接受** x. $\mathscr{M}$ 接受的所有字符串组成的集合称作 $\mathscr{M}$ **接受的语言**，或 $\mathscr{M}$ **识别的语言**，记作 $L(\mathscr{M})$. 即

$$L(\mathscr{M})=\{x\in A^*\mid \mathscr{M}\text{接受 }x\}.$$

例如，例 4.1 中的 Turing 机 $\mathscr{M}$ 接受的语言是

$$L(\mathscr{M})=\{x\mid x=\varepsilon\text{ 或 }x=u0,u\in\{0,1\}^*\}.$$

［**例 4.4**］　设计一台 Turing 机接受语言

$$L=\{ww^R\mid w\in\{0,1\}^*\},$$

其中 w^R 表示 w 的反转，例如，$(a_1a_2\cdots a_k)^R=a_k\cdots a_2a_1$.

解：读写头从左到右，检查左端第一个符号和右端第一个符号. 若相同，则把它们删去，回到左端，重复上述动作. 读写头如此左右来回运动，如果在删去右端的符号后已把整个输入 x 删去，则表明 $x\in L$，停机在接受状态. 如果在某一次检查时发现左右两端的符号不相同，或者在删去右端的符号后只剩下一个符号，则表明 $x\notin L$，停机在非接受状态. 见状态转移图 4.11. 若在状态 q_2 下扫描到 0 或 1，则分别转移到 q_3 和 q_4. q_3-q_5-q_7-q_9 和 q_4-q_6-q_8-q_{10} 分别把带头移到右端，并检查右端的符号是否为 0 和 1. 若是，则删去右端的符号，转移到 q_{11}. q_{11}-q_{12}-q_{13}-q_2 把带头移到剩余字符串的左端，重复上述过程. 若在状态 q_9 下扫描到 1 或在状态 q_{10} 下扫描到 0，则表明 x 不是左右对称的，停机. 若在状态 q_5 或 q_6 下扫描到空白符 B，则表明 x 的长度为奇数，也停机. q_5，q_6，q_9，q_{10} 都不是接受状态. 若在状态 q_{12} 下扫描到空白符 B，则表明在删去右端的这个符号后已把整个 x 删尽，$x\in L$，停机在接受状态 q_{12}. 若在状态 q_2 下扫描到空白符 B(刚开始计算时)，则表明 $x=\varepsilon$，也有 $x\in L$，停机在 q_2，q_2 也是接受状态. 这台 Turing 机是总停机的.

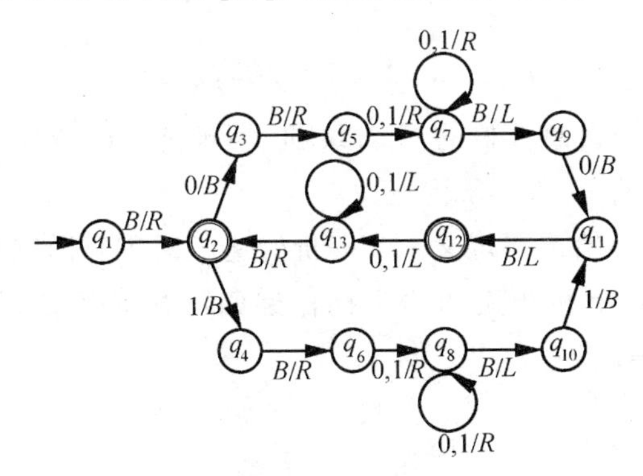

图 4.11　**接受 $\{ww^R\mid w\in\{0,1\}^*\}$ 的 TM**

定理 4.2　一个语言能被 Turing 机接受当且仅当它是递归可枚举的.

证：设字母表 A，$L\subseteq A^*$. 如果存在 Turing 机 $\mathscr{M}$ 接受 L，设 $g(x)$ 是 $\mathscr{M}$ 计算的 A 上的一元部分函数，则

$$L = \{x \in A^* \mid g(x) \downarrow\}.$$

根据定理 4.1,g 是部分可计算的,故 L 是 r.e..

反之,如果 L 是 r.e.,则存在 A 上的部分可计算函数 $g(x)$ 使得

$$L = \{x \in A^* \mid g(x) \downarrow\}.$$

根据定理 4.1,存在 Turing 机 $\mathscr{M}$ 计算 g. 显然,$\mathscr{M}$ 接受 L. □

如果 Turing 机对所有的输入总停机,则称它是**总停机的**. 例 4.4 中给出的是一台总停机的 Turing 机. 关于总停机的 Turing 机接受的语言有下述定理.

定理 4.3 一个语言能被总停机的 Turing 机接受当且仅当它是递归的.

证:设 $\mathscr{M}$ 是一台总停机的 Turing 机,它接受语言 $L \subseteq A^*$. 我们要改造 $\mathscr{M}$ 得到一台新的 Turing 机 $\mathscr{M}'$,$\mathscr{M}'$ 计算 A 上的谓词 $P(x)$,使得对任意的 $x \in A^*$,$\mathscr{M}$ 接受 x 当且仅当 $P(x)$ 为真. 具体做法如下:设 $\mathscr{M}$ 和 $\mathscr{M}'$ 的动作函数分别为 δ 和 δ',在 A 中指定一个符号 α 作为 $\mathscr{M}'$ 的"第一个"输入符号,引入一个新的状态 p 作为 $\mathscr{M}'$ 唯一的接受停机状态,对所有的符号 s,$\delta'(p,s)\uparrow$. 当然还要引入一些其他的新状态,甚至新的带符号. 当 $\mathscr{M}$ 停机在某个接受状态时,$\mathscr{M}'$ 接着把带的内容改写成 α,然后停机在 p;当 $\mathscr{M}$ 停机在某个非接受状态时,$\mathscr{M}'$ 接着把带清空,然后也停机在 p. 显然,$\mathscr{M}'$ 计算上面要求的谓词 $P(x)$. 为了能实现上述操作,$\mathscr{M}'$ 需要知道带头访问过的范围. 这可以如下实现:用两个特殊的带符号分别表示左右端点,开始计算时把它们分别放在输入的两端,以后每当带头企图越出现有的范围时,就把该端点的符号向外移一格. 于是

$$L = \{x \in A^* \mid \mathscr{M} \text{接受 } x\} = \{x \in A^* \mid P(x)\},$$

从而,L 是递归的.

反之,设 L 是递归的. 于是,存在可计算谓词 $P(x)$,使得

$$L = \{x \in A^* \mid P(x)\}.$$

令

$$f(x) = \begin{cases} 1, & \text{若 } P(x), \\ \uparrow, & \text{否则}, \end{cases}$$

则有

$$L = \{x \in A^* \mid f(x) \downarrow\}.$$

设 $\mathscr{M}$ 计算谓词 $P(x)$,$\mathscr{M}$ 是一台总停机的 Turing 机,不难把它改造成一台计算 $f(x)$ 的总停机的 Turing 机 $\mathscr{M}'$,$\mathscr{M}'$ 接受语言 L. □

根据上述两个定理,下面给出与定义 3.2 等价的递归语言和递归可枚举语言的定义.

定义 4.6 能够用 Turing 机识别的语言称作**递归可枚举语言**. 能够用总停机的 Turing 机识别的语言称作**递归语言**.

练 习

4.4.1 给出练习 4.1.1 中 TM 接受的语言.

4.4.2 给出接受下述语言的 TM:

(1) $\{(01)^n \mid n \geqslant 1\}$;

(2) $\{w \mid w \in \{a,b\}^*$ 且 w 至少含有 2 个连续的 $b\}$;

(3) $\{a^{2n} \mid n \in N\}$；

(4) $\varnothing$；

(5) $\{\varepsilon\}$.

4.4.3 给出定理 4.3 后半部证明中的总停机的 Turing 机 $\mathscr{M}'$ 的详细构造思路.

4.5 非确定型 Turing 机

一台**非确定型 Turing 机** $\mathscr{M}$ 也由 7 部分组成，记作 $\mathscr{M}=(Q,A,C,\delta,B,q_1,F)$，其中 Q,A,C,B,q_1,F 与基本 Turing 机的相同，而动作函数 δ 为 $Q\times C$ 到 $(C\cup\{L,R\})\times Q$ 的二元关系. 对于每一对 $q\in Q$ 和 $s\in C$，$\delta(q,s)$ 是 $(C\cup\{L,R\})\times Q$ 的子集，给出若干个可能的动作. 子集的每一个元素给出一个可能的动作. 在当前状态为 q、被扫描的符号为 s 时，若 $\delta(q,s)\neq\varnothing$，则 $\mathscr{M}$ 执行其中的任意一个动作；若 $\delta(q,s)=\varnothing$，则停止计算. 和基本 Turing 机一样，动作函数 δ 可以表示成 4 元组的有穷集合，并且不再需要限制集合内没有多个 4 元组以相同的 qs 开始.

和基本 Turing 机不同的是，非确定型 Turing 机的动作是不确定的，在每一步有若干个可能的动作. 给定初始格局，非确定型 Turing 机可能有不止一个计算，有的停机早，有的停机晚，有的停机在接受状态，有的停机在非接受状态，甚至还可能永不停机. 它可表示成一棵树，树根是初始格局，每一个节点是一个格局. 从树根开始的每一条路径(可能是无穷的)是一个计算，如图 4.12 所示. 相对地，基本 Turing 机在每一步的动作是完全确定的. 给定初始格局，它只有唯一的一个计算，因此基本 Turing 机是确定型的，称作**确定型 Turing 机**. 用 DTM 作为确定型 Turing 机的缩写，NTM 作为非确定型 Turing 机的缩写. DTM 是特殊类型的 NTM. 今后在一般情况下 Turing 机(TM)均指 NTM，它包括 DTM 在内.

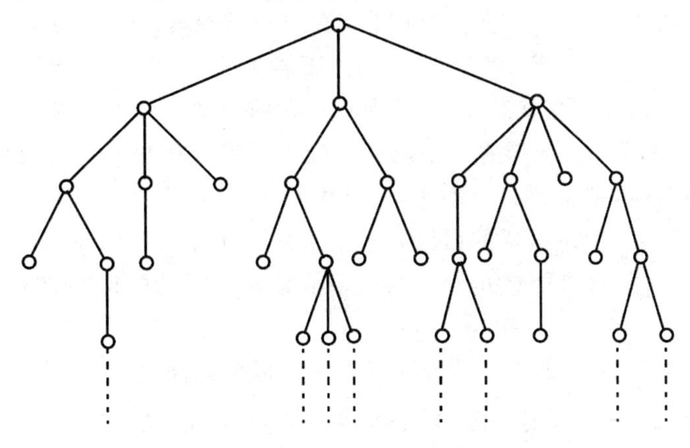

图 4.12 NTM 的计算树

通常，非确定型 Turing 机只用做语言接受器，而不再用来计算函数.

定义 4.7 设 NTM$\mathscr{M}=(Q,A,C,\delta,B,q_1,F)$，$x\in A^*$. 如果存在从初始格局 $\sigma_1=q_1Bx$ 开始、以某个接受格局结束的计算，则称 $\mathscr{M}$ **接受** x，并把该计算称作接受 x 的计算或关于 x 的**接受计算**. $\mathscr{M}$ 接受的字符串的全体称作 $\mathscr{M}$ **接受的语言**，或 $\mathscr{M}$ **识别的语言**，记作$L(\mathscr{M})$. 即

$$L(\mathscr{M}) = \{x \in A^* \mid \mathscr{M} \text{接受 } x\}.$$

根据定义，对于任何 $x\in A^*$，如果 $x\notin L(\mathscr{M})$，则从初始格局 σ_1 开始的任何计算都永不停

机或停机在非接受状态；如果 $x\in L(\mathscr{M})$，则一定存在从 σ_1 开始的最终停机在接受状态的计算. 这种接受 x 的计算可能不止一个，并且不排除存在从 σ_1 开始永不停机和停机在非接受状态的计算.

［例 4.5］ NTM $\mathscr{M}=(Q,A,C,\delta,B,q_0,F)$，其中 $Q=\{q_0,q_1,q_2\}$，$A=\{0,1\}$，$C=\{0,1,B\}$，$\delta=\{q_0BRq_1,q_10Rq_1,q_11Rq_1,q_10Rq_2,q_200q_2,q_211q_2\}$. 它的状态转移图如图 4.13 所示.

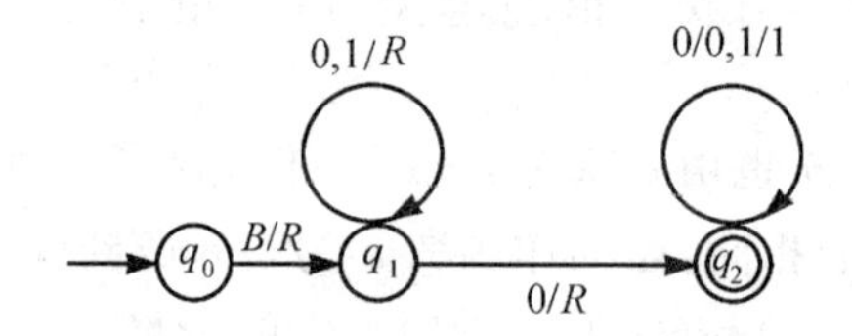

图 4.13 NTM $\mathscr{M}$ 的状态转移图

对于输入 $x=100$，$\mathscr{M}$ 可以有好几个计算. 例如，

(1) $q_0\,B\,1\,0\,0 \vdash B\,q_1\,1\,0\,0 \vdash B\,1\,q_1\,0\,0 \vdash B\,1\,0\,q_1\,0 \vdash B\,1\,0\,0\,q_1\,B$

停机在非接受状态 q_1.

(2) $q_0\,B\,1\,0\,0 \vdash B\,q_1\,1\,0\,0 \vdash B\,1\,q_1\,0\,0 \vdash B\,1\,0\,q_2\,0 \vdash B\,1\,0\,q_2\,0 \vdash \cdots$

$\mathscr{M}$ 在状态 q_2 下，读写头重复在它扫描的那个方格内写 0，陷入死循环.

(3) $q_0\,B\,1\,0\,0 \vdash B\,q_1\,1\,0\,0 \vdash B\,1\,q_1\,0\,0 \vdash B\,1\,0\,q_1\,0 \vdash B\,1\,0\,0\,q_2\,B$

停机在接受状态 q_2. 这是关于 100 的接受计算，因此 $\mathscr{M}$ 接受 100.

可以看出，$\mathscr{M}$ 接受的语言是

$$L(\mathscr{M})=\{x0\,|\,x\in\{0,1\}^*\}.$$

可以用这样的方法理解 NTM. 设想 NTM 具有“猜想”的本领，当 $x\in L$ 时，在每一步总能猜对，最后得到一个接受 x 的计算；而当 $x\notin L$ 时，不管怎么猜，都不可能得到接受 x 的计算. 从而能够识别 L. 以上例为例，在状态 q_1 下读到 0 时有两个动作可供选择：向右移一格并保留在 q_1，向右移一格并转移到 q_2. 选择哪一个动作依赖于猜想现在是不是已经到了最右端. 如果猜想现在已经到了最右端，则做第二个动作，否则做第一个动作. 于是，当 x 最右端是 0 时，可以设想每一步都能够猜对(存在这样的可能)，从而最终停机在接受状态 q_2；而当 x 最右端是 1 或 $x=\varepsilon$ 时，不管怎么猜(猜对或猜错)，最后的结果都是要么停机在非接受状态 q_1、要么陷于状态 q_2 下的死循环.

这种猜想能力是很有用的. 例如，要判断一个数 x 是否是合数，通常的做法是挨个用 2，3，…去除 x，如果有一个能整除 x，则 x 是合数；如果直到 $\sqrt{x}$ 为止，没有一个数能整除 x，那么 x 是素数. 如果机器有猜想能力就方便多了，先猜想两个大于 1 小于 x 的数 u 和 v，然后检查 uv 是否等于 x. 若 x 是合数，则确实可以猜想到这样两个数 u 和 v 使得 $uv=x$；若 x 是素数，则不可能.

可以把 DTM 看作 NTM 的特殊情况，即对每一对 q 和 s，$\delta(q,s)$ 至多包含一个元素，因此 NTM 识别的语言类包含 DTM 识别的语言类. 现在的问题是这种非确定性是否真地增加了 Turing 机的计算能力？答案是否定的. 实际上 NTM 和 DTM 识别相同的语言类，都是递归可枚举的语言.

定理 4.4 语言 L 能用确定型 Turing 机识别当且仅当 L 能用非确定型 Turing 机识别.

证：只需证明充分性. 设 NTM$\mathscr{M}$ 识别 L，要构造一台识别 L 的 DTM$\mathscr{M}'$. 任给输入 x，要用

$\mathscr{M}'$模拟 $\mathscr{M}$ 对 x 的计算. $\mathscr{M}$ 对 x 的计算可表成一棵树，如图 4.12 所示. $\mathscr{M}'$采用宽度优先的方式搜索 $\mathscr{M}$ 的计算树. 一旦搜索到 $\mathscr{M}$ 的接受格局，$\mathscr{M}'$就停机并接受 x，否则(包括非停机格局和非接受的停机格局)继续搜索下去(只要还有尚未搜索过的格局). 下面非形式化地给出 $\mathscr{M}'$的描述.

$\mathscr{M}'$有 3 条带，第一条带用来存放 $\mathscr{M}$ 的格局序列，形式为

$$\#\sigma_1\#\sigma_2\#\cdots*\#\sigma_j\#\cdots\#\sigma_t,$$

其中 $\sigma_1,\cdots,\sigma_t$ 是格局，# 是分隔符，* 是一个标记，用来表示 $\mathscr{M}'$即将或正在模拟这个格局. * 左边的格局都已模拟过了，不再有用. 第二条带存放当前正在模拟的格局，第三条带是模拟用的工作带. $\mathscr{M}'$如下工作：

(1) 首先，根据输入 x 在第一条带上生成 $*\#\sigma_1$，其中 σ_1 是 $\mathscr{M}$ 的初始格局.

(2) 开始模拟 σ_j，在它左边的分隔符 # 前有标记 *，把 σ_j 复制到第二条带上.

(3) 读取 σ_j 中 $\mathscr{M}$ 的状态 q 和被扫描的符号 s. 如果 σ_j 是 $\mathscr{M}$ 的接受格局，则停机并接受 x；否则根据 $\mathscr{M}$ 的动作函数 $\delta(q,s)$，在第三条带上生成 σ_j 的所有后继.

(4) 把 σ_j 的所有后继复制到第一条带上，按规定的格式接在现有序列的后面，并把 * 向右移到下一个 # 的前面. 返回到(2)，重复上述过程.

设 $\mathscr{M}$ 的计算树的最大分支数为 m，即对所有的 q 和 s，$|\delta(q,s)|\leqslant m$. 当 $x\in L$ 时，设 $\mathscr{M}$ 接受 x 的最短计算的长度为 t，计算的最后是接受格局 σ_f，则 σ_f 在 $\mathscr{M}$ 计算树的第 t 层(把树根作为第 1 层)，宽度优先搜索计算树至多需要检查 $1+m+m^2+\cdots+m^{t-1}$ 个格局一定能够找到 σ_f，从而 $\mathscr{M}'$接受 x. 若 $x\notin L$，则 $\mathscr{M}'$停机在非接受格局(当不再有尚未模拟的格局时)或永不停机. □

NTM 是一种重要的计算模型，它在 NP 完全性理论(第十章)中起着核心作用. 但是，需要指出的是，它并不能对应于我们通常的算法. 不可能在实际的计算中直接实现 NTM.

练　习

4.5.1　设 NTM $\mathscr{M}=(Q,A,C,\delta,B,q_0,\{q_2\})$，其中 $Q=\{q_0,q_1,q_2\}$，$A=\{0,1\}$，$C=\{0,1,B\}$，$\delta(q_0,B)=\{(R,q_0)\}$，$\delta(q_0,0)=\{(R,q_0),(R,q_1),(R,q_2)\}$，$\delta(q_1,1)=\{(R,q_0)\}$，$\delta(q_2,0)=\{(L,q_0)\}$，$\delta(q_2,1)=\{(L,q_0)\}$.

(1) 画出关于输入 0010 的计算树；

(2) 给出关于输入 0010 的一个停机在接受格局的计算，一个停机在非接受格局的计算和一个永不停机的计算；

(3) 给出 $L(\mathscr{M})$.

4.5.2　在定理 4.4 的证明中，

(1) DTM $\mathscr{M}'$的带字母表至少应包含哪些符号？

(2) $\mathscr{M}'$能用深度优先的方式搜索 $\mathscr{M}$ 的计算树吗？为什么？

习　题

4.1　设字母表 $A=\{a,b\}$，$f(x)=x^R$，其中 x^R 是 x 的**反转**，即颠倒 x 的符号的排列顺序所得到的字符串. 如，$(abab)^R=baba$. 试构造一台 TM 计算 $f(x)$.

4.2　设计一台 TM 以一进制方式计算 $\lfloor\log_2(x+1)\rfloor$.

4.3　设计一台 TM 以(按 2.7 节规定的)二进制方式计算下述函数：

(1) $x+1$;　　　　　　(2) $x\dot{-}1$.

4.4　设计接受下述语言的基本 TM,只需给出详细的设计思想,而不必给出 TM 的形式化描述:

(1) $\{0^n1^n \mid n\in N\}$;

(2) $\{w \mid w\in\{0,1\}^*$ 且 w 中 0 和 1 的个数相同$\}$;

(3) $\{w\#w \mid w\in\{0,1\}^*$ 且 $|w|\geqslant 1\}$;

(4) $\{ww \mid w\in\{0,1\}^*\}$.

4.5　设计接受上题(1)—(3)的 2 带 TM,要求计算步数正比于输入长度. 只需给出详细的设计思想,而不必给出 TM 的形式化描述.

4.6　设计接受习题 4.4(4)的 NTM(可以是多带的),要求尽量发挥非确定性的特点,避免重复和使接受计算的长度尽量的短. 只需给出详细的设计思想,而不必给出 TM 的形式化描述.

4.7　**不指定接受状态的 TM** 和基本 TM 的区别是没有接受状态集,并且把所有的停机格局都看作接受格局. 试证明:

(1) 函数 f 是 Turing 部分可计算的,当且仅当存在不指定接受状态的 TM 计算 f;

(2) 语言 L 是 r. e. 当且仅当存在不指定接受状态的 TM 接受 L.

4.8　证明:A 上语言 L 是 r. e. 当且仅当存在 DTM $\mathscr{M}$ 接受 L,且 $\mathscr{M}$ 有唯一的接受状态 q_Y.

4.9　证明:A 上语言 L 是递归的,当且仅当存在总停机的 DTM $\mathscr{M}$ 接受 L,且 $\mathscr{M}$ 有唯一的接受状态 q_Y 和唯一的非接受的停机状态 q_N,使得当 $x\in A$ 时,$\mathscr{M}$ 最终停机在 q_Y;当 $x\notin A$ 时,$\mathscr{M}$ 最终停机在 q_N.

4.10　利用 TM 证明:若 L 是递归的,则 $\overline{L}$ 也是递归的. 又问:这个证明能否推广到 r. e. 集? 为什么?

思考题:请你试一试仿照通用程序定义通用 Turing 机,并证明它的存在性.

第五章　过程与文法

5.1　半 Thue 过程

定义 5.1　设字母表 A，$g,h\in A^*$. 把形如

$$g\to h$$

的表达式称作**半 Thue 产生式**，简称作**产生式**. 半 Thue 产生式的有穷集合称作**半 Thue 过程**[①].

产生式给出对 A 上字符串的一种替换规则. 设产生式 $g\to h$，把它记作 P. 又设 $u,v\in A^*$. 如果存在 $\alpha,\beta\in A^*$ 使得

$$u=\alpha g\beta,\qquad v=\alpha h\beta,$$

即把 u 中的子串 g 替换成 h 得到 v，则记作

$$u\underset{P}{\Rightarrow}v.$$

设半 Thue 过程 Π，如果存在 $P\in\Pi$ 使得 $u\underset{P}{\Rightarrow}v$，则记作

$$u\underset{\Pi}{\Rightarrow}v.$$

如果

$$u=u_1\underset{\Pi}{\Rightarrow}u_2\underset{\Pi}{\Rightarrow}\cdots\underset{\Pi}{\Rightarrow}u_n=v,$$

则记作

$$u\overset{*}{\underset{\Pi}{\Rightarrow}}v,$$

称序列 $u_1=u,u_2,\cdots,u_n=v$ 是从 u 到 v 的**派生**. 特别地，取 $n=1$，对任意的 $u\in A^*$，总有

$$u\overset{*}{\underset{\Pi}{\Rightarrow}}u.$$

当不会引起混淆时，常省去$\Rightarrow$号下的 P 或 Π，写成

$$u\Rightarrow v\quad\text{和}\quad u\overset{*}{\Rightarrow}v.$$

例如，设 $\Pi=\{ab\to aaa,ba\to bba\}$，则有

$aba\Rightarrow aaaa=a^4$，用一次 $ab\to aaa$.

$aba\Rightarrow abba\Rightarrow aaaba\Rightarrow a^6$，用一次 $ba\to bba$，再用二次 $ab\to aaa$.

$aba\Rightarrow abba\Rightarrow abbba\overset{*}{\Rightarrow}a^8$，用二次 $ba\to bba$，再用三次 $ab\to aaa$.

$\cdots$.

$h\to g$ 称作产生式 $g\to h$ 的**逆**. 如果半 Thue 过程包含它的每一个产生式的逆，则称这个过程是 **Thue 过程**.

练　　习

5.1.1　设 $\Pi=\{ab\to ba,bb\to aab\}$，下述命题是真是假：

① "Thue"一词来自挪威数学家 Axel Thue 的姓，读作"图厄".

(1) $abab \Rightarrow abba$;

(2) $abab \Rightarrow aabb$;

(3) $abab \stackrel{*}{\Rightarrow} aabb$;

(4) $abab \Rightarrow bbaa$;

(5) $abab \stackrel{*}{\Rightarrow} bbaa$;

(6) $abab \stackrel{*}{\Rightarrow} aaab$;

(7) $abab \stackrel{*}{\Rightarrow} aaaab$;

(8) $abab \stackrel{*}{\Rightarrow} baaaa$.

5.1.2 设 $\Pi=\{ab \to ba, bb \to abab, b \to a\}$,给出 $bb \stackrel{*}{\Rightarrow} a^6$ 的派生.

5.2 用半 Thue 过程模拟 Turing 机

设 TM$\mathcal{M}=(Q,A,C,\delta,s_0,q_1,F)$,其中 $C=\{s_0,s_1,\cdots,s_m\}$,$Q=\{q_1,q_2,\cdots,q_n\}$. 要构造半 Thue 过程 $\Sigma(\mathcal{M})$模拟 TM$\mathcal{M}$. $\Sigma(\mathcal{M})$使用的字母表为

$$\widetilde{C}=\{s_0,s_1,\cdots,s_m,q_0,q_1,\cdots,q_n,q_{n+1},h\}.$$

$\mathcal{M}$ 的格局 $a_1\cdots q_i a_j\cdots a_k$ 用 $\widetilde{C}$ 上的字符串

$$ha_1\cdots q_i a_j\cdots a_k h$$

来表示. 这个字符串叫做 Post 字. 一个格局对应有多个 Post 字,在紧挨 h 的地方可以添加任意有穷个 s_0.

一般地,**Post 字** 是一个字符串 huq_ivh,其中 $u,v\in C^*$,$0\leqslant i\leqslant n+1$. 当 $1\leqslant i\leqslant n$ 时,Post 字对应 $\mathcal{M}$ 的一个格局.

$\Sigma(\mathcal{M})$包括下述产生式:

(1) 对于 $\mathcal{M}$ 的每一个 $q_is_js_kq_l$,有

$$q_is_j \to q_ls_k.$$

(2) 对于 $\mathcal{M}$ 的每一个 $q_is_jRq_l$,有

$$q_is_js_k \to s_jq_ls_k,\quad k=0,1,\cdots,m,$$
$$q_is_jh \to s_jq_ls_0h.$$

(3) 对于 $\mathcal{M}$ 的每一个 $q_is_jLq_l$,有

$$s_kq_is_j \to q_ls_ks_j,\quad k=0,1,\cdots,m,$$
$$hq_is_j \to hq_ls_0s_j.$$

(4) 若 $\mathcal{M}$ 没有以 q_is_j 开头的 4 元组且 $q_i\in F$,则有

$$q_is_j \to q_{n+1}s_j.$$

q_{n+1}相当于"接受停机"状态.

(5)

$$q_{n+1}s_j \to q_{n+1},\quad j=0,1,\cdots,m,$$
$$q_{n+1}h \to q_0h,$$
$$s_jq_0 \to q_0,\quad j=0,1,\cdots,m.$$

前三组产生式分别模拟对应的 4 元组. 于是,对于 $\mathcal{M}$ 的每一个有穷长度的计算,对应地有一个由 Post 字组成的派生,这些 Post 字恰好依次对应计算中的格局.

例如，$\mathscr{M}$有 4 元组：

$$q_2s_2s_1q_3, q_3s_1Rq_3,$$

则 $\Sigma(\mathscr{M})$含有产生式：

$$q_2s_2 \to q_3s_1,$$
$$q_3s_1s_k \to s_1q_3s_k, \quad k=0,1,\cdots,m,$$
$$q_3s_1h \to s_1q_3s_0h.$$

$\mathscr{M}$可以有下述计算：

$$s_2q_2s_2s_1 \vdash s_2q_3s_1s_1 \vdash s_2s_1q_3s_1 \vdash s_2s_1s_1q_3s_0.$$

对应的派生为：

$$hs_2q_2s_2s_1h \Rightarrow hs_2q_3s_1s_1h \Rightarrow hs_2s_1q_3s_1h \Rightarrow hs_2s_1s_1q_3s_0h.$$

注意，当 q_i 要移出字符串的两端时应添加 s_0；反之，如果派生中的每一个 Post 字都对应 $\mathscr{M}$ 的一个格局，则这些格局构成一个计算.

第 4 组产生式保证如果 $\mathscr{M}$ 对输入 $x\in A^*$ 最终停机在接受状态，则 $\Sigma(\mathscr{M})$ 从 hq_1s_0xh 派生出含有 q_{n+1} 的 Post 字. 事实上，也只有当 $\mathscr{M}$ 对输入 $x\in A^*$ 最终停机在接受状态时$\Sigma(\mathscr{M})$才能够从 hq_1s_0xh 派生出含有 q_{n+1} 的 Post 字. 因为前三组产生式都不可能派生出含有 q_{n+1} 的 Post 字，第 5 组产生式也不可能从不含 q_{n+1} 的 Post 字派生出含 q_{n+1} 的 Post 字.

第 5 组产生式保证 $\Sigma(\mathscr{M})$ 从含 q_{n+1} 的 Post 字能派生出 hq_0h. 事实上，也只能从含 q_{n+1} 的 Post 字派生出 hq_0h，因为其他 4 组产生式都不能派生出 hq_0h.

定理 5.1　设 NTM$\mathscr{M}=(Q,A,C,\delta,s_0,q_1,F)$，$x\in A^*$，则 $\mathscr{M}$ 接受 x 当且仅当

$$hq_1s_0xh \overset{*}{\underset{\Sigma(\mathscr{M})}{\Longrightarrow}} hq_0h.$$

证：设 $\mathscr{M}$ 接受 x，则

$$q_1s_0x \overset{*}{\underset{\mathscr{M}}{\vdash}} uq_is_jv,$$

其中 $u,v\in C^*$，$q_i\in F$，并且 $\mathscr{M}$ 没有以 q_is_j 开头的 4 元组. 于是，有

$$\begin{aligned} hq_1s_0xh &\overset{*}{\underset{\Sigma(\mathscr{M})}{\Longrightarrow}} huq_is_jvh \\ &\underset{\Sigma(\mathscr{M})}{\Longrightarrow} huq_{n+1}s_jvh \\ &\overset{*}{\underset{\Sigma(\mathscr{M})}{\Longrightarrow}} huq_{n+1}h \\ &\underset{\Sigma(\mathscr{M})}{\Longrightarrow} huq_0h \\ &\overset{*}{\underset{\Sigma(\mathscr{M})}{\Longrightarrow}} hq_0h. \end{aligned}$$

反之，设 $hq_1s_0xh \overset{*}{\underset{\Sigma(\mathscr{M})}{\Longrightarrow}} hq_0h$. 由于只有含 q_{n+1} 的 Post 字才能派生出含 q_0 的字，而含 q_{n+1} 的 Post 字又只能由含这样的 q_is_j 的 Post 字派生出来，这里 $\mathscr{M}$ 没有以 q_is_j 开头的 4 元组且 $q_i\in F$，因此必有

$$hq_1s_0xh \overset{*}{\underset{\Sigma(\mathscr{M})}{\Longrightarrow}} huq_is_jvh,$$

其中 $u,v\in C^*$. 相应地，有

$$q_1s_0x \overset{*}{\underset{\mathscr{M}}{\Longrightarrow}} uq_is_jv,$$

而后一个格局是接受格局，所以 $\mathscr{M}$ 接受 x.　□

由 $\Sigma(\mathscr{M})$中所有产生式的逆组成的半 Thue 过程记作 $\Omega(\mathscr{M})$. 显然，对于任意两个 Post 字

α,β,

$$\alpha \overset{*}{\underset{\Sigma(\mathscr{M})}{\Longrightarrow}} \beta \text{ 当且仅当 } \beta \overset{*}{\underset{\Omega(\mathscr{M})}{\Longrightarrow}} \alpha.$$

因此,有:

定理 5.2 设 NTM$\mathscr{M}=(Q,A,C,\delta,s_0,q_1)$,$x\in A^*$,则 $\mathscr{M}$ 接受 x 当且仅当

$$hq_0h \overset{*}{\underset{\Omega(\mathscr{M})}{\Longrightarrow}} hq_1s_0xh.$$

练 习

5.2.1 设 TM$\mathscr{M}$ 由下述 4 元组给出:q_1BRq_1,q_10Rq_2,q_20Bq_2,q_211q_1,其中 q_1 是初始状态,接受状态集为 $\{q_2\}$.

(1) 写出 $\Sigma(\mathscr{M})$;

(2) 写出 $\mathscr{M}$ 关于下述 x 的计算和对应 Post 字的派生:

① $x=0000$,

② $x=0101$,

③ $x=0$;

(3) 对于(2)中 $\mathscr{M}$ 接受的 x,将对应 Post 字的派生延伸至 hq_0h.

5.2.2 对于上题的 TM$\mathscr{M}$,

(1) 写出 $\Omega(\mathscr{M})$;

(2) 对于上题(2)中 $\mathscr{M}$ 接受的 x,写出定理 5.2 中的派生.

5.3 文 法

定义 5.2 一个**短语结构文法** G 由下述 4 部分组成:

(1) 变元集 V,V 是非空有穷集合,它的元素称作**变元**或**非终极符**;

(2) 终极符集 T,T 是有穷集合,它的元素称作**终极符**,并且 $V\cap T=\varnothing$;

(3) $V\cap T$ 上产生式的有穷集合 Γ;

(4) **起始符** S,$S\in V$.

记作 $G=(V,T,\Gamma,S)$.短语结构文法又称作**无限制文法**,简称**文法**.

文法实际上就是一个半 Thue 过程,把它的字母表分成两个不相交的部分,分别叫做变元集和终极符集,并指定一个特殊的变元叫做起始符.

对于文法,今后总把 $\alpha\underset{\Gamma}{\Rightarrow}\beta$ 和 $\alpha\overset{*}{\underset{\Gamma}{\Rightarrow}}\beta$ 分别记作 $\alpha\underset{G}{\Rightarrow}\beta$ 和 $\alpha\overset{*}{\underset{G}{\Rightarrow}}\beta$,或简记作 $\alpha\Rightarrow\beta$ 和 $\alpha\overset{*}{\Rightarrow}\beta$.

定义 5.3 文法 $G=(V,T,\Gamma,S)$ **生成的语言**是

$$L(G)=\{u\mid u\in T^*\ \wedge S\overset{*}{\Rightarrow}u\}.$$

[例 5.1] 设文法 $G=(V,T,\Gamma,S)$,其中 $V=\{S,X\}$,$T=\{a,b\}$,$\Gamma=\{S\to aS,S\to aX,X\to bX,X\to b\}$.不难看出

$$L(G)=\{a^nb^m\mid n,m>0\}.$$

定理 5.3 设 L 是被非确定型 Turing 机接受的语言,则存在文法 G 使得 $L=L(G)$.

证:设 $L\subseteq A^*$,NTM$\mathscr{M}=(Q,A,C,\delta,s_0,q_1,F)$接受 L,其中 $Q=\{q_1,q_2,\cdots,q_n\}$.构造文法 $G=(V,T,\Gamma,S)$如下:$T=A$,$V=(C-A)\cup Q\cup\{q_0,q_{n+1},h,p,S\}$.这里 $q_0,q_{n+1},h,p,S\notin C\cup Q$,

而Γ由$\Omega(\mathscr{M})$的产生式以及下述产生式组成：

$$S \to hq_0h,$$
$$hq_1s_0 \to p,$$
$$ps \to sp, \quad \forall s \in T,$$
$$ph \to \varepsilon.$$

设$x \in L$，则$x \in T^*$且$\mathscr{M}$接受x. 由定理5.2，有

$$S \underset{G}{\Rightarrow} hq_0h \overset{*}{\underset{G}{\Rightarrow}} hq_1s_0xh \underset{G}{\Rightarrow} pxh \overset{*}{\underset{G}{\Rightarrow}} xph \underset{G}{\Rightarrow} x,$$

因此，$x \in L(G)$.

反之，设$x \in L(G)$，则$x \in T^*$且$S \overset{*}{\underset{G}{\Rightarrow}} x$. 注意到$S \to hq_0h$是$G$中唯一与$S$有关的产生式，故必有

$$S \underset{G}{\Rightarrow} hq_0h \overset{*}{\underset{G}{\Rightarrow}} x.$$

又因为$ph \to \varepsilon$是G中唯一可以得到T^*中元素的产生式，故必有

$$S \underset{G}{\Rightarrow} hq_0h \overset{*}{\underset{G}{\Rightarrow}} yphw \underset{G}{\Rightarrow} yw = x,$$

其中$y, w \in T^*$. 而$hq_1s_0 \to p$是G中唯一产生p的产生式，并注意到对任意的$v \in T^*$有$pv \overset{*}{\underset{G}{\Rightarrow}} vp$，故有

$$S \underset{G}{\Rightarrow} hq_0h \overset{*}{\underset{G}{\Rightarrow}} uhq_1s_0vhw \underset{G}{\Rightarrow} upvhw \overset{*}{\underset{G}{\Rightarrow}} uvphw \Rightarrow uvw = x,$$

这里$u, v \in T^*$且$uv = y$. 在从hq_0h到uhq_1s_0vhw的派生过程中不会使用$\Omega(\mathscr{M})$之外的产生式，即

$$hq_0h \overset{*}{\underset{\Omega(\mathscr{M})}{\Longrightarrow}} uhq_1s_0vhw.$$

但是$\Omega(\mathscr{M})$的产生式从Post字只能派生出Post字，所以$u = w = \varepsilon, x = uvw = v$. 于是，有

$$hq_0h \overset{*}{\underset{\Omega(\mathscr{M})}{\Longrightarrow}} hq_1s_0xh.$$

根据定理5.2，$\mathscr{M}$接受x. 从而$x \in L$.

这就证明了对任意的$x \in A^*$，$x \in L$当且仅当$x \in L(G)$，即$L = L(G)$. □

根据定理4.2、4.4和5.3，任何r.e.语言都可由文法生成，自然要问：文法生成的语言是否都是r.e.？答案是肯定的. 下面证明这个结论. 为此，我们再一次把字符串看成数的表示.

设文法$G = (V, T, \Gamma, S)$，其中$V = \{V_1, V_2, \cdots, V_k\}$，$T = \{s_1, s_2, \cdots, s_n\}$，$S = V_1$. 规定$V \cup T$的元素的顺序如下：

$$s_1, s_2, \cdots, s_n, V_1, V_2, \cdots, V_k,$$

并且按照这个顺序把$V \cup T$上的字符串看作$n+k$进制数.

引理 5.4　谓词$u \underset{G}{\Rightarrow} v$是原始递归的.

证：设G有l个产生式$P_i: g_i \to h_i$，$1 \leqslant i \leqslant l$. 对每一个$i (1 \leqslant i \leqslant l)$，

$$u \underset{P_i}{\Rightarrow} v \Leftrightarrow \exists\alpha\ \exists\beta(u = \alpha g_i\beta \wedge v = \alpha h_i\beta)$$
$$\Leftrightarrow (\exists\alpha)_{\leqslant u}(\exists\beta)_{\leqslant u}\{u = \text{CONCAT}^{(3)}(\alpha, g_i, \beta) \wedge v = \text{CONCAT}^{(3)}(\alpha, h_i, \beta)\},$$

CONCAT的定义见习题2.21，它是原始递归的，因此谓词$u \underset{P_i}{\Rightarrow} v$是原始递归的. 而

$$u \underset{G}{\Rightarrow} v \Leftrightarrow u \underset{P_1}{\Rightarrow} v \vee u \underset{P_2}{\Rightarrow} v \vee \cdots \vee u \underset{P_l}{\Rightarrow} v,$$

得证$u \underset{G}{\Rightarrow} v$是原始递归的. □

定义谓词

$$\text{DERIV}(u,y) \Leftrightarrow y=[u_1,u_2,\cdots,u_m,1] \wedge u_1=S \wedge u_m=u \wedge u_1 \underset{G}{\Rightarrow} u_2 \underset{G}{\Rightarrow} \cdots \underset{G}{\Rightarrow} u_m.$$

在序列 $u_1,u_2,\cdots,u_m$ 后添加 1 是为避免当 $u=\varepsilon$ 时可能产生的混乱.

引理 5.5 谓词 DERIV(u,y)是原始递归的.

证：注意到 S 的值等于 $n+1$,有

$$\begin{aligned}\text{DERIV}(u,y) \Leftrightarrow & (y)_1 = n+1 \wedge (y)_m = u \wedge (y)_{m+1} = 1 \\ & \wedge (\forall j)_{<m}\{j=0 \vee (y)_j \underset{G}{\Rightarrow} (y)_{j+1}\},\end{aligned}$$

其中 $m+1=\text{Lt}(y)$. 由引理 5.4,得证 DERIV(u,y)是原始递归的. □

定理 5.6 文法生成的语言是递归可枚举的.

证:设文法 $G=(V,T,\Gamma,S)$,对于 $x\in(V\cup T)^*$,

$$\begin{aligned} S \overset{*}{\underset{G}{\Rightarrow}} x &\Leftrightarrow (\exists y)\text{DERIV}(x,y) \\ &\Leftrightarrow \min_y \text{DERIV}(x,y)\downarrow \end{aligned}$$

根据引理 5.5 和定理 2.13,$\min_y \text{DERIV}(x,y)$是部分可计算函数,故集合

$$\{x \mid S \overset{*}{\underset{G}{\Rightarrow}} x\}$$

是 r. e.. 从而

$$L(G) = T^* \cap \{x \mid S \overset{*}{\underset{G}{\Rightarrow}} x\}$$

也是 r. e.. □

综合定理 4.2,4.4,5.3 和 5.6,有下述定理.

定理 5.7 设 L 是一个语言,下述命题是等价的:

(1) L 是递归可枚举的;

(2) L 被确定型 Turing 机接受;

(3) L 被非确定型 Turing 机接受;

(4) L 由文法生成.

练 习

5.3.1 设文法 $G=(V,T,\Gamma,S)$,其中 $V=\{S,A,B\}$,$T=\{a,b\}$,Γ 由下述产生式组成:

$S\to AS$ $\quad S\to BS$ $\quad S\to\varepsilon$

$A\to a$ $\quad B\to bb$

(1) G 能否生成下述字符串?

① $ABAB$,

② AAb,

③ Bba,

④ $abbbaa$,

⑤ $aabbbb$;

(2) 对(1)中 G 能生成的 T^* 中字符串,给出生成它的派生;

(3) 给出 $L(G)$的集合描述.

5.3.2 设文法 $G=(V,T,\Gamma,S)$,其中 $V=\{S,A,B,X\}$,$T=\{a,b\}$,Γ 由下述产生式组成:

$S\to ASA$ $\quad S\to B$

$B\to aXb$ $\quad B\to bXa$

$X \to AXA$　　$X \to A$　　$X \to \varepsilon$

$A \to a$　　$A \to b$

(1) G 能否生成下述字符串？

① $AAXAA$，

② $aAXbA$，

③ $AAXA$，

④ $aaaaabab$，

⑤ $aabbaa$；

(2) 对(1)中 G 能生成的 T^* 中字符串，给出生成它的派生；

(3) 给出 $L(G)$ 的集合描述.

5.3.3　写出模拟练习 5.2.1 中 TM$\mathcal{M}$ 的文法.

5.4　再论递归可枚举集

本节回到自然数集合上来，进一步讨论 r. e. 集与部分可计算函数的关系.

定理 5.8　设 $B \subseteq N$，若 B 是递归可枚举的，则存在原始递归谓词 $R(x,t)$ 使得

$$B = \{x \mid \exists t\, R(x,t)\}.$$

证：令 $L=\{s_1^x \mid x \in B\}$，则 L 是字母表 $T=\{s_1\}$ 上的 r. e. 语言. 由定理 5.7，存在文法 G 生成 L，即 $L=L(G)$. 于是，对于任意的 $x \in N$，

$$x \in B \Leftrightarrow \exists t\ \mathrm{DERIV}(s_1^x, t).$$

G 只有一个终极符 s_1，设有 k 个变元 $V_1, \cdots, V_k$. 在字母表 $\{s_1, V_1, \cdots, V_k\}$ 上以 $k+1$ 为底 s_1^x 表示的数为 $\mathrm{UPCHANGE}_{1,k+1}(x)$. 取

$$R(x,t) = \mathrm{DERIV}(\mathrm{UPCHANGE}_{1,k+1}(x), t),$$

$R(x,t)$ 是原始递归的，并且

$$B = \{x \mid \exists t\, R(x,t)\}.$$ □

定理 5.9　设 B 是一个非空递归可枚举集，则存在原始递归函数 $f(x)$ 使得

$$B = \{f(x) \mid x \in N\}.$$

证：根据定理 5.8，存在原始递归谓词 $R(y,t)$ 使得

$$B = \{y \mid \exists t\, R(y,t)\}.$$

B 非空，设 $y_0 \in B$. 令

$$f(x) = \begin{cases} l(x), & \text{若 } R(l(x), r(x)), \\ y_0, & \text{否则}, \end{cases}$$

其中 $l(x), r(x)$ 的定义见 2.4 节. $f(x)$ 是原始递归的.

对任意的 x，如果 $\neg R(l(x), r(x))$，则 $f(x)=y_0 \in B$. 如果 $R(l(x), r(x))$，取 $y=l(x)$，$t=r(x)$，则 $R(y,t)$ 为真. 于是，$f(x)=l(x)=y \in B$. 因此，总有 $f(x) \in B$.

反之，设 $y \in B$，则存在 t 使得 $R(y,t)$. 取 $x=\langle y,t \rangle$，有 $R(l(x), r(x))$，得 $f(x)=l(x)=y$. 这就证明了

$$B = \{f(x) \mid x \in N\}.$$ □

定理 5.10　集合 B 是递归可枚举的当且仅当存在部分可计算函数 $f(x)$ 使得

$$B=\{f(x)\mid f(x)\downarrow\}.$$

证：必要性的证明和定理 5.9 的基本相同，只需要取

$$f(x)=\begin{cases}l(x), & 若\ R(l(x),r(x)),\\ \uparrow, & 否则.\end{cases}$$

下面证明充分性. 令

$$g(x)=\begin{cases}0, & 若\ \exists z\,\{f(z)\downarrow\ \wedge\ x=f(z)\},\\ \uparrow, & 否则.\end{cases}$$

显然，

$$B=\{x\mid g(x)\downarrow\}.$$

下述 $\mathscr{S}$程序 $\mathscr{Q}$ 计算 $g(x)$，从而得证 B 是 r. e.. 设程序 $\mathscr{P}$ 计算 $f(x)$，$p=\#(\mathscr{P})$. 程序 $\mathscr{Q}$ 的清单如下：

```
[A]  IF ¬STP^(1)(Z,p,T) GOTO B
     V←f(Z)
     IF V=X GOTO E
[B]  Z←Z+1
     IF Z≤T GOTO A
     T←T+1
     Z←0
     GOTO A
```

□

根据上述两个定理可以得到关于非空集合 B 的蕴涵圈图5.1，从而得到下述定理：

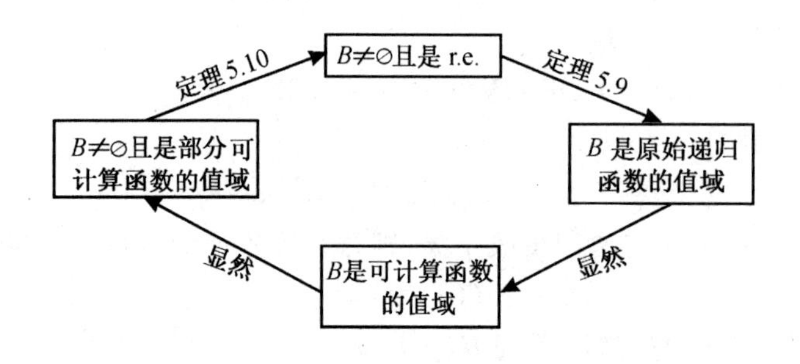

图 5.1　关于集合 B 的蕴涵圈

定理 5.11　设 B 非空，则下述命题是等价的：

(1) B 是递归可枚举的，即是一个部分可计算函数的定义域；

(2) B 是一个原始递归函数的值域；

(3) B 是一个可计算函数的值域；

(4) B 是一个部分可计算函数的值域.

作为定理 5.11 的应用，我们证明一个非 r. e. 集.

[例 5.2]　集合

$$T=\{t\in N\mid \Phi_t(x)\ 是全函数\}$$

不是递归可枚举的.

证:假设 T 是 r.e.,由于 $T \neq \varnothing$,根据定理 5.11,存在可计算函数 $g(x)$ 使得

$$T = \{g(x) \mid x \in N\}.$$

令

$$h(x) = \Phi(x, g(x)) + 1,$$

对每一个 $x \in N$,$g(x) \in T$. 由 T 的定义,$\Phi_{g(x)}$ 是一个全函数,当然有 $\Phi(x, g(x))\downarrow$,故 $h(x)$ 是一个全函数,所以 $h(x)$ 是可计算的. 于是,存在 $p \in T$ 使得 $h(x) = \Phi_p(x)$. 根据 $g(x)$ 的定义,存在 $x_0 \in N$ 使得 $p = g(x_0)$,得到

$$h(x_0) = \Phi(x_0, g(x_0)) + 1 = \Phi_p(x_0) + 1 = h(x_0) + 1,$$

矛盾. □

5.5　部分递归函数

在 2.3 节给出了部分递归函数的定义,并证明部分递归函数都是部分可计算的. 本节将证明部分可计算函数都是部分递归的,从而部分递归函数类等同于部分可计算函数类,递归函数类等同于可计算函数类.

引理 5.12　设 $g(x)$ 是部分可计算函数,则

$$B = \{\langle x, y\rangle \mid y = g(x)\}$$

是递归可枚举的.

证:令 $f(x) = \langle x, g(x)\rangle$,有

$$B = \{f(x) \mid f(x)\downarrow\}.$$

$f(x)$ 是部分可计算的,根据定理 5.10 得证 B 是 r.e.. □

定理 5.13　设 $f(x)$ 是部分可计算函数,则存在原始递归谓词 $R(x,t)$ 使得

$$f(x) = l(\min_t R(x,t)).$$

证:令 $B = \{\langle x, y\rangle \mid y = f(x)\}$. 由引理 5.12,$B$ 是 r.e.. 根据定理 5.8,存在原始递归谓词 $Q(u,v)$ 使得

$$B = \{u \mid \exists v\, Q(u,v)\}.$$

于是,

$$\begin{aligned} y = f(x) &\Leftrightarrow \langle x, y\rangle \in B \\ &\Leftrightarrow \exists v\, Q(\langle x, y\rangle, v) \\ &\Leftrightarrow \exists t\{y = l(t) \wedge Q(\langle x, l(t)\rangle, r(t))\}. \end{aligned}$$

只要证

$$f(x) = l(\min_t Q(\langle x, l(t)\rangle, r(t))).$$

事实上,若 $t_0 = \min_t Q(\langle x, l(t)\rangle, r(t))$ 有定义,令 $y = l(t_0)$,$v = r(t_0)$,则 $Q(\langle x, y\rangle, v)$. 从而,$f(x) = y = l(t_0)$. 若 $\min_t Q(\langle x, l(t)\rangle, r(t))$ 没有定义,则对任意的 y, v,$Q(\langle x, y\rangle, v)$ 为假,从而 $f(x)\uparrow$.

令 $R(x,t) = Q(\langle x, l(t)\rangle, r(t))$,$R(x,t)$ 是原始递归谓词,且有

$$f(x) = l(\min_t R(x,t)).$$ □

利用 Gödel 编码,不难把上述结果推广到 n 元部分可计算函数.

定理5.14(范式定理) 设 $f(x_1,\cdots,x_n)$是 n 元部分可计算函数,则存在原始递归谓词 $R(x_1,\cdots,x_n,t)$使得

$$f(x_1,\cdots,x_n)=l(\min_t R(x_1,\cdots,x_n,t)).$$

证:令 $g(x)=f((x)_1,\cdots,(x)_n)$,$g(x)$是部分可计算的. 根据定理 5.13,存在原始递归谓词$Q(x,t)$使得

$$g(x)=l(\min_t Q(x,t)).$$

令 $R(x_1,\cdots,x_n,t)=Q([x_1,\cdots,x_n],t)$,$R$ 是一个原始递归谓词并且

$$\begin{aligned}f(x_1,\cdots,x_n)&=g([x_1,\cdots,x_n])\\&=l(\min_t Q([x_1,\cdots,x_n],t))\\&=l(\min_t R(x_1,\cdots,x_n,t)).\end{aligned}$$

□

定理5.15 一个函数是部分可计算函数当且仅当它是部分递归函数.

证:由定理 2.15,已知任何部分递归函数都是部分可计算的.

反之,设 $f(x_1,\cdots,x_n)$是一个部分可计算函数,根据定理 5.14,它可表示成

$$f(x_1,\cdots,x_n)=l(\min_t R(x_1,\cdots,x_n,t)),$$

其中 $R(x_1,\cdots,x_n,t)$是原始递归谓词. 函数 $l(z)$也是原始递归的. 根据定义,$R(x_1,\cdots,x_n,t)$和 $l(z)$都可以由初始函数经过有限次合成和原始递归运算得到. 从而,$f(x_1,\cdots,x_n)$可以由初始函数经过有限次合成、原始递归和极小化运算得到,即 $f(x_1,\cdots,x_n)$是部分递归函数. □

推论 5.16 一个全函数是可计算函数当且仅当它是递归函数,一个谓词是可计算谓词当且仅当它是递归谓词.

5.6 再论 Church-Turing 论题

至此我们已经介绍了$\mathscr{S}$程序设计语言、递归函数、Turing 机(包括多种变形)和文法等计算模型,并证明它们是等价的,即计算相同的函数类——部分可计算函数或识别相同的语言类——递归可枚举语言. 这是 Church-Turing 论题的有力佐证.

非形式地说,一个问题是可计算的或可解的,是指存在解决这个问题的算法. 根据 Church-Turing 论题,一个算法就是一个$\mathscr{S}$程序或一台 Turing 机. 这是在广义的意义下说的. 在通常的意义下,算法有两个最基本的特点:确定性和有限终止性. 确定性是指在算法的执行过程中每一步要做什么是完全确定的,有限终止性是指对所有的输入在有限步之内终止计算. 因而,只有总停机的确定型 Turing 机和总终止计算的$\mathscr{S}$程序才真正对应算法. 非确定型 Turing 机和文法由于其不确定性不能对应算法,可能永不停机的确定型 Turing 机和可能永不终止计算的$\mathscr{S}$程序也不对应算法. 实际上,在编译中文法是用做语言的描述工具,必须把它转换成自动机才能得到处理语言的算法.

如果语言 L 是递归的,那么存在一台总停机的 DTM$\mathscr{M}$ 识别 L. 于是,任给一个字符串 x,$\mathscr{M}$ 总能在有限步内回答 $x\in L$,还是 $x\notin L$. 因而我们说 L 是**可判定的**. 如果 L 是递归可枚举的,情况就不同了. 识别 L 的 DTM$\mathscr{M}$ 可能永不停机. 只有当 $x\in L$ 时,$\mathscr{M}$ 才保证一定能在有限步内停机并接受 x. 而当 $x\notin L$ 时,$\mathscr{M}$ 可能永不停机. 在这种情况下,无法做出回答,既不能做出肯定回答,也不能做出否定回答,因为在没有停机的时候不可能知道是永不停机,还是暂时

没有停机. 这时我们说 L 是**半可判定的**. 因此,递归语言是可判定的,而递归可枚举语言是半可判定的.

同样地,直观可计算的函数就是可计算函数(Turing 可计算函数),而部分可计算函数(Turing 部分可计算函数)只是半可计算的. 可计算谓词 $P(x)$ 是可判定的,它定义的集合 $\{x \mid P(x)\}$ 是递归的. 如果谓词 $P(x)$ 定义的集合是递归可枚举的,则存在 DTM$\mathscr{M}$(可能永不停机)接受这个集合,从而当 $P(x)$ 为真时,$\mathscr{M}$ 在有限步内停机并接受 x;而当 $P(x)$ 为假时,$\mathscr{M}$ 可能永不停机,无法做出回答. 称这样的谓词是半可判定的. 例如,HALT(x,y) 是半可判定的,但不是可判定的. 而例 5.2 中的集合 T 甚至不是半可判定的.

总之,直观可计算的是指可计算的或可判定的,说一个"算法"就意味着存在一台总停机的确定型 Turing 机或一个总终止计算的 $\mathscr{S}$ 程序与之对应.

习　题

5.1　设文法 $G=(V,T,\Gamma,S)$,其中 $V=\{S,A,B\}$,$T=\{a,b,c\}$,Γ 由下述产生式组成:

$S \to aSAB$　　$S \to aAB$

$BA \to AB$　　$aA \to ab$

$bA \to bb$　　$bB \to bc$

$cB \to cc$

(1) 对于任意的 $n \geqslant 1$,给出 G 生成 $a^n b^n c^n$ 的派生;

(2) 证明:$L(G)=\{a^n b^n c^n \mid n \geqslant 1\}$.

5.2　设文法 $G=(V,T,\Gamma,S)$,其中 $V=\{S,A,B,C,D,E\}$,$T=\{a\}$,Γ 由下述产生式组成:

$S \to ACaB$　　$Ca \to aaC$

$CB \to DB$　　$CB \to E$

$aD \to Da$　　$AD \to AC$

$aE \to Ea$　　$AE \to \varepsilon$

(1) 对于任意的 $n \geqslant 1$,给出 G 生成 a^{2^n} 的派生;

(2) 证明:$L(G)=\{a^{2^n} \mid n \geqslant 1\}$.

5.3　构造生成下述语言的文法:

(1) $\{ww \mid w \in \{a,b\}^*\}$;

(2) $\{a^{n^2} \mid n \in N\}$.

5.4　证明:对于每一个文法 G 都存在文法 G',使得 $L(G)=L(G')$ 并且 G' 的产生式的左端不含终极符.

5.5　证明定理 5.3 的逆,即对任意的文法 G,构造 NTM $\mathscr{M}$ 使得 $L(\mathscr{M})=L(G)$. 给出 $\mathscr{M}$ 的非形式化描述.

5.6　证明:每一个无穷 r.e. 集都有无穷递归子集.(提示:利用习题 3.5(2))

第六章　不可判定的问题

6.1　判定问题

如果问题的答案只有两种可能：是或否，则称这个问题是一个**判定问题**. 从考虑可计算性的角度，我们感兴趣的是含有参数的判定问题. 例如，素数判定问题"任给一个数 x，x 是素数吗?". 这里 x 是一个参数. 我们要讨论的是，是否存在算法判定任给的 x 是否是素数. "1137 是素数吗?"仅仅是这个问题的一个实例，而不是一个问题.

设判定问题 Π 的所有实例的集合为 D_Π，所有答案为"是"的实例的集合为 Y_Π，记作 $\Pi=(D_\Pi,Y_\Pi)$. 例如，设 Π 是素数判定问题，则 $D_\Pi=N$，Y_Π 是所有素数. 又如，停机问题 H："任给 $\mathscr{S}$ 程序 $\mathscr{P}$ 和数 x，$\mathscr{P}$ 对输入 x 最终停机吗?"，它的实例由一个 $\mathscr{S}$ 程序 $\mathscr{P}$ 和一个数 x 组成，记作 $(\mathscr{P},x)$. 于是，

$D_H=\{(\mathscr{P},x)\mid \mathscr{P}$ 是 $\mathscr{S}$ 程序，$x\in N\}$，

$Y_H=\{(\mathscr{P},x)\mid (\mathscr{P},x)\in D_H$ 且 $\mathscr{P}$ 对输入 x 的计算是有穷序列$\}$.

通过编码可以建立起判定问题与谓词之间的对应关系. 不失一般性，设编码 $e:D_\Pi\to N$，定义谓词

$$P_\Pi(x)\Leftrightarrow I\in Y_\Pi,\text{其中 } e(I)=x.$$

例如，在第三章通过 $\mathscr{S}$ 程序的编码，把停机问题 H 对应到谓词 HALT(x,y). 为了使谓词是一元的，只需使用配对函数. 定义编码 $e:D_H\to N$ 如下：对每一个 $I=(\mathscr{P},x)\in D_H$，

$$e(I)=\langle x,\#(\mathscr{P})\rangle.$$

在这个编码 e 下，$P_H(z)=\text{HALT}(l(z),r(z))$.

我们要求编码 e 是能行的，即存在算法对于每一个实例 $I\in D_\Pi$，能够给出 $e(I)$；反之，也存在算法对每一个 $x\in N$，能够判断 x 是否是某个 $I\in D_\Pi$ 的代码并且当是的时候能够给出这个 I. 对于同一个判定问题 Π，可以有不同的编码 e_1 和 e_2. 在这两个编码下，Π 分别对应到谓词 P_1 和 P_2. 根据 Church-Turing 论题，若 e_1 和 e_2 都是可计算的，则存在可计算函数 $f_1:N\to N$ 和 $f_2:N\to N$ 使得

$$P_1(x)\Leftrightarrow P_2(f_1(x))\text{ 和 }P_2(x)\Leftrightarrow P_1(f_2(x)).$$

从而，P_1 和 P_2 要么都是可计算的，要么都不是可计算的. 今后只使用可计算的编码.

定义 6.1　如果谓词 P_Π 是可计算的，则称判定问题 Π 是**可判定的**或**可解的**；如果 P_Π 是半可判定的，则称 Π 是半可判定的或半可解的. 如果 Π 不是可判定的，则称 Π 是**不可判定的**或**不可解的**.

根据前面有关可计算编码的说明，这个定义与所用的编码(限制为能行的)无关，因此是有效的. 本章主要讨论可判定性.

例如，素数判定问题是可判定的，因为谓词 Prime(x)是原始递归的. 而停机问题 H 是不可判定的，因为 HALT(x,y)不是可计算的，从而 $P_H(z)$也不是可计算的.

根据定义 6.1，下述定理是显然的，但它在后面不可判定性的证明中要经常用到.

定理 6.1　集合 B 的成员资格问题"任给 x,问:$x \in B$?"是可判定的当且仅当 B 是递归的,是半可判定的当且仅当 B 是递归可枚举的.

实际上,每一个判定问题都可以看作某个集合的成员资格问题.令

$$B_\Pi = \{x \mid P_\Pi(x)\},$$

则

$$I \in Y_\Pi \Leftrightarrow e(I) \in B_\Pi.$$

因此,Π 相当于 B_Π 的成员资格问题.于是,Π 是可判定的当且仅当 B_Π 是递归的,Π 是半可判定的当且仅当 B_Π 是 r.e..

对角化方法是证明不可判定性的有力工具,但是构造这样的证明常常是困难的.下面的概念和定理提供了证明不可判定性的另一个有力工具.

定义 6.2　设 Π_1 和 Π_2 是两个判定问题.如果函数 $f: D_{\Pi_1} \to D_{\Pi_2}$ 满足下述条件:

(1) 存在计算 f 的算法,

(2) 对每一个 $I \in D_{\Pi_1}$,$I \in Y_{\Pi_1} \Leftrightarrow f(I) \in Y_{\Pi_2}$,

则称 f 是从 Π_1 到 Π_2 的**归约**.

如果存在从 Π_1 到 Π_2 的归约,则称 Π_1 **可归约到** Π_2.

定理 6.2　设判定问题 Π_1 可归约到 Π_2,则:

(1) Π_2 是可判定的蕴涵 Π_1 是可判定的.

(2) Π_1 是不可判定的蕴涵 Π_2 是不可判定的.

证:只需证(1).设 f 是 Π_1 到 Π_2 的归约.如果 Π_2 是可判定的,则存在算法 A,对任给的 $I \in D_{\Pi_2}$,能够回答 I 是否属于 Y_{Π_2}.如下构造解 Π_1 的算法 A':对任给的 $I \in D_{\Pi_1}$,先计算 $f(I)$,然后把 A 运用于 $f(I)$.当且仅当 A 对 $f(I)$ 回答"是"时,回答"是".根据归约的定义,A' 确实是解 Π_1 的算法,故 Π_1 是可判定的.　□

归约是证明不可判定性的有力工具,后面几节都是采用这个工具来证明不可判定性,即把一个已知的不可判定问题归约到要证的问题.

练　　习

6.1.1　问题 Π:"任给程序 $\mathscr{P}$,$\mathscr{P}$ 计算的函数是全函数吗?"通过编码把 Π 对应到例 5.2 中集合 T 的成员资格问题,进而说明 Π 是不可判定的,甚至不是半可判定.

6.1.2　证明可归约具有下述性质:

(1) 自反性.对任意的判定问题 Π,Π 可归约到 Π;

(2) 传递性.如果 Π_1 可归约到 Π_2 且 Π_2 可归约到 Π_3,则 Π_1 可归约到 Π_3.

6.1.3　问题一.任给有穷集 S 上的等价关系 R 及 S 的两个元素 x 和 y,问:x 和 y 是否在 R 定义的同一个等价类中?

问题二.任给无向图 $G=\langle V,E\rangle$ 及两个顶点 $u,v \in V$,问:u,v 是否在同一个连通分支中?

试给出从问题一到问题二的归约.又,设 A 是解决问题二的算法,试利用 A 构造解决问题一的算法.

6.2　Turing 机的停机问题

为简单起见,本节采用不指定接受状态的 Turing 机(见习题 4.7),并且说到 Turing 机都

是指这种 Turing 机，不再特别声明.不指定接受状态实际上是把所有状态都看成接受状态，接受输入 x 当且仅当 Turing 机对 x 最终停机.不指定接受状态的 Turing 机与基本 Turing 机等价，它接受的语言类也是 r.e. 语言.

由于 $\mathscr{S}$ 程序的停机问题是不可判定的，自然会想到 Turing 机的停机问题也是不可判定的.关于 Turing 机的停机问题有多种提法，我们先给出它的一般提法和一种加强形式.

Turing 机的停机问题：任给 DTM$\mathscr{M}$ 和格局 σ，从格局 σ 开始，$\mathscr{M}$ 是否最终停机？

DTM$\mathscr{M}$ 的停机问题：任给格局 σ，从格局 σ 开始，$\mathscr{M}$ 是否最终停机？

注意这两个问题的区别.在前一个问题中，$\mathscr{M}$ 是参数，而在后一个问题，$\mathscr{M}$ 是固定不变的，它不再是参数.我们从后一个问题开始.

定理 6.3 存在 DTM$\mathscr{M}$ 使得它的停机问题是不可判定的.

证：取一个非递归的 r.e. 语言 L（这种语言确实存在），字母表为 A.由定理 6.1，L 的成员资格问题是不可判定的.由定理 4.2，设 DTM $\mathscr{M}$ 接受 L.要把 L 的成员资格问题归约到 $\mathscr{M}$ 的停机问题.

归约 f 定义如下：对每一个 $x\in A^*$，$f(x)=q_1Bx$，其中 q_1 是 $\mathscr{M}$ 的初始状态，B 是 $\mathscr{M}$ 的空白符.显然，f 是可计算的，并且

$$x\in L \text{ 当且仅当从格局 } f(x)=q_1Bx \text{ 开始 } \mathscr{M} \text{ 最终停机},$$

故 f 确实是从 L 的成员资格问题到 $\mathscr{M}$ 的停机问题的归约.由定理 6.2 和 L 的成员资格问题的不可判定性，得证 $\mathscr{M}$ 的停机问题是不可判定的. □

由于固定的 DTM $\mathscr{M}$ 的停机问题是 Turing 机的停机问题的特殊情况，根据定理 6.3 可以立即得到下述结论.

定理 6.4 Turing 机的停机问题是不可判定的.

设 DTM$\mathscr{M}$ 的停机问题是不可判定的.添加一个状态 $\tilde{q}$ 和若干 4 元组得到另一个 DTM$\tilde{\mathscr{M}}$：对 $\mathscr{M}$ 的每一个状态 q 和符号 s，如果 $\mathscr{M}$ 没有以 qs 开始的 4 元组，则添加 $qss\tilde{q}$；显然，从任一格局开始，$\mathscr{M}$ 最终停机当且仅当 $\tilde{\mathscr{M}}$ 能达到状态 $\tilde{q}$.于是，我们又得到一个 Turing 机不可判定的问题.

定理 6.5 存在 DTM$\tilde{\mathscr{M}}$ 和状态 $\tilde{q}$，使得问题“任给格局 σ，从格局 σ 开始，$\tilde{\mathscr{M}}$ 是否能到达状态 $\tilde{q}$?”是不可判定的.

练 习

6.2.1 用归约的方法证明定理 6.4，给出所用的归约.

6.2.2 设判定问题 $\Pi=(D,Y)$，又设 $D_1\subseteq D$，$Y_1=Y\cap D_1$，称 $\Pi_1=(D_1,Y_1)$ 是 Π 的**子问题**或 Π 的**特殊情况**.

(1) 举出两个判定问题，其中一个是另一个的子问题；

(2) 证明如果子问题 Π_1 是不可判定的，则问题 Π 也是不可判定的.给出两种证明方法.

6.3　字问题和 Post 对应问题

6.3.1　字问题

半 Thue 过程 Π 的**字问题**：任给 Π 的字母表上的两个字符串 u 和 v，问是否 $u \underset{\Pi}{\overset{*}{\Rightarrow}} v$？

定理 6.6　存在 Turing 机 $\mathscr{M}$ 使得半 Thue 过程 $\Sigma(\mathscr{M})$ 和 $\Omega(\mathscr{M})$ 的字问题都是不可判定的.

证：设 DTM$\mathscr{M}$ 接受的语言 L 是非递归的，$\mathscr{M}$ 的输入字母表为 A. 先证 $\Sigma(\mathscr{M})$ 的字问题是不可判定的. 假设不然，存在一个算法能够判定任给的 $\Sigma(\mathscr{M})$ 的字母表上的字符串 u 和 v 是否有 $u \underset{\Sigma(\mathscr{M})}{\overset{*}{\Longrightarrow}} v$. 当然，这个算法也能判定任给的 $x \in A^*$ 是否有 $hq_1s_0xh \underset{\Sigma(\mathscr{M})}{\overset{*}{\Longrightarrow}} hq_0h$. 而

$$hq_1s_0xh \underset{\Sigma(\mathscr{M})}{\overset{*}{\Longrightarrow}} hq_0h \text{ 当且仅当 } x \in L,$$

因此利用这个算法能够解决判定问题“$x \in L$?”，这与 L 是非递归的矛盾，故 $\Sigma(\mathscr{M})$ 的字问题是不可判定的.

由于对 $\Sigma(\mathscr{M})$ 的字母表上的任意两个字符串 u 和 v，

$$u \underset{\Sigma(\mathscr{M})}{\overset{*}{\Longrightarrow}} v \quad \text{当且仅当} \quad v \underset{\Omega(\mathscr{M})}{\overset{*}{\Longrightarrow}} u,$$

因此从 $\Sigma(\mathscr{M})$ 的字问题是不可判定的可以立即得到 $\Omega(\mathscr{M})$ 的字问题也是不可判定的. □

6.3.2　Post 对应问题

设字母表 A，A 上字符串有序对的有穷集合 $\{(u_i, v_i) \mid u_i, v_i \in A^*, 1 \leqslant i \leqslant n\}$ 称作 **Post 对应系统**. 如果

$$w = u_{i_1}u_{i_2}\cdots u_{i_m} = v_{i_1}v_{i_2}\cdots v_{i_m},$$

则称 w 是这个系统的**解**，其中 $1 \leqslant i_1, i_2, \cdots, i_m \leqslant n$. 这里 $i_1, i_2, \cdots, i_m$ 中可以有重复.

Post 对应问题：任给一个 Post 对应系统，问它是否有解？

形象地说，Post 对应系统是一副骨牌，每张骨牌的上下半部各写一个 A 上的字符串. 玩的方法是把骨牌一张接一张地拼起来，使得上半部和下半部的字符串分别连起来之后得到相同的字符串. 在这里每一张牌可以重复使用多次（每一张牌有任意多枚复制品）. 问题是，是否有这样的排列？

图 6.1 中(1)是一个 Post 对应系统；(2) 是它的一个解.

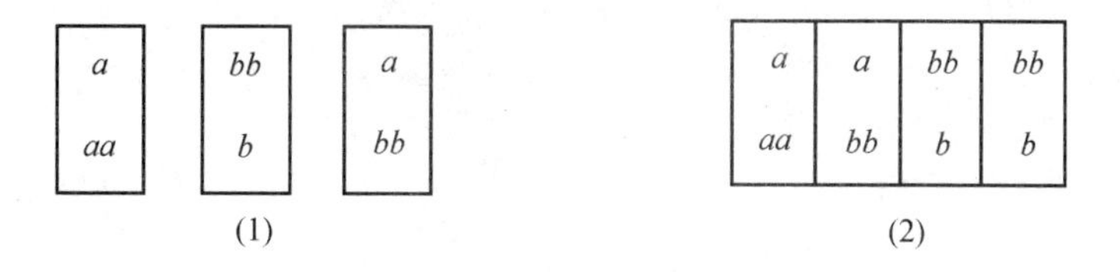

图 6.1　一个 Post 系统和它的解

定理 6.7　Post 对应问题是不可判定的.

证：设 Π 是一个半 Thue 过程，它的字问题是不可判定的. 定理 6.6 表明确实存在这样的 Π，并且可以设 Π 不含形如 $p \to \varepsilon$ 和 $\varepsilon \to p$ 的产生式. 设 Π 的字母表为 $A = \{a_1, a_2, \cdots, a_n\}$. 又不

妨设 Π 包含产生式 $a_i \to a_i(1 \leqslant i \leqslant n)$(否则把这些产生式添加进来.这样做不会影响任给两个字符串 $u, v \in A^*$,是否有 $u \overset{*}{\Rightarrow} v$).这些产生式可以保证当 $u \overset{*}{\Rightarrow} v$ 时有奇长度的派生

$$u = u_1 \Rightarrow u_2 \Rightarrow \cdots \Rightarrow u_m = v,$$

其中 m 是奇数.这是因为如果 m 是偶数,必有某个 $u_j \neq \varepsilon$.设 u_j 含有 a_i,利用 $a_i \to a_i$ 可得到 $u_j \Rightarrow u_j$,把它加入派生中就可得到所需的奇长度派生.

为了证明 Post 对应问题是不可判定的,我们把 Π 的字问题归约到 Post 对应问题.任给 A 上的两个字符串 u 和 v,要构造一个 Post 对应系统 $P_{u,v}$ 使得

$$P_{u,v}\text{有解} \quad \text{当且仅当} \quad u \overset{*}{\Rightarrow} v.$$

构造 $P_{u,v}$ 的方法如下.设 Π 的全部产生式为 $g_i \to h_i(1 \leqslant i \leqslant k)$,其中 g_i 和 h_i 均不为空串 ε. $P_{u,v}$ 的字母表由 $2n+4$ 个符号组成:

$$[,], *, \widetilde{*}, a_i, \widetilde{a_i} \quad (1 \leqslant i \leqslant n).$$

$P_{u,v}$ 有 $2k+4$ 个有序对:

$[u\ *$	$*$	$\widetilde{*}$	$]$	h_i	$\widetilde{h_i}$
$[$	$\widetilde{*}$	$*$	$\widetilde{*}v]$	$\widetilde{g_i}$	g_i

$(1 \leqslant i \leqslant k)$,

其中对于 $w \in A^*$,$\widetilde{w}$ 是把 w 的每一个符号 a 换成 $\widetilde{a}$ 所得到的字符串.由于 Π 包含 $a_i \to a_i$ $(1 \leqslant i \leqslant n)$,故 $P_{u,v}$ 包含:

a_i	$\widetilde{a_i}$
$\widetilde{a_i}$	a_i

$(1 \leqslant i \leqslant n)$,

对任意的 $w \in A^*$ 且 $w \neq \varepsilon$,总能用这些骨牌拼成:

w	和	$\widetilde{w}$
$\widetilde{w}$		w

因此,下面可以使用这种形式的骨牌.

假设 $u \overset{*}{\Rightarrow} v$,则有派生

$$u = u_1 \Rightarrow u_2 \Rightarrow \cdots \Rightarrow u_m = v,$$

其中 m 是奇数.对每一个 $i(1 \leqslant i < m)$,设用 $g_{j_i} \to h_{j_i}$ 从 u_i 直接派生出 u_{i+1},其中 $1 \leqslant j_i \leqslant k$,于是存在 $r_i, s_i \in A^*$ 使得

$$u_i = r_i g_{j_i} s_i, \quad u_{i+1} = r_i h_{j_i} s_i.$$

注意到 m 是奇数,$r_i h_{j_i} s_i = r_{i+1} g_{j_{i+1}} s_{i+1}(1 \leqslant i < m)$ 以及 $u = r_1 g_{j_1} s_1, v = r_{m-1} h_{j_{m-1}} s_{m-1}$,下述排列

$[u\,*$	$\widetilde{r_1}$	$\widetilde{h_{j_1}}$	$\widetilde{s_1}$	$\widetilde{*}$	r_2	h_{j_2}	s_2	$*$	$\cdots$
$[$	r_1	g_{j_1}	s_1	$*$	$\widetilde{r_2}$	$\widetilde{g_{j_2}}$	$\widetilde{s_2}$	$\widetilde{*}$	

$\widetilde{r}_{m-2}$	$\widetilde{h}_{j_{m-2}}$	$\widetilde{s}_{m-2}$	$\widetilde{*}$	r_{m-1}	$h_{j_{m-1}}$	s_{m-1}	$]$
r_{m-2}	$g_{j_{m-2}}$	s_{m-2}	$*$	$\widetilde{r}_{m-1}$	$\widetilde{g}_{j_{m-1}}$	$\widetilde{s}_{m-1}$	$\widetilde{*}\,v]$

给出 $P_{u,v}$ 的解

$$w=[u_1*\tilde{u}_2\tilde{*}u_3*\cdots*\tilde{u}_{m-1}\tilde{*}u_m].$$

在上面的排列中，$\begin{array}{|c|}\hline \tilde{\varepsilon}\\ \varepsilon\\ \hline\end{array}$ 和 $\begin{array}{|c|}\hline \varepsilon\\ \tilde{\varepsilon}\\ \hline\end{array}$ 都是"白板"$\begin{array}{|c|}\hline \\ \\ \hline\end{array}$，应该把它删去.

反之，假设 $P_{u,v}$ 有解 w，显然 $w\neq\varepsilon$. 由于 $P_{u,v}$ 中只有 $\begin{array}{|c|}\hline [u*\\ [\\ \hline\end{array}$ 和 $\begin{array}{|c|}\hline]\\ \tilde{*}v]\\ \hline\end{array}$ 的上下部字符串分别以相同的符号[开头和以]结束。故 w 必以[开头、以]结束. 若 $w=y[x]z$，其中 x 不含[和]，由于同样的理由，$[x]$ 也是 $P_{u,v}$ 的解. 因此，我们可以设 $w=[x]$，其中 x 不含[和]. 得到 w 的骨牌排列必以 $\begin{array}{|c|}\hline [u*\\ [\\ \hline\end{array}$ 开头、以 $\begin{array}{|c|}\hline]\\ \tilde{*}v]\\ \hline\end{array}$ 结束，并且中间不再出现这两张骨牌. 在上半部已出现一个 $*$，在下半部已出现一个 $\tilde{*}$. 在 $P_{u,v}$ 中除这两张骨牌外，只有 $\begin{array}{|c|}\hline \tilde{*}\\ *\\ \hline\end{array}$ 和 $\begin{array}{|c|}\hline *\\ \tilde{*}\\ \hline\end{array}$ 上有 $*$ 和 $\tilde{*}$，因此骨牌的排列必形如：

$$\begin{array}{|c|c|c|c|c|c|c|c|c|c|}\hline [u* & \alpha_2 & \tilde{*} & \alpha_3 & * & \cdots & \alpha_{m-1} & \tilde{*} & v &]\\ [& u & * & \alpha_2 & \tilde{*} & \cdots & \alpha_{m-2} & * & \alpha_{m-1} & \tilde{*}v]\\ \hline\end{array}$$

其中 m 是奇数，$\begin{array}{:c:}\hdashline \\ \\ \hdashline\end{array}$ 由若干张骨牌拼成且不含 $\begin{array}{|c|}\hline *\\ \tilde{*}\\ \hline\end{array}$ 和 $\begin{array}{|c|}\hline \tilde{*}\\ *\\ \hline\end{array}$. 相应地，有

$$w=[u*\alpha_2\tilde{*}\alpha_3*\cdots*\alpha_{m-1}\tilde{*}v].$$

注意到 $P_{u,v}$ 中除 4 张含有[，]，$*$ 和 $\tilde{*}$ 的特殊骨牌外，其余的骨牌均形如：

$$\begin{array}{|c|}\hline \tilde{h}_i\\ g_i\\ \hline\end{array}\quad 和 \quad\begin{array}{|c|}\hline h_i\\ \tilde{g}_i\\ \hline\end{array}$$

这里 $g_i\to h_i$ 是 Π 的产生式，所以

$$\begin{aligned}&\alpha_2=\tilde{u}_2\quad 且\quad u\overset{*}{\Rightarrow}u_2,\\ &\alpha_3=u_3\quad 且\quad u_2\overset{*}{\Rightarrow}u_3,\\ &\cdots\\ &\alpha_{m-1}=\tilde{u}_{m-1}\quad 且\quad u_{m-1}\overset{*}{\Rightarrow}v,\end{aligned}$$

得证 $u\overset{*}{\Rightarrow}v$.

于是，我们得到

$$P_{u,v}有解\quad 当且仅当\quad u\overset{*}{\Rightarrow}v.$$

构造 $P_{u,v}$ 的方法显然是能行的，因此这就把 Π 的字问题归约到 Post 对应问题. □

6.4 有关文法的不可判定问题

设 Turing 机 $\mathscr{M}=(Q,A,C,\delta,s_0,q_1,F)$，$u\in A^*$. 文法 $G_{\mathscr{M},u}=(V,T,\Gamma,S)$ 定义如下：$T=\{a\}$，$V=C\cup Q\cup\{q_0,q_{n+1},h,S,X\}$，即 V 等于 $\Sigma(\mathscr{M})$ 的字母表加两个新变元 S 和 X，其中 $a\notin V$. Γ 等于 $\Sigma(\mathscr{M})$ 加上产生式

$$S\to hq_1s_0uh,\quad hq_0h\to X,\quad X\to aX,\quad X\to a.$$

显然，

$$u\in L(\mathscr{M})\quad\Leftrightarrow\quad S\overset{*}{\underset{G_{\mathscr{M},u}}{\Longrightarrow}}X.$$

于是得到下述引理.

引理 6.8 如果 $u\in L(\mathscr{M})$，则 $L(G_{\mathscr{M},u})=\{a^i\mid i>0\}$；如果 $u\notin L(\mathscr{M})$，则 $L(G_{\mathscr{M},u})=\varnothing$.

定理 6.9 下述问题是不可判定的：

(1) 任给一个文法 G，是否 $L(G)=\varnothing$？

(2) 任给一个文法 G，是否 $L(G)$ 是无穷的？

(3) 任给一个文法 G 和字符串 x，是否 $x\in L(G)$？

证：取一台 Turing 机 $\mathscr{M}$ 使得 $L(\mathscr{M})$ 是非递归的（这样的 $\mathscr{M}$ 确实存在）. 由引理 6.8，

$$u\in L(\mathscr{M})\Leftrightarrow L(G_{\mathscr{M},u})\neq\varnothing\Leftrightarrow L(G_{\mathscr{M},u})\text{是无穷的}\Leftrightarrow a\in L(G_{\mathscr{M},u}).$$

由于“任给 u，$u\in L(\mathscr{M})$？”是不可判定的，故定理中的 3 个问题都是不可判定的. □

6.5 一阶逻辑中的判定问题①

考虑一阶逻辑中的 3 个判定问题：

公式可满足性问题：任给谓词演算形式系统 $K_{\mathscr{L}}$ 和公式 u，问 u 是否是可满足的？

公式永真性问题：任给谓词演算形式系统 $K_{\mathscr{L}}$ 和公式 u，问 u 是否是永真的？

公式可证性问题：任给谓词演算形式系统 $K_{\mathscr{L}}$、公式集 Γ 和公式 u，问是否 $\Gamma\vdash_{K_{\mathscr{L}}}u$？

在数理逻辑中知道，对于任意的谓词演算形式系统 $K_{\mathscr{L}}$、公式集 Γ 和公式 u 有

$$u\text{ 是可满足的}\Leftrightarrow\neg u\text{ 不是永真的},$$

$$\Gamma\vdash_{K_{\mathscr{L}}}u\Leftrightarrow\Gamma\models u.$$

因此，上述 3 个问题要么都是可判定的、要么都是不可判定的. D. Hilbert 曾称寻找这些问题的算法是“数理逻辑的主要问题”(1928 年). 因为经验表明任何数学命题都可用数理逻辑的符号表达，每一条定理都可以表示成一阶逻辑的可证公式. 如果找到了解决上述问题的算法，那么任何定理的证明都可以化为运用这个算法的机械验证，从而使得数学家们创造性的定理证明成为多余的，至少在理论上是多余的. 幸亏上述问题都是不可判定的，因而根本不存在这样的算法. 否则，数学世界就不会如此丰富多彩，数学家们也都要失业了.

设半 Thue 过程 Π，字母表 $A=\{a_1,a_2,\cdots,a_n\}$，产生式 $g_i\to h_i\ (1\leqslant i\leqslant k)$，这里假设对所有

① 本节使用的符号和有关知识请参阅参考文献[7].

的$i(1\leqslant i\leqslant k)$，$g_i\neq\varepsilon$，$h_i\neq\varepsilon$. 构造谓词演算形式系统 K_Π 如下：

常量符号 $a_1,a_2,\cdots,a_n$.

二元函数变元符号$\circ$，记 $x\circ y=\circ(x,y)$.

二元谓词变元符号 Q.

对于每一个 $w\in A^*-\{\varepsilon\}$，定义项 $w^\#$ 如下：

$$a_i^\#=a_i,$$

$$(ua_i)^\#=u^\#\circ a_i,\quad i=1,2,\cdots,n,u\in A^*-\{\varepsilon\}.$$

公式集 Γ 包括下述公式：

$(\gamma.1)$ $\forall x\, Q(x,x)$,

$(\gamma.2)$ $\forall x\,\forall y\,\forall z\,(Q(x,y)\wedge Q(y,z)\rightarrow Q(x,z))$,

$(\gamma.3)$ $\forall x\,\forall y\,\forall r\,\forall s\,(Q(x,y)\wedge Q(r,s)\rightarrow Q(x\circ r,y\circ s))$,

$(\gamma.4)$ $\forall x\,\forall y\,\forall z\,(Q((x\circ y)\circ z,x\circ(y\circ z)))$,

$(\gamma.5)$ $\forall x\,\forall y\,\forall z\,(Q(x\circ(y\circ z),(x\circ y)\circ z))$,

$(\gamma.5+i)$ $Q(g_i^\#,h_i^\#)$, $\quad i=1,2,\cdots,k$.

记 γ 为 Γ 中所有公式的合取.

解释 I 规定如下：论域为 $A^*-\{\varepsilon\}$.

$$a_i^I=a_i,\quad i=1,2,\cdots,n,$$

$$^I(u,v)=uv,$$

$$Q^I(u,v)\quad 当且仅当\quad u\overset{*}{\underset{\Pi}{\Rightarrow}}v.$$

对任意的 $u,v,w\in A^*-\{\varepsilon\}$，有下述性质：

性质 1　$(w^\#)^I=w$.

证：对$|w|$作归纳证明，根据 $w^\#$ 和 I 的定义容易得到所需的结论. □

性质 2　如果 $I\models\gamma\rightarrow Q(u^\#,v^\#)$，则 $u\overset{*}{\underset{\Pi}{\Rightarrow}}v$.

证：显然在解释 I 下 γ 为真，因此$(Q(u^\#,v^\#))^I$ 为真. 而

$$(Q(u^\#,v^\#))^I=Q^I(u,v),$$

得证 $u\overset{*}{\underset{\Pi}{\Rightarrow}}v$. □

性质 3　如果 $w=uv$，则 $\Gamma\vdash_{K_\Pi}Q(w^\#,u^\#\circ v^\#)$.

证：对$|v|$作归纳证明. 当$|v|=1$ 时，设 $v=a_i$，有 $w^\#=(ua_i)^\#=u^\#\circ a_i^\#$. 结论显然成立.

设当$|v|=k(k\geqslant 1)$时结论成立. 考虑$|v|=k+1$ 的情况，设 $v=v_1a_i$，其中$|v_1|=k$. 于是，$w^\#=(uv)^\#=(uv_1)^\#\circ a_i^\#$，$v^\#=v_1^\#\circ a_i^\#$. 下面是由前提 Γ 推出 $Q(w^\#,u^\#\circ v^\#)$的证明：

① $Q(a_i^\#,a_i^\#)$;　　$(\gamma.1)$

② $Q((uv_1)^\#,u^\#\circ v_1^\#)$;　　归纳假设

③ $Q((uv_1)^\#\circ a_i^\#,(u^\#\circ v_1^\#)\circ a_i^\#)$即 $Q(w^\#,(u^\#\circ v_1^\#)\circ a_i^\#)$;　　①，②及$(\gamma.3)$

④ $Q((u^\#\circ v_1^\#)\circ a_i^\#,u^\#\circ(v_1^\#\circ a_i^\#))$;　　$(\gamma.4)$

⑤ $Q(w^\#,u^\#\circ(v_1^\#\circ a_i^\#))$，即 $Q(w^\#,u^\#\circ v^\#)$.　　③，④及$(\gamma.2)$

得证当$|v|=k+1$ 时结论也成立. □

性质 4　如果 $w=uv$，则 $\Gamma\vdash_{K_\Pi}Q(u^\#\circ v^\#,w^\#)$.

证：与性质 3 的证明类似. □

性质 5 如果 $u \underset{\Pi}{\Rightarrow} v$，则 $\Gamma \vdash_{K_\Pi} Q(u^\#, v^\#)$.

证：设 $u=rg_is, v=rh_is$. 分情况讨论如下：

情况 1：$r=s=\varepsilon$. 此时 $Q(u^\#, v^\#)$就是$(\gamma.5+i)$.

情况 2：$r=\varepsilon, s\neq\varepsilon$.

① $Q(g_i^\#, h_i^\#)$； $(\gamma.5+i)$

② $Q(s^\#, s^\#)$； $(\gamma.1)$

③ $Q(g_i^\# \circ s^\#, h_i^\# \circ s^\#)$； ①，②及$(\gamma.3)$

④ $Q(u^\#, g_i^\# \circ s^\#)$； $u=g_is$ 及性质 3

⑤ $Q(u^\#, h_i^\# \circ s^\#)$； ③，④及$(\gamma.2)$

⑥ $Q(h_i^\# \circ s^\#, v^\#)$； $v=h_is$ 及性质 4

⑦ $Q(u^\#, v^\#)$. ⑤，⑥及$(\gamma.2)$

情况 3：$r\neq\varepsilon, s=\varepsilon$，与情况 2 类似可证.

情况 4：$r\neq\varepsilon, s\neq\varepsilon$，由性质 3，有

$$Q(u^\#, (rg_i)^\# \circ s^\#).$$

由情况 3，有

$$Q((rg_i)^\#, (rh_i)^\#).$$

可推出

$$Q((rg_i)^\# \circ s^\#, (rh_i)^\# \circ s^\#), \quad Q(u^\#, (rh_i)^\# \circ s^\#).$$

由性质 4，有

$$Q((rh_i)^\# \circ s^\#, v^\#).$$

推得

$$Q(u^\#, v^\#).$$ □

性质 6 如果 $u \overset{*}{\underset{\Pi}{\Rightarrow}} v$，则 $\Gamma \vdash_{K_\Pi} Q(u^\#, v^\#)$.

证：利用性质 5，对从 u 到 v 的派生长度做归纳证明. □

性质 7 $u \overset{*}{\underset{\Pi}{\Rightarrow}} v$ 当且仅当$\models \gamma \to Q(u^\#, v^\#)$.

证：首先，

$u \overset{*}{\underset{\Pi}{\Rightarrow}} v$ 蕴涵 $\Gamma \vdash_{K_\Pi} Q(u^\#, v^\#)$ 性质 6

蕴涵 $\Gamma \models Q(u^\#, v^\#)$

蕴涵 $\models \gamma \to Q(u^\#, v^\#)$.

其次，

$\models \gamma \to Q(u^\#, v^\#)$ 蕴涵 $I \models \gamma \to Q(u^\#, v^\#)$

蕴涵 $u \overset{*}{\underset{\Pi}{\Rightarrow}} v$. 性质 2 □

定理 6.10 存在谓词演算形式系统 $K_{\mathscr{L}}$使得它的公式永真性问题“任给公式 u，是否$\models u$?”是不可判定的.

证：取半 Thue 过程 Π 使得它的字问题是不可判定的，并且不包含形如 $g\to\varepsilon$ 和 $\varepsilon\to h$ 的产生式. 定理 6.6 表明确实存在这样的半 Thue 过程 Π. 根据性质 7，可以把 Π 的字问题归约到

K_{Π}的公式永真性问题，从而得证 K_{Π}的公式永真性问题是不可判定的. □

由上述定理立即得到本节开头提出的 3 个问题的不可判定性.

定理 6.11　在一阶逻辑中，公式可满足性问题、公式永真性问题、公式可证性问题都是不可判定的.

习　题

6.1　证明存在 TM$\mathcal{M}$使得下述问题是不可解的：任给一个格局 σ，$\mathcal{M}$从 σ 开始最终是否会以完全空白的带停机？

6.2　证明存在 TM$\mathcal{M}$和字符 # 使得下述问题是不可解的：任给一个格局 σ，$\mathcal{M}$从 σ 开始是否会打印 #？

6.3　设 Π 是字母表 A 上的半 Thue 过程，$u_0 \in A^*$. (u_0, Π) 称作**半 Thue 系统**. 又设 $w \in A^*$. 如果 $u_0 \overset{*}{\underset{\Pi}{\Rightarrow}} w$，则称 w 是 (u_0, Π) 的**定理**.

证明存在半 Thue 系统 (u_0, Π) 使得下述问题是不可解的：任给 $w \in A^*$，问 w 是否是 (u_0, Π) 的定理？

6.4　证明：仅包含一个产生式的半 Thue 过程的字问题是可解的.

6.5　给出字母表仅含一个符号的 Post 对应问题的算法.

6.6　证明：字母表含有 2 个符号的 Post 对应问题是不可判定的.

6.7　A^* 对连接运算构成半群，称作字母表 A 上的**自由半群**. 证明下述问题是不可解的：

任给两个自由半群 A_1^* 和 A_2^* 及从 A_1^* 到 A_2^* 的同态映射 ϕ_1 和 ϕ_2，问是否存在 $x \in A_1^*$ 使得 $\phi_1(x) = \phi_2(x)$？

6.8　证明下述关于文法的问题是不可解的：

(1) 任给一对文法 G_1 和 G_2，问是否 $L(G_1) \subseteq L(G_2)$？

(2) 任给一对文法 G_1 和 G_2，问是否 $L(G_1) = L(G_2)$？

6.9　设 $\Pi = (D, Y)$，称 $\overline{\Pi} = (D, D - Y)$ 是 Π 的补问题，即对每一个实例，Π 和 $\overline{\Pi}$ 的答案恰好相反.

证明：如果 Π 是半可判定的且 Π 可归约到 $\overline{\Pi}$，则 Π 是可判定的.

第七章　正 则 语 言

7.1　Chomsky　谱　系

根据 Church-Turing 论题，Turing 机和文法给出了最一般的计算模型，不能用 Turing 机接受或不能用文法生成的语言是不可能用算法识别的. 可是，并非所有能用算法识别的语言都很有用，它们可能过于复杂，虽然在理论上能够用算法识别，但是实际上非常困难. 实际使用的语言往往是比较简单的. 本章和下一章将研究两类在计算机科学中广泛使用的语言——正则语言和上下文无关语言，它们是由受限制的文法定义的.

语言学家 N. Chomsky 根据对产生式附加的限制条件，把文法分成 4 类：0 型文法、1 型文法、2 型文法和 3 型文法，现称作 **Chomsky 谱系**. 0 型文法就是 5.3 节定义的短语结构文法，又称无限制文法，简称作文法. 已经证明 0 型文法等价于 Turing 机，0 型文法生成的语言类和 Turing 机接受的语言类相同，都是 r. e. 语言. 1 型文法、2 型文法和 3 型文法也都有等价的自动机模型，它们分别是线性界限自动机、下推自动机和有穷自动机.

7.1.1　Chomsky 谱系

设文法 $G=(V,T,\Gamma,S)$. 约定：今后变元用大写字母 A,B,C,X,Y,Z 等表示，S 表示起始符，终极符用小写字母 a,b,c 等表示，终极符串用 x,y,z,u,v,w 等表示，变元和终极符的字符串用小写希腊字母 $\alpha,\beta,\gamma,\omega$ 等表示. 当然还会使用带下标的这些字母.

0 型文法是最一般的文法，对产生式不附加任何条件. 0 型文法又叫做短语结构文法或无限制文法，简称文法. 0 型文法生成的语言称作 **0 型语言**. 0 型语言就是 r. e. 语言.

定义 7.1　如果文法 G 的每一个产生式 $\alpha\to\beta$ 都满足条件

$$|\alpha|\leqslant|\beta|,$$

则称 G 是 **1 型文法**. 1 型文法又叫做**上下文有关文法**，简记作 CSG. 如果存在 1 型文法 G 使得 $L=L(G)$ 或 $L=L(G)\cup\{\varepsilon\}$，则称 L 是 **1 型语言**. 1 型语言又叫做**上下文有关语言**，简记作 CSL.

定义 7.2　如果文法 G 的每一个产生式都形如

$$A\to\alpha,$$

其中 $A\in V,\alpha\in(T\cup V)^*$，则称 G 是 **2 型文法**. 2 型文法又叫做**上下文无关文法**，简记作 CFG. 2 型文法生成的语言称作**2 型语言**. 2 型语言又叫做**上下文无关语言**，简记作 CFL.

定义 7.3　如果文法 G 的每一个产生式都形如

$$A\to wB\quad 或\quad A\to w,$$

其中 $A,B\in V,w\in T^*$，则称 G 是**右线性文法**. 如果每一个产生式都形如

$$A\to Bw\quad 或\quad A\to w,$$

其中，$A,B\in V,w\in T^*$，则称 G 是**左线性文法**. 左线性文法和右线性文法统称作**3 型文法**. 3 型文法又叫做**正则文法**. 3 型文法生成的语言称作**3 型语言**. 3 型语言又叫做**正则语言**.

在上述定义中，对 1 型语言的定义做了特殊处理. 这是因为任何 1 型文法都不会生成空串

ε，即对任何1型文法G有$\varepsilon \notin L(G)$，而其他型的文法生成的语言都可能包含ε. 经过这样处理之后，1型语言也和其他型语言一样，不把ε排除在外.

［**例7.1**］　文法G：$S \to aA, A \to aA, A \to bB, B \to bB, A \to b, B \to b$.

这是右线性文法，它生成语言

$$L = \{a^n b^m \mid n, m > 0\}.$$

［**例7.2**］　文法G：$S \to aSb, S \to ab$.

这是上下文无关文法，它生成语言

$$L = \{a^n b^n \mid n > 0\}.$$

［**例7.3**］　文法G：$S \to aSBC$，$S \to aBC, CB \to BC, aB \to ab$，$bB \to bb, bC \to bc$，$cC \to cc$.

这是上下文有关文法. 它生成语言

$$L = \{a^n b^n c^n \mid n > 0\}.$$

（习题5.1）

7.1.2　正则文法

右线性文法从左到右生成字符串，左线性文法从右到左生成字符串. $A \to uB$和$B \to vC$是两个产生式，先用第一个、再用第二个，从A得到uv：$A \Rightarrow uB \Rightarrow uvC$. 将这两个产生式反过来是左线性文法的产生式$B \to Au$和$C \to Bv$，先用第二个、再用第一个，同样可以得到$uv$：$C \Rightarrow Bv \Rightarrow Auv$，这次是从右到左得到$uv$的. 可见，能够用左线性文法模拟右线性文法，反过来也一样. 事实上，左线性文法和右线性文法等价.

定理7.1　对每一个右线性文法G，都存在左线性文法G'使得$L(G)=L(G')$；反之亦然.

证：设右线性文法$G=(V,T,\Gamma,S)$，如下构造左线性文法$G'=(V\cup\{S'\},T,\Gamma',S')$，其中$S' \notin T \cup V$是添加的新变元，作为$G'$的起始符.

$$\Gamma' = \{B \to Aw \mid A \to wB \in \Gamma\} \cup \{S' \to Aw \mid A \to w \in \Gamma\} \cup \{S \to \varepsilon\}.$$

要证$L(G)=L(G')$. 设$w \in L(G)$，有两种可能：

(1) G有产生式$S \to w$，则G'有产生式$S' \to Sw$和$S \to \varepsilon$. 于是，

$$S' \underset{G'}{\Rightarrow} Sw \underset{G'}{\Rightarrow} w,$$

得$w \in L(G')$.

(2) 对某个$n \geq 1$，有派生

$$S \underset{G}{\Rightarrow} u_1 A_1 \underset{G}{\Rightarrow} u_1 u_2 A_2 \underset{G}{\Rightarrow} \cdots \underset{G}{\Rightarrow} u_1 \cdots u_n A_n \underset{G}{\Rightarrow} u_1 \cdots u_n u_{n+1} = w,$$

其中$S \to u_1 A_1, A_i \to u_{i+1} A_{i+1}$ $(1 \leq i < n)$和$A_n \to u_{n+1}$均是G的产生式. 相应地，G'有产生式$A_1 \to Su_1, A_{i+1} \to A_i u_{i+1}$ $(1 \leq i < n)$，$S' \to A_n u_{n+1}$及$S \to \varepsilon$. 于是，

$$S' \underset{G'}{\Rightarrow} A_n u_{n+1} \underset{G'}{\Rightarrow} A_{n-1} u_n u_{n+1} \underset{G'}{\Rightarrow} \cdots \underset{G'}{\Rightarrow} A_1 u_2 \cdots u_{n+1} \underset{G'}{\Rightarrow} S u_1 \cdots u_{n+1} \underset{G'}{\Rightarrow} w,$$

也得$w \in L(G')$.

反之，设$w \in L(G')$，注意到$S \to \varepsilon$是G'中唯一右端不含变元的产生式，必有派生

$$S' \underset{G'}{\Rightarrow} A_1 v_1 \underset{G'}{\Rightarrow} A_2 v_2 v_1 \underset{G'}{\Rightarrow} \cdots \underset{G'}{\Rightarrow} A_n v_n \cdots v_1 \underset{G'}{\Rightarrow} v_n \cdots v_1 = w,$$

其中$n \geq 1, A_n = S$，G'有产生式$S' \to A_1 v_1, A_i \to A_{i+1} v_{i+1}$ $(1 \leq i < n)$及$S \to \varepsilon$. 相应地，G有产生式$A_1 \to v_1, A_{i+1} \to v_{i+1} A_i$ $(1 \leq i < n)$. 于是，

$$S = A_n \underset{G}{\Rightarrow} v_n A_{n-1} \underset{G}{\Rightarrow} \cdots \underset{G}{\Rightarrow} v_n \cdots v_2 A_1 \underset{G}{\Rightarrow} v_n \cdots v_2 v_1 = w,$$

得 $w \in L(G)$. 这就证明了 $L(G)=L(G')$.

类似可证，对每一个左线性文法 G，都存在右线性文法 G' 使得 $L(G)=L(G')$. □

推论 7.2 每一个正则语言既可以用右线性文法生成，也可以用左线性文法生成.

上下文无关文法和正则文法在编译理论中起着重要作用，词法分析可以用正则文法解决，而语法分析使用上下文无关文法.

［**例 7.4**］ 描述数的文法.

在程序设计语言中，一个数是无符号数或在加减号的后面跟一个无符号数，无符号数由整数、小数和指数三部分组成，其中小数部分和指数部分是可选择的，即可有可无的. 我们用 Num 表示数，Fig 表示无符号数，用 R_1 表示无符号数中第一个数字之后的部分，包括可选择的小数部分和指数部分在内，用 R_2 表示小数点之后的部分，包括可选择的指数部分在内，用 R_3 表示小数点后面第一个数字之后的部分，也包括指数部分在内，用 R_4 表示指数部分中 e 之后的部分，R_5 表示 e 后面的无符号整数部分，R_6 表示 e 后面第一个数字之后的部分. 文法如下：

$$G=(V,T,\Gamma,\mathrm{Num}),$$

其中 $V=\{\mathrm{Num},\ \mathrm{Fig},\ R_1,R_2,R_3,R_4,R_5,R_6\}$，$T=\{a,+,-,.,e\}$，

Γ: $\mathrm{Num}\to +\mathrm{Fig}\mid -\mathrm{Fig}\mid \mathrm{Fig}$,

$\mathrm{Fig}\to aR_1$,

$R_1\to aR_1\mid .R_2\mid eR_4\mid \varepsilon$,

$R_2\to aR_3$,

$R_3\to aR_3\mid eR_4\mid \varepsilon$,

$R_4\to +R_5\mid -R_5\mid R_5$,

$R_5\to aR_6$,

$R_6\to aR_6\mid \varepsilon$.

这些产生式就是程序设计语言中数的巴科斯范式(BNF)描述. 这里用 a 表示一个数字，即 $A\to aB$ 是 $A\to 0B, A\to 1B, \cdots, A\to 9B$ 的缩写. $A\to uB\mid vC\mid wD$ 是 $A\to uB$, $A\to vC$ 和 $A\to wD$ 的缩写.

练　　习

7.1.1 下述文法是几型文法?

(1) $S\to 0BA$　　$B\to A10$

$A\to 1A$　　$A\to 0$

(2) $S\to 0ABA$　　$AB\to A0B$

$BA\to B1A$　　$A\to 1B$

$B\to 0A$　　$A\to 0$

$B\to 1$

(3) $S\to 0SAB$　　$S\to BA$

$A\to 0A$　　$A\to 0$

$B\to 1$

(4) $S\to 0A$　　$S\to 1B$

$A\to 0B$　　$A\to 1A$

$B \to 1B$　　$B \to 0A$

$A \to 0$　　$B \to 1$

(5) $S \to 0A$　　$A \to S1$

$S \to \varepsilon$

7.1.2　按照定理 7.1 的证明，构造与下述右线性文法等价的左线性文法：

$S \to 10S$　　$S \to 11A$

$A \to 01B$　　$B \to 01B$

$B \to 11S$　　$B \to \varepsilon$

7.1.3　构造生成下述语言的正则文法：

(1) 以 00 结束的所有 0,1 串；

(2) 含有子串 011 的所有 0、1 串；

(3) $\{a^{3k+1} \mid k \in N\}$.

7.2　有穷自动机

7.2.1　有穷自动机

有穷自动机是一种能力很有限的计算装置，设想它有一条带，用来存放输入字符串. 控制器有有穷个状态. 带头只能读、不能写，并且只能往一个方向(例如，从左向右)运动，因而它只能顺序检查字符串的每一个符号. 在每一步，根据当前所处的状态和带头读到的符号转移到另一个状态. 最后，根据读完字符串时机器所处的状态决定是否接受这个字符串. 见图 7.1.

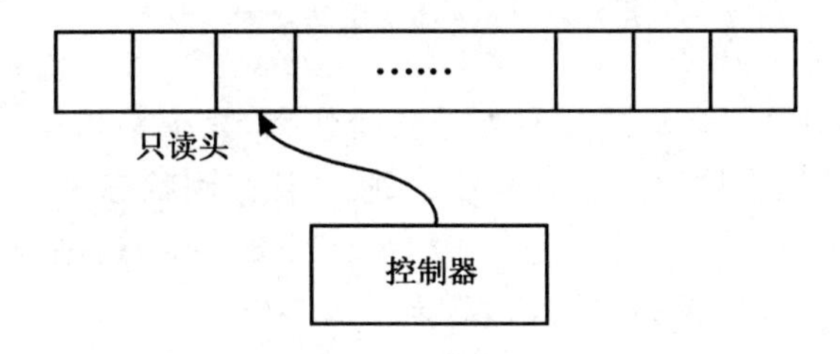

图 7.1　FA 示意图

定义 7.4　一台**有穷自动机**(缩写作 FA)$\mathscr{M}$ 由 5 部分组成：

(1) 字母表 A；

(2) 状态集 Q，Q 是非空有穷集合；

(3) 转移函数 δ：$Q \times A \to Q$；

(4) 初始状态 $q_1 \in Q$；

(5) 接受状态集 $F \subseteq Q$；

记作 $\mathscr{M} = (Q, A, \delta, q_1, F)$.

[**例 7.5**]　设 FA$\mathscr{M} = (Q, A, \delta, q_1, F)$ 由表 7-1 给出，q_1 前用→标明它是初始状态，给 q_3 加一个星号 * 表示它是接受状态. 和 TM 类似，也可以用有向图表示一台 FA，称作 FA 的**状态转移图**. 在弧 (q, q') 旁标 a 表示 $\delta(q, a) = q'$. 双圈的节点表示接受状态. $\mathscr{M}$ 的状态转移图如图 7.2 所示.

表 7-1 FA $\mathscr{M}$

Q \ δ \ A	a	b
$\to q_1$	q_2	q_4
q_2	q_2	q_3
$*q_3$	q_4	q_3
q_4	q_4	q_4

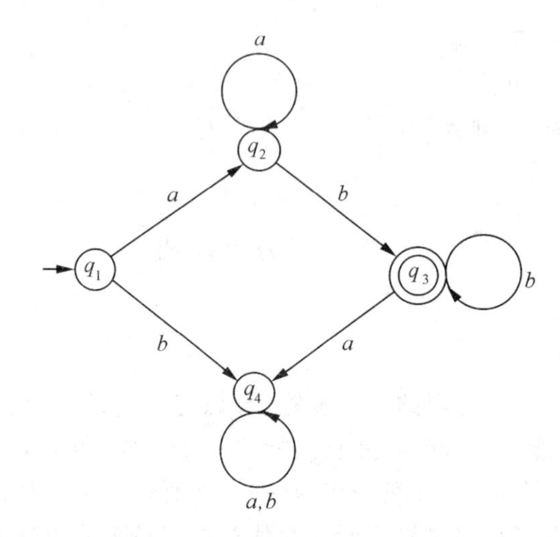

图 7.2 FA$\mathscr{M}$的状态转移图

给定字符串 $w\in A^*$，FA$\mathscr{M}$计算开始时处于初始状态，只读头指向 w 的第一个符号. 在计算的每一步，设 $\mathscr{M}$ 处于状态 q，只读头指向符号 a，则 $\mathscr{M}$ 转移到状态 $\delta(q,a)$，同时只读头右移一格. 直至读完(只读头移出)w 为止. 若读完 w 时 $\mathscr{M}$ 处于接受状态，则 $\mathscr{M}$ 接受 w；否则 $\mathscr{M}$ 拒绝 w. $\mathscr{M}$ 接受的字符串的全体称作 $\mathscr{M}$ 接受的语言，记作 $L(\mathscr{M})$.

为了更形式化地描述 $L(\mathscr{M})$，把 δ 扩张到 $Q\times A^*$ 上. 任给 $q\in Q$ 和 $u\in A^*$，$\mathscr{M}$ 从状态 q 开始，检查完 u 的每一个符号后所处的状态记作 $\delta^*(q,u)$. δ^* 递归地定义如下：对所有的$q\in Q$，$u\in A^*$ 和 $a\in A$，

$$\delta^*(q,\varepsilon) = q,$$

$$\delta^*(q,ua) = \delta(\delta^*(q,u),a).$$

定义 7.5 设 FA$\mathscr{M}=(Q,A,\delta,q,F)$，$w\in A^*$. 如果 $\delta^*(q_1,w)\in F$，则称 $\mathscr{M}$ **接受** w，否则称 $\mathscr{M}$ **拒绝** w 或**不接受** w.

$\mathscr{M}$ 接受的语言

$$L(\mathscr{M}) = \{w \in A^* \mid \mathscr{M}\text{接受 } w\}.$$

不难看出，例 7.5 中的 FA$\mathscr{M}$ 接受语言

$$L(\mathscr{M}) = \{a^n b^m \mid n,m > 0\}.$$

[**例 7.6**] 构造一台 FA 接受语言.

$$L=\{w\in \{a,b\}^* \mid w\text{中 } a \text{ 的个数是 3 的整数倍(含 0)}\}.$$

解：设状态 q_i 表示输入串在已读过的部分中 a 的个数除以 3 的余数为 i，$i=0,1,2$. 不难

给出转移函数 δ，如表 7-2 所示，其中 q_0 既是初始状态，又是接受状态。状态转移图如图 7.3 所示。

表　7-2

δ	a	b
$\rightarrow * q_0$	q_1	q_0
q_1	q_2	q_1
q_2	q_0	q_2

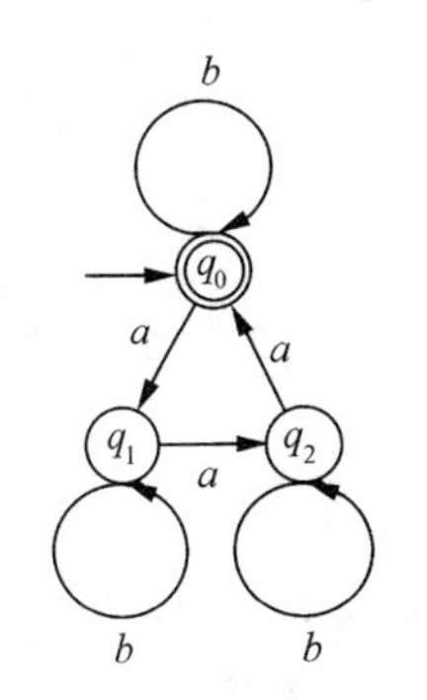

图　7.3

在定义 7.4 中，转移函数 δ 是从 $Q\times A$ 到 Q 的函数，$\mathscr{M}$ 的每一步是完全确定的。这种有穷自动机是确定型的。与 Turing 机类似，也有非确定型有穷自动机，它的动作是不确定的。

7.2.2　非确定型有穷自动机

定义 7.6　一台**非确定型有穷自动机**（缩写作 NFA）$\mathscr{M}$ 由 5 部分组成，记作 $\mathscr{M}=(Q,A,\delta,q_1,F)$，其中 Q,A,q_1 和 F 与定义 7.4 中的相同，δ 是 $Q\times A$ 到 Q 的二元关系。

当需要强调确定型时，把确定型有穷自动机缩写成 DFA. DFA 是 NFA 的特殊情况。今后用 FA 泛指有穷自动机。

NFA$\mathscr{M}$ 在计算的每一步，如果 $\mathscr{M}$ 当前处于状态 q，只读头指向符号 a，则当 $\delta(q,a)\neq\varnothing$ 时 $\mathscr{M}$ 可以转移到 $\delta(q,a)$ 中的任一状态；当 $\delta(q,a)=\varnothing$ 时 $\mathscr{M}$ 停止计算。给定字符串 $w\in A^*$，从初始状态开始，$\mathscr{M}$ 读完 w 时可能处于若干状态。当且仅当这些状态中有接受状态时 $\mathscr{M}$ 接受 w.

把 δ 扩张成 $Q\times A^*$ 到 Q 的二元关系 δ^*：$((q,u),q')\in\delta^*$ 当且仅当从状态 q 开始，读完 u 时 $\mathscr{M}$ 可能处于状态 q'.

递归地定义 δ^* 如下：对每一个 $q\in Q$，$u\in A^*$ 和 $a\in A$，

$$\delta^*(q,\varepsilon)=\{q\},$$
$$\delta^*(q,ua)=\bigcup_{p\in\delta^*(q,u)}\delta(p,a).$$

定义 7.7　设 NFA$\mathscr{M}=(Q,A,\delta,q_1,F)$，$w\in A^*$. 如果 $\delta^*(q_1,w)\cap F\neq\varnothing$，则称 $\mathscr{M}$ **接受** w；否则称 $\mathscr{M}$ **拒绝** w **或不接受** w.

$\mathscr{M}$ 接受的语言

$$L(\mathscr{M})=\{w\in A^*\mid\mathscr{M}\text{ 接受 }w\}.$$

［**例 7.7**］　设 NFA $\mathscr{M}$ 由表 7-3 给出，它的状态转移图如图 7.4 所示。

表 7-3　NFA $\mathscr{M}$

Q \ δ \ A	0	1
$\rightarrow q_1$	$\{q_1,q_2\}$	$\{q_1\}$
q_2	$\{q_3\}$	$\varnothing$
$*q_3$	$\varnothing$	$\varnothing$

给定输入 w，DFA 有唯一的从初始状态开始的状态转移序列，而 NFA 由于在每一步可能有多个转移，所以可能有多个从初始状态开始的状态转移序列。和 NTM 一样，可以用一棵树

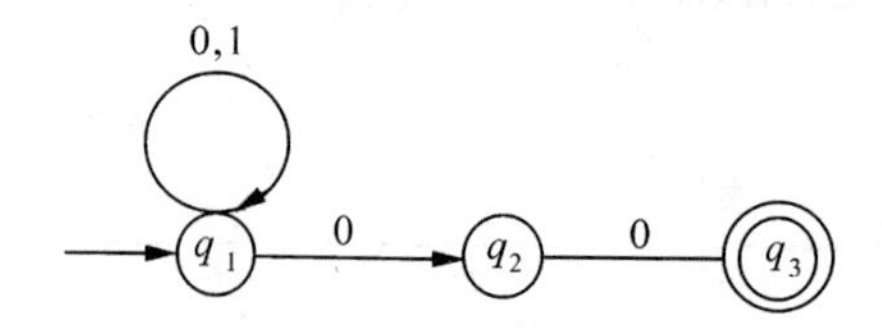

图 7.4 NFA $\mathscr{M}$ 的状态转移图

来表示 NFA 的计算.

$\mathscr{M}$ 关于 0100 的计算如图 7.5 所示. 从树根到树叶的每一条路径是一个从初始状态开始的状态转移序列. 这里共有 4 条,其中有一条没有读完输入就中断了,这是因为遇到 δ 的值为 $\varnothing$. 在 3 条读完输入的状态转移序列中有一条最后进入接受状态 q_3,故 M 接受 0100. 不难看出,它接受语言

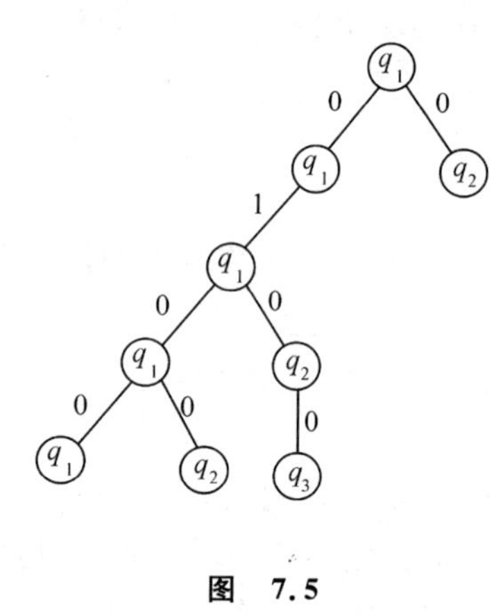

图 7.5

$$L(\mathscr{M}) = \{x00 \mid x \in \{0,1\}^*\}.$$

设计 NFA 也要使用"猜想". 在这里,在状态 q_1 下读到 0 时就要猜想现在是否是最后第 2 个符号了. 若猜想不是,则保持状态不变;若猜想是,则把状态转移到 q_2. 如果输入 w 以 00 结束,我们总有可能猜对,读完 w 进入接受状态 q_3;如果输入 w 不以 00 结束,则不管我们怎么猜(猜对了,还是猜错了),都不可能恰好在读完 w 后进入接受状态 q_3,要么没有读完就中断计算,要么读完后的状态不是接受状态.

7.2.3 DFA 与 NFA 的等价性

和 Turing 机一样,非确定性也没有增加有穷自动机的计算能力. 显然,可以把 DFA 看作 NFA的特殊情况,只需把 q 和 $\{q\}$ 等同起来. 为了要用 DFA 模拟 NFA,必须把 NFA 的"树状"计算变成"线状"的. 在每一步,NFA 可能处于若干个状态,只需把这几个状态合成一个状态就能解决这个问题. 如图 7.5 所示的计算可表成

$$\{q_1\}—\{q_1,q_2\}—\{q_1\}—\{q_1,q_2\}—\{q_1,q_2,q_3\},$$

这里把 Q 的每一个子集看成了一个状态. 这就是下述定理证明的基本思想.

定理 7.3 语言 L 被 DFA 接受当且仅当它被 NFA 接受.

证: DFA 是 NFA 的特殊情况,因此若 L 被 DFA 接受,当然也被 NFA 接受.

设 NFA $\mathscr{M}=(Q,A,\delta,q_1,F)$, $L=L(\mathscr{M})$. 构造 DFA $\widetilde{\mathscr{M}}=(\widetilde{Q},\widetilde{A},\widetilde{\delta},Q_1,\widetilde{F})$ 如下: $\widetilde{Q}=P(Q)$, $\widetilde{A}=A$, $Q_1=\{q_1\}$,

$$\widetilde{F} = \{Q' \mid Q' \subseteq Q \land Q' \cap F \neq \varnothing\},$$

$$\widetilde{\delta}(Q',a) = \bigcup_{q\in Q'} \delta(q,a),$$

其中 $P(Q)$ 是 Q 的幂集.

先证对任意的 $u \in A^*$,

$$\widetilde{\delta}^*(Q_1,u) = \delta^*(q_1,u). \tag{\#}$$

对$|u|$进行归纳证明. 当$|u|=0$时,$u=\varepsilon$,

$$\tilde{\delta}^*(Q_1,\varepsilon) = Q_1 = \{q_1\} = \delta^*(q_1,\varepsilon),$$

(♯)式成立. 设当$|u|=l(l\geqslant 0)$时(♯)成立. 考虑$|u|=l+1$的情况,设$u=va$,其中$|v|=l$,$a\in A$. 于是

$$\begin{aligned}
\tilde{\delta}^*(Q_1,u) &= \tilde{\delta}^*(Q_1,va) \\
&= \tilde{\delta}(\tilde{\delta}^*(Q_1,v),a) && \tilde{\delta}^* \text{ 的定义} \\
&= \tilde{\delta}(\delta^*(q_1,v),a) && \text{归纳假设} \\
&= \bigcup_{q\in\delta^*(q_1,v)} \delta(q,a) && \tilde{\delta} \text{ 的定义} \\
&= \delta^*(q_1,va) && \delta^* \text{ 的定义} \\
&= \delta^*(q_1,u).
\end{aligned}$$

得证(♯)式成立.

于是,

$$\begin{aligned}
u \in L(\tilde{\mathscr{M}}) &\Leftrightarrow \tilde{\delta}^*(Q_1,u) \in \tilde{F} \\
&\Leftrightarrow \delta^*(q_1,u) \in \tilde{F} \\
&\Leftrightarrow \delta^*(q_1,u) \cap F \neq \varnothing \\
&\Leftrightarrow u \in L(\mathscr{M}),
\end{aligned}$$

得证$L(\tilde{\mathscr{M}})=L(\mathscr{M})$. □

[**例 7.8**]　把例 7.7 中的 NFA$\mathscr{M}$转换成等价的 DFA.

定理 7.3 的证明是构造性的,按照它构造所需的 DFA$\mathscr{M}'=(Q',A,\delta',\{q_1\},F')$如下: Q'是Q的幂集$P(Q)$,$A=\{0,1\}$,$F'=\{\{q_3\},\{q_1,q_3\},\{q_2,q_3\},\{q_1,q_2,q_3\}\}$,其中$Q=\{q_1,q_2,q_3\}$,$\delta'$由表 7-4 给出.

从表 7-4 可以发现除$\{q_1\}$,$\{q_1,q_2\}$和$\{q_1,q_2,q_3\}$外,其余的子集都不可能从$\{q_1\}$开始读入某个字符串后达到,因而实际上不起作用,可以从Q'中删去. 化简后的δ'如表7-5 所示,状态转移图见图 7.6,在该图中分别用p_1,p_2和p_3代替$\{q_1\}$,$\{q_1,q_2\}$和$\{q_1,q_2,q_3\}$.

表　7-4

δ'	0	1
$\rightarrow\{q_1\}$	$\{q_1,q_2\}$	$\{q_1\}$
$\{q_2\}$	$\{q_3\}$	$\varnothing$
* $\{q_3\}$	$\varnothing$	$\varnothing$
$\{q_1,q_2\}$	$\{q_1,q_2,q_3\}$	$\{q_1\}$
* $\{q_1,q_3\}$	$\{q_1,q_2\}$	$\{q_1\}$
* $\{q_2,q_3\}$	$\{q_3\}$	$\varnothing$
* $\{q_1,q_2,q_3\}$	$\{q_1,q_2,q_3\}$	$\{q_1\}$
$\varnothing$	$\varnothing$	$\varnothing$

表 7-5

δ'	0	1
$\rightarrow\{q_1\}$	$\{q_1,q_2\}$	$\{q_1\}$
$\{q_1,q_2\}$	$\{q_1,q_2,q_3\}$	$\{q_1\}$
$^*\ \{q_1,q_2,q_3\}$	$\{q_1,q_2,q_3\}$	$\{q_1\}$

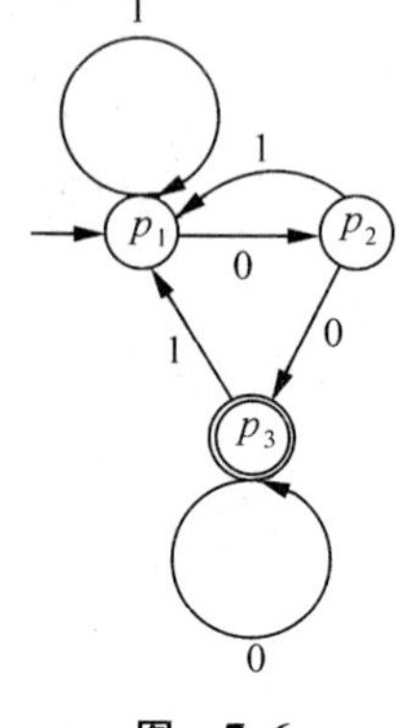

图 7.6

设 DFA $\mathscr{M}=(Q,A,\delta,q_1,F)$，$q\in Q$，如果存在 $w\in A^*$ 使得 $\delta^*(q_1,w)=q$，则称状态 q 是**可达的**，否则称状态 q 是**不可达的**. 容易证明从$\mathscr{M}$中删去不可达的状态，不改变它接受的语言.

在把 NFA $\mathscr{M}$转换成 DFA $\mathscr{M}'$时，通常会有一些 Q 的子集是不可达的，没有必要引入，正如我们在上面看到的那样. 为了避免引入不可达状态，可按下述做法计算$\mathscr{M}'$的转移函数 δ' 的值：从 $\{q_1\}$ 开始，然后逐个对表中出现的子集计算 δ'，直到表中没有尚未计算 δ' 值的子集为止. 如表 7-5 所示的那样，首先对 $\{q_1\}$ 计算 δ'，表中新出现 $\{q_1,q_2\}$；对 $\{q_1,q_2\}$ 计算 δ'，表中又新出现 $\{q_1,q_2,q_3\}$；对 $\{q_1,q_2,q_3\}$ 计算 δ'，此时表中所有状态的 δ' 值都已计算过了，计算结束.

7.2.4 带 ε 转移的非确定型有穷自动机

如果把 NFA 的转移函数 δ 扩张为 $Q\times(A\cup\{\varepsilon\})$ 到 Q 的二元关系，即允许自动机不读任何字符(或曰读入空串 ε)也可以做状态转移(称这样的转移为 ε 转移)，则称这样的自动机是**带 ε 转移的非确定型有穷自动机**，记作 ε-NFA.

表 7-6 是一台 ε-NFA，它的状态转移图见图 7.7.

表 7-6

δ	ε	0	1
$\rightarrow q_1$	$\{q_2,q_5\}$	$\varnothing$	$\varnothing$
q_2	$\{q_3\}$	$\varnothing$	$\varnothing$
q_3	$\varnothing$	$\{q_4\}$	$\varnothing$
q_4	$\varnothing$	$\varnothing$	$\{q_5\}$
$^*\ q_5$	$\{q_1\}$	$\varnothing$	$\varnothing$

设 ε-NFA $\mathscr{M}=(Q,A,\delta,q_1,F)$，$q\in Q$，把由 q 及从 q 经过若干次 ε 转移可以到达的所有状态组成的集合称作 q 的 **ε 闭包**，记作 $E(q)$. 它可以递归定义如下：

(1) $E(q)$包含 q；

(2) 如果 p 属于 $E(q)$，则 $E(q)$包含 $\delta(p,\varepsilon)$.

$\mathscr{M}$只要进入状态 q 就能自动地到达 $E(q)$中的每一个状态，而不必消耗输入字符. 表 7-6 给出的 ε-NFA 各状态的 ε 闭包如下表所示.

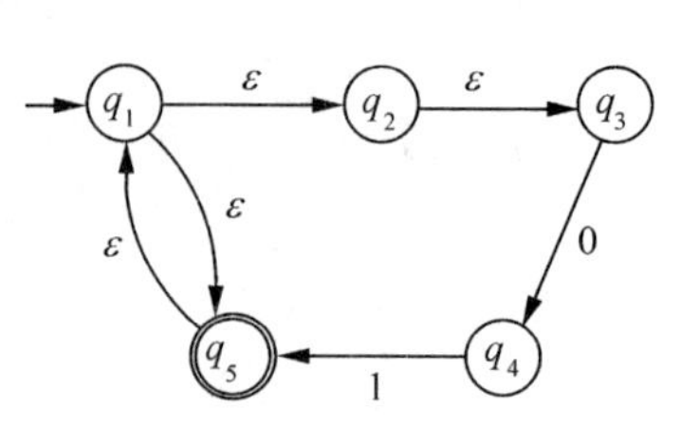

图 7.7　一台 ε-NFA

q	q_1	q_2	q_3	q_4	q_5
$E(q)$	$\{q_1,q_2,q_3,q_5\}$	$\{q_2,q_3\}$	$\{q_3\}$	$\{q_4\}$	$\{q_1,q_2,q_3,q_5\}$

对所有的 $q\in Q,a\in A$ 及 $u\in A^*$，定义

$$\delta^*(q,\varepsilon)=E(q),$$
$$\delta^*(q,ua)=\bigcup\{E(r)\mid p\in\delta^*(q,u),r\in\delta(p,a)\},$$

这里$\bigcup S$表示 S 中所有元素的并集.和前面的一样，$\delta^*(q,w)$是从 q 开始，读完 w 能够到达的所有状态组成的集合，只是现在允许 ε 转移.于是$\mathscr{M}$接受的语言

$$L(\mathscr{M})=\{w\in A^*\mid\delta^*(q_1,w)\cap F\neq\varnothing\}.$$

由于普通的 NFA 是 ε-NFA 的特例：限制对所有的 $q,\delta(q,\varepsilon)=\varnothing$，故 ε-NFA 接受的语言包含 NFA 接受的语言.反过来也对，实际上可以直接把 ε-NFA 转换成 DFA，做法与对普通的 NFA 基本一样.

设 $S\subseteq Q$，如果对于任意的 $q\in S$，有 $E(q)\subseteq S$，即 S 中的状态经过 ε 转移仍在 S 中，则称 S **关于 ε 转移是封闭的.** 对于 $S\subseteq Q$ 和 $a\in A$，记

$$\delta^*(S,a)=\bigcup_{p\in S}\delta^*(p,a),$$

它是从 S 中的状态开始读字符 a 能够到达的所有状态，在读 a 前和读 a 后可以做 ε 转移.不难证明：对于任意的 $S\subseteq Q$ 和 $a\in A$，$\delta^*(S,a)$关于 ε 转移是封闭的(练习 7.2.8).由此可见，在把 ε-NFA $\mathscr{M}$ 转换成等价的 DFA $\widetilde{\mathscr{M}}$ 时，只需考虑 Q 的关于 ε 转移封闭的子集.做法如下：

取 DFA $\widetilde{\mathscr{M}}=(\widetilde{Q},A,\widetilde{\delta},Q_1,\widetilde{F})$，其中 $\widetilde{Q}$ 是 Q 的所有关于 ε 转移封闭的子集，$Q_1=E(q_1)$(它是关于 ε 转移封闭的，练习 7.2.8)，$\widetilde{F}=\{S\mid S\in\widetilde{Q}$ 且 $S\cap F\neq\varnothing\}$，对每一个 $S\in\widetilde{Q}$ 和 $a\in A$，令

$$\widetilde{\delta}(S,a)=\delta^*(S,a).$$

可以证明：对每一个 $w\in A^*$，有

$$\widetilde{\delta}^*(Q_1,w)=\delta^*(q_1,w).$$

从而，$L(\mathscr{M})=L(\widetilde{\mathscr{M}})$.于是，有下述定理：

定理 7.4　语言 L 被 ε-NFA 接受当且仅当它被 DFA 接受.

[**例 7.9**]　把表 7-6 给出的 ε-NFA $\mathscr{M}$ 转换成一台 DFA $\widetilde{\mathscr{M}}$.

和将普通的 NFA 转换成 DFA 一样，并不需要考虑$\mathscr{M}$的所有关于 ε 转移封闭的状态子集，只需首先计算 Q_1 和 $\widetilde{\delta}$ 值，然后逐个对计算中新出现的子集计算 $\widetilde{\delta}$ 值，直至没有可计算的子集为止.$\widetilde{\delta}$ 在表 7-7 中给出，状态转移图见图 7.8，其中，

$$Q_1=\{q_1,q_2,q_3,q_5\},Q_2=\{q_4\}.$$

表　7-7

$\widetilde{\delta}$	0	1
$\rightarrow^*\{q_1,q_2,q_3,q_5\}$	$\{q_4\}$	$\varnothing$
$\{q_4\}$	$\varnothing$	$\{q_1,q_2,q_3,q_5\}$
$\varnothing$	$\varnothing$	$\varnothing$

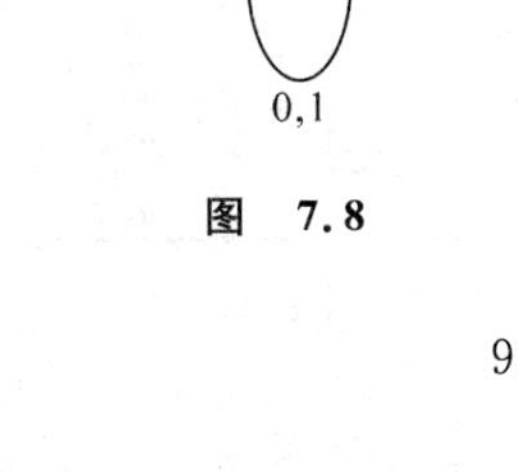

图　7.8

根据定理 7.3 和 7.4，DFA，NFA 和 ε-NFA 是等价的.今后在

不需要特别指明时,用 FA 表示其中的任何一种.

练　　习

7.2.1　DFA $\mathscr{M}$ 由表 7-8 给出,

(1) 画出$\mathscr{M}$ 的状态转移图;

(2) 给出下述状态和字符串的 δ^* 的值:$(q_1, abab)$,$(q_2, baba)$,$(q_3, abba)$;

(3) 给出 $L(M)$.

表　7-8

δ	a	b
$\rightarrow q_1$	q_2	q_4
$^* \ q_2$	q_3	q_1
q_3	q_4	q_4
q_4	q_4	q_4

7.2.2　构造接受下述语言的 DFA,字母表为{0,1}:

(1) 没有连续的 2 个 0;

(2) 有偶数个 0 和偶数个 1;

(3) 含有子串 000;

(4) 不含子串 000.

7.2.3　NFA $\mathscr{M}$ 由表 7-9 给出,

(1) 画出$\mathscr{M}$ 的状态转移图;

(2) 给出下述状态和字符串的 δ^* 的值:$(q_1, 0100)$,$(q_1, 0110)$,$(q_2, 0)$,$(q_2, 1)$,$(q_2, 00)$;

(3) $\mathscr{M}$是否接受下述字符串:0110,0011,1100,0101,0000;

(4) 给出 $L(\mathscr{M})$.

表　7-9

δ	0	1
$\rightarrow q_1$	$\{q_1, q_2\}$	$\{q_1, q_3\}$
q_2	$\{q_4\}$	$\varnothing$
q_3	$\varnothing$	$\{q_4\}$
$^* \ q_4$	$\varnothing$	$\varnothing$

7.2.4　NFA $\mathscr{M}$ 由表 7 -10 给出,

(1) 画出$\mathscr{M}$的状态转移图;

(2) 给出下述状态和字符串的 δ^* 的值:$(q_1, 0101)$,$(q_1, 0110)$,$(q_2, 10)$,$(q_2, 01)$;

(3) $\mathscr{M}$是否接受下述字符串:0100,0101,0101,0101001;

(4) 给出 $L(\mathscr{M})$.

表　7-10

δ	0	1
$\rightarrow ^* q_1$	$\{q_2\}$	$\varnothing$
q_2	$\varnothing$	$\{q_3, q_4\}$
$^* \ q_3$	$\{q_2\}$	$\varnothing$
q_4	$\{q_3\}$	$\varnothing$

7.2.5　把 7.2.3 和 7.2.4 题中的 NFA 转换成等价的 DFA，要求不含不可达的状态.

7.2.6　ε-NFA $\mathscr{M}$由表 7-11 给出，

(1) 画出$\mathscr{M}$的状态转移图；

(2) 给出各状态的 ε 闭包；

(3) 下述子集关于 ε 转移是否封闭的：$\{q_1\},\{q_2\},\{q_3\},\{q_1,q_2\},\{q_2,q_3\}$；

(4) 把 $\mathscr{M}$ 转换成等价的 DFA.

表　7-11

δ	ε	a	b	c
$\to q_1$	$\{q_2\}$	$\{q_1\}$	$\varnothing$	$\varnothing$
q_2	$\{q_3\}$	$\varnothing$	$\{q_2\}$	$\varnothing$
$^* q_3$	$\varnothing$	$\varnothing$	$\varnothing$	$\{q_3\}$

7.2.7 ε-NFA $\mathscr{M}$ 由表 7-12 给出，

(1) 画出 $\mathscr{M}$ 的状态转移图；

(2) 给出各状态的 ε 闭包；

(3) 下述子集关于 ε 转移是否封闭的：$\{q_1\},\{q_2\},\{q_3\},\{q_1,q_2\},\{q_2,q_3\}$；

(4) 把 $\mathscr{M}$ 转换成等价的 DFA.

表　7-12

δ	ε	a	b	c
$\to q_1$	$\{q_2,q_3\}$	$\varnothing$	$\{q_2\}$	$\{q_3\}$
q_2	$\varnothing$	$\{q_1\}$	$\{q_3\}$	$\{q_1,q_2\}$
$^* q_3$	$\varnothing$	$\varnothing$	$\varnothing$	$\varnothing$

7.2.8 设 ε-NFA $\mathscr{M}=(Q,A,\delta,q_1,F)$，证明：

(1) 对于任何 $q\in Q$，$E(q)$关于 ε 转移是封闭的；

(2) 对于任何 $S\subseteq Q$ 和 $a\in A$，$\delta^*(S,a)$关于 ε 转移是封闭的.

7.3　有穷自动机与正则文法的等价性

7.3.1　用正则文法模拟有穷自动机

根据定理 7.1、7.3 和 7.4，只需考虑右线性文法和确定型有穷自动机. 用右线性文法模拟 DFA 是相当直截了当的，DFA 从左到右一个一个符号地检查字符串，右线性文法相应地从左到右一个一个符号地生成字符串，最后当 DFA 检查完字符串进入接受状态时，右线性文法使用 $A\to a$ 类型的产生式生成字符串的最后一个符号. 具体做法如下：

设 DFA $\mathscr{M}=(Q,A,\delta,q_1,F)$，构造右线性文法 $G=(Q,A,\Gamma,q_1)$，其中 Γ 包括下述产生式：对每一个 $q\in Q$ 和 $a\in A$，

如果 $\delta(q,a)=q'$，则有产生式 $q\to aq'$，

如果 $q\in F$，则有产生式 $q\to\varepsilon$.

对任意的 $w\in A^*$，分两种情况讨论：

(1) $w=\varepsilon$.

$$\varepsilon\in L(\mathscr{M})\Leftrightarrow q_1\in F\Leftrightarrow G\text{ 有产生式 }q_1\to\varepsilon\Leftrightarrow\varepsilon\in L(G).$$

(2) $w \neq \varepsilon$. 设 $w=a_1a_2\cdots a_k$，其中 $a_1,a_2,\cdots,a_k \in A, k\geqslant 1$.

若 $w\in L(\mathscr{M})$，设 $\delta(q_1,a_1)=q_{i_1}, \delta(q_{i_1},a_2)=q_{i_2},\cdots,\delta(q_{i_{k-1}},a_k)=q_{i_k}$，则 $q_{i_k}\in F$. 于是 G 有产生式 $q_1\to a_1q_{i_1}, q_{i_1}\to a_2q_{i_2},\cdots,q_{i_{k-1}}\to a_kq_{i_k}$ 及 $q_{i_k}\to\varepsilon$，从而有

$$q_1 \underset{G}{\Rightarrow} a_1q_{i_1} \underset{G}{\Rightarrow} a_1a_2q_{i_2} \underset{G}{\Rightarrow} \cdots \underset{G}{\Rightarrow} a_1\cdots a_kq_{i_k} \underset{G}{\Rightarrow} a_1\cdots a_k = w,$$

得 $w\in L(G)$.

反之，若 $w\in L(G)$，根据 G 的构造，必有产生式 $q_1\to a_1q_{i_1}, q_{i_1}\to a_2q_{i_2},\cdots,q_{i_{k-1}}\to a_kq_{i_k}$ 及 $q_{i_k}\to\varepsilon$ 使

$$q_1 \underset{G}{\Rightarrow} a_1q_{i_1} \underset{G}{\Rightarrow} a_1a_2q_{i_2} \underset{G}{\Rightarrow} \cdots \underset{G}{\Rightarrow} a_1\cdots a_kq_{i_k} \underset{G}{\Rightarrow} a_1\cdots a_k = w.$$

于是，$\delta(q_1,a_1)=q_{i_1}, \delta(q_{i_1},a_2)=q_{i_2},\cdots,\delta(q_{i_{k-1}},a_k)=q_{i_k}$，以及 $q_{i_k}\in F$. 从而，$\delta^*(q_1,w)=q_{i_k}\in F$. 得证 $w\in L(\mathscr{M})$.

所以，$L(\mathscr{M})=L(G)$.

7.3.2 用有穷自动机模拟正则文法

设右线性文法 $G=(V,T,\Gamma,S)$，由于文法在本质上是非确定性的，为简单起见，我们用 NFA 模拟 G. 模拟的方法和上面相似，问题是 G 的产生式 $X\to uY$ 和 $X\to u$ 中的 u 通常是 T 上的字符串，而不一定是一个字符. 也就是说，右线性文法是从左到右一段一段地生成字符串，而不一定是一个字符一个字符地生成字符串. 其实，这并不构成问题，只要把这样的一段字符看成 NFA 的一个字符，问题就解决了. 此外，还要注意到产生式 $X\to uY$ 和 $X\to u$ 中的 u 可能是空串 ε，但 ε 不应包含在 NFA 的字母表中. 通常这是一台 ε-NFA.

取 $\mathscr{M}=(Q,A,\delta,q_1,F)$，其中 $Q=V\cup\{f\}$，$A=\{u\in T^* \mid X\to uY\in\Gamma$ 或 $X\to u\in\Gamma$，且 $u\neq\varepsilon\}$，即 A 是在 G 的产生式中出现的 T 上的所有非空字符串，$q_1=S$，$F=\{f\}$，$f\notin V\cup T^*$ 是新添加的唯一的接受状态. δ 的定义如下：

若 G 中有产生式 $X\to uY$，则 $Y\in\delta(X,u)$；若 G 中有产生式 $X\to u$，则 $f\in\delta(X,u)$. 即，对 $X\in V$ 和 $u\in A\cup\{\varepsilon\}$，

$$\delta(X,u)=\begin{cases}\{Y\in V \mid X\to uY\in\Gamma\}\cup\{f\}, & \text{若 } X\to u\in\Gamma,\\ \{Y\in V \mid X\to uY\in\Gamma\}, & \text{否则},\end{cases}$$

而对所有的 $u\in A\cup\{\varepsilon\}$，$\delta(f,u)=\varnothing$.

$L(\mathscr{M})=L(G)$ 的证明与前面类似，这里不再赘述.

综上所述，我们得到下述定理.

定理 7.5 语言 L 是正则的当且仅当它被有穷自动机接受.

[**例 7.10**] 识别数的 DFA.

解：例 7.4 给出了描述数的文法，先把它转换成 ε-NFA，其中 f 是新添加的唯一接受状态，见图 7.9. 再把 ε-NFA 转换成 DFA，见图 7.10. 为简明起见，在图7.10中用 Num，R_1，R_3，R_4，R_6 分别表示{Num, Fig}，$\{R_1,f\}$，$\{R_3,f\}$，$\{R_4,R_5\}$，$\{R_6,f\}$，用 Fig，R_2，R_5 分别表示{Fig}，$\{R_2\}$，$\{R_5\}$. 此外，DFA 还有一个非接受状态 $\varnothing$，$\varnothing$ 和所有与 $\varnothing$ 关联的弧在图7.10中都没有画出. 这使图变得简明得多，且不会妨碍对图的理解.

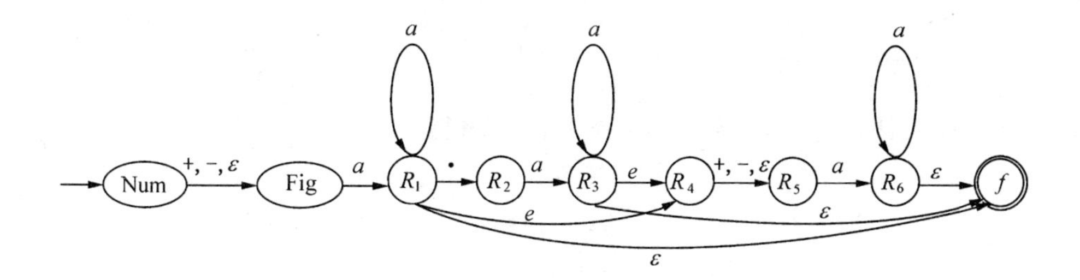

图 7.9 识别数的 ε-NFA

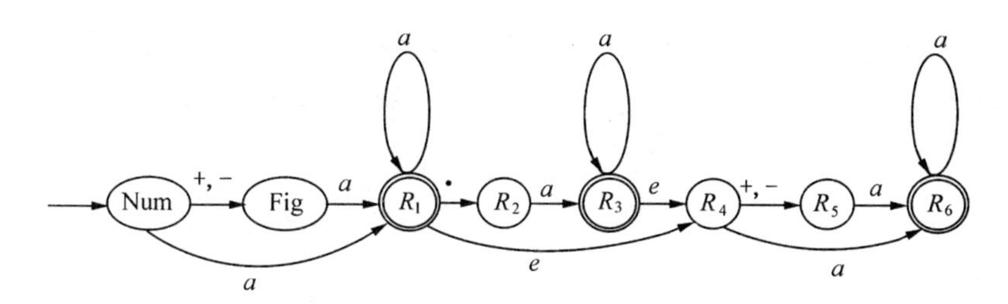

图 7.10 识别数的 DFA

练　　习

7.3.1 把下述右线性文法转换成等价的 ε-NFA：

(1) $S\to 10S|11A$，

$A\to 01B$，

$B\to 01B|11S|\varepsilon$；

(2) $S\to 0A|1B|A|B$，

$A\to 11A|00B|\varepsilon$，

$B\to 11B|00A|\varepsilon$.

7.3.2 标识符是由字母开头、后面跟着若干个字母和数字组成的字符串.用右线性文法描述标识符，然后把文法转换成等价的 ε-NFA，再进一步转换成识别标识符的 DFA.

7.4 正则表达式

7.4.1 正则语言的封闭性

定义 7.8 设 L, L_1, L_2 是字母表 A 上的语言，记

$$L_1 \cdot L_2 = \{uv \mid u \in L_1 \text{ 且 } v \in L_2\},$$

称作 L_1 与 L_2 的**连接**，简记作 L_1L_2. 又记

$$L^0 = \{\varepsilon\},$$

$$L^i = LL^{i-1}, i \geqslant 1,$$

$$L^* = \bigcup_{i=0}^{\infty} L^i,$$

$$L^+ = \bigcup_{i=1}^{\infty} L^i.$$

L^* 称作 L 的 **Kleene 闭包**，简称**闭包**，L^+ 称作 L 的**正闭包**.

显然，

$$L^* = \{u_1 u_2 \cdots u_t \mid t \geqslant 0, u_i \in L, i = 1,2,\cdots,t\},$$
$$L^+ = \{u_1 u_2 \cdots u_t \mid t \geqslant 1, u_i \in L, i = 1,2,\cdots,t\}.$$

引理7.6 设 $A \subseteq B, L \subseteq A^*$. 如果存在以 A 为字母表的 FA 接受 L，则存在以 B 为字母表的 FA 接受 L.

证：由于 DFA，NFA 和 ε-NFA 是等价的，只需对其中的一种证明. 设 NFA $\mathscr{M}=(Q,A,\delta,q_1,F)$ 接受 L，状态集、接受状态集和初始状态不变，把 δ 扩张到 $Q\times B$ 上：

$$\tilde{\delta}(q,b) = \begin{cases} \delta(q,b), & 若\ b \in A, \\ \varnothing, & 若\ b \in B - A, \end{cases}$$

得到 NFA $\tilde{\mathscr{M}}=(Q,B,\tilde{\delta},q_1,F)$.

当 $w \in A^*$ 时，$\tilde{\mathscr{M}}$ 关于 w 的计算和 $\mathscr{M}$ 的完全一样；当 w 中含有 $B-A$ 中的符号时，$\tilde{\mathscr{M}}$ 必将不等读完 w 就终止计算，从而不接受 w. 所以，$L(\tilde{\mathscr{M}})=L$. □

定理 7.7 设 L, L_1, L_2 是正则语言，则下述语言也是正则语言：

(1) $L_1 \cup L_2$；

(2) $\overline{L}$；

(3) $L_1 \cap L_2$；

(4) $L_1 \cdot L_2$；

(5) L^*.

证：根据引理 7.6，不妨设 L_1, L_2 是同一字母表 A 上的正则语言.

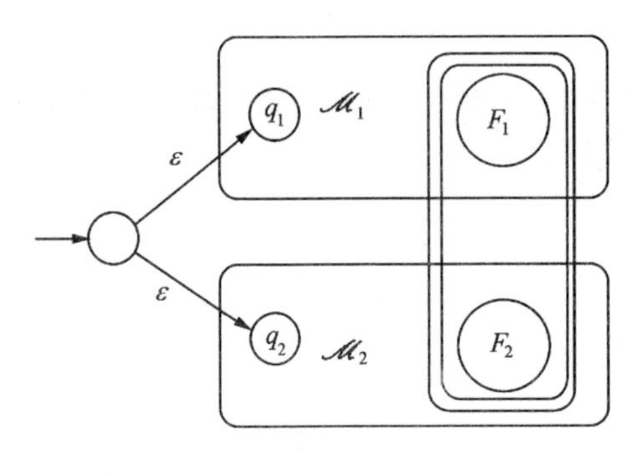

图 7.11

(1) 设 FA $\mathscr{M}_1$ 和 $\mathscr{M}_2$ 分别接受 L_1 和 L_2，不妨设它们的状态集不相交. 接受 $L_1 \cup L_2$ 的 FA $\tilde{\mathscr{M}}$ 如图 7.11 所示. $\tilde{\mathscr{M}}$ 有一个新的初始状态，从这个初始状态可以 ε 转移到 $\mathscr{M}_1$ 和 $\mathscr{M}_2$ 的初始状态，然后分别按照 $\mathscr{M}_1$ 和 $\mathscr{M}_2$ 的方式工作，$\tilde{\mathscr{M}}$ 的接受状态集等于 $\mathscr{M}_1$ 和 $\mathscr{M}_2$ 的接受状态集的并. 于是，$\tilde{\mathscr{M}}$ 按照 $\mathscr{M}_1$ 的方式工作或者按照 $\mathscr{M}_2$ 的方式工作，从而接受 $L_1 \cup L_2$.

(2) 设 DFA $\mathscr{M}=(Q,A,\delta,q_1,F)$ 接受 L，不难看出 $\tilde{\mathscr{M}}=(Q,A,\delta,q_1,Q-F)$ 接受 $\overline{L}$.

(3) 由 $L_1 \cap L_2 = \overline{\overline{L_1} \cup \overline{L_2}}$ 及(1)和(2)，立即可得.

(4) 设 FA $\mathscr{M}_1$ 和 $\mathscr{M}_2$ 分别接受 L_1 和 L_2，不妨设它们的状态集不相交. 接受 $L_1 \cdot L_2$ 的 FA $\tilde{\mathscr{M}}$ 如图 7.12 所示. 以 $\mathscr{M}_1$ 的初始状态作为 $\tilde{\mathscr{M}}$ 的初始状态，以 $\mathscr{M}_2$ 的接受状态作为 $\tilde{\mathscr{M}}$ 的接受状态，从 $\mathscr{M}_1$ 的每一个接受状态可以 ε 转移到 $\mathscr{M}_2$ 的初始状态. 于是，$\tilde{\mathscr{M}}$ 从 $\mathscr{M}_1$ 的初始状态开始，按照 $\mathscr{M}_1$

的方式工作，读完 L_1 的一个字符串后就可以 ε 转移到 $\mathcal{M}_2$ 的初始状态，接着按照 $\mathcal{M}_2$ 的方式进行工作，故 $\widetilde{\mathcal{M}}$ 接受 $L_1 \cdot L_2$.

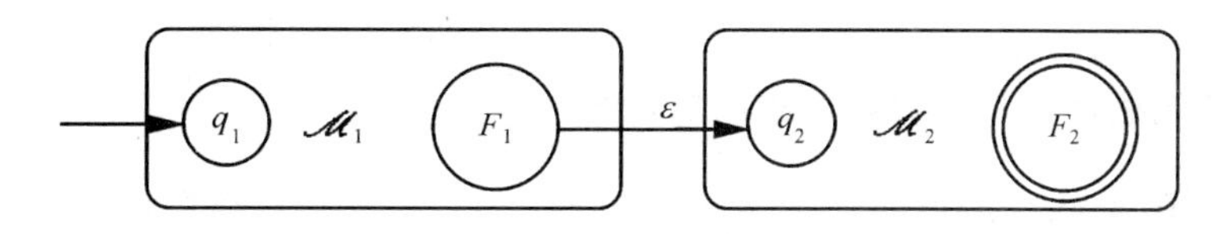

图　7.12

(5) 设 FA $\mathcal{M}$ 接受 L，初始状态是 q_1. 构造接受 L^* 的 FA $\widetilde{\mathcal{M}}$ 的思想与上面相似，如图7.13所示. 给 $\widetilde{\mathcal{M}}$ 添加一个新的状态 $\tilde{q}$ 作为初始状态，以 $\tilde{q}$ 和 $\mathcal{M}$ 的接受状态作为 $\widetilde{\mathcal{M}}$ 的接受状态，并且在 $\tilde{q}$ 到 q_1 和 $\mathcal{M}$ 的每一个接受状态到 q_1 之间添加 ε 转移. 由于 $\tilde{q}$ 是初始状态，$\widetilde{\mathcal{M}}$ 接受 ε；$\widetilde{\mathcal{M}}$ 从 q_1 开始按照 $\mathcal{M}$ 的方式进行工作，一旦进入 $\mathcal{M}$ 的接受状态就可以通过 ε 转移回到 q_1，因而 $\widetilde{\mathcal{M}}$ 接受 w 当且仅当 w 由 L 中的若干字符串连接而成.

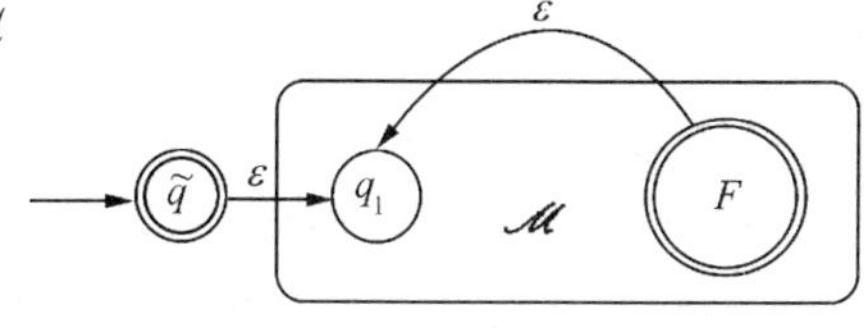

图　7.13

上述各 $\widetilde{\mathcal{M}}$ 简单明了，不再给出它们的形式描述和证明. □

上述定理表明正则语言在并、交、补、连接及星号 * (闭包)运算下是封闭的.

7.4.2　正则表达式

正则表达式是又一种描述语言的方式，它从某些最简单的语言开始，通过几种运算得到，其思想很有些像原始递归函数.

定义7.9　字母表 A 上的**正则表达式**及其所表示的语言递归定义如下：

(1) $\varnothing$ 是正则表达式，它表示空集；

(2) ε 是正则表达式，它表示 $\{\varepsilon\}$；

(3) 对于每一个 $a \in A$，a 是正则表达式，它表示 $\{a\}$；

(4) 如果 r 和 s 分别是表示语言 R 和 S 的正则表达式，则 $(r+s)$，$(r \cdot s)$ 和 (r^*) 也是正则表达式，它们分别表示 $R \cup S$，$R \cdot S$ 和 R^*.

正则表达式 α 表示的语言记作 $\langle\alpha\rangle$.

规定运算的优先等级：$*$ 优先于 •，• 优先于 +. 按照这个规定，可以省去正则表达式中不必要的括号. 此外，常把 $r \cdot s$ 简写成 rs. 把 rr^* 缩写成 r^+，它表示语言 R^+.

[**例 7.11**]　$\langle a^+b^+\rangle = \{a^nb^m \mid n,m>0\}$，$\langle(0+1)^*00\rangle = \{x00 \mid x \in \{0,1\}^*\}$，它们分别是例 7.5 和例 7.7 中 FA 接受的语言. 又如

$$\langle(01^*+10^*)(01)^*\rangle = \{01^n(01)^m \mid n,m \geqslant 0\} \cup \{10^n(01)^m \mid n,m \geqslant 0\}.$$

[**例 7.12**]　设字母表 A，L 是 A^* 的有穷子集，则存在正则表达式 α 使得 $\langle\alpha\rangle = L$.

证：设 $u \in A^*$，若 $u=\varepsilon$，则 $\langle\varepsilon\rangle = \{u\}$；若 $u \neq \varepsilon$，设 $u = a_1a_2\cdots a_k$，其中 $a_1, a_2, \cdots, a_k \in A$，$k \geqslant 1$，则 $\langle a_1a_2\cdots a_k\rangle = \{u\}$. 总之，存在正则表达式 α 使得 $\langle\alpha\rangle = \{u\}$.

若 $L=\varnothing$，则 $\langle\varnothing\rangle = L$；若 $L \neq \varnothing$，设 $L = \{u_1, u_2, \cdots, u_m\}$，其中 $u_1, u_2, \cdots, u_m \in A^*$，$m \geqslant 1$，则存在正则表达式 α_i 使得 $\langle\alpha_i\rangle = \{u_i\}$，$i=1,2,\cdots,m$. 令 $\alpha = \alpha_1+\alpha_2+\cdots+\alpha_m$，

$$
\begin{aligned}
\langle \alpha \rangle &= \langle \alpha_1 \rangle \cup \langle \alpha_2 \rangle \cup \cdots \cup \langle \alpha_m \rangle \\
&= \{u_1\} \cup \{u_2\} \cup \cdots \cup \{u_m\} \\
&= L.
\end{aligned}
$$

7.4.3 正则表达式与有穷自动机的等价性

定理 7.8 语言 L 能用正则表达式表示当且仅当它被有穷自动机接受.

证：必要性. 根据正则表达式的定义和定理 7.7，只需证明$\varnothing$，$\{\varepsilon\}$和$\{a\}(a\in A)$是正则的. 接受它们的 FA 如下所示：

$\varnothing$　　$\{\varepsilon\}$　　$\{a\}$

充分性. 设 FA $\mathscr{M}=(Q,A,\delta,q_1,F)$，$Q=\{q_1,q_2,\cdots,q_n\}$. 不妨设$\mathscr{M}$是一台 ε-NFA，$L(\mathscr{M})$是从 q_1 转移到接受状态所要消耗的字符串的全体. 为了把它表成正则表达式，我们设法给出从 q_i 转移到 q_j 所要消耗的字符串集合以及这些集合之间的关系. 记

$R_{ij}^k=\{w\in A^* \mid q_j\in\delta^*(q_i,w)$ 且在计算中不出现下标大于 k 的状态(不计 q_i 和 q_j)$\}$，$1\leqslant i,j\leqslant n,0\leqslant k\leqslant n$.

R_{ij}^k是从 q_i 转移到 q_j 且在中间不出现下标大于 k 的状态所要消耗的字符串集合. 显然，R_{ij}^n是从 q_i 转移到 q_j 所要消耗的字符串集合，而 $L(M)$等于对 F 中所有状态的下标 j，R_{1j}^n的并集，即

$$L(M)=\bigcup_{q_j\in F}R_{1j}^n,$$

故只须证明所有的 $R_{ij}^k(1\leqslant i,j\leqslant n,0\leqslant k\leqslant n)$都可以用正则表达式表示.

从 q_i 开始消耗 w 后转移到 q_j 且在计算中不出现下标大于 k 的状态有两种可能：(1) 在计算中不出现下标大于 $k-1$ 的状态，此时 $w\in R_{ij}^{k-1}$；(2) 在计算中出现 t 个 q_k，$t\geqslant 1$，此时 w 可分成 $t+1$ 段，首尾两段分属 R_{ik}^{k-1}和R_{kj}^{k-1}，其余 $t-1$ 段都属于 R_{kk}^{k-1}. 于是，有下述递推关系：

$$R_{ij}^0=\begin{cases}\{a\in A\cup\{\varepsilon\}\mid q_j\in\delta(q_i,a)\}, & 若\ i\neq j,\\ \{a\in A\mid q_j\in\delta(q_i,a)\}\cup\{\varepsilon\}, & 若\ i=j,\end{cases}$$

$$R_{ij}^k=R_{ij}^{k-1}\cup R_{ik}^{k-1}(R_{kk}^{k-1})^*R_{kj}^{k-1},\quad 1\leqslant i,j\leqslant n,1\leqslant k\leqslant n.$$

当 $k=0$ 时，对所有的 $i,j(1\leqslant i,j\leqslant n)$，$R_{ij}^0$是$A\cup\{\varepsilon\}$的子集. 根据例 7.12，存在正则表达式 r_{ij}^0使得$\langle r_{ij}^0\rangle=R_{ij}^0$.

假设当 $k-1(1\leqslant k\leqslant n)$时，对所有的 $i,j(1\leqslant i,j\leqslant n)$，存在正则表达式 r_{ij}^{k-1}使得$\langle r_{ij}^{k-1}\rangle=R_{ij}^{k-1}$. 取 $r_{ij}^k=r_{ij}^{k-1}+r_{ik}^{k-1}(r_{kk}^{k-1})^*r_{kj}^{k-1}$，由前面给出的递推关系，有$\langle r_{ij}^k\rangle=R_{ij}^k$. 因此，所有的 $R_{ij}^k(1\leqslant i,j\leqslant n,0\leqslant k\leqslant n)$都可以用正则表达式表示. □

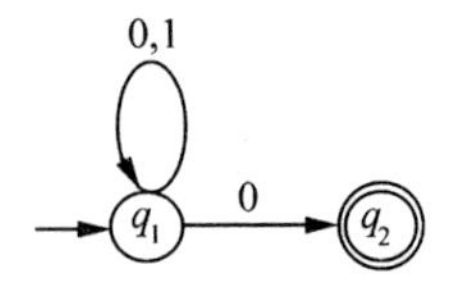

图 7.14 一台 FA

[**例 7.13**] 把图 7.14 给出的 FA 转换成正则表达式.

解：按照定理 7.8 证明中的构造方法，计算如下：

$r_{11}^0=0+1+\varepsilon$，　$r_{12}^0=0$，　$r_{21}^0=\varnothing$，　$r_{22}^0=\varepsilon$，

$r_{11}^1=(0+1+\varepsilon)+(0+1+\varepsilon)(0+1+\varepsilon)^*(0+1+\varepsilon)=(0+1)^*$，

$r_{12}^1=0+(0+1+\varepsilon)(0+1+\varepsilon)^*0=(0+1)^*0$，

$r_{21}^1=\varnothing+\varnothing(0+1+\varepsilon)^*(0+1+\varepsilon)=\varnothing$，

$r_{22}^{1}=\varepsilon+\varnothing(0+1+\varepsilon)^{*}0=\varepsilon$,

最后得到所求的正则表达式为

$$r_{12}^{2}=(0+1)^{*}0+(0+1)^{*}((0+1)^{*})^{*}(0+1)^{*}0=(0+1)^{*}0.$$

在上面的计算中对正则表达式做了化简,两个正则表达式相等的意思是它们表示同一个的语言.这里的化简都不难根据它们表示的语言看出(见练习 7.4.6).

［**例 7.14**］ 把$(01^{*}+10^{*})(01)^{*}$转换成等价的 ε-NFA.

定理 7.7 的证明是构造性的,转换过程见图 7.15.

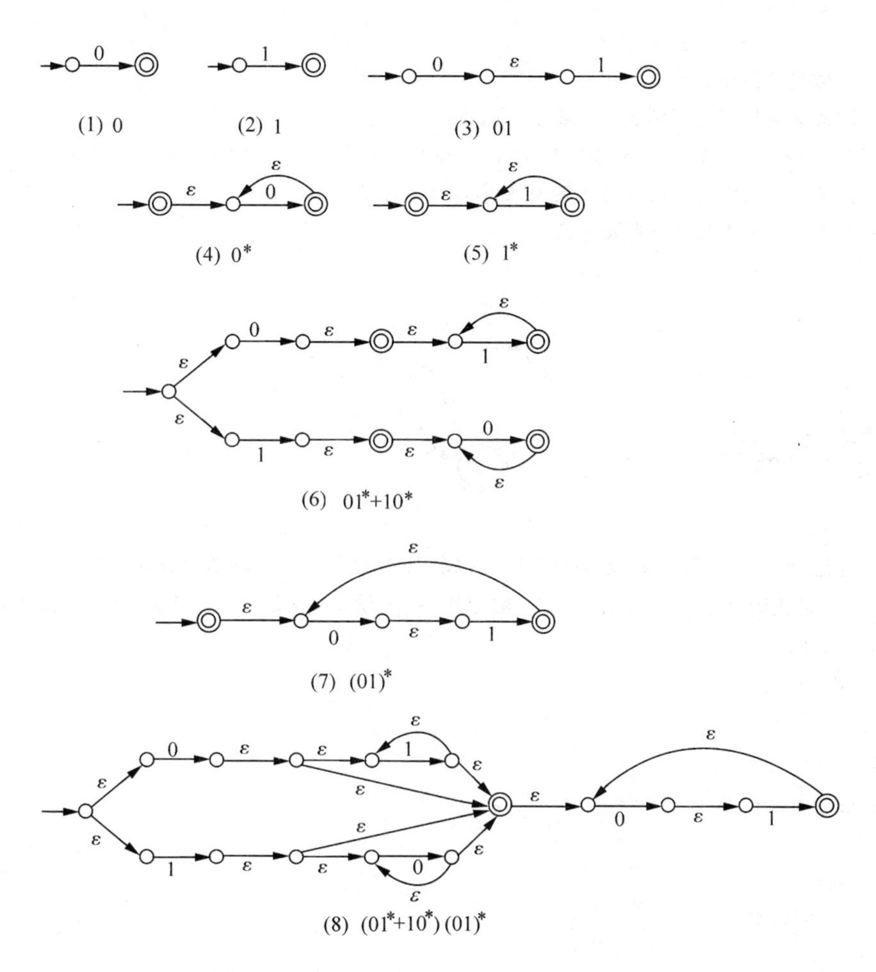

图 7.15　与$(01^{*}+10^{*})(01)^{*}$等价的 ε-NFA

综合前面的结果,证明了有穷自动机、正则文法和正则表达式是 3 个等价的计算模型.下述定理综合了有关结论.

定理 7.9　下述命题是等价的:

(1) L 由右线性文法生成;

(2) L 由左线性文法生成;

(3) L 可以用 DFA 识别;

(4) L 可以用 NFA 识别;

(5) L 可以用 ε-NFA 识别;

(6) L 可以用正则表达式表示.

练　　习

7.4.1　写出下述语言的正则表达式:

(1) 含有子串 010 的 0,1 串;

(2) 以 000 结束的 0,1 串;

(3) 既含有 0,又含有 1 的 0,1 串;

(4) 0 的个数是 3 的倍数的 0,1 串.

7.4.2　用文字描述下述正则表达式表示的语言:

(1) 0^*1^*;　(2) 0^*+1^*;　(3) $(0^*1^*)^*$;　(4) $(aa+bb)^*$;　(5) $(a+ba)^*(b+\varepsilon)$.

7.4.3　把 7.4.2 题中的正则表达式转换成 FA,可以是 ε-NFA.

7.4.4　把下述 FA 转换成正则表达式:

(1)

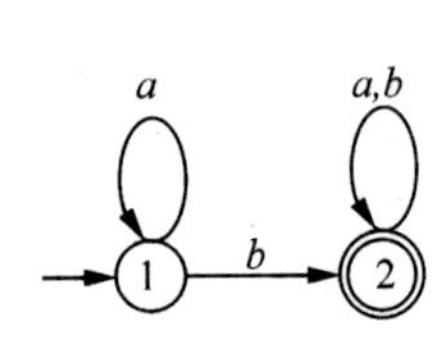

(2)

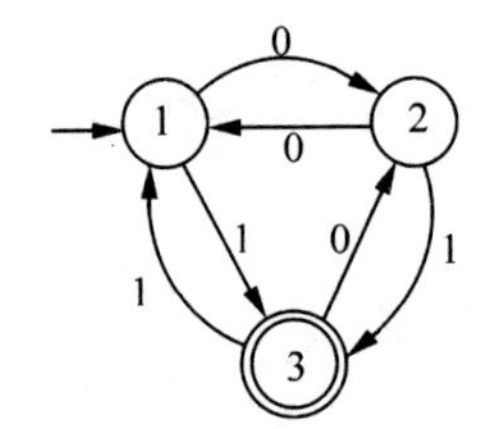

7.4.5　在定理 7.7 证明(2)中,如果把 DFA 改成 NFA,结果如何? 问题出在什么地方?

7.4.6　α,β 是正则表达式,如果 $\langle\alpha\rangle=\langle\beta\rangle$,则记作 $\alpha=\beta$. 设 α,β,γ 是正则表达式,证明下述等式:

(1) $\alpha+\beta=\beta+\alpha$;

(2) $(\alpha+\beta)+\gamma=\alpha+(\beta+\gamma)$;

(3) $(\alpha\beta)\gamma=\alpha(\beta\gamma)$;

(4) $\gamma(\alpha+\beta)=\gamma\alpha+\gamma\beta$;

(5) $(\alpha+\beta)\gamma=\alpha\gamma+\beta\gamma$;

(6) $\varnothing+\alpha=\alpha$;

(7) $\varepsilon\alpha=\alpha\varepsilon=\alpha$;

(8) $\varnothing\alpha=\alpha\varnothing=\varnothing$;

(9) $\varnothing^*=\varepsilon$;

(10) $\varepsilon^*=\varepsilon$;

(11) $(\alpha^*)^*=\alpha^*$;

(12) $(\varepsilon+\alpha)^*=\alpha^*$;

(13) $(\alpha^*+\beta^*)^*=(\alpha^*\beta^*)^*=(\alpha+\beta)^*$.

7.4.7　利用上题中的等式,化简下述正则表达式:

(1) $1+1(\varepsilon+1)^*(\varepsilon+1)$;

(2) $(\varepsilon+0+1(\varepsilon+1)^*\varnothing)^*$;

(3) $1+\varepsilon\varepsilon^*1$;

(4) $11+(\varepsilon+11^*0)(10+11^*0)^*11$.

7.4.8　设 α,β,γ 是正则表达式，下述各式是否成立？证明或举出反例：

(1) $(\alpha+\beta)^*=\alpha^*+\beta^*$；

(2) $(\alpha\beta)^*=\alpha^*\beta^*$；

(3) $\alpha\beta^*+\alpha^*\beta=\alpha^*\beta^*$.

7.5　非正则语言

有穷自动机的带头只能从左到右读一遍输入，不像 Turing 机可以来回移动；它没有存储装置，只能靠状态记录一些信息，而状态集是有限的，记录的信息也只能是有限的. 由此可见，有穷自动机的功能非常有限，例如，不大可能能够计数. 因此，正则语言要比 r. e. 语言少得多. 下述定理提供了一个工具，可以用来证明某些语言不是正则的.

定理 7.10(关于正则语言的泵引理)　设 DFA $\mathscr{M}$ 有 n 个状态，$L=L(\mathscr{M})$，$x\in L$，$|x|\geqslant n$. 则 $x=uvw$ 且满足下述条件：

(1) $v\neq\varepsilon$；

(2) $|uv|\leqslant n$；

(3) 对任意的 $i\geqslant 0$，$uv^iw\in L$.

证：$\mathscr{M}$ 检查 x 共要转换 $|x|$ 次状态. 包括开始时所处的初始状态 q_1 在内，$\mathscr{M}$ 共经过 $|x|+1$ 个状态. 由于 $|x|\geqslant n$，考虑前 $n+1$ 个状态，根据鸽巢原理，这 $n+1$ 个状态中至少有两个是相同的，设为 q. 因此，可以把 x 表示成 $x=uvw$ 使得 $v\neq\varepsilon$，$|uv|\leqslant n$，并且

$$\delta^*(q_1,u)=q,\quad \delta^*(q,v)=q,\quad \delta^*(q,w)\in F.$$

从状态 q 开始扫描完 v 又回到状态 q. 删去这个过程或者重复若干次这个过程，都不会影响从 q_1 开始扫描 u 到达状态 q、最后又从 q 开始扫描 w 到达某个接受状态. 所以，对所有的 $i\geqslant 0$，$uv^iw\in L$.　□

[**例 7.15**]　$L=\{a^mb^m\mid m>0\}$ 不是正则语言.

证：假设 L 是正则的，则有 DFA $\mathscr{M}$ 接受 L. 设 $\mathscr{M}$ 有 n 个状态，取 $x=a^nb^n\in L$. 由泵引理，$x=uvw$，$v\neq\varepsilon$，$|uv|\leqslant n$，且对任意的 $i\geqslant 0$，$uv^iw\in L$. 于是，$u=a^s$，$v=a^t$，$s+t\leqslant n$，$t>0$. 取 $i=0$，$uw=a^{n-t}b^n\notin L$，矛盾. 所以，L 不是正则语言.

由例 7.2，已知 $L=\{a^mb^m\mid m>0\}$ 是上下文无关语言，从而它是非正则的上下文无关语言.

练　习

7.5.1　对下述正则语言 L 及 L 中的字符串，验证泵引理成立：

(1) $L=\{a^mb^n\mid m,n>0\}$，00011.（见例 7.5）；

(2) $L=\{w\in\{a,b\}^*\mid w$ 中 a 的个数是 3 的整数倍$\}$，$baabba$，$aaaabaa$.（见例 7.6）.

7.5.2　证明下述语言不是正则语言：

(1) $\{a^nb^{2n}\mid n>0\}$；

(2) $\{a^mb^n\mid 0<m\leqslant n\}$；

(3) $\{a^mb^nc^n\mid m,n\geqslant 0\}$.

习　题

7.1　构造接受下述语言的 DFA,字母表为{0,1}:

(1) 任意连续的 3 个字符中至少有 2 个 0;

(2) 5 的整数倍的二进制表示,如 0,101,1111 等. 而 00,11,0101 等不是;

(3) 子串 01 和 10 出现的次数相同. 如 010,1001 都是,它们有 1 个 01 和 1 个 10;而 0101 不是,它有 2 个 01 和 1 个 10.

7.2　构造接受下述语言的 NFA,字母表为{0,1},要尽可能地利用非确定性:

(1) 含子串 011 或 001;

(2) 有 2 个 0 之间相隔 4 的整数倍位(含 0 位);

(3) 最后一位已在前面出现过.

7.3　把上题中的 NFA 转换成等价的 DFA.

7.4　设 G 是一个正则文法,则存在正则文法 G' 使得 G' 不含 $A\to B$ 类型的产生式且 $L(G')=L(G)$,其中 A,B 是变元.

7.5　设 L 是一个正则语言,则存在右线性文法 G 使得 $L(G)=L-\{\varepsilon\}$ 且产生式都形如

$$A\to aB \quad \text{或} \quad A\to a,$$

其中 A 和 B 是变元,a 是终极符.

7.6　完成定理 7.4 的证明.

7.7　证明:对于任意的 ε-NFA $\mathscr{M}$,存在恰好有一个接受状态的 ε-NFA $\mathscr{M}'$ 使得 $L(\mathscr{M}')=L(\mathscr{M})$. 又问:对于不带 ε 转移的 NFA,结论仍然成立吗? 如果不成立,应如何修改?

7.8　设 DFA $\mathscr{M}_1$ 和 $\mathscr{M}_2$,构造接受 $L(\mathscr{M}_1)\cap L(\mathscr{M}_2)$ 的 DFA.

7.9　设 DFA $\mathscr{M}=(Q,A,\delta,q_1,F)$,$p,q\in Q$,如果对任意的 $w\in A^*$,$\delta^*(p,w)\in F$ 当且仅当 $\delta^*(q,w)\in F$,则称 p 与 q 是**等价**的,记作 $p\equiv q$.

(1) 证明:$\equiv$ 是 Q 上的等价关系;

(2) 构造 $\mathscr{M}_\equiv=(Q_\equiv,A,\delta_\equiv,[q_1],F_\equiv)$ 如下:$Q_\equiv=\{[q]\mid q\in Q\}$,$F_\equiv=\{[q]\mid q\in F\}$,这里 $[q]=\{p\in Q\mid p\equiv q\}$ 是 q 所在的等价类,$\delta_\equiv([q],a)=[\delta(q,a)]$. 证明:构造是合法的且 $L(\mathscr{M}_\equiv)=L(\mathscr{M})$.

7.10　设 α,β 是正则表达式且 $\varepsilon\notin\langle\alpha\rangle$. 证明:$\xi=\beta\alpha^*$ 是方程

$$\xi=\beta+\xi\alpha$$

的唯一解.

7.11　设 L 是正则语言,证明下述语言也是正则的:

(1) $L^R=\{w^R\mid w\in L\}$;

(2) $\mathrm{min}L=\{w\mid w\in L$ 且 w 的任何真前缀不属于 $L\}$;

(3) $\mathrm{max}L=\{w\mid w\in L$ 且对任何 $x\neq\varepsilon, wx\notin L\}$;

(4) $\mathrm{pref}L=\{w\mid$ 存在 x,使 $wx\in L\}$;

(5) $\mathrm{suf}L=\{w\mid$ 存在 x,使 $xw\in L\}$.

7.12　证明下述语言不是正则语言:

(1) $\{ww\mid w\in\{a,b\}^*\}$;

(2) $\{ww^R\mid w\in\{a,b\}^*\}$;

(3) $\{w\in\{a,b\}^*\mid w$ 中 a 和 b 的个数相同$\}$;

(4) $\{w\in A^*\mid |w|$ 是完全平方数$\}$,A 是任意的字母表;

(5) $\{0^m1^n\mid m,n>0$ 且互素$\}$.

7.13 证明下述问题是可判定的：

(1) 任给一台 FA $\mathscr{M}$, $L(\mathscr{M})$是非空的吗？

(2) 任给一台 FA $\mathscr{M}$, $L(\mathscr{M})$是无穷的吗？

(3) 任给两台 FA $\mathscr{M}_1$ 和$\mathscr{M}_2$, $L(\mathscr{M}_1)=L(\mathscr{M}_2)$？

第八章　上下文无关语言

8.1　上下文无关文法

8.1.1　举例

计算机科学技术中的各种程序设计语言基本上都是上下文无关文法(含正则文法在内)，下面是几个简单的例子.

[例 8.1]　描述算术表达式的文法.

$G_{exp}=(\{E,T,F\},\{a,+,-,^*,/,(,)\},\Gamma,E)$，符号的含义是，$E$:算术表达式，$T$:项，$F$:因子，$a$:数或变量. Γ:

$E\to E+T\mid E\text{-}T\mid T$

$T\to T*F\mid T/F\mid F$

$F\to(E)\mid a$

[例 8.2]　平衡括号串.

平衡括号串是由左括号“(”和右括号“)”组成的字符串，它要求“(”和“)”成对出现，每一个“(”都和它右边的一个“)”相对应，并且可以嵌套。如果逐个地把每一个“(”和与它右边紧邻的“)”同时消去，最后可以把整个串消去. 如，((())())(())是平衡括号串，而(()和())(不是. 平衡括号串可以递归定义如下：

(1) ε是平衡括号串；

(2) 如果 S 是平衡括号串，则 SS 是平衡括号串；

(3) 如果 S 是平衡括号串，则(S)是平衡括号串.

下述 CFG G_{bra}生成所有平衡括号串：

$S\to SS\mid(S)\mid\varepsilon$

除算术表达式中的括号是这种结构外，程序设计语言中还有很多这种类型的语句，如 Pascal 语言中的 begin…end, C 语言中的{…}等.

[例 8.3]一个简单的 HTML 文法.

HTML 是一种描述超文本的标记语言. 标记通常是成对的(双标记)，形如⟨x⟩…⟨/x⟩，用来说明内容的类型或属性. 标记也可以单个出现，称作单标记. 下面是一个简化的示意性 HTML 文法.

$G_{HTML}=(V,\Sigma,\Gamma,S)$，其中

$V=\{S,H,H_0,H_1,T,C,B,B_0,L,S_{tr}\}$，

Σ={⟨html⟩,⟨/html⟩,⟨head⟩,⟨/head⟩,⟨title⟩,⟨/title⟩,⟨body⟩,⟨/body⟩,⟨b⟩,⟨/b⟩,⟨em⟩,⟨/em⟩,⟨sub⟩,⟨/sub⟩,⟨! ··,··⟩,⟨p⟩,⟨hr⟩,⟨br⟩,a}，

Γ: $S\to$⟨html⟩HB⟨/html⟩ | HB

$H\to$⟨head⟩H_0⟨/head⟩ | H_0

$H_0 \to CH_0 \mid TH_1$

$H_1 \to CH_1 \mid \varepsilon$

$T \to$ ⟨title⟩S_{tr}⟨/title⟩

$B \to$ ⟨body⟩B_0⟨/body⟩ $\mid B_0$

$B_0 \to LB_0 \mid L$

$L \to S_{tr}L \mid CL \mid$ ⟨b⟩S_{tr}⟨/b⟩$L \mid$ ⟨em⟩S_{tr}⟨/em⟩$L \mid$ ⟨hr⟩$L \mid$ ⟨p⟩$L \mid \varepsilon$

$C \to$ ⟨! · · S_{tr} · · ⟩

$S_{tr} \to aS_{tr} \mid$ ⟨br⟩$S_{tr} \mid$ ⟨sub⟩S_{tr}⟨/sub⟩ $\mid \varepsilon$

这里 a 表示任何合法的字符，所用标记都是 HTML 中使用的标记，含义也是一样的. S_{tr}表示字符串，其他变元的含义不难从产生式看出，不再赘述.

下面是由 G_{HTML}生成的一个 HTML 源程序，它是 L(G_{HTML})中的一个字符串：

⟨html⟩

⟨head⟩

⟨title⟩一个 CFG⟨/title⟩

⟨! · · 这是一个生成非正则语言的 CFG · · ⟩

⟨/head⟩

⟨body⟩

⟨b⟩例⟨/b⟩CFG $G=(\{S\},\{a,b\},\Gamma,S)$⟨br⟩

其中 Γ: $S \to aSb \mid \varepsilon$

$L(G)=\{a$⟨sub⟩n⟨/sub⟩b⟨sub⟩n⟨/sub⟩ $\mid n \geqslant 0\}$⟨br⟩

这个语言是⟨em⟩非正则的⟨/em⟩

⟨p⟩

⟨/body⟩

⟨html⟩

上述 3 个文法都是上下文无关的，并且不难证明它们生成的语言都不是正则语言.

8.1.2　语法分析树

由于产生式的右端可能有多个非终极符，故可能有多个不同的派生生成同一个终极符串. 例如，例 8.1 中生成算术表达式的文法 G_{exp}可以有下述派生，它们都生成 $a+a*a$.

$$E \Rightarrow E+T \Rightarrow T+T \Rightarrow F+T \Rightarrow a+T \Rightarrow a+T*F \Rightarrow a+F*F$$
$$\Rightarrow a+a*F \Rightarrow a+a*a,$$
$$E \Rightarrow E+T \Rightarrow E+T*F \Rightarrow E+T*a \Rightarrow E+F*a \Rightarrow E+a*a$$
$$\Rightarrow T+a*a \Rightarrow F+a*a \Rightarrow a+a*a,$$
$$E \Rightarrow E+T \Rightarrow T+T \Rightarrow T+T*F \Rightarrow F+T*F \Rightarrow F+F*F$$
$$\Rightarrow a+F*F \Rightarrow a+a*F \Rightarrow a+a*a,$$
$$E \Rightarrow E+T \Rightarrow E+T*F \Rightarrow T+T*F \Rightarrow T+T*a \Rightarrow F+T*a$$
$$\Rightarrow a+T*a \Rightarrow a+F*a \Rightarrow a+a*a,$$

等等，其中第一个派生每次总是替换最左边的非终极符，称作**最左派生**. 第二个派生每次总是替换最右边的非终极符，称作**最右派生**. 而第三个和第四个派生既不是最左派生，也不是最右派生. 实际上，这些派生没有实质性的差别。为了更好地理解和分析 CFG 生成的字符串，用树来描述生成的字符串的派生，这就是派生树，又称语法分析树.

设上下文无关文法 $G=(V,T,\Gamma,S)$，满足下述条件的有序树称作 **G 树**：

(1) 每一个顶点有一个标记，标记取自 $V\cup T\cup\{\varepsilon\}$；

(2) 根的标记是变元；

(3) 内点的标记是变元；

(4) 如果标记为 A 的顶点的儿子从左到右的标记是 $\alpha_1,\alpha_2,\cdots,\alpha_k$，则 $A\to\alpha_1\alpha_2\cdots\alpha_k$ 是 G 的产生式；

(5) 标记为 ε 的顶点必是树叶，并且它是它父亲的唯一儿子.

根的标记为起始符 S 的 G-树称作 G 的**派生树**或**语法分析树**.

G 树 Λ 的全部树叶的标记从左到右(如果顶点 u 在 v 的左边，则 u 和 u 的后继在 v 和 v 的后继的左边)排列得到的字符串称作 **Λ 的结果**，记作 $\langle\Lambda\rangle$.

设 G 树 Λ 的根的标号为 A，则 Λ 描述了从 A 到 $\langle\Lambda\rangle$ 的派生，这样的派生通常不只一个. 反之，对从某个变元开始的派生，总可以画出它的 G 树.

图 8.1 给出 $G_{\exp}$ 生成 $a+a*a$ 的派生树. 派生树指明应先做 $*$ 后做 $+$，这和我们通常对算术表达式的理解是一致的.

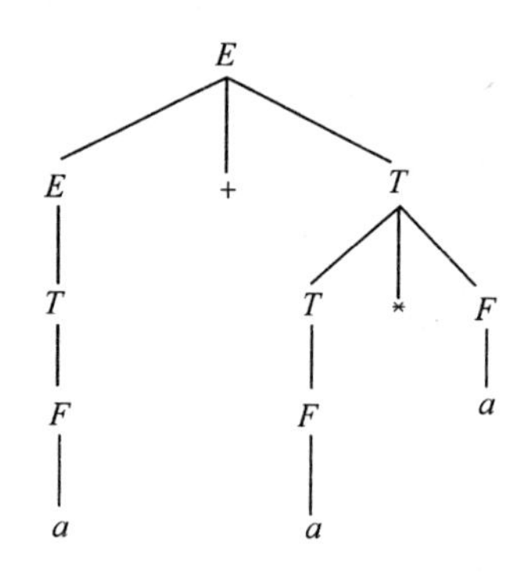

图 8.1　生成 $a+a*a$ 的派生树

可以证明：任给 $\alpha\in(V\cup T)^*$，$A\overset{*}{\underset{G}{\Rightarrow}}\alpha$ 当且仅当存在 G 树 Λ 使得 $\langle\Lambda\rangle=\alpha$，这里 Λ 的根标记为 A.

特别地，任给 $w\in T^*$，$w\in L(G)$ 当且仅当存在 G 的派生树 Λ 使得 $\langle\Lambda\rangle=w$. 这个 Λ 称作 G 关于 w 的派生树.

8.1.3　歧义性

如果 CFG 有两棵不同的派生树生成同一个字符串，对这个字符串就会出现两个不同的解释，从而产生歧义. 下面是一个这样的例子，这个文法是 $G_{\exp}$ 的“简化版”，删去了两个变元 T 和 F，用 E 取代它们，并且和 $G_{\exp}$ 生成相同的语言.

[例 8.4]　CFG $G=(\{E\},\{a,+,-,*,/,(,)\},\Gamma,E)$，$\Gamma$：

$E\to E+E\mid E-E\mid E*E\mid E/E\mid(E)\mid a$

它有两棵生成 $a+a*a$ 的派生树，如图8.2所示，其中(a)给出通常的解释，即先 $*$ 后 $+$；而(b)的解释是先 $+$ 后 $*$.

定义 8.1　如果 CFG G 有两棵不同的派生树生成相同字符串，则称 G 是**歧义**的. 如果生成 CFL L 的所有 CFG 都是歧义的，则称 L 是**固有歧义**的.

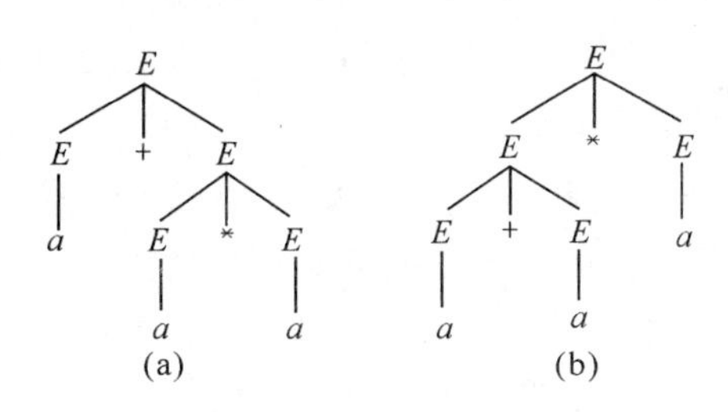

图 8.2　生成 $a+a*a$ 的两棵派生树

例 8.4 中的 G 是歧义的，但算术表达式集合不是固有歧义的，因为它可以由非歧义的 CFG G_{exp} 生成. 可以证明 $\{a^ib^jc^k \mid i=j$ 或 $j=k\}$ 是固有歧义的.

在计算机科学技术中使用的语言都是非固有歧义的，对歧义的 CFG，总能设法消除歧义，转化为等价的非歧义的 CFG. 但是，CFG 的歧义性判定是不可解的(习题 8.17).

练　　习

8.1.1　给出例 8.1 中 G_{exp} 生成 $(a+a)*(a-a)$ 的

(1) 最左派生，最右派生和另外一个派生；

(2) 派生树.

8.1.2　CFG G 的产生式如下：

$$S \to aSbS \mid bSaS \mid \varepsilon,$$

给出生成 $abbaba$ 的

(1) 最左派生，最右派生和另外一个派生；

(2) 派生树.

8.1.3　给出生成下述语言的 CFG：

(1) $\{a^ib^j \mid i \geqslant j > 0\}$；

(2) $\{a^ib^{2i} \mid i > 0\}$；

(3) $\{a^ib^jc^k \mid i \neq j\}$.

8.1.4　CFG G 的产生式如下：

$$S \to aS \mid Sa \mid Sb \mid b,$$

(1) 给出 G 生成 aba 的两个最左派生；

(2) 给出 G 生成 aba 的两棵派生树；

(3) 写出 $L(G)$；

(4) 设计一个与 G 等价的非歧义的 CFG.

上述结果说明该 CFG G 是歧义的，但它生成的语言 $L(G)$ 不是固有歧义的.

8.1.5　证明例 8.2 中生成平衡括号串的 CFG G_{bra} 是歧义的.

8.2　Chomsky 范式

Chomsky 范式是上下文无关文法的一种标准形式，它的产生式只有两种非常简单的形式. 这种简单的标准形式在研究上下文无关语言的性质时，往往很有用处，带来很大的方便.

8.2.1 正上下文无关文法

定义 8.2 形如 $A\to\varepsilon$ 的产生式称作**空产生式**，其中 A 是一个变元.

不含空产生式的上下文无关文法称作**正上下文无关文法**.

设 G 是一个上下文无关文法，如果 $\varepsilon\in L(G)$，显然 G 中一定含有空产生式. 下面将要证明，如果 $\varepsilon\notin L(G)$，则存在正上下文无关文法 $\widetilde{G}$ 使得 $L(G)=L(\widetilde{G})$.

定义 8.3 设上下文无关文法 $G=(V,T,\Gamma,S)$，称

$$\ker(G)=\{A\in V\mid A\overset{*}{\underset{G}{\Rightarrow}}\varepsilon\}$$

为 G 的**核**.

［例 8.5］ G：$S\to aA, A\to XYX, X\to b, Y\to c, X\to\varepsilon, Y\to\varepsilon$.

它的核

$$\ker(G)=\{X,Y,A\}.$$

令

$$K_1=\{A\in V\mid A\to\varepsilon\in\Gamma\},$$

$$K_{i+1}=K_i\cup\{A\in V\mid A\to\alpha\in\Gamma,\text{其中 }\alpha\in K_i^*\},\quad i=1,2,\cdots.$$

由于 G 只有有穷个变元，$K_i\subseteq K_{i+1}$，必存在 t 使得 $K_{t+1}=K_t$，则 $\ker(G)=K_t$.

事实上，对所有的 $i>t$，$K_i=K_t$. 显然，$K_t\subseteq\ker(G)$. 反之，设 $A\overset{*}{\Rightarrow}\varepsilon$ 的派生长度为 i，要证 $A\in K_i$. 对 i 作归纳证明. 当 $i=1$ 时，$A\to\varepsilon$ 是 G 的产生式，故 $A\in K_1$. 假设当 $i\leqslant r$ 时结论成立，考虑$i=r+1$时的情况. 设 $A\overset{*}{\Rightarrow}\varepsilon$ 的派生长度为 $r+1$，则有产生式 $A\to X_1X_2\cdots X_s$，其中 $X_j\overset{*}{\Rightarrow}\varepsilon$ 且有长度不超过 r 的派生($1\leqslant j\leqslant s$). 根据归纳假设，$X_1,X_2,\cdots,X_s\in K_r$，从而 $A\in K_{r+1}$. 得证 $\ker(G)=K_t$.

根据上述递推关系，不难给出求 $\ker(G)$的算法.

引理 8.1 设 G 是上下文无关文法，则存在正上下文无关文法 $\widetilde{G}$ 使得 $L(G)=L(\widetilde{G})$或 $L(G)=L(\widetilde{G})\cup\{\varepsilon\}$.

证：$\widetilde{G}$ 与 G 有相同的终极符集 T，变元集 V 及起始符 S. 如下构造出 $\widetilde{G}$ 的产生式：首先把 G 中的空产生式删掉，然后对剩下的每一个(非空)产生式，如果它的右端含有 $\ker(G)$中的变元，则把所有从右端删去若干个 $\ker(G)$中的变元后得到的产生式(不包括空产生式)添加进来.

对于例 8.5 中的 G，$\widetilde{G}$ 的产生式包括：$S\to aA, A\to XYX, X\to b, Y\to c, S\to a, A\to YX, A\to XX, A\to XY, A\to X, A\to Y$. 前 4 个是 G 中原有的非空产生式，后面 6 个是新添加进来的.

要证 $L(G)=L(\widetilde{G})$或 $L(G)=L(\widetilde{G})\cup\{\varepsilon\}$.

设 $A\to\alpha$ 是 $\widetilde{G}$ 的产生式，但不是 G 的产生式，它是由 G 的产生式

$$A\to\beta_0\alpha_1\beta_1\alpha_2\cdots\alpha_r\beta_r$$

删去右端的 $\beta_0,\beta_1,\cdots,\beta_r$ 后得到的，其中 $\beta_0,\beta_1,\cdots,\beta_r\in(\ker(G))^*$，$\beta_0$ 和 β_r 可能是 ε，而 $\alpha_1,\alpha_2,\cdots,\alpha_r\in(V\cup T)^*$ 且 $\alpha=\alpha_1\alpha_2\cdots\alpha_r$. 由于

$$\beta_i\overset{*}{\underset{G}{\Rightarrow}}\varepsilon,\quad 0\leqslant i\leqslant r,$$

故有

$$A\underset{G}{\Rightarrow}\beta_0\alpha_1\beta_1\alpha_2\cdots\alpha_r\beta_r\overset{*}{\underset{G}{\Rightarrow}}\alpha_1\alpha_2\cdots\alpha_r=\alpha.$$

即,可以用 G 模拟 $A\to\alpha$. 从而得证 $L(\widetilde{G})\subseteq L(G)$.

反之,设 $w\in L(G)$ 且 $w\neq\varepsilon$,要证 $w\in L(\widetilde{G})$. 为此,我们证明更一般性的结论:对任意的 $A\in V, w\in T^*$,若 $A\overset{*}{\underset{G}{\Rightarrow}} w$ 且 $w\neq\varepsilon$,则 $A\overset{*}{\underset{G}{\Rightarrow}} w$.

对 $A\overset{*}{\underset{G}{\Rightarrow}} w$ 的派生长度 i 作归纳证明. 当 $i=1$ 时,$A\to w$ 是 G 的产生式,也是 $\widetilde{G}$ 的产生式,结论成立. 设当 $i\leqslant r$ 时结论成立. 考虑 $i=r+1$,设

$$A\underset{G}{\Rightarrow} u_0X_1u_1X_2\cdots X_su_s\overset{*}{\underset{G}{\Rightarrow}} w,$$

其中 $X_j\overset{*}{\underset{G}{\Rightarrow}} v_j$ 并且有长度不超过 r 的派生$(1\leqslant j\leqslant s)$,$u_j\in T^*$ $(0\leqslant j\leqslant s)$,并且 $w=u_0v_1u_1v_2\cdots v_su_s$. 由归纳假设,若 $v_j\neq\varepsilon$,则有 $X_j\overset{*}{\underset{\widetilde{G}}{\Rightarrow}} v_i$;若 $v_j=\varepsilon$,则 $X_j\in\ker(G)$. 把这样的 X_j,从 $A\to u_0X_1u_1X_2\cdots X_su_s$ 中删去后仍是 $\widetilde{G}$ 的产生式,于是,记

$$\widetilde{X}_j=\begin{cases}X_j, & \text{若 } v_j\neq\varepsilon,\\ \varepsilon, & \text{若 } v_j=\varepsilon,\end{cases}$$

则 $A\to u_0\widetilde{X}_1u_1\widetilde{X}_2\cdots\widetilde{X}_su_s$ 是 $\widetilde{G}$ 的产生式. 从而,

$$A\underset{\widetilde{G}}{\Rightarrow} u_0\widetilde{X}_1u_1\widetilde{X}_2\cdots\widetilde{X}_su_s\overset{*}{\underset{\widetilde{G}}{\Rightarrow}} u_0v_1u_1v_2\cdots v_su_s=w.$$

得证当 $i=r+1$ 时结论也成立. □

定理 8.2 语言 L 是上下文无关的,当且仅当存在正上下文无关文法 G 使得 $L=L(G)$ 或 $L=L(G)\cup\{\varepsilon\}$.

证:必要性. 由引理 8.1 即可得到.

充分性. 设 G 是正上下文无关文法. 若 $L=L(G)$,因为 G 也是上下文无关文法,所以 L 是上下文无关语言. 若 $L=L(G)\cup\{\varepsilon\}$,如下构造文法 $\widetilde{G}$:添加一个新的变元 $\widetilde{S}$ 作为 $\widetilde{G}$ 的起始符,$\widetilde{G}$ 包括 G 的全部产生式和

$$\widetilde{S}\to S,\quad \widetilde{S}\to\varepsilon,$$

其中 S 是 G 的起始符. 显然,$L(\widetilde{G})=L(G)\cup\{\varepsilon\}=L$,并且 $\widetilde{G}$ 是上下文无关的. □

8.2.2 Chomsky 范式

定义 8.4 如果上下文无关文法 $G=(V,T,\Gamma,S)$ 的产生式都形如

$$X\to YZ \quad 或 \quad X\to a,$$

其中 $X,Y,Z\in V, a\in T$,则称 G 是 **Chomsky 范式**.

定义 8.5 设正上下文无关文法 $G=(V,T,\Gamma,S)$,形如 $X\to Y$ 的产生式称作**单枝的**,其中 $X,Y\in V$.

如果 G 不含单枝的产生式,则称它是**分枝的**.

引理 8.3 设 G 是正上下文无关文法,则存在分枝的正上下文无关文法 $\widetilde{G}$ 使得 $L(G)=L(\widetilde{G})$.

证:设 $G=(V,T,\Gamma,S)$ 不是分枝的. 如下构造 $\widetilde{G}$:

若 G 含有产生式

$$X_1\to X_2, X_2\to X_3,\cdots,X_k\to X_1, \tag{$*$}$$

其中 $k\geqslant 1, X_1,X_2,\cdots,X_k\in V$,则删去这些产生式. 引入新变元 X,用它替换其余产生式中的

$X_1, X_2, \cdots, X_k$. 若 $X_1, X_2, \cdots, X_k$ 中的某一个是起始符，则以 X 作为起始符，否则原起始符保持不变. 这样做不会改变文法生成的语言. 重复这个做法，直到不含这种构成变元循环生成的(*)形式的产生式为止.

若仍含有单枝的产生式，则必有产生式 $X \to Y$ 使得文法不含 $Y \to Z$ 形式的单枝产生式. 删去 $X \to Y$. 如果有产生式 $Y \to \alpha$，则添加一个新的产生式 $X \to \alpha$. 这样做也不会改变文法生成的语言，但减少一个单枝产生式，重复这样做，直到不再含有单枝产生式为止. 最后得到的文法就是所需要的 $\widetilde{G}$. □

定理 8.4 设 G 是正上下文无关文法，则存在 Chomsky 范式文法 $\widetilde{G}$ 使得 $L(G)=L(\widetilde{G})$.

证：由引理 8.3，不妨设 $G=(V, T, \Gamma, S)$ 是分枝的. 对每一个 $a \in T$，引入新变元 X_a 和产生式 $X_a \to a$. 对 G 的每一个产生式 $A \to \alpha$，若 $\alpha \in T$ 或 $\alpha \in V^*$，则保留此产生式；否则把 α 中的每一个符号 $a \in T$ 替换成 X_a，得到 α'. 用 $A \to \alpha'$ 替换产生式 $A \to \alpha$. 这样得到的文法与 G 生成相同的语言，它的产生式只有下述两种形式：

(1) $X \to X_1 X_2 \cdots X_k, k \geqslant 2$,

(2) $X \to a$,

其中 $X, X_1, \cdots, X_k$ 是变元，$a \in T$. 为了得到 Chomsky 范式文法，只需删去(1)中 $k>2$ 的产生式.

设有 t 个这样的产生式 $X^i \to X_1^i X_2^i \cdots X_{k_i}^i, k_i>2, i=1,2,\cdots,t$. 对每一个 i，引入 k_i-2 个新变元 $Z_1^i, Z_2^i, \cdots, Z_{k_i-2}^i$，并用下述产生式替换这 t 个中的第 i 个：

$$X^i \to X_1^i Z_1^i,$$
$$Z_1^i \to X_2^i Z_2^i,$$
$$\cdots$$
$$Z_{k_i-3}^i \to X_{k_i-2}^i Z_{k_i-2}^i,$$
$$Z_{k_i-2}^i \to X_{k_i-1}^i X_{k_i}^i.$$

这样获得的文法 $\widetilde{G}$ 是 Chomsky 范式文法，且 $L(G)=L(\widetilde{G})$. □

推论 8.5 语言 L 是上下文无关的当且仅当存在 Chomsky 范式文式 G 使得 $L=L(G)$ 或 $L=L(G) \cup \{\varepsilon\}$.

[例 8.5(续)] 前面已经给出删去空产生式后的文法，它的产生式包括：

$$S \to aA,$$
$$A \to XYX, A \to XX, A \to XY, A \to YX, A \to X, A \to Y,$$
$$S \to a, X \to b, Y \to c.$$

接下来给出它的 Chomsky 范式. 先要删去单枝产生式，按照引理 8.3 证明中的构造方法进行. 这里没有构成变元循环的单枝产生式序列，但有单枝产生式 $A \to X$ 和 $A \to Y$. 删去 $A \to X$，添加 $A \to b$；删去 $A \to Y$，添加 $A \to c$. 现在得到不含单枝产生式的文法为：

$$S \to aA,$$
$$A \to XYX, A \to XX, A \to XY, A \to YX,$$
$$S \to a, X \to b, Y \to c, A \to b, A \to c.$$

其中有两个产生式不符合 Chomsky 范式的要求，按照定理 8.4 证明中的方法改写它们. 引入新变元 X_a 和产生式 $X_a \to a$，把 $S \to aA$ 替换成 $S \to X_a A$；引入新变元 Z，把 $A \to XYX$ 替换成

$A \to XZ, Z \to YX$.

最后得到的 Chomsky 范式文法 $\widetilde{G}$：

$$S \to X_a A,$$
$$A \to XZ, Z \to YX. A \to XX, A \to XY, A \to YX,$$
$$S \to a, X \to b, Y \to c, A \to b, A \to c, X_a \to a.$$

注意到 ker(G)不含 S，$L(G)$不含 ε，故 $L(\widetilde{G}) = L(G)$.

练　　习

8.2.1　设 CFG G 为

$$S \to ASB \mid AB,\ A \to aAB \mid \varepsilon,\ B \to bAB \mid \varepsilon,$$

(1) 给出 ker(G)，按照引理 8.1 证明中的构造方法构造一个正 CFG G_1 使 $L(G_1) = L(G) - \{\varepsilon\}$；

(2) 按照引理 8.3 证明中的构造方法把 G_1 转换成等价的分枝的正 CFG G_2；

(3) 按照定理 8.4 证明中的构造方法把 G_2 转换成等价的 Chomsky 范式文法 $\widetilde{G}$.

8.2.2　按照上题的步骤，把下述 CFG G 转换成等价的 Chomsky 范式文法 $\widetilde{G}$，使 $L(\widetilde{G}) = L(G) - \{\varepsilon\}$.

(1) $S \to aSb \mid ab$；

(2) $S \to aSbS \mid bSaS \mid \varepsilon$；

(3) 例 8.1 中的 $G_{\exp}$.

8.3　Bar-Hillel 泵引理

和正则语言一样，泵引理是证明非 CFL 的有力工具.

定理 8.6　(Bar-Hillel 泵引理)设 Chomsky 范式文法 G 有 n 个变元，$L = L(G)$，$x \in L$. 若 $|x| \geqslant 2^n$，则 x 可表示成 $x = u_1 v_1 u v_2 u_2$ 使得

(1) $|v_1 u v_2| \leqslant 2^n$；

(2) $v_1 v_2 \neq \varepsilon$；

(3) 对所有的 $k \geqslant 0$，$u_1 v_1^k u v_2^k u_2 \in L$.

证：考虑 G 关于 x 的派生树 Λ. 设 Λ 的高度为 t(约定：树根的高度为 1)，由于 G 是 Chomsky 范式文法，故 $|x| \leqslant 2^{t-2}$. 从而，$t \geqslant n+2$. 取 Λ 的一条最长通路，顶点自上而下依次为 $\gamma_1, \gamma_2, \cdots, \gamma_t$. 除 γ_t 的标记是终极符外，其余 $t-1$ 个顶点的标记都是变元. 由于 $t-1 > n$ 所以必存在两个顶点标记同一个变元. 设 γ_i 和 γ_j($i<j$)是最低的这样两个顶点，即 γ_i 和 γ_j 具有相同的标记 A 且 $\gamma_{i+1}, \cdots, \gamma_{t-1}$ 没有相同的标记.

把以 γ_i 和 γ_j 为根的子树分别记作 Λ_i 和 Λ_j. 又记 $u = \langle \Lambda_j \rangle$，$\langle \Lambda_i \rangle = v_1 u v_2$，$x = u_1 v_1 u v_2 u_2$，如图8.3所示，有

$$A \overset{*}{\Rightarrow} u,$$
$$A \overset{*}{\Rightarrow} v_1 A v_2,$$
$$S \overset{*}{\Rightarrow} u_1 A u_2.$$

于是，对任意的 $k \geqslant 0$，$S \overset{*}{\Rightarrow} u_1 v_1^k u v_2^k u_2$，即(3)成立.

根据 γ_i 和 γ_j 的定义，Λ_i 的高度$\leqslant n+2$，从而 $|v_1 u v_2| \leqslant 2^n$，即(1)成立，由于顶点 γ_i 是二叉

的并且没有树叶以 ε 为标记，故 v_1 和 v_2 不能同时为 ε，即(2)成立.

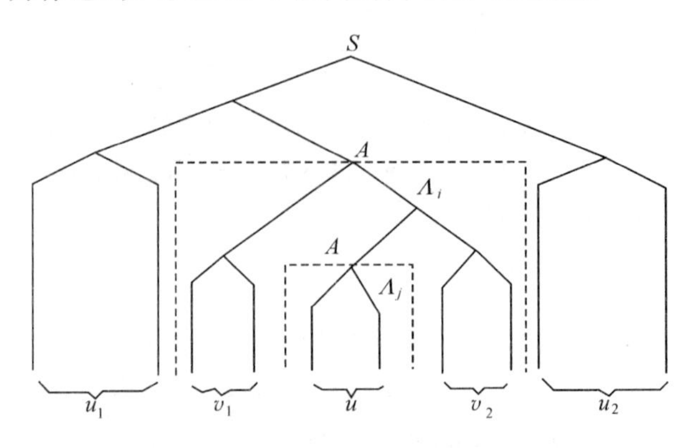

图 8.3　泵引理证明的示意图

推论 8.7　设 L 是上下文无关语言，则存在正整数 m 使得所有长度 $\geqslant m$ 的 $x\in L$ 都可表示成 $x=u_1v_1uv_2u_2$，其中

(1) $|v_1uv_2|\leqslant m$；

(2) $v_1v_2\neq\varepsilon$；

(3) 对所有的 $k\geqslant 0$，$u_1v_1^kuv_2^ku_2\in L$.

证：由推论 8.5，存在 Chomsky 范式文法 G 使得 $L=L(G)$ 或 $L=L(G)\cup\{\varepsilon\}$. 设 G 有 n 个变元，根据定理 8.6，取 $m=2^n$ 即可. □

[**例 8.6**]　$L=\{a^nb^nc^n\mid n>0\}$ 不是上下文无关语言.

证：假若 L 是 CFL，根据推论 8.7，对充分大的 n，有 $a^nb^nc^n=u_1v_1uv_2u_2$，其中 $v_1v_2\neq\varepsilon$ 并且对所有的 $k\geqslant 0$，$u_1v_1^kuv_2^ku_2\in L$.

取 $k=2$，$u_1v_1^2uv_2^2u_2\in L$. 可见，v_1 只能取 a^i，b^i 和 c^i 3 种形式中的一种，否则 v_1^2 中会出现 a,b,c 中某两个的逆序排列，这是不可能的. v_2 也是一样.

不妨设 $v_1=a^i$，$v_2=b^j$，i 和 j 不同时为 0. 取 $k=0$，u_1uu_2 中有 $n-i$ 个 a，$n-j$ 个 b，n 个 c，不属于 L，矛盾. 所以，L 不是 CFL.

由例 7.3，已知 $\{a^nb^nc^n\mid n>0\}$ 是上下文有关的，故它是非上下文无关的上下文有关语言.

练　习

8.3.1　对下述 CFL L 验证泵引理，即给出满足推论 8.7 中条件的正整数 m，并把 L 中长度大于等于 m 的字符串 x 表示成满足推论 8.7 中条件的形式 $x=u_1v_1uv_2u_2$.

(1) $\{a^nb^n\mid n>0\}$；

(2) $\{x\mid x\in\{a,b\}^*$ 且 x 中 a 的个数是 b 的个数的 2 倍$\}$.

8.3.2　利用泵引理证明下述语言不是 CFL：

(1) $\{a^ib^jc^k\mid 0<i<j<k\}$；　　(2) $\{a^ib^ja^ib^j\mid i>0,j>0\}$；

(3) $\{a^p\mid p$ 是素数$\}$.

8.4　下推自动机

在有穷自动机上加一个“先进后出”的栈就得到一台下推自动机(简记作 PDA). 它有一个控制器、一条输入带和一个栈. 控制器有有穷个状态. 带头和有穷自动机的一样,只读不写,从左到右逐个扫描输入字符串. 栈头永远指向栈顶,它能够读到栈顶的符号、又能用一个字符串替换栈顶的符号. 栈的内容是一个字符串,左端第一个符号放在栈顶位置. 在栈顶写一个字符串时,栈中的原有符号顺序向下移动. 用空串替换栈顶符号的结果是移去栈顶符号,此时栈中其余的符号顺序上移,如图8.4所示.

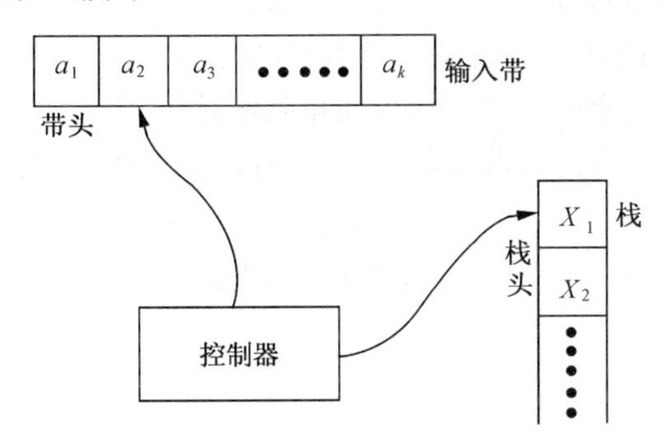

图 8.4　PDA 的示意图

PDA 是非确定型的,在每一步有若干个(当然是有穷个)动作可供选择. 它的动作有两种类型. 第一种类型的动作与输入字符串有关,根据当前的状态、带头扫描的符号和栈顶符号,决定可供选择的几个动作. 每一个动作是转移到指定的下一个状态,用给定的字符串替换栈顶符号,并且将带头右移一格. 第二种类型的动作与输入字符串无关,叫做 **ε 动作**,与ε-NFA的 ε 转移类似. 它和第一种类型的动作的区别是,不必考虑带头扫描的符号,且带头保持不动. ε 动作使 PDA 能够不读输入符号就可以处理栈,而第一种类型的动作每一步要“消耗”一个输入符号.

定义 8.6　一台**下推自动机** $\mathscr{M}$ 由 7 部分组成:

(1) 状态集 Q,Q 是一个有穷集合;

(2) 输入字母表 A;

(3) 栈字母表 Ω;

(4) 动作函数 δ,δ 是从 $Q\times(A\cup\{\varepsilon\})\times\Omega$ 到 $Q\times\Omega^*$ 的二元关系;

(5) 初始状态 q_1,$q_1\in Q$;

(6) 栈起始符 $X_0\in\Omega$;

(7) 接受状态集 F,$F\subseteq Q$;

记作 $\mathscr{M}=(Q,A,\Omega,\delta,q_1,X_0,F)$.

约定:用 p,q,r(可带下标,下同)等表示状态,a,b,c 等表示输入字符,u,v,w,x,y,z 等表示输入字符串,X,Y,Z 等表示栈符号,α,β,γ 等表示栈字符串或 $A\cup\Omega$ 上的字符串.

δ 有两种情况:

(1) 对$q\in Q$,$a\in A$ 和 $X\in\Omega$,

$$\delta(q,a,X)=\{(p_i,\gamma_i)\mid i=1,2,\cdots,m\},$$

其中 $p_i\in Q,\gamma_i\in\Omega^*$ $(1\leqslant i\leqslant m)$. 它给出第一种类型的动作：当 $\mathscr{M}$ 处于状态 q、带头扫描符号 a、栈顶符号为 X 时，有 m 个可能的动作. 第 i 个可能的动作是移去栈顶符号 X，把 γ_i 推入栈内，转移到状态 p_i，同时带头右移一格.

(2) 对 $q\in Q$ 和 $X\in\Omega$，

$$\delta(q,\varepsilon,X)=\{(p_i,\gamma_i)\mid i=1,2,\cdots,m\},$$

其中 $p_i\in Q,\gamma_i\in\Omega^*$ $(1\leqslant i\leqslant m)$. 它给出 ε 动作，与输入串无关，带头保持不动.

3 元组 (q,u,γ) 称作 PDA $\mathscr{M}$ 的**瞬时描述或格局**，其中 $q\in Q,u\in A^*,\gamma\in\Omega^*$. 它的含义是：$\mathscr{M}$ 处于状态 q，输入字符串尚未读过的部分（即从带头扫描的符号开始右边的子字符串）为 u，栈的内容为 γ. 由于 PDA 的带头只能从左向右移动，读过的输入符号在后面的计算不会再被使用，所以 $\mathscr{M}$ 的瞬时描述完全确定了此后可能得到的结果.

设 σ 和 τ 是 $\mathscr{M}$ 的两个格局，如果可以用一个动作从 σ 得到 τ，则记作

$$\sigma \vdash_{\mathscr{M}} \tau.$$

如果有 $\sigma=\sigma_0 \vdash_{\mathscr{M}} \sigma_1 \vdash_{\mathscr{M}} \cdots \vdash_{\mathscr{M}} \sigma_k=\tau$，这里 $k\geqslant 0$，则记作

$$\sigma \vdash_{\mathscr{M}}^{*} \tau.$$

特别地，总有

$$\sigma \vdash_{\mathscr{M}}^{*} \sigma.$$

当不会引起混淆时，可以省去 $\vdash_{\mathscr{M}}$ 和 $\vdash_{\mathscr{M}}^{*}$ 的下标 $\mathscr{M}$，分别记作 $\vdash$ 和 $\vdash^{*}$.

给定输入字符串 $w\in A^*$，PDA $\mathscr{M}$ 的初始格局为 (q_1,w,X_0)，即在计算开始时 $\mathscr{M}$ 处于初始状态 q_1，带头扫描 w 的第一个符号（若 $w=\varepsilon$，带头将不起作用），栈内只有一个符号 X_0. 计算一步一步地进行. 有两种方式定义 PDA $\mathscr{M}$ 接受 w. 第一种方式和 FA 的一样，如果存在从初始格局开始的计算使得读完输入串 w 并进入某个接受状态，即

$$(q_1,w,X_0) \vdash_{\mathscr{M}}^{*} (p,\varepsilon,\gamma),$$

其中 $p\in F,\gamma\in\Omega^*$，则称 $\mathscr{M}$ **接受** w. 第二种方式称作**空栈方式**，如果存在从初始格局开始的计算使得读完输入串 w 并倒空栈，即

$$(q_1,w,X_0)\vdash_{\mathscr{M}}^{*} (p,\varepsilon,\varepsilon),$$

其中 $p\in Q$，则称 $\mathscr{M}$ **接受** w. 当采用空栈方式时，接受状态集 F 不起作用，通常取 $F=\varnothing$.

定义 8.7 设 PDA $\mathscr{M}=(Q,A,\Omega,\delta,q_1,X_0,F)$，$\mathscr{M}$ **以接受状态方式接受的语言**记作 $L(\mathscr{M})$，

$$L(\mathscr{M})=\{w\in A^*\mid \text{存在 } p\in F \text{ 和 } \gamma\in\Omega^* \text{ 使得} (q_1,w,X_0)\vdash_{\mathscr{M}}^{*} (p,\varepsilon,\gamma)\}.$$

$\mathscr{M}$ **以空栈方式接受的语言**记作 $N(\mathscr{M})$，

$$N(\mathscr{M})=\{w\in A^*\mid \text{存在 } p\in Q \text{ 使得} (q_1,w,X_0)\vdash_{\mathscr{M}}^{*} (p,\varepsilon,\varepsilon)\}.$$

[例 8.7] 构造 PDA 分别以接受状态方式和空栈方式接受语言

$$L_1=\{u\# u^R\mid u\in\{0,1\}^*\},$$

其中 u^R 是 u 的反转.

先考虑以空栈方式接受 L_1 的 PDA $\mathscr{M}_1$. $\mathscr{M}_1$ 有 3 个栈符号 R,B 和 G, R 是栈起始符, B 和 G 分别对应于 0 和 1. 有 2 个状态 q_1 和 q_2, q_1 是初始状态. 计算分成两个阶段:记录阶段和检验阶段,以读到 # 为界. 计算开始时是记录阶段. 在 q_1 下,读到 0 把 B 推入栈,读到 1 把 G 推入栈. 当读到 # 时,从栈顶往下栈内的符号恰好对应输入串前半部分的反转. 此时 $\mathscr{M}_1$ 转移到状态 q_2,计算进入检验阶段. 在 q_2 下,如果读到 0 时栈顶为 B,则把这个 B 托出;如果读到 1 时栈顶为 G,则把这个 G 托出. 显然,输入串属于 L_1 当且仅当读完输入串时处于状态 q_2,并且栈内只剩下一个符号 R. 如果得到这样的格局,只需再用一个 ε 动作把 R 托出栈,使得栈排空.

$\mathscr{M}_1=(Q,A,\Omega,\delta,q_1,R,\varnothing)$,其中 $Q=\{q_1,q_2\}$, $A=\{0,1,\#\}$, $\Omega=\{R,B,G\}$, δ 如表 8-1 所示.

只需对 $\mathscr{M}_1$ 稍加修改即可得到以接受状态方式接受 L_1 的 PDA $\mathscr{M}_2$. $\mathscr{M}_2$ 需增添一个接受状态 q_3,令 $F=\{q_3\}$. 把 $\delta(q_2,\varepsilon,R)$ 改为 $\{(q_3,R)\}$,并且令 $\delta(q_3,a,X)=\varnothing$,这里 $a\in\{0,1,\#,\varepsilon\}$, $X\in\{R,B,G\}$,即在状态 q_3 下 $\mathscr{M}_2$ 没有动作. 当读完输入串,处于 q_2,栈内恰好只有一个符号 R 时, $\mathscr{M}_2$ 用一个 ε 动作把状态转移到 q_3.

表 8-1 PDA $\mathscr{M}_1$ 的动作函数 δ

q,a \ X	R	B	G
$q_1,0$	$\{(q_1,BR)\}$	$\{(q_1,BB)\}$	$\{(q_1,BG)\}$
$q_1,1$	$\{(q_1,GR)\}$	$\{(q_1,GB)\}$	$\{(q_1,GG)\}$
$q_1,\#$	$\{(q_2,R)\}$	$\{(q_2,B)\}$	$\{(q_2,G)\}$
q_1,ε	$\varnothing$	$\varnothing$	$\varnothing$
$q_2,0$	$\varnothing$	$\{(q_2,\varepsilon)\}$	$\varnothing$
$q_2,1$	$\varnothing$	$\varnothing$	$\{(q_2,\varepsilon)\}$
$q_2,\#$	$\varnothing$	$\varnothing$	$\varnothing$
q_2,ε	$\{(q_2,\varepsilon)\}$	$\varnothing$	$\varnothing$

[例 8.8] 构造 PDA 分别以接受状态方式和以空栈方式接受语言

$$L_2=\{uu^R\mid u\in\{0,1\}^*\}.$$

L_2 与例 8.7 中的 L_1 非常相似,唯一的区别是 L_1 中的字符串有一个分界符 # 把字符串分成互为反转的两段,而 L_2 中字符串没有这样的分界符. 这样一来,在计算过程中无法像例 8.7 中那样知道在什么时候从 q_1 转移到 q_2. 为了克服这个困难,需要利用 PDA 的非确定性. 对例 8.7 中的 $\mathscr{M}_1$ 修改如下:在状态 q_1 下,当读到 0 且栈顶为 B 时有两个动作可供选择. 一个动作和 $\mathscr{M}_1$ 的一样,把一个 B 推入栈内;另一个动作是把栈顶的 B 托出并且转移到状态 q_2. 同样,在状态 q_1 下,当读到 1 且栈顶为 G 时也有两个动作可供选择. 一个是把一个 G 推入栈内;另一个是把栈顶的 G 托出并且转移到状态 q_2. 于是,在状态 q_1 下,当遇到上述两种情况时机器有两种选择,继续在状态 q_1 下把读到的符号记录到栈中,或者转移到 q_2 并开始检查后半段是否是前半段的反转. 在计算中要不断地猜想是否该开始检查,这样的猜想是完全任意的. 但是,显然当且仅当输入串属于 L_2 时存在"正确的猜想",使得恰好在把输入串分成互为反转的两段的分界处开始进入检查阶段,从而在读完输入串后能将栈排空. 此外,由于 $\varepsilon\in L_2$,还需有 $\delta(q_1,\varepsilon,R)=\{(q_2,\varepsilon)\}$.

以空栈方式接受 L_2 的 PDA $\mathscr{M}_3=(Q,A,\Omega,\delta,q_1,R,\varnothing)$，其中 $Q=\{q_1,q_2\}$，$A=\{0,1\}$，$\Omega=\{R,B,G\}$，δ 如表 8-2 所示. 对 $\mathscr{M}_3$ 稍加修改不难得到以接受状态方式接受 L_2 的 PDA.

表 8-2 PDA $\mathscr{M}_3$ 的动作函数 δ

q,a \ X	R	B	G
$q_1,0$	$\{(q_1,BR)\}$	$\{(q_1,BB),(q_2,\varepsilon)\}$	$\{(q_1,BG)\}$
$q_1,1$	$\{(q_1,GR)\}$	$\{(q_1,GB)\}$	$\{(q_1,GG),(q_2,\varepsilon)\}$
q_1,ε	$\{(q_2,\varepsilon)\}$	$\varnothing$	$\varnothing$
$q_2,0$	$\varnothing$	$\{(q_2,\varepsilon)\}$	$\varnothing$
$q_2,1$	$\varnothing$	$\varnothing$	$\{(q_2,\varepsilon)\}$
q_2,ε	$\{(q_2,\varepsilon)\}$	$\varnothing$	$\varnothing$

定义 8.7 给出 PDA 接受语言的两种方式，其实这两种方式是等价的，即 PDA 以这两种方式接受的语言类是相同的. 下述定理给出这个结果.

定理 8.8 设语言 L，存在 PDA $\mathscr{M}_1$ 使得 $L(\mathscr{M}_1)=L$ 当且仅当存在 PDA $\mathscr{M}_2$ 使得 $N(\mathscr{M}_2)=L$.

证：设 $\mathscr{M}_1=(Q_1,A,\Omega_1,\delta_1,q_1,X_1,F)$，$L(\mathscr{M}_1)=L$. 要用 $\mathscr{M}_2$ 模拟 $\mathscr{M}_1$，当 $\mathscr{M}_1$ 进入接受状态时 $\mathscr{M}_2$ 能用一个特殊的状态 q_e 将栈排空. 为了保证若 $\mathscr{M}_2$ 排空栈则 $\mathscr{M}_1$ 必进入某个接受状态，添加一个栈底标志 X_2（它同时也是 $\mathscr{M}_2$ 的栈起始符），只有在 $\mathscr{M}_1$ 的接受状态和 q_e 下能把它清除出栈. 令

$$\mathscr{M}_2=(Q_1\cup\{q_2,q_e\},A,\Omega_1\cup\{X_2\},\delta_2,q_2,X_2,\varnothing),$$

其中 $q_2,q_e\notin Q_1$，$X_2\notin\Omega_1$，δ_2 规定如下：

(1) $\delta_2(q_2,\varepsilon,X_2)=\{(q_1,X_1X_2)\}$；

(2) 对所有 $p\in Q_1$，$a\in A\cup\{\varepsilon\}$，$Z\in\Omega_1$，

  (2.1) 若 $p\in F$ 且 $a=\varepsilon$，则 $\delta_2(p,a,Z)=\delta_1(p,a,Z)\cup\{(q_e,\varepsilon)\}$，

  (2.2) 否则 $\delta_2(p,a,Z)=\delta_1(p,a,Z)$；

(3) 对所有 $p\in F$，$\delta_2(p,\varepsilon,X_2)=\{(q_e,\varepsilon)\}$；

(4) 对所有 $Z\in\Omega_1\cup\{X_2\}$，$\delta_2(q_e,\varepsilon,Z)=\{(q_e,\varepsilon)\}$；

(5) 其他情况，$\delta_2(p,a,Z)=\varnothing$.

规定(1)使 $\mathscr{M}_2$ 一开始就进入 $\mathscr{M}_1$ 的初始格局，只是在 X_1 下面多一个栈底标志 X_2. 规定(2)使 $\mathscr{M}_2$ 能够模拟 $\mathscr{M}_1$. 一旦 $\mathscr{M}_1$ 进入接受状态，规定(2)还使 $\mathscr{M}_2$ 有两种选择，继续模拟 $\mathscr{M}_1$ 或者转入状态 q_e 并开始清除栈. 规定(2.1)，(3)和(4)保证只要 $\mathscr{M}_1$ 进入接受状态，$\mathscr{M}_2$ 就能将栈排空. 同时，由于只能在 $\mathscr{M}_1$ 的接受状态和 q_e 下才能将 X_2 清除出栈，并且只有从 $\mathscr{M}_1$ 的接受状态才能转移到 q_e，所以又只有 $\mathscr{M}_1$ 进入接受状态后 $\mathscr{M}_2$ 才能将栈排空.

任给 $x\in L(\mathscr{M}_1)$，则存在 $p\in F$ 和 $\gamma\in\Omega_1^*$ 使得

$$(q_1,x,X_1)\ \overset{*}{\underset{\mathscr{M}_1}{\vdash}}\ (p,\varepsilon,\gamma).$$

于是，

$$(q_2,x,X_2)\ \underset{\mathscr{M}_2}{\vdash}\ (q_1,x,X_1X_2)\qquad\text{规定(1)}$$

$$\vdash_{\mathscr{M}_2}^{*} (p,\varepsilon,\gamma X_2) \quad \text{规定(2)}$$

$$\vdash_{\mathscr{M}_2}^{*} (q_e,\varepsilon,\varepsilon), \quad \text{规定(2.1),(3),(4)}$$

得 $x \in N(\mathscr{M}_2)$.

反之,任给 $x \in N(\mathscr{M}_2)$,由于规定(1)给出唯一与 q_2 有关的动作,必有

$$(q_2,x,X_2) \vdash_{\mathscr{M}_2} (q_1,x,X_1X_2).$$

根据规定(3)和(4),把 X_2 清除出栈后的状态是 q_e,故

$$(q_2,x,X_2) \vdash_{\mathscr{M}_2} (q_1,x,X_1X_2)$$

$$\vdash_{\mathscr{M}_2}^{*} (q_e,\varepsilon,\varepsilon).$$

又由于第一次出现 q_e 只能是从 $\mathscr{M}_1$ 的某个接受状态转移来的,并且在 q_e 下不消耗任何输入字符,故存在 $p \in F$ 和 $\gamma \in \Omega^*$ 使

$$(q_2,x,X_2) \vdash_{\mathscr{M}_2} (q_1,x,X_1X_2)$$

$$\vdash_{\mathscr{M}_2}^{*} (p,\varepsilon,\gamma X_2)$$

$$\vdash_{\mathscr{M}_2}^{*} (q_e,\varepsilon,\varepsilon).$$

从 q_e 不能转移到其他状态,故从 q_1 转移到 p 的过程中 $\mathscr{M}_2$ 一直在模拟 $\mathscr{M}_1$,从而有

$$(q_1,x,X_1) \vdash_{\mathscr{M}_1}^{*} (p,\varepsilon,\gamma).$$

得 $x \in L(\mathscr{M}_1)$. 所以,$N(\mathscr{M}_2)=L(\mathscr{M}_1)=L$.

再设 $\mathscr{M}_2=(Q_2,A,\Omega_2,\delta_2,q_2,X_2,\varnothing)$,$N(\mathscr{M}_2)=L$. 要用 $\mathscr{M}_1$ 模拟 $\mathscr{M}_2$. $\mathscr{M}_1$ 有一个栈底符号 X_1(它也是 $\mathscr{M}_1$ 的栈起始符),当且仅当 $\mathscr{M}_2$ 把它的所有栈符号排出栈时 X_1 再次出现在栈顶. 这时 $\mathscr{M}_1$ 转移到接受状态 q_a. 令

$$\mathscr{M}_1 = (Q_2 \cup \{q_1,q_a\},A,\Omega_2 \cup \{X_1\},\delta_1,q_1,X_1,\{q_a\}),$$

其中 $q_1,q_a \notin Q_2$,$X_1 \notin \Omega_2$,δ_1 规定如下:

(1) $\delta_1(q_1,\varepsilon,X_1)=\{(q_2,X_2X_1)\}$;

(2) 对所有的 $p \in Q_2$,$a \in A \cup \{\varepsilon\}$,$Z \in \Omega_2$, $\delta_1(p,a,Z)=\delta_2(p,a,Z)$;

(3) 对所有的 $p \in Q_2$, $\delta_1(p,\varepsilon,X_1)=\{(q_a,\varepsilon)\}$;

(4) 其他情况,$\delta_1(p,a,Z)=\varnothing$.

证明 $L(\mathscr{M}_1)=L$ 的细节留给读者完成. □

练　习

8.4.1 对于例 8.7 中的 PDA $\mathscr{M}_1$ 和 $\mathscr{M}_2$

(1) 写出 $\mathscr{M}_1$ 以空栈方式接受 01#10 的计算;

(2) 写出 $\mathscr{M}_2$ 以接受状态方式接受 01#10 的计算;

(3) 写出 $\mathscr{M}_1$ 关于输入 011#100 的计算.

8.4.2 设 PDA $\mathcal{M}=(\{q,p\},\{a,b\},\{Z,X\},\delta,q,Z,\varnothing)$，$\delta$ 规定如下：

$$\delta(q,a,Z)=\{(q,XZ)\},\quad \delta(q,a,X)=\{(q,XX)\},$$
$$\delta(q,b,X)=\{(p,X)\},\quad \delta(p,a,X)=\{(q,\varepsilon)\},$$
$$\delta(p,b,Z)=\{(q,Z)\},\quad \delta(p,\varepsilon,Z)=\{(p,\varepsilon)\},$$

上面没有列出的 δ 值均为$\varnothing$. 按定理 8.8 证明中的方法构造 PDA $\mathcal{M}'$ 使得 $L(\mathcal{M}')=N(\mathcal{M})$.

8.4.3 设 PDA $\mathcal{M}=(\{q,f\},\{a,b\},\{Z,X\},\delta,q,Z,\{f\})$，$\delta$ 规定如下：

$$\delta(q,a,Z)=\{(q,XZ)\},\ \delta(q,a,X)=\{(q,XX)\},\ \delta(q,b,x)=\{(q,\varepsilon)\},$$

上面没有列出的 δ 值均为$\varnothing$. 按定理 8.8 证明中的方法构造 PDA $\mathcal{M}'$ 使得 $N(\mathcal{M}')=L(\mathcal{M})$.

8.5 上下文无关文法与下推自动机的等价性

8.5.1 用 PDA 模拟 CFG

由推论 8.5，在忽略语言是否包含 ε 的情况下，只需考虑 Chomsky 范式文法 $G=(V,T,\Gamma,S)$. 采用最左派生，从 S 开始的计算形如

$$S\overset{*}{\Rightarrow}w\alpha,$$

其中 $W\in T^*$，$\alpha\in V^*$，PDA $\mathcal{M}$可以用

$$(q,w,S)\overset{*}{\vdash}(q,\varepsilon,\alpha)$$

来描述. 也就是说，G 从 S 开始，生成 w 的同时还要产生非终极符串 α. 对应地，$\mathcal{M}$ 消耗掉 w 后把栈的内容 S 改写成 α. 于是，

$$S\overset{*}{\Rightarrow}w$$

恰好对应于

$$(q,w,S)\overset{*}{\vdash}(q,\varepsilon,\varepsilon),$$

即，G 生成 w 当且仅当 $\mathcal{M}$ 以空栈方式接受 w. 显然，$\mathcal{M}$只需要一个状态 q，以 T 为输入字母表，V 为栈字母表，S 为栈起始符. 详细地描述如下：

设 L 是一个 CFL，由推论 8.5，存在 Chomsky 范式文法 $G=(V,T,\Gamma,S)$使得 $L=L(G)$或 $L=L(G)\cup\{\varepsilon\}$. 构造 PDA$\mathcal{M}=(\{q\},T,V,\delta,q,S,\varnothing)$，其中 δ 规定如下：对所有 $a\in T$，X，$Y\in V$，

$$(q,\varepsilon)\in\delta(q,a,X)\quad\Leftrightarrow\quad X\to a\in\Gamma,$$
$$(q,YZ)\in\delta(q,\varepsilon,X)\quad\Leftrightarrow\quad X\to YZ\in\Gamma.$$

要证 $L(G)=N(\mathcal{M})$. 对 G 采用最左派生，即每一次总是对最左边的那个变元使用产生式. 由于 G 是 Chomsky 范式文法，在最左派生过程中总形如 $S\overset{*}{\Rightarrow}w\alpha$，其中 $w\in T^*$，$\alpha\in V^*$. 只需证对任意的 $w\in T^*$ 和 $\alpha\in V^*$，有

$$S\overset{*}{\Rightarrow}w\alpha\quad\Leftrightarrow\quad(q,w,S)\overset{*}{\vdash}(q,\varepsilon,\alpha).$$

必要性. 对派生长度 i 进行归纳证明. 当 $i=0$ 时，$w=\varepsilon$，$\alpha=S$. 结论显然成立.

假设当 $i=r$ 时结论成立. 考虑 $i=r+1$ 时的情况，有两种可能：

(1) 最后使用的产生式是 $X\to a$. 于是，有

$$S\overset{*}{\Rightarrow}uX\alpha\Rightarrow ua\alpha,\ \text{这里}\ w=ua.$$

由归纳假设，有

$$(q,u,S)\overset{*}{\vdash}(q,\varepsilon,X\alpha),$$

从而

$$(q,w,S)\overset{*}{\vdash}(q,a,X\alpha)\vdash(q,\varepsilon,\alpha),$$

最后一步使用$(q,\varepsilon)\in\delta(q,a,X)$.

(2) 最后使用的产生式是 $X\rightarrow YZ$. 于是，有

$$S\overset{*}{\Rightarrow}wX\beta\Rightarrow wYZ\beta,\text{这里 }\alpha=YZ\beta.$$

由归纳假设并使用$(q,YZ)\in\delta(q,\varepsilon,X)$，得

$$(q,w,S)\overset{*}{\vdash}(q,\varepsilon,X\beta)\vdash(q,\varepsilon,YZ\beta)=(q,\varepsilon,\alpha).$$

得证当 $i=r+1$ 时结论亦成立.

充分性. 可类似地对 $\mathscr{M}$ 的计算长度做归纳证明.

最后，若 $L=L(G)$，则 $\mathscr{M}$ 就是所要的 PDA. 若 $L=L(G)\cup\{\varepsilon\}$，可构造出 PDA $\widetilde{\mathscr{M}}$ 使得 $N(\widetilde{\mathscr{M}})=N(\mathscr{M})\cup\{\varepsilon\}$，从而有 $N(\widetilde{\mathscr{M}})=L$. $\widetilde{\mathscr{M}}$ 的构造如下：添加一个新的栈符号 $\widetilde{S}$ 作为栈起始符，并令

$$\delta(q,\varepsilon,\widetilde{S})=\{(q,\varepsilon),(q,S)\},$$
$$\delta(q,a,\widetilde{S})=\varnothing,\quad\text{对所有 } a\in T.$$

$\widetilde{\mathscr{M}}$ 在第一步有两个动作可供选择. 若取(q,ε)，则仅当输入串为 ε 时 $\widetilde{\mathscr{M}}$ 接受；若取(q,S)，则此后的计算完全按照 $\mathscr{M}$ 进行.

8.5.2　用 CFG 模拟 PDA

用 CFG 模拟 PDA 的困难在于 PDA 有一个状态集和两个字母表，而 CFG 只有一个变元集和一个字符集. 自然地，会取 PDA 的输入字母表作为 CFG 的终极符集. 这样一来，CFG 只剩下变元集，因而必须用 CFG 的变元表示 PDA 的状态和栈字符. 注意到 PDA 的每一步从一个状态 p 转移到另一个状态 q，同时要处理一个栈字符(栈顶符) X. 因而，对每一对状态 p 与 q 和栈字符 X，CFG 对应地有一个变元$[p,X,q]$，用来表示 PDA 的动作. 具体构造如下：设 $\mathscr{M}=(Q,A,\Omega,\delta,q_1,X_0,\varnothing)$，构造 CFG $G=(V,A,\Gamma,S)$，其中

$$V=\{S\}\cup\{[q,X,p]\mid q,p\in Q,X\in\Omega\},$$

Γ 由下述产生式组成：

(1) 对每一个 $p\in Q$，$S\rightarrow[q_1,X_0,p]$；

(2) 若 $\delta(q,a,X)$含有$(p_1,Y_1Y_2\cdots Y_m)$，其中 $q,p_1\in Q,X,Y_1,Y_2,\cdots,Y_m\in\Omega,a\in A\cup\{\varepsilon\}$，则当 $m>0$ 时，对所有 $p_2,\cdots,p_{m+1}\in Q$，

$$[q,X,p_{m+1}]\rightarrow a[p_1,Y_1,p_2][p_2,Y_2,p_3]\cdots[p_m,Y_m,p_{m+1}];$$

当 $m=0$ 时，$[q,X,p_1]\rightarrow a$.

要证 $L(G)=N(\mathscr{M})$，即对所有的 $w\in A^*$，

$$S\overset{*}{\Rightarrow}w\quad\Leftrightarrow\quad\exists p\in Q\ (q_1,w,X_0)\overset{*}{\vdash}(p,\varepsilon,\varepsilon).$$

注意到

$$S \overset{*}{\Rightarrow} w \quad \Leftrightarrow \quad \exists p \in Q\,[q_1, X_0, p] \overset{*}{\Rightarrow} w,$$

只需证明下述更一般性的结论:对所有的 $p,q\in Q,X\in\Omega,w\in A^*$ 有

$$[q,X,p] \overset{*}{\Rightarrow} w \quad \Leftrightarrow \quad (q,w,X) \overset{*}{\vdash} (p,\varepsilon,\varepsilon).$$

可以这样解释上式:G 从$[q,X,p]$派生出 w,当且仅当 $\mathscr{M}$ 从 q 转移到 p 且从栈顶擦去 X 恰好需要消耗(读入)w.

必要性. 对派生长度 i 做归纳证明. 当 $i=1$ 时,$w=a\in A\cup\{\varepsilon\}$且 G 有产生式$[q,X,p]\to a$. 于是,$\delta(q,a,X)$中含有(p,ε),故$(q,w,X)\vdash(p,\varepsilon,\varepsilon)$. 结论成立.

假设当 $i\leqslant r$ 时结论成立,考虑 $i=r+1$. 设

$$[q,X,p]\Rightarrow a[p_1,Y_1,p_2][p_2,Y_2,p_3]\cdots[p_m,Y_m,p_{m+1}]\overset{*}{\Rightarrow} w,$$

其中 $a\in A\cup\{\varepsilon\},Y_1,\cdots,Y_m\in\Omega,p=p_{m+1},p_1,\cdots,p_m\in Q,m\geqslant 1$,则必有

$$w = aw_1w_2\cdots w_m,$$

$$[p_j,Y_j,p_{j+1}]\overset{*}{\Rightarrow} w_j, \quad j=1,2,\cdots,m,$$

且这些派生的长度不超过 r. 由 Γ 的构造和归纳假设,$\delta(q,a,X)$含有$(p_1,Y_1Y_2\cdots Y_m)$以及

$$(p_j,w_j,Y_j)\overset{*}{\vdash}(p_{j+1},\varepsilon,\varepsilon),j=1,2,\cdots,m.$$

于是,

$$\begin{aligned}(q,w,X) &\vdash (p_1,w_1w_2\cdots w_m,Y_1Y_2\cdots Y_m)\\ &\overset{*}{\vdash} (p_2,w_2\cdots w_m,Y_2\cdots Y_m)\\ &\overset{*}{\vdash} \cdots\\ &\overset{*}{\vdash} (p_m,w_m,Y_m)\\ &\overset{*}{\vdash} (p,\varepsilon,\varepsilon),\end{aligned}$$

即当 $i=r+1$ 时结论也成立.

充分性. 对 $\mathscr{M}$ 的计算步数 i 作归纳证明. 当 $i=1$ 时,$w=a\in A\cup\{\varepsilon\}$,$\delta(q,a,X)$含有$(p,\varepsilon)$,所以 G 有产生式$[q,X,p]\to a$,从而$[q,X,p]\Rightarrow a=w$,结论成立.

假设当 $i\leqslant r$ 时结论成立,考虑 $i=r+1$. 设 $w=au,a\in A\cup\{\varepsilon\},u\in A^*$,并且

$$(q,w,X)\vdash(p_1,u,Y_1Y_2\cdots Y_m)\overset{*}{\vdash}(p,\varepsilon,\varepsilon),$$

则 u 一定可以写成 $u=u_1u_2\cdots u_m$ 使得

$$(p_j,u_j,Y_j)\overset{*}{\vdash}(p_{j+1},\varepsilon,\varepsilon), \quad j=1,2,\cdots,m,$$

其中 $p_{m+1}=p$. 即 $\mathscr{M}$ 从 p_1 开始读完 u_1 时,栈的高度第一次变成 $m-1$(在此之前,栈的高度可能多次变化,但总不低于 m,即 Y_2 及其下面的符号始终在栈内),状态转移到 p_2;从 p_2 开始,读完 u_2 时栈的高度第一次降低到 $m-2$,转移到 p_3;……,最后读完 u_m(也读完整个 u)时整个栈被排空,到达状态 p,如图8.5所示. 这些计算的步数都不超过 r. 由归纳假设,有

$$[p_i,Y_j,p_{j+1}]\overset{*}{\Rightarrow} u_j, \quad j=1,2,\cdots,m.$$

又 $\delta(q,a,X)$中含有$(p_1,Y_1Y_2\cdots Y_m)$,故 G 有产生式

$$[q,X,p_{m+1}]\to a[p_1,Y_1,p_2][p_2,Y_2,p_3]\cdots[p_m,Y_m,p_{m+1}].$$

从而，有

$$[q,X,p]\Rightarrow a[p_1,Y_1,p_2][p_2,Y_2,p_3]\cdots[p_m,Y_m,p_{m+1}]$$
$$\stackrel{*}{\Rightarrow} au_1u_2\cdots u_m = w.$$

得证当 $i=r+1$ 时结论也成立.

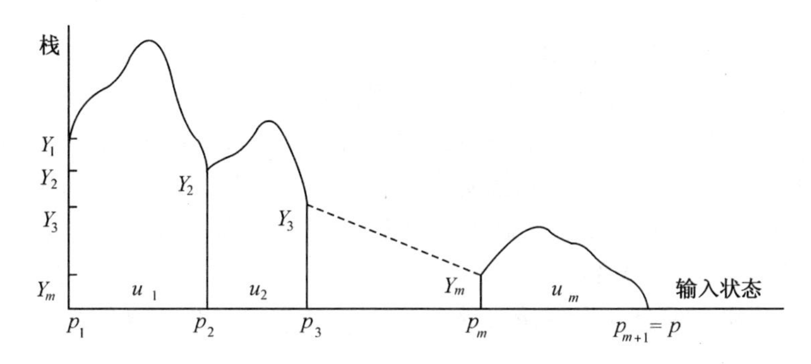

图 8.5　计算中栈高的变化示意图

于是我们得到

定理 8.9　语言 L 是上下文无关的当且仅当存在 PDA $\mathscr{M}$ 使得 $L=N(\mathscr{M})$.

将前面的一些结果综合如下：

定理 8.10　下述命题是等价的：

(1) L 是上下文无关语言，即存在上下文无关文法 G 使得 $L=L(G)$；

(2) 存在正上下文无关文法 G 使得 $L=L(G)$ 或 $L=L(G)\cup\{\varepsilon\}$；

(3) 存在 Chomsky 范式文法 G 使得 $L=L(G)$ 或 $L=L(G)\cup\{\varepsilon\}$；

(4) 存在下推自动机 $\mathscr{M}$ 使得 $L=L(\mathscr{M})$；

(5) 存在下推自动机 $\mathscr{M}$ 使得 $L=N(\mathscr{M})$.

练　　习

8.5.1　按本节的构造方法，把你做练习 8.2.2 给出的 Chomsky 范式文法 G 转换成等价的 PDA $\mathscr{M}$，使 $N(\mathscr{M})=L(G)$.

8.5.2　按本节的构造方法，把练习 8.4.2 中的 PDA $\mathscr{M}$ 转换成等价的 CFG G，使 $L(G)=N(\mathscr{M})$.

8.6　确定型下推自动机

一般地，PDA 都是非确定型的，PDA 接受的语言恰好是 CFL. 本节介绍确定型 PDA，确定型 PDA 计算的每一步是唯一确定的. 与 Turing 机和有穷自动机不同，非确定性确实改变了 PDA 的接受能力. 本节将要证明确定型 PDA 接受的语言类型是 CFL 的真子集.

定义 8.8　设 PDA $\mathscr{M}=(Q,A,\Omega,\delta,q_1X_0,F)$，如果：

(1) 对所有的 $q\in Q$ 和 $X\in\Omega$，若 $\delta(q,\varepsilon,X)\neq\varnothing$ 则对所有的 $a\in A$，$\delta(q,a,X)=\varnothing$，

(2) 对所有的 $q\in Q$，$a\in A\cup\{\varepsilon\}$ 和 $X\in\Omega$，$|\delta(q,a,X)|\leqslant 1$，

则称 $\mathscr{M}$ 是**确定型下推自动机**,缩写为 DPDA.

条件(1)保证 $\mathscr{M}$ 的每一个状态不可能既有读入某个 $a\in A$ 的动作、又有 ε 动作;条件(2)保证 $\mathscr{M}$ 对所有的输入($a\in A$ 或 ε)不可能有两个和两个以上的动作. 给定输入 $w\in A^*$,DPDA $\mathscr{M}$ 的计算是唯一的. 对于DPDA,常把 $\delta(q,a,X)=\{(p,\alpha)\}$ 写作 $\delta(q,a,X)=(p,\alpha)$.

例如,例 8.7 中接受 $\{u\#u^R\mid u\in\{0,1\}^*\}$ 的两个 PDA 是确定型的,而例 8.8 中接受 $\{uu^R\mid u\in\{0,1\}^*\}$ 的两个 PDA 不是确定型的.

由于 DPDA 的每一步计算是唯一确定的,不难证明它以空栈方式接受的语言具有下述前缀性质:不存在两个字符串 x 和 y,使得 x 是 y 的真前缀. 例如,$\{a^n\mid n>0\}$ 不能被 DPDA 以空栈方式接受. 可见用 DPDA 以空栈方式接受语言受到很大限制. 另一方面,DPDA 以空栈方式接受的语言都可以用 DPDA 以接受状态方式接受(习题 8.15). 由于上述原因,本节只考虑 DPDA 以接受状态方式接受的语言.

定义 8.9 确定型下推自动机以接受状态方式接受的语言称作**确定型上下文无关语言**,缩写为 DCFL.

泵引理不能用来证明某些 CFL 不是确定型的,因为没有专门针对 DCFL 的泵引理,因此需要求助于封闭性来解决这个问题,即找到这样的运算,在这个运算下 DCFL 是封闭的,而 CFL 不是封闭的. CFL 在补运算下不是封闭的(习题 8.12).

下面要证明 DCFL 在补运算下是封闭的,即设 DPDA$\mathscr{M}$,$L=L(\mathscr{M})$,则存在DPDA$\mathscr{M}'$使 $\overline{L}=L(\mathscr{M}')$. 非常自然的想法是用 $\mathscr{M}'$ 模拟 $\mathscr{M}$,并且当 $\mathscr{M}$ 进入接受状态时 $\mathscr{M}'$ 进入非接受状态;当 $\mathscr{M}$ 进入非接受状态时 $\mathscr{M}'$ 进入接受状态. 但是,这里必须先克服一个困难:$\mathscr{M}$ 可能不能读完输入串 w. 如果 $\mathscr{M}$ 不读完输入串 w,$\mathscr{M}$ 当然不接受 w. $\mathscr{M}'$ 模拟 $\mathscr{M}$,也不读完 w,也不接受 w. 这是不对的. 因此,我们要强迫 $\mathscr{M}$ 读完每一个输入串,即对每一个 $w\in A^*$,存在 $p\in Q$ 和 $\alpha\in\Omega^*$ 使得

$$(q_1,w,X_0)\ \overset{*}{\underset{\mathscr{M}}{\vdash}}\ (p,\varepsilon,\alpha).$$

$\mathscr{M}$ 不能读完 w 有下述 3 种情况:

情况 1: $w=uav$,$(q_1,w,X_0)\overset{*}{\vdash}(p,av,Z\beta)$并且 $\delta(p,a,Z)=\delta(p,\varepsilon,Z)=\varnothing$. $\mathscr{M}$ 在格局$(p,av,Z\beta)$没有动作可做,计算结束.

为了保证不出现这种情况,只需对所有的 $q\in Q$ 和 $X\in\Omega$,若 $\delta(q,\varepsilon,X)=\varnothing$ 则对每一个 $a\in A$,$\delta(q,a,X)\neq\varnothing$.

情况 2: $(q_1,w,X_0)\overset{*}{\vdash}(p,u,\varepsilon)$,其中 $u\neq\varepsilon$. 即,$\mathscr{M}$ 尚未读完 w 已把栈排空,计算结束.

情况 3: $(q_1,w,X_0)\overset{*}{\vdash}(p,u,\beta)$,$u\neq\varepsilon$,并且

$$(p,u,\beta)\vdash(p_1,u,\beta_1)\vdash(p_2,u,\beta_2)\vdash\cdots,$$

即 $\mathscr{M}$ 从格局(p,u,β)开始,不再读入输入符号,而无休止地做 ε 动作.

此时必有

$$(p,\varepsilon,\beta)\vdash(p_1,\varepsilon,\beta_1)\vdash(p_2,\varepsilon,\beta_2)\vdash\cdots.$$

显然,一定存在 $k\geqslant 0$ 使得所有的 $j>k$,$|\beta_j|\geqslant|\beta_k|$,这里 $\beta=\beta_0$. 不妨设 $k=0$,则 $\beta=Z\alpha$,$\beta_i=\alpha_i\alpha$,$i=1,2,\cdots$. 于是,有

$$(p,\varepsilon,Z)\vdash(p_1,\varepsilon,\alpha_1)\vdash(p_2,\varepsilon,\alpha_2)\vdash\cdots.$$

称这样的格局(p,ε,Z)是循环格局.

不难证明：对输入串 w 出现情况 3，当且仅当存在循环格局(p,ε,Z)使得

$$(q_1,w,X_0)\overset{*}{\vdash}(p,u,Z\alpha)\text{，其中 } u\neq\varepsilon.$$

引理8.11　设 DPDA $\mathscr{M}=(Q,A,\Omega,\delta,q_1,X_0,F)$，则存在 DPDA $\mathscr{M}'=(Q',A,\Omega',\delta',q_1',X_0',F')$使得 $L(\mathscr{M}')=L(\mathscr{M})$，并且

(1) 对所有的 $q\in Q'$ 和 $X\in\Omega'$，若 $\delta'(q,\varepsilon,X)=\varnothing$ 则对每一个 $a\in A$，$\delta'(q,a,X)\neq\varnothing$，

(2) 对每一个 $w\in A^*$，若$(q_1',w,X_0')\overset{*}{\vdash}_{\mathscr{M}}(p,u,\alpha)$则 $\alpha\neq\varepsilon$.

证：取 $Q'=Q\cup\{q_1',d\}$，$\Omega'=\Omega\cup\{X_0'\}$，$F'=F$. 当 $\mathscr{M}$ 的计算出现情况 1 时，$\mathscr{M}'$进入新添加的状态 d，然后在状态 d 下读完剩余的输入符号并且保持栈符号串不变. 新添加的栈符号 X_0' 是栈底符(也是 $\mathscr{M}'$的栈起始符)，从一开始就被放在栈底的位置上. 它不会被清除出栈，从而保证 $\mathscr{M}'$的计算不会出现情况 2.

δ'规定如下：

① $\delta(q_1',\varepsilon,X_0')=(q_1,X_0X_0')$；

② 对所有的 $p\in Q$，$a\in A$ 和 $Z\in\Omega$，若 $\delta(p,a,Z)=\varnothing$ 且 $\delta(p,\varepsilon,Z)=\varnothing$，则 $\delta'(p,a,Z)=(d,Z)$；

③ 对所有的 $p\in Q$ 和 $a\in A$，$\delta'(p,a,X_0')=(d,X_0')$；

④ 对所有的 $a\in A$ 和 $Z\in\Omega'$，$\delta'(d,a,Z)=(d,Z)$；

⑤ 对所有的 $p\in Q$，$a\in A\cup\{\varepsilon\}$ 和 $Z\in\Omega$，若 $\delta'(p,a,Z)$未经② 定义，则$\delta'(p,a,Z)=\delta(p,a,Z)$.

规定①使 $\mathscr{M}'$的第一步是把 X_0' 放在栈底的位置上并开始模拟 $\mathscr{M}$. 规定⑤使 $\mathscr{M}'$模拟 $\mathscr{M}$，直到 $\mathscr{M}$ 读完输入串 w 或出现情况 1 和情况 2 为止. 若 $\mathscr{M}$ 的计算出现情况 1，则规定②使 $\mathscr{M}'$进入状态 d. 若 $\mathscr{M}$ 的计算出现情况 2，此时栈顶符号是 X_0'，则规定③使 $\mathscr{M}'$也进入状态 d. 在这两种情况下，$\mathscr{M}'$都会在状态 d 下继续读完输入，且保持状态和栈符号串不变. d 是非接受状态，$\mathscr{M}'$不接受 w. 由此可见，$L(\mathscr{M}')=L(\mathscr{M})$.

最后，根据规定②，$\mathscr{M}'$满足条件(1). 又由前面的分析不难看到，对任何 $w\in A^*$，若$(q_1',w,X_0')\overset{*}{\vdash}_{\mathscr{M}}(p,u,\alpha)$，则必有 $\alpha=\beta X_0'$，其中 $\beta\in\Omega^*$. 条件(2)也成立. □

引理 8.12　设 DPDA $\mathscr{M}$，则存在 DPDA $\mathscr{M}'$使得 $L(\mathscr{M}')=L(\mathscr{M})$并且对每一个输入，$\mathscr{M}'$最终停机在某个形如$(p,\varepsilon,\alpha)$的格局，其中 $\alpha\neq\varepsilon$.

证：不妨设 $\mathscr{M}=(Q,A,\Omega,\delta,q_1,X_0,F)$满足引理 8.11 中的条件(1)和(2)，因此 $\mathscr{M}$ 的计算不会出现情况 1 和 2. 现在要用 $\mathscr{M}'$模拟 $\mathscr{M}$ 并且保证 $\mathscr{M}'$的计算不会出现情况 3. 新添加两个状态 f 和 d，f 是接受状态、而 d 不是接受状态. 即令

$$\mathscr{M}'=(Q\cup\{f,d\},A,\Omega,\delta',q_1,X_0,F\cup\{f\}),$$

其中 δ'规定如下：

① 对所有的 $p\in Q$，$a\in A$ 和 $Z\in\Omega$，$\delta'(p,a,Z)=\delta(p,a,Z)$.

② 对所有的 $p\in Q$ 和 $Z\in\Omega$，若(p,ε,Z)不是循环格局，则 $\delta'(p,\varepsilon,Z)=\delta(p,\varepsilon,Z)$.

③ 对所有的 $p\in Q$ 和 $Z\in\Omega$，若(p,ε,Z)是循环格局，设

$$(p,\varepsilon,Z)\vdash_{\mathscr{M}}(p_1,\varepsilon,\alpha_1)\vdash_{\mathscr{M}}(p_2,\varepsilon,\alpha_2)\vdash_{\mathscr{M}}\cdots,$$

(i) 若 $p,p_1,p_2,\cdots$中没有接受状态，则 $\delta'(p,\varepsilon,Z)=(d,Z)$；

(ii) 若 $p,p_1,p_2,\cdots$中有接受状态，则 $\delta'(p,\varepsilon,Z)=(f,Z)$.

④ 对所有的 $a\in A$ 和 $Z\in\Omega$，$\delta'(f,a,Z)=(d,Z)$.

⑤ 对所有的 $a\in A$ 和 $Z\in\Omega$，$\delta'(d,a,Z)=(d,Z)$.

对任何输入 $w\in A^*$，$\mathscr{M}'$从一开始就模拟 $\mathscr{M}$，直到下述几种情况：

(a) $\mathscr{M}$停机在某个格局(p,ε,α). $\mathscr{M}'$对 w 的计算与 $\mathscr{M}$ 的完全一样. $\mathscr{M}'$接受 w 当且仅当 $\mathscr{M}$ 接受 w. 又根据引理 8.11，$\alpha\neq\varepsilon$.

(b) $\mathscr{M}$到达格局$(p,u,Z\alpha)$，其中(p,ε,Z)是循环格局. 设

$$(p,\varepsilon,Z)\vdash_{\mathscr{M}}(p_1,\varepsilon,\alpha_1)\vdash_{\mathscr{M}}(p_2,\varepsilon,\alpha_2)\vdash_{\mathscr{M}}\cdots,$$

(b.1) $u=\varepsilon$ 且 $p,p_1,p_2,\cdots$中有接受状态. 根据规定(ii)，$\mathscr{M}'$从格局$(p,\varepsilon,Z\alpha)$转变成$(f,\varepsilon,Z\alpha)$，计算结束.

(b.2) $u=\varepsilon$ 且 $p,p_1,p_2,\cdots$中没有接受状态. 根据规定(i)，$\mathscr{M}'$从格局$(p,\varepsilon,Z\alpha)$转变成$(d,\varepsilon,Z\alpha)$，计算结束.

(b.3) $u\neq\varepsilon$ 且 $p,p_1,p_2,\cdots$中有接受状态. 根据规定(ii)，$\mathscr{M}'$从格局$(p,u,Z\alpha)$转变成$(f,u,Z\alpha)$. 接着按照规定④，读入一个输入符号转移到状态 d. 然后按照规定⑤，在状态 d 下读完输入后停机在格局$(d,\varepsilon,Z\alpha)$.

(b.4) $u\neq\varepsilon$ 且 $p,p_1,p_2,\cdots$，中没有接受状态. 与(b.3)类似，$\mathscr{M}'$从格局$(p,u,Z\alpha)$转变成$(d,u,Z\alpha)$，然后在状态 d 下读完输入后停机在格局$(d,\varepsilon,Z\alpha)$.

$\mathscr{M}$和 $\mathscr{M}'$都仅在情况(b.1)接受 w.

根据上述分析，$\mathscr{M}'$满足引理的要求. □

定理 8.13 确定型上下文无关语言的补集也是确定型上下文无关的.

证：设 DPDA $\mathscr{M}=(Q,A,\Omega,\delta,q_1,X_0,F)$. 根据引理 8.12，不妨设对任何输入 $w\in A^*$，$\mathscr{M}$都最终停机在某个格局(p,ε,α). 要构造 DPDA $\mathscr{M}'$使得 $L(\mathscr{M}')=A^*-L(\mathscr{M})$. 现在的困难是，$\mathscr{M}$在读完 w 之后可能再做几个 ε 动作，然后才停机：

$$(p,\varepsilon,\alpha)\vdash_{\mathscr{M}}(p_1,\varepsilon,\alpha_1)\vdash_{\mathscr{M}}\cdots\vdash_{\mathscr{M}}(p_t,\varepsilon,\alpha_t).$$

这使得我们不能用简单地交换接受状态和非接受状态(即令 $F'=\Omega-F$)来达到接受 $L(\mathscr{M})$的补集的目的. 因为如果 $p,p_1,\cdots,p_t$ 中既有接受状态、又有非接受状态，则 $\mathscr{M}$ 接受 w，交换接受状态和非接受状态之后也接受 w. 解决的办法是在状态中引入第二个分量，用来记录 $\mathscr{M}$ 自读入上一个输入符号以来是否进入过接受状态. 如果没有进入过接受状态，则在读下一个输入符号之前 $\mathscr{M}'$转移到自己的接受状态.

令 $\mathscr{M}'=(Q',A,\Omega,\delta',q_1',X_0,F')$，其中 $Q'=\{[q,k]\mid q\in Q,k=1,2,3\}$，$F'=\{[q,3]\mid q\in Q\}$，

$$q_1'=\begin{cases}[q_1,1], & 若\ q_1\in F,\\ [q_1,2], & 否则.\end{cases}$$

$[q,k]$中的 k 用来记录 $\mathscr{M}$ 在读入两个输入符号之间是否进入过接受状态. 如果自读入上一个输入符号以来，$\mathscr{M}$ 进入过接受状态，则 $k=1$；如果自读入上一个输入符号以来，$\mathscr{M}$ 尚未进入过

接受状态,则 $k=2$. $\mathscr{M}'$模拟 $\mathscr{M}$ 的动作且根据各种情况改变 k 的值. 当 $k=2$ 时,$\mathscr{M}'$先将 k 的值变成 3,然后才模拟 $\mathscr{M}$ 读入输入符号的动作.

δ'规定如下:对所有的 $q\in Q, a\in A$ 和 $Z\in\Omega$,

① 若 $\delta(q,\varepsilon,Z)=(p,\alpha)$,则对于 $k=1$ 和 2,

$$\delta'([q,k],\varepsilon,Z) = ([p,k'],\alpha),$$

其中当 $k=1$ 或 $p\in F$ 时 $k'=1$,否则 $k'=2$.

② 若 $\delta(q,a,Z)=(p,\alpha)$,则

$$\delta'([q,2],\varepsilon,Z) = ([q,3],Z),$$
$$\delta'([q,1],a,Z) = \delta'([q,3],a,Z) = ([p,k],\alpha),$$

其中当 $p\in F$ 时 $k=1$,当 $p\notin F$ 时 $k=2$.

设 $w\in L(\mathscr{M})$,则 $\mathscr{M}$ 对 w 的计算为

$$(q_1,w,X_0)\overset{*}{\vdash}_{\mathscr{M}}(p_1,\varepsilon,\alpha_1)\vdash_{\mathscr{M}}\cdots\vdash_{\mathscr{M}}(p_t,\varepsilon,\alpha_t), \qquad (*)$$

其中 p_1 是 $\mathscr{M}$ 读完 w 时进入的状态,(若 $w=\varepsilon$,则 $p_1=q_1$),$p_1,p_2,\cdots,p_t$ 中有接受状态. 设 $p_1,\cdots,p_{i-1}\notin F, p_i\in F$,则 $\mathscr{M}'$对 w 的计算为

$$(q_1',w,X_0)\overset{*}{\vdash}_{\mathscr{M}}([p_1,2],\varepsilon,\alpha_1)\vdash_{\mathscr{M}}\cdots\vdash_{\mathscr{M}}([p_{i-1},2],\varepsilon,\alpha_{i-1})$$
$$\vdash_{\mathscr{M}}([p_i,1],\varepsilon,\alpha_i)\vdash_{\mathscr{M}}\cdots\vdash_{\mathscr{M}}([p_t,1],\varepsilon,\alpha_t).$$

$\mathscr{M}'$不接受 w.

设 $w\in A^*-L(\mathscr{M})$,$\mathscr{M}$ 对 w 的计算为($*$),和前面不同的是,$p_1,p_2,\cdots,p_t$ 都是非接受状态.

于是,

$$(q_1',w,X_0)\overset{*}{\vdash}_{\mathscr{M}}([p_t,2],\varepsilon,\alpha_t),$$

其中 $\alpha_t\neq\varepsilon$,设 $\alpha_t=Z\beta$. 因为 $\mathscr{M}$ 停机在格局$(p_t,\varepsilon,Z\beta)$,必有 $\delta(p_t,\varepsilon,Z)=\varnothing$. 根据引理8.11,对所有的 $a\in A$,$\delta(p_t,a,Z)\neq\varnothing$. 由规定②,得

$$(q_1',w,X_0)\overset{*}{\vdash}_{\mathscr{M}}([p_t,2],\varepsilon,\alpha_t)\vdash_{\mathscr{M}}([p_t,3],\varepsilon,\alpha_t),$$

$\mathscr{M}'$接受 w. □

[例 8.9] $L=\{a,b,c\}^*-\{a^nb^nc^n\mid n\geqslant1\}$是 CFL、但不是 DCFL.

证:先证 L 不是 DCFL. 假若 L 是 DCFL,由定理 8.13,$\bar{L}=\{a^nb^nc^n\mid\geqslant1\}$也是 DCFL,当然是 CFL. 但是我们已经知道 $\bar{L}$ 不是 CFL(例 8.6),故 L 不是 DCFL.

可以把 L 划分成 3 部分 $L=L_1\cup L_2\cup L_3$,其中

$$L_1=\{a,b,c\}^*-\{a^ib^jc^k\mid i,j,k\geqslant1\},$$
$$L_2=\{a^ib^jc^k\mid i\neq j\},$$
$$L_3=\{a^ib^jc^k\mid j\neq k\}.$$

$\{a^ib^jc^k\mid i,j,k\geqslant1\}$是正则语言,而正则语言的补也是正则语言,故 L_1 是正则语言,当然也是 CFL;也不难设计出生成 L_2 和 L_3 的 CFG(练习 8.1.3(3)). 又,两个 CFL 的并仍是CFL(习题 8.11),从而得证 L 是 CFL.

这个例子说明 DCFL 是 CFL 的真子集.另外,正则语言都可以用 DPDA 以接受状态方式接受(练习 8.6.1),并且不难给出非正则的 DCFL,从而正则语言是 DCFL 的真子集.

练　　习

8.6.1　设 L 是一正则语言,证明存在 DPDA $\mathcal{M}$ 使得 $L(M)=L$.

8.6.2　设计 DPDA 以接受状态方式接受下述语言:

(1) $\{0^n1^m \mid m<n\}$;

(2) $\{0^n1^m \mid m=n$ 或 $m=0\}$.

8.7　上下文有关文法

根据定义上下文有关文法都是 0 型文法,故上下文有关语言都是递归可枚举语言.实际上,能进一步证明上下文有关语言都是递归的.

引理 8.14　设 CSG $G=(V,T,\Gamma,S)$,则 $\{u \mid S\overset{*}{\Rightarrow}u\}$ 是递归的.

证:设 $|V\cup T|=n$,在 5.3 节已知

$$S\overset{*}{\Rightarrow}u \quad\Leftrightarrow\quad (\exists y)\mathrm{DERIV}(u,y).$$

现在要证明可以把右端的量词加强为有界存在量词,从而 $S\overset{*}{\Rightarrow}u$ 是原始递归的.

设 $S\Rightarrow u_1\Rightarrow u_2\Rightarrow\cdots\Rightarrow u_m=u$,因为 G 是 CSG,故

$$1\leqslant |u_1|\leqslant |u_2|\leqslant\cdots\leqslant |u_m|=|u|.$$

以 n 为底、长度为 $|u|+1$ 的最小自然数是

$$g(u)=\sum_{i=0}^{|u|}n^i.$$

$g(u)$ 是原始递归函数,显然,$u_j<g(u)$,$1\leqslant j\leqslant m$.还可以假设 $u_1,u_2,\cdots,u_m$ 是不相同的.否则,若 $u_i=u_j(i<j)$,则可以删去 $u_{i+1},\cdots,u_j$,仍然是 S 到 u 的派生.在 $V\cup T$ 上长度不超过 $|u|$ 的不同的字符串的个数为 $g(u)$,因此 $m\leqslant g(u)$.从而

$$[u_1,\cdots,u_m,1]=\prod_{i=1}^{m}p_i^{u_i}\cdot p_{m+1}\leqslant h(u),$$

其中

$$h(u)=\prod_{i=1}^{g(u)}p_i^{g(u)}\cdot p_{g(u)+1},$$

$h(u)$ 也是原始递归函数.由此可知

$$S\overset{*}{\Rightarrow}u\Leftrightarrow(\exists y)_{\leqslant h(u)}\mathrm{DERIV}(u,y).$$

得证 $S\overset{*}{\Rightarrow}u$ 是原始递归的.　□

定理 8.15　上下文有关语言是递归的.

证:设 CSG $G=(V,T,\Gamma,S)$,

$$L(G)=T^*\cap\{u \mid S\overset{*}{\Rightarrow}u\}.$$

T^* 显然是递归的,由引理 8.14 得证 $L(G)$ 是递归的.　□

引理 8.16　存在非上下文有关的递归语言.

证:考虑字母表{1}上的语言.令

$$\Sigma = \{1, V, b, \rightarrow /\},$$

用 Σ 上的字符串给以{1}为终极符集的 CSG 编码,方法如下:设文法有 k 个变元,记作 $S=V_1$, $V_2,\cdots,V_k$,分别用 $Vb, Vbb, \cdots, Vb^k$ 作为它们的代码.把产生式中每一个变元换成它的代码得到这个产生式的代码.将产生式的代码任意排列并用/分隔开相邻的两个产生式就得到文法的代码,例如,CSG G:

$$S \rightarrow 1SA, 1S \rightarrow 1A1, 1AA \rightarrow 111,$$

的代码是

$$Vb \rightarrow 1VbVbb/1Vb \rightarrow 1Vbb1/1VbbVbb \rightarrow 111,$$

这里 S 的代码是 Vb,A 的代码是 Vbb.当然,G 的代码不唯一.

把 Σ 上的字符串看作五进制数,按照从小到大的顺序排列所有可以成为 CSG 的代码的字符串.第 i 个字符串所表示的 CSG 记作 G_i.令 $L_i=L(G_i)$.$L_1, L_2\cdots$枚举出所有的 CSL.令

$$L = \{1^i \mid 1^i \notin L_i, i > 0\},$$

L 不是 CSL.假若不然,则存在 $k>0$ 使 $L=L_k$.于是,

$$1^k \in L \quad \text{当且仅当} \quad 1^k \notin L_k, \qquad (L\text{ 的定义})$$

$$\text{当且仅当} \quad 1^k \notin L, \qquad (L = L_k)$$

矛盾.

最后要证明 L 是递归的.关于 L 的成员资格问题的算法如下:对于任给的 $i\geqslant 1$,首先逐个把 1,2,3,…表示成 Σ 上的字符串并检查它是否是一个 CSG 的代码,直至找到 G_i 为止.然后判断 G_i 是否接受 1^i.由 CSL 的递归性,存在这样的算法.$1^i\in L$ 当且仅当 G_i 不接受 1^i.　□

现在将前面讨论过的语言类之间的包含关系总结如下.

定理 8.17　按下述顺序每一个语言类真包含它后面的语言类,它们是:

(1) 递归可枚举语言,即 0 型语言;

(2) 递归语言;

(3) 上下文有关语言,即 1 型语言;

(4) 上下文无关语言,即 2 型语言;

(5) 确定型上下文无关语言;

(6) 正则语言,即 3 型语言.

证:设 L 是 CFL,则存在正 CFG G 使得 $L=L(G)$或 $L=L(G)\cup\{\varepsilon\}$.正 CFG 是 CSG,故 L 是 CSL.得证(3)包含(4).

由练习 8.6.1,(5)包含(6).其余的包含关系或已经证明,或是显然的.

定理 3.9、引理 8.16、例 8.6、例 8.9 和例 7.15 分别给出这些语言类不相等的例子或证明,其中例 7.15 中的语言$\{a^nb^n \mid n>0\}$不仅是 CFL、也是 DCFL.不难构造出接受这个语言的 DPDA.

□

如果限制 NTM 只使用输入串占用过的带方格,即读写头永不移出输入串占用过的带方格,则称这种 NTM 为**线性界限自动机**,记作 **LBA**.这个名字的来源是,这种自动机的能力与限制使用带方格数为输入长度的线性长度(即下一章将要介绍的空间复杂度为线性函数)的 NTM 的能力相同.可以证明:

定理 8.18 L 是 CSL 当且仅当存在 LBA $\mathscr{M}$使得 $L=L(\mathscr{M})$.

至此我们已经介绍了 4 种类型的文法：短语结构文法、上下文有关文法、上下文无关文法和正则文法，以及与它们等价的 4 种自动机：Turing 机、线性界限自动机、下推自动机和有穷自动机. 每一种自动机都可以有非确定型和确定型. 前面已经证明，对于 Turing 机和有穷自动机，确定型和非确定型是等价的. 而确定型下推自动机接受的语言是非确定型下推自动机接受的语言的真子集. 对于线性界限自动机，如无特别声明都是指非确定型的. 当然也有确定型线性界限自动机. 人们自然也要问：确定型线性界限自动机与非确定型线性界限自动机等价吗？即，它们接受的语言类相同吗？这就是所谓的**"线性界限自动机问题"**，它是一个重要而又非常困难的问题，至今尚未解决.

最后说明一下"上下文有关"和"上下文无关"的来源. 可以证明任一上下文有关文法都等价于这样一个文法，它的产生式都形如

$$\varphi A\psi \to \varphi\alpha\psi,$$

其中 $A\in V,\varphi,\psi,\alpha\in(V\cup T)^*$ 且 $\alpha\neq\varepsilon$.（习题 8.18）

产生式 $\varphi A\psi\to\varphi\alpha\psi$ 表示只有当变元 A 的上下文分别是 φ 和 ψ 时才能被改写成 α. 这种改写规则是和上下文有关的. 而在上下文无关文法中，产生式都形如

$$A \to \alpha,$$

运用它把 A 改写成 α 时不需要考虑 A 的上下文，这种改写规则是和上下文无关的.

习　　题

8.1　设 CFG G 的产生式如下（练习 8.1.4）：

$$S\to aSbS\mid bSaS\mid\varepsilon.$$

证明：$L(G)$是$\{a,b\}$上所有 a 和 b 的个数相等的字符串集合.

8.2　设 CFG G 的产生式如下：

$$S\to aS\mid aSbS\mid\varepsilon.$$

证明：$L(G)$是$\{a,b\}$上所有满足下述条件的字符串 x 的集合，在 x 的每一个前缀中 a 的个数不小于 b 的个数.

8.3　给出生成下述语言的 CFG：

(1) $\{a^ib^jc^sd^t\mid i+j=s+t,\}$；

(2) $\{x\mid x\in\{a,b\}^*$ 且 x 中 a 的个数是 b 的个数的 2 倍$\}$；

(3) $\{x\mid x\in\{a,b\}^*$ 且 $x=x^R\}$.

8.4　给出生成字母表$\{a,b\}$上所有正则表达式的 CFG.

8.5　设 PE 是所有以 a 为运算对象、包含一元运算符～和二元运算符$\cup$、$\cap$的集合表达式的前缀表示，如$\cap\cup aa\sim a$. 给出生成 PE 的 CFG.

8.6　给出生成语言$\{a^ib^jc^k\mid i=j$ 或 $j=k\}$的 CFG，并证明你所给出的 CFG 是歧义的.

8.7　证明 CFG G 是歧义的当且仅当 G 有两个不同的最左派生生成相同的字符串.

8.8　利用泵引理证明下述语言不是 CFL：

(1) $\{a^nb^nc^m\mid n\leqslant m\leqslant 2n\}$；

(2) $\{a^{i^2}\mid i>0\}$；

(3) $\{ww\mid w\in\{a,b\}^*\}$. 提示：考虑 $a^nb^na^nb^n$.

8.9　证明：仅含一个字符的字母表上的 CFL 是正则的.

8.10　设计接受题 8.3 中各语言的 PDA（以空栈方式或接受状态方式）.

8.11　证明上下文无关语言在并、连接和星号运算下是封闭的，即设 L,L_1,L_2 是 CFL，则 $L_1\cup L_2$，L_1L_2 和 L^* 也是 CFL.

8.12　证明上下文无关语言在交运算和补运算下不是封闭的.

8.13　设 L_1 是 CFL，L_2 是正则语言，证明 $L_1\cap L_2$ 是 CFL.

8.14　利用上题证明下述语言不是 CFL：

$$\{w \mid w\in\{a,b,c\}^* \text{ 且 } w \text{ 中 } a,b,c \text{ 的个数相同}\}.$$

8.15　设 DPDA $\mathscr{M}$，$L=N(\mathscr{M})$，证明：

(1) L 具有下述前缀性质：不存在两个字符串，$x,y\in L$，使得 x 是 y 的真前缀.

(2) 存在 DPDA $\mathscr{M}'$ 使 $L(\mathscr{M}')=L$.

8.16　证明 $\{a^ib^jc^k \mid i\neq j \text{ 或 } i\neq k\}$ 是 CFL，但不是 DCFL.

8.17　证明判定问题"任给一个 CFG G，问：G 是歧义的吗？"是不可判定的.（提示：把 Post 对应问题归约到该问题.）

8.18　证明：对于每一个 CSG $G=(V,T,\Gamma,S)$ 都存在 CSG $G'=(V',T,\Gamma',S')$ 使得 $L(G)=L(G')$ 并且 G' 的产生式都形如

$$\varphi A\psi\to\varphi\alpha\psi,$$

其中 $A\in V'$，$\varphi,\psi,\alpha\in(V'\cup T)^*$ 且 $\alpha\neq\varepsilon$.

8.19　设 $L\subseteq A^*$ 是 r.e. 语言，证明存在 CSL $L'\subseteq(A\cup\{c\})^*$ 使得对所有的 $w\in A^*$，有

$$w\in L \quad\Leftrightarrow\quad (\exists i\in N)wc^i\in L',$$

这里 $c\notin A$.

8.20　证明对于每一个 r.e. 语言 L 存在 CSG G，使得 G 加一个形式为 $V\to\varepsilon$ 的产生式后得到的文法生成 L.（提示：利用上题并且把 c 作为变量.）

第九章　时间复杂性与空间复杂性

9.1　Turing 机的运行时间和工作空间

9.1.1　算法在现实中的可行性

根据 Church-Turing 论题，能够用总停机的 Turing 机计算的函数和识别的语言是可计算的. 这样的可计算性是最一般的，或者说是理论上的可行性. 在实际计算中，总要受到各种计算资源的限制. 使用计算机进行计算总要占用一定的机时和存储空间. 自然，计算也就要受到可用的机时和存储空间的限制. 如果你的问题虽然在理论上是可计算的，但是过于复杂，需要的时间大大超过实际的可能，比如几年、几十年、甚至几百年，或者需要的存储空间超过了计算机的存储量，那么这个问题实际上还是不能计算的. 下面看一个例子，这是图论中的一个著名问题.

Hamilton 回路问题(HC)：任给一个无向图 G，问 G 中有 Hamilton 回路吗？所谓 Hamilton 回路是图中的一条回路，它经过每一个顶点且每一个顶点只经过一次.

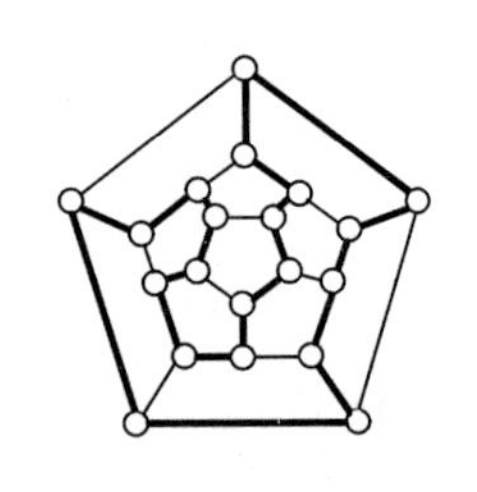

图 9.1　Hamilton 回路

图 9.1 中的粗黑线是一条 Hamilton 回路.

可以用下述穷举法解决 HC：给出 G 的顶点的所有排列，对每一个排列检查相邻两点(包括首尾两点)之间是否有一条边. 如果发现一个排列，它的相邻两点(包括首尾两点)之间都有一条边，则这个排列给出一条 Hamilton 回路；否则图中没有 Hamilton 回路.

设 G 有 n 个顶点，由于回路没有始点和终点，可以任意取定一个顶点作为排列的第一个顶点，共有$(n-1)!$ 个排列. 当 $n=25$ 时，这不是一个很大的图，$24!=6.20\times10^{23}$. 假设用一台超级计算机计算，每秒可以检查 1 亿个排列. 每年有 3.15×10^{7} 秒，不停地工作，每年可以检查 3.15×10^{15} 个排列. 检查完所有的排列需要 1.97×10^{8} 年，即 1 亿 9 千 7 百万年！显然这是根本不可能的事情.

当然，已经有许多比这个最笨的方法好得多的方法，但在本质上仍是基于穷举的，使得算法的运行时间随图的顶点数的增加而迅速增长，以至于实际上无法承受.

上述例子表明，尽管 Church-Turing 论题解决了理论上的可行性，但在现实生活中，人们更多地是要面对实际上的可行性，计算复杂性理论就是要研究计算模型在各种资源(最主要的是时间和空间)限制下的计算能力.

给出计算所需的精确的时间和空间是很困难的，通常也是不必要的，而且我们真正关心的是当问题的规模很大时的情况，因为当问题的规模很小时，计算所需要的时间和空间一般是不会成问题的. 为此，先引入下述大 O 记号.

定义 9.1　设 f 和 g 是 N 到 R^{+} 的全函数，如果存在正整数 n_0 和实数 $c>0$，使得当 $n\geqslant n_0$ 时恒有 $f(n)\leqslant cg(n)$，则记作 $f(n)=O(g(n))$，其中 R^{+} 是正实数集合.

例如，$5n^2+2n+100$，$n\sqrt{n}$，$n\log_2 n$ 都等于 $O(n^2)$，而 n^3 不等于 $O(n^2)$.

如果 $f(n)=O(g(n))$，则当 n 充分大时，在不计常数因子的情况下，$f(n)$不超过$g(n)$，因而在数量级上 $g(n)$是 $f(n)$的**渐近上界**，简称**上界**. 形如 $n^k(k\geqslant 1)$的上界称作**多项式上界**，形如 $2^{O(n^\alpha)}(\alpha>0)$的上界称作**指数上界**. 这是最常用的两种上界.

作为上界，今后总假设 $g(n)$是正整数. 但是仍然会用 $n^{1.5}$之类的函数作为上界，此时约定对它自动取整，即实际上是指 $\max\{1,\lceil n^{1.5}\rceil\}$. 又如 $g(n)=\log_2 n$，实际上是指当 $n=0,1$ 时，$g(n)=1$；当 $n\geqslant 2$ 时，$g(n)=\lceil\log_2 n\rceil$. 这样做，不会影响大 O 记号的使用.

9.1.2　Turing 机的时间复杂度

今后将采用多带(含单带)Turing 机作为基本的计算模型.

定义 9.2　设 DTM $\mathscr{M}$，字母表为 A，对所有的 $w\in A^*$，$\mathscr{M}$ 总停机. 把 $\mathscr{M}$ 对 w 的计算中的步数记作 $t_{\mathscr{M}}(w)$，称作 $\mathscr{M}$ 关于 w 的**计算时间**. 称

$$t_{\mathscr{M}}(n)=\max\{t_{\mathscr{M}}(w)\mid w\in A^* \text{ 且 } |w|\leqslant n\},\quad n\in N$$

为 $\mathscr{M}$ 的**时间复杂度**.

设全函数 $t:N\to N$. 如果 $t_{\mathscr{M}}(n)=O(t(n))$，则称 $t(n)$是 $\mathscr{M}$ 的**时间复杂度上界**，又称 $\mathscr{M}$ 是 **$t(n)$时间界限的**.

$\mathscr{M}$ 的时间复杂度是最坏情况下所需要的计算时间，对任何长度不超过 n 的输入 w，$\mathscr{M}$ 都在 $t_{\mathscr{M}}(n)$步内停机. 设 $\mathscr{M}$ 的时间复杂度上界为 $t(n)$，则存在 n_0 和 $c>0$，当 $n\geqslant n_0$ 时，对任何长度 $n\geqslant n_0$ 的输入 w，$\mathscr{M}$ 都在 $t(n)$步内停机.

NTM 是非确定型算法的模型，在计算复杂性理论中起着特别重要的作用. 下面定义 NTM 的时间复杂度.

定义 9.3　设 NTM$\mathscr{M}$，字母表为 A，对所有的 $w\in A^*$，$\mathscr{M}$ 关于 w 的每一个计算都停机. 把 $\mathscr{M}$ 关于 w 的计算中的最大步数记作 $t_{\mathscr{M}}(w)$，称

$$t_{\mathscr{M}}(n)=\max\{t_{\mathscr{M}}(w)\mid w\in A^* \text{ 且 } |w|\leqslant n\},n\in N$$

为 $\mathscr{M}$ 的**时间复杂度**.

设全函数 $t:N\to N$. 如果 $t_{\mathscr{M}}(n)=O(t(n))$，则称 $t(n)$是 $\mathscr{M}$ **的时间复杂度上界**，又称 $\mathscr{M}$ 是 **$t(n)$时间界限的**.

[例 9.1]　考虑语言

$$L=\{ww^R\mid w\in\{0,1\}^*\}.$$

在例 4.4 中，已经设计了一台接受 L 的单带 DTM，把它记作 $\mathscr{M}_1$. 它的基本思想是带头左右来回移动，检查输入 x 左右对称位置上的字符是否相同. 不难估算出 $\mathscr{M}_1$ 的时间复杂度为 $O(n^2)$.

下面再设计一台接受 L 的 Turing 机 $\mathscr{M}_2$，$\mathscr{M}_2$ 是 2 带 DTM，工作如下：若 $x=\varepsilon$，则停机并且接受 x；否则开始检查 x. 首先，第一条带的带头从左向右扫描 x，每移动 2 格，在第二条带上写一个 C，直到扫描完 x 为止. 这样可以判断$|x|$是偶数，还是奇数. 若$|x|$是奇数，则停机并且拒绝 x；若$|x|$是偶数，则在第二条带上写了$|x|/2$ 个 C. 接下去，把两个带头都移回到左端，再从左到右把 x 的前半段顺序复制到第二条带上，直到把所有的 C 改写完为止. 然后把第一条带的带头移到 x 的右端，把第二条带的带头移回到左端，分别从右向左和从左向右同步相向移

动，检查它们读到的字符是否相同. 如果读到两个不同的字符，则停机并且拒绝 x；否则读完第二条带上的字符串后停机并且接受 x.

不难证明 $\mathcal{M}_2$ 接受语言 L，其时间复杂度为 $O(n)$.

事实上，可以证明接受 L 的单带 DTM 的时间复杂度不低于 $O(n^2)$. 由此可见，对于同一个问题，采用不同的计算模型可能需要不同的计算时间；或者说，给定时间复杂度上界，不同的计算模型能够识别的语言类是不同的.

下述定理给出单带 TM 和多带 TM 时间复杂度之间的关系.

定理 9.1 设 $\mathcal{M}$ 是一台 $t(n)$ 时间界限的多带 DTM(NTM)，则存在 $t^2(n)$ 时间界限的单带 DTM(NTM) $\mathcal{M}'$ 使得 $L(\mathcal{M}')=L(\mathcal{M})$.

证：估算 4.2.3 小节中的单带 DTM $\mathcal{M}'$ 的运行时间，$\mathcal{M}'$ 用多道技术模拟多带 DTM $\mathcal{M}$. 对于 $\mathcal{M}$ 的每一步，$\mathcal{M}'$ 要从左到右检查 $\mathcal{M}$ 各带头所在方格的内容，再从右向左模拟 $\mathcal{M}$ 各带头的动作. 当 n 充分大时，对于任何长度小于等于 n 的输入 x，$\mathcal{M}$ 至多运行 $O(t(n))$ 步. 在每条带上也至多用 $O(t(n))$ 个方格，从而 $\mathcal{M}'$ 左右移动的距离(以方格数计算)也为 $O(t(n))$. 而检查方格内的字符和模拟 $\mathcal{M}$ 各个带头的动作都很简单，可在 $O(1)$ 时间内完成，故 $\mathcal{M}'$ 的时间复杂度为 $O(t^2(n))$.

上述模拟方法和时间复杂度分析对 NTM 也同样成立. □

9.1.3 Turing 机的空间复杂度

由于输入占用的存储空间是固定不变的，Turing 机使用的空间是指中间数据(即运行中产生的数据)所需占用的带方格. 为了区分中间数据和输入占用的空间，在考虑空间复杂度时，采用离线 Turing 机作为基本计算模型.

定义 9.4 设离线 DTM $\mathcal{M}$，字母表为 A；对所有的 $w\in A^*$，$\mathcal{M}$ 总停机. 把 $\mathcal{M}$ 关于 w 的计算中在每一条工作带上使用的方格数的最大值记作 $s_{\mathcal{M}}(w)$. 称

$$s_{\mathcal{M}}(n)=\max\{s_{\mathcal{M}}(w)\mid w\in A^* \text{ 且 } |w|\leqslant n\},\quad n\in N$$

为 $\mathcal{M}$ 的**空间复杂度**.

设全函数 $s: N\to N$. 如果 $s_{\mathcal{M}}(n)=O(s(n))$，则称 $s(n)$ 是 $\mathcal{M}$ 的**空间复杂度上界**，又称 $\mathcal{M}$ 是 **$s(n)$ 空间界限的**.

定义 9.5 设离线 NTM $\mathcal{M}$，字母表为 A，对所有 $w\in A^*$，$\mathcal{M}$ 关于 w 的每一个计算都停机. 把 $\mathcal{M}$ 关于 w 的所有计算中在每一条工作带上使用的方格数的最大值记作 $s_{\mathcal{M}}(w)$. 称

$$s_{\mathcal{M}}(n)=\max\{s_{\mathcal{M}}(w)\mid w\in A^* \text{ 且 } |w|\leqslant n\},\quad n\in N$$

为 $\mathcal{M}$ 的**空间复杂度**.

设全函数 $s: N\to N$. 如果 $s_{\mathcal{M}}(n)=O(s(n))$，则称 $s(n)$ 是 $\mathcal{M}$ 的**空间复杂度上界**，又称 $\mathcal{M}$ 是 **$s(n)$ 空间界限的**.

Turing 机通常总要检查整个输入串，因此今后只考虑 $t(n)\geqslant n$ 的时间复杂度上界. 与此不同，空间复杂度上界可以是亚线性的，如 $\log n$. 由于不计常数倍，$\log n$ 可取任意的 $a>1$ 为底，通常都把底取作 2.

[例 9.1(续)] 注意到 $\mathcal{M}_2$ 不改变输入 x，可以把它看作一台有一条工作带的离线 DTM. 显然，它的空间复杂度为 $O(n)$.

下面设计一台接受 L 的离线 DTM $\mathcal{M}_3$，其空间复杂度为 $O(\log n)$.

设计 $\mathscr{M}_3$ 的基本思想是通过计数找到两端对称位置上的字符，比较它们是否相同. 采用二进制方式表示数只需数的大小的对数位. $\mathscr{M}_3$ 有 2 条工作带，如果 $x=\varepsilon$，则停机并且接受 x，否则计算 x 的长度 n，并以二进制形式记录在第一条工作带上. 若 n 是奇数，则停机并且拒绝 x，否则对 $i=1,2,\cdots,n/2$，检查 x 两端第 i 个字符是否相同. 若都相同，则接受 x，否则拒绝 x. 第二条工作带用来枚举 i，当然也采用二进制表示.

4.2.3 小节中用单带 TM 模拟多带 TM 的多道技术同样适用于离线 TM，而且不增加空间复杂度. 从而有

定理 9.2　设 $\mathscr{M}$ 是一台有 k 条工作带的 $s(n)$ 空间界限的离线 DTM(NTM)，其中 $k>1$，则存在只有一条工作带的离线 DTM(NTM) $\mathscr{M}'$，使得 $L(\mathscr{M}')=L(\mathscr{M})$ 并且 $\mathscr{M}'$ 与 $\mathscr{M}$ 有相同的空间复杂度上界.

除此之外，当 $s(n)\geqslant n$ 时，也可以使用在线 TM 作空间复杂度的计算模型(练习9.1.2).

练　　习

9.1.1　设 f 和 g 是 N 到 R^+ 的全函数，如果 $\lim\limits_{n\to+\infty}\dfrac{f(n)}{g(n)}=a, 0\leqslant a<+\infty$，则 $f(n)=O(g(n))$.

9.1.2　可以和离线 TM 一样地定义在线 TM 的空间复杂度. 对于在线 TM，它的带都是工作带. 证明：当 $s(n)\geqslant n$ 时，语言 L 可以用 $s(n)$ 空间界限的离线 DTM(NTM) 识别当且仅当 L 可以用 $s(n)$ 空间界限的在线 DTM(NTM) 识别.

9.2　计算复杂性类

下面定义 Turing 机在时间复杂度和空间复杂度限制下接受的语言类.

定义 9.6　如果存在 $t(n)$ 时间界限的 DTM 接受语言 L，则称 L 是 **$O(t(n))$ 时间可识别的.**
如果存在 $t(n)$ 时间界限的 NTM 接受语言 L，则称 L 是**非确定型 $O(t(n))$ 时间可识别的.**
如果存在 $s(n)$ 空间界限的 DTM 接受语言 L，则称 L 是 **$O(s(n))$ 空间可识别的.**
如果存在 $s(n)$ 空间界限的 NTM 接受语言 L，则称 L 是**非确定型 $O(s(n))$ 空间可识别的.**
记

$$\mathrm{DTIME}(t(n)) = \{L \mid L \text{ 是 } O(t(n)) \text{ 时间可识别的}\},$$
$$\mathrm{NTIME}(t(n)) = \{L \mid L \text{ 是非确定型 } O(t(n)) \text{ 时间可识别的}\},$$
$$\mathrm{DSPACE}(s(n)) = \{L \mid L \text{ 是 } O(s(n)) \text{ 空间可识别的}\},$$
$$\mathrm{NSPACE}(s(n)) = \{L \mid L \text{ 是非确定型 } O(s(n)) \text{ 空间可识别的}\}.$$

定义 9.7　定义下述复杂性类：

多项式时间可识别的语言类

$$\mathrm{P} = \bigcup_{k>0} \mathrm{DTIME}(n^k),$$

非确定型多项式时间可识别的语言类

$$\mathrm{NP} = \bigcup_{k>0} \mathrm{NTIME}(n^k),$$

指数时间可识别的语言类

$$\mathrm{EXPTIME} = \bigcup_{k>0} \mathrm{DTIME}(2^{O(n^k)}),$$

非确定型指数时间可识别的语言类

$$\mathrm{NEXPTIME}=\bigcup_{k>0}\mathrm{NTIME}(2^{O(2^k)}),$$

对数空间可识别的语言类

$$\mathrm{L}=\mathrm{DSPACE}(\log n),$$

非确定型对数空间可识别的语言类

$$\mathrm{NL}=\mathrm{NSPACE}(\log n),$$

多项式空间可识别的语言类

$$\mathrm{PSPACE}=\bigcup_{k>0}\mathrm{DSPACE}(n^k),$$

非确定型多项式空间可识别的语言类

$$\mathrm{NPSPACE}=\bigcup_{k>0}\mathrm{NSPACE}(n^k),$$

指数空间可识别的语言类

$$\mathrm{EXPSPACE}=\bigcup_{k>0}\mathrm{DSPACE}(2^{O(n^k)}),$$

非确定型指数空间可识别的语言类

$$\mathrm{NEXPSPACE}=\bigcup_{k>0}\mathrm{NSPACE}(2^{O(n^k)}).$$

根据定理 9.1 和定理 9.2,上述复杂性类与采用单带 TM,还是采用多带 TM 无关. 对于 L 和 NL,当然必须使用离线 TM,而对于其他 4 个空间复杂性类也可以使用在线 TM.

根据定义,显然有下述包含关系:

P$\subseteq$EXPTIME,P$\subseteq$NP,L$\subseteq$PSPACE$\subseteq$EXPSPACE,NL$\subseteq$NPSPACE$\subseteq$NEXPSPACE,

L$\subseteq$NL,PSPACE$\subseteq$NPSPACE,EXPSPACE$\subseteq$NEXPSPACE,P$\subseteq$PSPACE,

NP$\subseteq$NPSPACE,EXPTIME$\subseteq$EXPSPACE,NEXPTIME$\subseteq$NEXPSPACE.

下面进一步讨论这几个复杂性类之间的包含关系. 为此需要定义一类性质良好的函数,用这种函数作为复杂度界限.

类似于计算识别语言的空间复杂度,在考虑计算函数的空间复杂度时,不仅不应该把输入占用的空间计算在内,还不应该把输出的函数值占用的空间计算在内,因此需要引入一个新的计算模型——带输出带的离线 DTM.

带输出带的离线 DTM$\mathscr{M}$ 是在普通的离线 DTM 上添加一条输出带,输出带是单向无穷的,有一个只写头,如图 9.2 所示. 计算开始时,输出带为空白带,只写头指向带的左端. 在计算的每一步,只写头或者不做任何动作,或者右移一格并在这个新方格内写一个字符. 对输入 x,$\mathscr{M}$ 计算的函数值是停机时只写头在输出带上写入的字符串. $\mathscr{M}$ 使用的空间是指在工作带上使用的方格,可以和普通离线 DTM 一样定义 $\mathscr{M}$ 的空间复杂度.

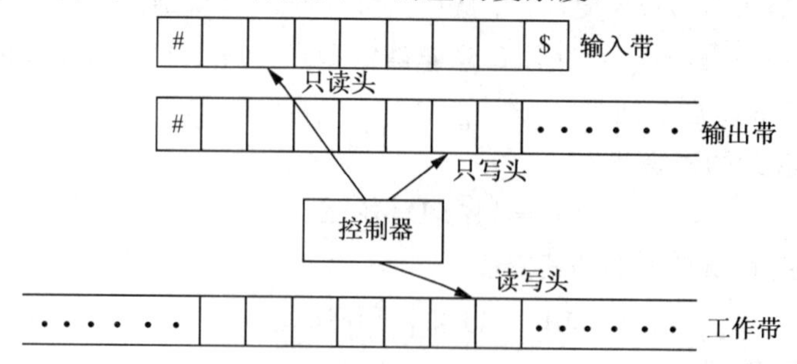

图 9.2　带输出带的离线 DTM

定义 9.8　设全函数 $f:N\to N$，如果存在一台 $f(n)$ 空间界限的带输出带的离线 DTM $\mathcal{M}$，对每一个输入 1^n，$\mathcal{M}$ 输出 $f(n)$ 的二进制表示，则称 f 是**空间可构造的**.

可以证明 $\lceil \log_2(n+1)\rceil$，n^k，2^{cn^k} 等常用函数都是空间可构造的，其中 k 和 c 是正整数，下述引理留作习题.（习题 9.5）

引理 9.3　设 $s(n)$ 是空间可构造的，且 $s(n)\geqslant\log_2 n$，则存在 DTM $\mathcal{M}$，对任意长度为 n 的输入，使用 $O(s(n))$ 空间，在 $2^{O(s(n))}$ 步内在工作带上标明 $s(n)$ 个方格.

定理 9.4　设 s 是空间可构造的且 $s(n)\geqslant\log_2 n$，$L\in\text{NSPACE}(s(n))$，则 $L\in\text{DTIME}(2^{O(s(n))})$.

证：设 $L=L(\mathcal{M})$，$\mathcal{M}$ 是一台 $s(n)$ 空间界限的 NTM. 不失一般性，不妨设 $\mathcal{M}$ 只有一条工作带，又设 $\mathcal{M}$ 有 a 个状态、b 个带符号. 对于输入 w，$n=|w|$，$\mathcal{M}$ 在工作带上至多使用 $cs(n)$ 个方格，其中 $c>0$. $\mathcal{M}$ 关于 w 的格局中的状态有 a 个可能、输入带和工作带带头分别有 $n+2$ 和 $cs(n)$ 个可能的位置、工作带上至多有 $b^{cs(n)}$ 个不同的字符串，从而至多有 $a(n+2)\cdot cs(n)b^{cs(n)}$ 个不同的格局. 注意到 $s(n)\geqslant\log_2 n$，格局数为 $2^{O(s(n))}$.

有向图 $G_w=(V_w,A_w)$ 的定义如下：顶点集 V_w 由 $\mathcal{M}$ 关于 w 的所有格局和一个终点 σ_f 组成. 对任意的两个格局 σ 和 τ，$(\sigma,\tau)\in A_w$ 当且仅当 $\sigma\vdash_{\mathcal{M}}\tau$. 对每一个接受的停机格局 σ，有 $(\sigma,\sigma_f)\in A_w$ 记初始格局 σ_0，并把 σ_f 也称作一个格局. 显然，$\mathcal{M}$ 接受 w 当且仅当 G_w 中有一条从 σ_0 到 σ_f 的通路.

DTM $\mathcal{M}'$ 以下述方式工作：对每一个输入 w，首先构造有向图 G_w，然后检查 G_w 中是否有从 σ_0 到 σ_f 的通路. $\mathcal{M}'$ 接受 w 当且仅当 G_w 中有这样的通路. 显然，$L(\mathcal{M})=L$.

$\mathcal{M}'$ 构造 G_w 要用到 $s(n)$ 的空间可构造性. 根据引理 9.3，$\mathcal{M}'$ 可以在 $O(s(n))$ 空间和 $2^{O(s(n))}$ 步内标出 $cs(n)$ 个方格. 利用标定的 $cs(n)$ 个方格生成 $\mathcal{M}$ 的格局. 对每一对格局 σ 和 τ，可以在 n 和 $s(n)$ 的多项式步内判断是否 $\sigma\vdash_{\mathcal{M}}\tau$. 由于 $s(n)\geqslant\log_2 n$ 和 $|V_w|=2^{O(s(n))}$，$\mathcal{M}'$ 可以在 $2^{O(s(n))}$ 步内构造出 G_w. 判断 G_w 中是否有从 σ_0 到 σ_f 的通路可在 $|V_w|$ 的多项式步内完成，从而 $\mathcal{M}'$ 的时间复杂度为 $2^{O(s(n))}$. □

推论 9.5　NL$\subseteq$P，NPSPACE$\subseteq$EXPTIME.

定理 9.6（Savitch 定理）　设 s 是空间可构造的，且 $s(n)\geqslant\log_2 n$. $\mathcal{M}$ 是一台 $s(n)$ 空间界限的 NTM，则存在 $s^2(n)$ 空间界限的 DTM $\mathcal{M}'$ 使得 $L(\mathcal{M})=L(\mathcal{M}')$.

证：像定理 9.4 证明中所述的那样，对任意的输入 w，$n=|w|$，$\mathcal{M}$ 关于 w 的计算至多有 $2^{as(n)}$ 个不同的格局，其中 a 是一个正整数. 并且也引入一个唯一的“终点格局”σ_f，$\mathcal{M}$ 接受 w 当且仅当从初始格局 σ_0 至多经过 $2^{as(n)}$ 步到达 σ_f. 但是，如果在模拟 $\mathcal{M}$ 关于 w 的计算时存储整个有向图 G_w，那么需要的空间为 $2^{O(s(n))}$，这大大地超过了我们要证明的界限. 为此，采用递归的方式，以压缩存储空间.

设 σ_1 和 σ_2 是 $\mathcal{M}$ 的两个格局，$\sigma_1\overset{i}{\vdash}\sigma_2$ 表示 $\mathcal{M}$ 从 σ_1 至多经过 2^i 步可以到达 σ_2. 于是

$$\mathcal{M}\text{ 接受 } w \text{ 当且仅当 } \sigma_0\overset{as(n)}{\vdash}\sigma_f.$$

显然有下述递推关系：对任意的格局 σ_1，σ_2，

$$\sigma_1\overset{0}{\vdash}\sigma_2 \iff \sigma_1=\sigma_2 \text{ 或 } \sigma_1\vdash\sigma_2,$$

$$\sigma_1\overset{i}{\vdash}\sigma_2 \iff \text{存在 } \sigma \text{ 使得 } \sigma_1\overset{i-1}{\vdash}\sigma \text{ 且 } \sigma\overset{i-1}{\vdash}\sigma_2,\ i\geqslant 1.$$

图 9.3 给出按上述思想模拟 $\mathcal{M}$ 的算法，这个算法可以用一台 DTM$\mathcal{M}'$ 来实现.

```
begin
输入 w;
设|w|=n,ℳ关于 w 的初始格局为σ0;
if TEST(σ0,σf,as(n))then 接受
else 拒绝
end;
procedure TEST(σ1,σ2,i);
begin
if i=0 then
      if σ1=σ2 ∨ σ1├ σ2 then return true
      else return false
else bgein
      for ℳ关于 w 的每一个格局 σ do
      if TEST (σ1,σ,i-1) ∧ TEST(σ,σ2,i-1)
      then return true;
      reture false
      end
end;
```

图 9.3 模拟 $\mathscr{M}$ 的算法

由于 $s(n)\geqslant\log_2 n$，$\mathscr{M}'$可以用 $O(s(n))$ 个方格存放一个 $\mathscr{M}$ 关于 w 的格局. TEST(σ_1,σ_2,i) 的计算是一个递归过程. 当 $i>0$ 时，TEST(σ_1,σ_2,i)归结为对 $\mathscr{M}$ 关于 w 的每一个格局 σ 计算 TEST$(\sigma_1,\sigma,i-1)$和 TEST$(\sigma,\sigma_2,i-1)$. $\mathscr{M}'$对每一个 σ 的计算重复使用工作单元，并且在 TEST$(\sigma_1,\sigma,i-1)$计算结束后开始计算 TEST$(\sigma,\sigma_2,i-1)$，使它们可以使用同一组工作单元. 为了控制递归计算的进程，$\mathscr{M}'$用一条工作带作为记录调用 TEST 的运行记录的栈. 每个调用需存储它的参数 σ_1,σ_2 和 i. 由于 $i\leqslant as(n)$，存储这 3 个参数需 $O(s(n))$个方格. 开始计算时 i 的值为 $as(n)$，以后每次调用 i 的值减 1，当 $i=0$ 时不产生调用，故栈中最多有$as(n)$个记录. 因此，栈使用的方格数为$O(s^2(n))$. 其他运算都可以在 $O(s(n))$空间内完成. 所以，$\mathscr{M}'$是$O(s^2(n))$空间界限的. □

推论 9.7 PSPACE=NPSPACE，EXPSPACE=NEXPSPACE.

根据这个推论，今后不再使用 NPSPACE 和 NEXPSPACE.

由上述结果和前面已有的包含关系，得到

定理 9.8 L⊆NL⊆P⊆NP⊆PSPACE⊆EXPTIME⊆NEXPTIME⊆EXPSPACE.

9.3 复杂性类的真包含关系

现在的问题是，在定理 9.8 的包含关系中，有没有真包含？本节将要说明：P⊂EXPTIME，NL⊂PSPACE⊂EXPSPACE. 这个结果表明，定理 9.8 的包含关系中一定有真包含关系. 遗憾的是，哪些是真包含？哪些是相等？至今没有解决. 事实上，研究复杂性类之间的包含关系是计算复杂性理论的核心，其中人们最关注的是“P=NP?”，这个问题已成为数学和理论计算机科学中尚未解决的最重要、也是最困难的问题之一.

为了证明这种真包含，不能指望给出一个自然的语言属于其中较大的语言类，而不属于较小的语言类. 事实上，证明一个语言的计算复杂度下界是极其困难的. 我们将要采用的证明方

法是对角化方法,类似停机问题,人为地构造一个语言,它恰好在两个语言类的差中.为此,先给出 Turing 机的编码(回忆一下 $\mathscr{S}$ 程序的编码).

考虑以{0,1}为输入字母表,具有一条工作带的离线 Turing 机 $\mathscr{M}$. 设 $\mathscr{M}$ 的带符号为 $s_1,s_2,\cdots,s_l$,状态为 $q_1,q_2,\cdots,q_r$,其中 $s_1=0,s_2=1,s_3=\#$ 是左端标志符,$s_4=\$$ 是右端标志符,$s_5=B$ 是空白符,q_1 是初始状态,q_2 是唯一的接受状态,$\mathscr{M}$ 的动作函数是 6 元组

$$q_a s_b s_c \Delta_d \Delta_e q_f \qquad (*)$$

的有穷集合,其中 $1\leqslant a,f\leqslant r,1\leqslant b\leqslant 4,1\leqslant c\leqslant l$ 且 $c\neq 3$ 和 $4,1\leqslant d\leqslant 2,1\leqslant e\leqslant l+2,\Delta_1=R,\Delta_2=L,\Delta_{j+2}=s_j$. 6 元组(*)表示当 $\mathscr{M}$ 处于状态 q_a、在输入带和工作带上分别读到符号 s_b 和 s_c 时,下一个动作是将状态转移到 q_f 同时输入带头和工作带头分别按 Δ_d 和 Δ_e 动作. 当 Δ_d 和 Δ_e 是 R 时右移一格,是 L 时左移一格,是 s_j 时打印 s_j.

6 元组(*)的代码为

$$0^a 10^b 10^c 10^d 10^e 10^f,$$

将 $\mathscr{M}$ 的 6 元组按任意的顺序排列,其代码依次是 $D_1,D_2,\cdots,D_m$,则 $\mathscr{M}$ 的代码为

$$D_1 11 D_2 11\cdots 11 D_m,$$

并且前面可以添加任意有穷个 1. 于是,$\mathscr{M}$ 的代码是{0,1}上的一个字符串. $\mathscr{M}$ 有任意多个代码,并且代码可以任意的长. 反之,任给{0,1}上的一个字符串 w,w 不一定是某个 Turing 机的代码. 当 w 是某个 Turing 机的代码时,把这台 Turing 机记作 $\mathscr{M}_w$.

对单带在线 Turing 机可类似编码,它的动作函数是 4 元组的有穷集合. 每个 4 元组的代码与 6 元组的代码类似,有 4 串 0,每两串之间用一个 1 隔开.

定理 9.9　设 $s_2(n)$ 是空间可构造的函数,$s_1(n)\geqslant\log_2 n,s_2(n)\geqslant\log_2 n$,并且

$$\lim_{n\to\infty}\frac{s_1(n)}{s_2(n)}=0,$$

则存在一个语言,它在 DSPACE($s_2(n)$)中,但不在 DSPACE($s_1(n)$)中.

证: 要构造一台 $s_2(n)$ 空间界限的 DTM$\mathscr{M}$, 它与任何一台 $s_1(n)$ 空间界限的 DTM 都不接受相同的语言, 从而 $\mathscr{M}$ 接受的语言在 DSPACE($s_2(n)$)中,但不在 DSPACE($s_1(n)$)中.

$\mathscr{M}$ 以{0,1}为输入字母表,有 3 条工作带,分别叫做带 1、带 2、带 3. 任给 $w\in\{0,1\}^*$,$\mathscr{M}$ 首先用 $O(s_2(n))$ 空间在带 1 上对 $s_2(n)$ 个方格做出标记,这里 $n=|w|$. 这是可以做到的,因为 $s_2(n)$ 是空间可构造的. 此后,如果带 1 的带头企图离开标定的范围,$\mathscr{M}$ 就停机并且不接受 w.

$\mathscr{M}$ 检查 w 是否是一台具有一条工作带的离线 Turing 机的代码. 如果不是,则 $\mathscr{M}$ 停机并且不接受 w;如果是,则 $\mathscr{M}$ 模拟 $\mathscr{M}_w$ 关于 w 的计算.

$\mathscr{M}$ 用带 1 模拟 $\mathscr{M}_w$ 的工作带. 设 $\mathscr{M}_w$ 有 l 个带符号,$\mathscr{M}$ 用 0^j 表示 s_j,$1\leqslant j\leqslant l$,两个带符号之间用一个 1 隔开. $\mathscr{M}$ 在带 2 上用二进制数记录 $\mathscr{M}_w$ 输入带带头的位置. $\mathscr{M}$ 在带 3 上记录 $\mathscr{M}_w$ 的状态,用二进制数 i 表示状态 q_i,$1\leqslant i\leqslant r$,r 是 $\mathscr{M}_w$ 的状态数. $\mathscr{M}$ 首先初始化 3 条工作带,表示 $\mathscr{M}_w$ 处于初始格局. $\mathscr{M}$ 以下述方式模拟 $\mathscr{M}_w$ 的一步:$\mathscr{M}$ 根据 $\mathscr{M}_w$ 当前的状态和两个带头读到的符号在 w 中寻找对应的 6 元组. 如果不存在这样的 6 元组,则停机. 如果找到了这个 6 元组,则 $\mathscr{M}$ 按照这个 6 元组的含义动作. $\mathscr{M}$ 接受 w 当且仅当 $\mathscr{M}$ 在带 1 标定的空间内完成模拟,并且 $\mathscr{M}_w$ 停机在非接受状态.

注意到 $r<n$,$\mathscr{M}$ 在带 2 上至多使用 $\log_2(n+3)$个方格,在带 3 上至多使用 $\log_2(n+1)$个方格. 而 $s_2(n)\geqslant\log_2 n$,从而 $\mathscr{M}$ 是 $s_2(n)$空间界限的.

设 $\mathcal{M}'$ 是一台 $s_1(n)$ 空间界限的离线 Turing 机. 根据定理 9.2, 不妨设 $\mathcal{M}'$ 只有一条工作带. 存在 $c>0$, 使得对任意长度 n 的输入, $\mathcal{M}'$ 至多在工作带上使用 $cs_1(n)$ 个方格. 由于 $\lim\limits_{n\to\infty}\frac{s_1(n)}{s_2(n)}=0$, $\mathcal{M}'$ 有一个足够长的代码 $w\in\{0,1\}^*$ 使得 $s_2(n)\geqslant c(l+1)s_1(n)$, 其中 $n=|w|$, l 是 $\mathcal{M}'$ 的带符号数. 注意到 $\mathcal{M}$ 模拟 $\mathcal{M}'$ 关于 w 的计算时在带 1 上至多使用 $c(l+1)s_1(n)$ 个方格. 于是 $\mathcal{M}$ 有足够的空间模拟 $\mathcal{M}'$ 关于 w 的计算, 并且 $\mathcal{M}$ 接受 w 当且仅当 $\mathcal{M}'$ 不接受 w. 因此, $L(\mathcal{M})\neq L(\mathcal{M}')$. 从而, $L(\mathcal{M})\notin \mathrm{DSPACE}(s_1(n))$. □

定理 9.10 NL⊂PSPACE⊂EXPSPACE.

证: 由定理 9.6, NL⊆DSPACE($\log^2 n$). 又 n 是空间可构造的且 $\lim\limits_{n\to\infty}\frac{\log^2 n}{n}=0$, 由定理9.7, 得 NL⊂PSPACE.

2^n 是空间可构造的且对任意的 $k>0$, $\lim\limits_{n\to\infty}\frac{n^k}{2^n}=0$, 故定理 9.9 证明中取 $s_2(n)=2^n$ 构造的 $\mathcal{M}$, 对任意的 $k>0$, $L(\mathcal{M})\notin \mathrm{DSPACE}(n^k)$. 从而, $L(\mathcal{M})\in \mathrm{DSPACE}(2^n)-\mathrm{PSPACE}$, 得证 PSPACE⊂EXPSPACE. □

定理 9.11 P⊂EXPTIME.

证: 已知 P⊆EXPTIME, 只须证 EXPTIME−P≠∅. 为此, 要构造一台 2^n 时间界限的 DTM$\mathcal{M}$ 使得, 对于任意的正整数 k, $L(\mathcal{M})\notin \mathrm{DTIME}(n^k)$, 从而 $L(\mathcal{M})\in$ EXPTIME−P.

构造 $\mathcal{M}$ 的方法与定理 9.9 证明中的相似, 不过这里使用的是在线 TM, $\mathcal{M}$ 有 3 条带, 带 1 用来模拟 $\mathcal{M}_w$ 的带, 这里 $\mathcal{M}_w$ 是一台单带 DTM, 带 2 存放 $\mathcal{M}_w$ 当前状态的下标的二进制表示. 两个模拟的区别是前者要求 $\mathcal{M}$ 是指定空间界限的, 而现在是要求 $\mathcal{M}$ 为指定时间界限的. 可以如下保证 $\mathcal{M}$ 是 2^n 时间界限的: 对输入 w, $\mathcal{M}$ 首先计算 2^n, 其中 $n=|w|$, 并以二进制形式存放在带 3 上, 即在带 3 上生成 n 个 0 和一个 1, 这只需要 $O(n)$ 步. 然后 $\mathcal{M}$ 像定理9.9证明中描述的那样, 检查 w 是否是单带 DTM 的编码, 并且当是的时候模拟 $\mathcal{M}_w$ 关于 w 的计算. $\mathcal{M}$ 每模拟一步, 对带 3 上的数减 1. 如果带 3 上的数已经变成 0, 即模拟了 2^n 步, $\mathcal{M}_w$ 仍未停机, 则 $\mathcal{M}$ 停机并且拒绝 w. $\mathcal{M}$ 接受 w 当且仅当 $\mathcal{M}_w$ 关于 w 的计算在 2^n 内停机并且拒绝 w. 由于对二进制数 b, 每次减 1, 直至变成 0 为止, 只需 $O(b)$ 步(见习题9.2), 故 $\mathcal{M}$ 的时间复杂度为 $O(2^n)$. 其余的不再赘述. □

最后, 把上述语言类之间的关系综合如下:

L⊆NL⊆P⊆NP⊆PSPACE⊆EXPTIME⊆NEXPTIME⊆EXPSPACE,

NL⊂PSPACE⊂EXPSPACE,

P⊂EXPTIME.

由后两个真包含式, 在第一个式子中肯定存在真包含关系. 尽管研究人员普遍认为这些包含都是真包含, 但是至今还没有证明出一个是真包含或相等.

练 习

9.3.1 给以{0,1}为输入字母表的单带在线 TM 编码时, 约定带符号 $s_1=0$, $s_2=1$, $s_3=B$. 写出练习 4.1.1和4.1.2中 DTM $\mathcal{M}$ 的编码 #($\mathcal{M}$), 并且给出 $\mathcal{M}$ 关于 #($\mathcal{M}$) 的计算.

习　题

9.1　设计接受 $L=\{0^n1^n \mid n\geqslant 1\}$ 的 DTM，要求满足下述条件：

(1) 单带，时间复杂度为 $O(n\log n)$；

(2) 双带，时间复杂度为 $O(n)$；

(3) 离线，空间复杂度为 $O(\log n)$.

9.2　下述 DTM $\mathscr{M}$ 把一进制数转换成二进制数，即当输入 1^n 时，输出 n 的二进制表示.

$\mathscr{M}$ 是一台离线 DTM，它首先在工作带上写一个 0，然后从左到右扫视输入，每读一个 1，在工作带上以二进制方式加 1，直到读完输入为止.

试证明 $\mathscr{M}$ 的空间复杂度为 $O(\log n)$，时间复杂度为 $O(n)$.

9.3　证明下述函数是空间可构造的：

(1) $\lceil \log_2(n+1) \rceil$；　　(2) n^2.

9.4　设计 n^k 时间界限的 DTM，对于任意长度为 n 的输入，输出 n^k 的二进制表示，其中 k 是正整数.

9.5　证明引理 9.3.

9.6　设 $\mathscr{M}$ 是一台 $f(n)$ 时间界限的 NTM，其中 $f(n)\geqslant n$ 是空间可构造的，则存在 $f(n)$ 空间界限的 DTM $\mathscr{M}'$ 使得 $L(\mathscr{M}')=L(\mathscr{M})$.

第十章　NP 完全性

10.1　P 与 NP

为什么“P＝NP?”会成为理论计算机科学界关注的一个焦点问题？现在再回到上一章开始讨论的现实中的可行性. 在 20 世纪五六十年代，由于电子计算机的使用，能够计算的问题的规模越来越大，对算法的研究也更加深入. 许多算法在实际使用中非常有效，同时也有不少算法不能令人满意. 于是，就自然地提出了一个问题：什么样的算法才能算是好的算法？算法的优劣取决于很多因素，但最主要的是运行时间. 让我们先看看多项式时间算法和指数时间算法的区别.

表 10-1 给出在一台每秒做 1 亿次运算的计算机上，用几个多项式时间算法和指数时间算法解不同规模的问题实例所需的时间. 随着规模 n 的变大，两个指数时间算法所需的时间以爆炸性的速率迅速增加. 当 n 比较大时，它们所需的时间是无法承受的.

表 10-1　多项式时间算法与指数时间算法的运行时间对比

时间复杂度	规模 n					
	10	20	30	40	50	60
n	10^{-7}秒	2×10^{-7}秒	3×10^{-7}秒	4×10^{-7}秒	5×10^{-7}秒	6×10^{-7}秒
n^2	10^{-6}秒	4×10^{-6}秒	9×10^{-6}秒	1.6×10^{-5}秒	2.5×10^{-5}秒	3.6×10^{-5}秒
n^3	10^{-5}秒	8×10^{-5}秒	2.7×10^{-4}秒	6.4×10^{-4}秒	1.25×10^{3}秒	2.16×10^{-3}秒
n^5	.001 秒	.032 秒	.243 秒	1.02 秒	3.12 秒	7.80 秒
2^n	10^{-5}秒	.001 秒	10.74 秒	3.05 小时	130.3 天	366 年
3^n	5.9×10^{-4}秒	34.8 秒	23.7 天	3855 年	2×10^{6}世纪	1.3×10^{11}世纪

可能有人会说，只要提高计算机的速度就能解决这个问题. 表 10-2 给出提高计算机的速度对这几个算法在单位时间内可解问题的规模的影响. 从表中看到，把计算机的速度提高 1000 倍，n^3 算法在单位时间内可解问题的规模是原来的 10 倍. 而对于 2^n 算法，只增加不到10.

表 10-2　提高计算机的速度对单位时间内可解的问题规模的影响

时间复杂度	单位时间内可解的问题规模		
	现在的计算机	快 100 倍	快 1000 倍
n	N_1	$100N_1$	$1000N_1$
n^2	N_2	$10N_2$	$31.6N_2$
n^3	N_3	$4.64N_3$	$10N_3$
n^5	N_4	$2.5N_4$	$3.98N_4$
2^n	N_5	$N_5+6.64$	$N_5+9.97$
3^n	N_6	$N_6+4.19$	$N_6+6.29$

现在已经普遍接受这样的看法，多项式时间算法是"好的算法"，因为它是"足够有效的"．如果一个问题有了多项式时间算法，就可以认为这个问题已经"很好地解决了"．有多项式时间算法的问题是**易解的**．如果一个问题不存在多项式时间算法，则称它是**难解的**．

这就是 **Cook-Karp 论题**：L 是易解的当且仅当 $L\in \mathrm{P}$．根据这个论题和前面的结果，EXPTIME 中有难解的语言．要问：NP 中有难解的语言吗？即，P＝NP？

与 Church-Turing 论题一样，Cook-Karp 论题也是一种不能形式证明的"看法"．不过它还没有像 Church-Turing 论题那样得到普遍一致的承认，有待进一步的深入研究和证实．

下面给出 NP 的另一种描述，这将有利于了解这个复杂性类中的语言的特性．

设字母表 A，把 A^* 上的有序对(x,y)表示成 $x\#y$，其中 $\#\notin A$．于是，A^* 上的二元关系 R 可以看作语言

$$L_R=\{x\#y\mid (x,y)\in R\}.$$

如果这个语言是多项式时间可判定的，则称 R 是**多项式时间可判定的**．如果存在 $c>0$ 和 $k\geqslant 1$ 使得，对于每一对(x,y)，$(x,y)\in R$ 蕴涵 $|y|\leqslant c|x|^k$，则称 R 是**多项式平衡的**．

定理 10.1　$L\in \mathrm{NP}$ 的充分必要条件是存在多项式时间可判定和多项式平衡的二元关系 R，使得

$$L=\{x\mid \exists y\quad (x,y)\in R\}.$$

证：充分性．设 DTM $\mathscr{M}$ 接受 L_R 且具有时间复杂度上界 n^i．又 R 是多项式平衡的，存在正整数 c 和 k 使得$(x,y)\in R$ 蕴涵 $|y|\leqslant cn^k$．NTM $\mathscr{M}'$的计算分成两个阶段：猜想阶段和验证阶段．对输入 x，$\mathscr{M}'$首先在猜想阶段任意给出（猜想）一个长度不超过 cn^k 的字符串 y，这里 $n=|x|$．$\mathscr{M}'$可以在 $O(n^k)$时间内计算 cn^k，用来控制 y 的长度．然后进入验证阶段，模拟 $\mathscr{M}$ 关于 $x\#y$的计算．$\mathscr{M}'$的这个计算接受 x 当且仅当 $\mathscr{M}$ 接受$x\#y$．显然，$\mathscr{M}'$接受 L．它的运行时间为 $O(n^k)+O((n+cn^k+1)^i)=O(n^{ik})$，故 $L\in \mathrm{NP}$．

必要性．设 n^k 时间界限的 NTM $\mathscr{M}$ 接受 L，在每一步至多有 r 个可能的动作．不妨设 L 的字母表 A 包含 $T=\{1,2,\cdots,r\}$．对于每一个输入 x，$\mathscr{M}$ 关于 x 的计算可以用 T 上长度不超过 $c|x|^k$ 的数字串 y 来表示：计算的第 i 步选择第 y_i 个动作，这里 y_i 是 y 的第 i 个数字．令

$$R=\{(x,y)\mid x\in L, y \text{ 表示 } \mathscr{M} \text{ 接受 } x \text{ 的计算}\}.$$

显然，R 是多项式平衡的，并且

$$L=\{x\mid \exists y\ (x,y)\in R\}.$$

判定 R 的 DTM $\mathscr{M}'$如下工作：对每一个输入 w，首先检查 w 是否形如 $x\#y$，其中 $x\in A^*$，$y\in T^*$．若不是，则 $\mathscr{M}'$拒绝 w；若是，则 $\mathscr{M}'$按照 y 的含义模拟 $\mathscr{M}$ 关于 x 的计算．$\mathscr{M}'$接受$x\#y$ 当且仅当这个计算是 $\mathscr{M}$ 接受 x 的计算．$\mathscr{M}'$的计算时间为 $O(|w|)$．　□

设 $x\in L$，把使得$(x,y)\in R$ 的 y 称作 x 的**证据**．对于 NP 中的语言 L，当 $x\in L$ 时并不要求在多项式时间内找到它的证据，而只要求能在多项式时间内验证一个证据．关键在于这个证据必须是简短的，即$|x|$的多项式长的．否则不可能在多项式时间内验证．很多问题有这种简短证据，从而具有多项式时间可验证性．

例如，Hamilton 回路问题，至今还没有找到解决这个问题的多项式时间算法．现有的算法在本质上都是穷举搜索．n 个顶点有 n！种排列．这类算法都是指数时间的．但是，HC 显然是多项式时间可验证的．任给顶点的一个排列，容易验证它是否是一条 Hamilton 回路．如果图 G 有 Hamilton 回路，则存在这样的顶点排列．

每一个最优化问题都有对应的判定形式的问题.例如:

货郎问题(最优化形式):任给 n 个"城市"$C=\{c_1,c_2,\cdots,c_n\}$,每一对"城市"c_i 和 $c_j(i\neq j)$ 的"距离"为 $d_{ij}\in Z^+$,这里 $d_{ij}=d_{ji}$,求一条最短的"环游",即 $1,2,\cdots,n$ 的排列 π 使得

$$\sum_{i=1}^{n-1} d_{\pi(i)\pi(i+1)} + d_{\pi(n)\pi(1)}$$

最小.(Z^+ 是正整数集).

对应的判定问题是

货郎问题(TSP):任给 n 个"城市"$C=\{c_1,c_2,\cdots,c_n\}$,每一对"城市"c_i 和 $c_j(i\neq j)$ 的"距离"为 $d_{ij}\in Z^+$ 以及界限 $K\in Z^+$,这里 $d_{ij}=d_{ji}$,问:是否存在长度不超过 K 的"环游"? 即,是否存在 $1,2,\cdots,n$ 的排列 π 使得

$$\sum_{i=1}^{n-1} d_{\pi(i)\pi(i+1)} + d_{\pi(n)\pi(1)} \leqslant K?$$

借助货郎问题(最优化形式)的算法容易给出货郎判定问题的算法:求出最短的"环游",若"环游"的长 $\leqslant K$ 则回答"是";否则回答"否".不难看到,如果这个最优化问题算法是多项式时间的,则关于判定问题的算法也是多项式时间的.反过来,若这个判定问题是难解的,则对应的最优化问题也是难解的.以后将只讨论判定问题的复杂性.

一般地,对于最小化问题,对应的判定问题的实例中要添加一个数 K,并问:"存在$\cdots\leqslant K$?".对于最大化问题,对应的判定问题的实例中也要添加一个数 K,并问:"存在$\cdots\geqslant K$?".

TSP 也具有多项式时间可验证性.任给一条"环游",计算它的长度并与 K 比较,就能知道这条"环游"是否是一个证据.这些都能在多项式时间内完成.但是,与 Hamilton 回路问题一样,至今没有找到它的多项式时间算法、又没能证明它不是多项式时间可解的.

在逻辑、图论、网络、代数、数论、形式语言与自动机、程序设计、排序与调度、数学规划、游戏等各种领域内有许多各式各样的问题,它们都和上面两个问题一样,具有多项式时间可验证性,但至今不知道有没有多项式时间算法.也就是说,这些问题都在 NP 中,但不知道是否在 P 中.直觉上,寻找证据要比验证证据困难得多,即 P$\subset$NP.但至今不知道这是否是真的.因此,"P=NP?"不仅在理论上、而且在实际中有重大意义,成为理论计算机科学中的一个著名问题.

说一个判定问题在 NP 或 P 中是指它对应的语言在 NP 或 P 中.如 6.1 节中那样,判定问题与语言的对应是通过编码实现的.

设判定问题 $\Pi=(D_\Pi,Y_\Pi)$,编码 e: $D_\Pi\to A^*$.与 Π 对应的语言为

$$L[\Pi,e]=\{e(I)\mid I\in Y_\Pi\}.$$

严格地说,只有在给定的编码下谈判定问题的复杂性才有意义.但是,实际中常用的编码往往不会影响判定问题对应的语言在要讨论的复杂性类中的位置.于是,在这个意义下可以讨论判定问题本身的复杂性,而不涉及具体的编码.

例如,当判定问题 Π 的实例是一个无向图时(如 Hamilton 回路问题),可以用顶点表和边表、邻点表、相邻矩阵 3 种方式给简单无向图编码.按这 3 种编码方式,图 10.1 的代码如下:

顶点表和边表	$V1V10V11V100V101$
	$/V1V10/V10V11/V11V101/V10V101/V1V101$
邻点表	$/V10V101/V1V11V101/V10V101//V1V10V11$
相邻矩阵	01001/10101/01001/00000/11100

设函数 $f,g:S\to N$. 如果存在多项式 p 和 q 使得对所有的 $x\in S$,有 $f(x)\leqslant p(g(x))$ 和 $g(x)\leqslant q(f(x))$,则称 f 和 g 是**多项式相关的**.

设图 G 有 v 个顶点、e 条边,则 G 在这 3 种编码下的代码长度的上下界在表 10-3 中给出. 注意到 $e\leqslant\frac{1}{2}v(v-1)$,这些代码的长度都是多项式相关的. 因此,如果在一个编码下 Π 对应的语言在 P(NP,PSPACE) 中,则在另外二个编码下 Π 对应的语言也在 P(NP,PSPACE)中.

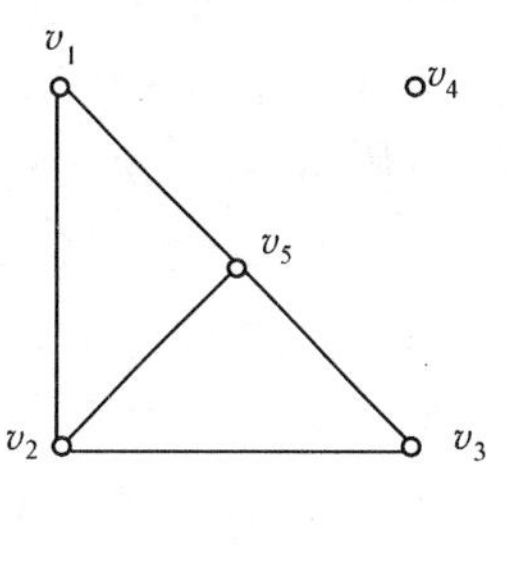

图　10.1

表 10-3　在不同的编码下无向图(顶点数 v、边数 e)的代码长度

编码方式	下　界	上　界
顶点表和边表	$2v+5e$	$2v+5e+(v+2e)\lceil\log_2 v\rceil$
邻点表	$v+4e$	$v+4e+2e\lceil\log_2 v\rceil$
相邻矩阵	v^2+v-1	v^2+v-1

以后总假定使用的编码都具有这种多项式相关性,即对于判定问题 Π 的任意两个编码 e 和 e',存在多项式 p 和 q 使得对所有的实例 $I\in D_\Pi$,有 $|e(I)|\leqslant p(|e'(I)|)$ 和 $|e'(I)|\leqslant q(|e(I)|)$. 需要指出的是,在这样的编码中只能采用二进制(或底大于 2 的进制)表示,而不能用一进制表示作为自然数的代码. 一进制表示的长度和二进制表示的长度不是多项式相关的. 在这样的假定下,以后将采用下述说法:

设复杂性类 $\mathscr{C}$,$\mathrm{P}\subseteq\mathscr{C}$. 如果判定问题 Π 在编码 e 下对应的语言 $L[\Pi,e]\in\mathscr{C}$,则称 Π 在 $\mathscr{C}$ 中,也记作 $\Pi\in\mathscr{C}$.

更进一步地,对判定问题 Π 的每一个实例 $I\in D_\Pi$ 规定一个正整数,记作 $|I|$,称作 I 的**规模**. $|I|$ 反映了描述 I 所需要的符号量,可把 Π 的复杂度(严格地说,应该是 $L[\Pi,e]$的复杂度)表示成 $|I|$ 的函数. 当然,这里也要求 $|I|$ 与 $|e(I)|$ 多项式相关. 除此之外,规定 $|I|$ 时有相当大的自由,通常都用问题中的某些参数自然地表示出来. 例如,当 I 是一个 v 个顶点 e 条边的简单无向图时,可以取 $|I|=v+e$ 或 $|I|=v$. 它们都与表 10-3 中 3 种编码下的代码长度多项式相关.

表 10-4　形式的和非形式的术语对照

形式的	非形式的
语言 L	判定问题 Π
字符串 x	实例 I
字符串长度 $\|x\|$	实例的规模 $\|I\|$
DTM	算法
NTM	非确定型算法
多项式时间的	多项式时间的
语言类 $\mathscr{C}$	判定问题类 $\mathscr{C}$

对于编码的另一个要求是可译码性. 当考虑的复杂性类包含 P 时,要求在多项式时间内能从代码中识别出所需要的分量. 今后同样也假设使用的编码都满足这个要求,实际上通常使用的编码都满足这个要求. 于是,这就允许我们像通常一样地用实例中的自然成份(如图的顶点和边)作为运算对象来描述算法,而不必针对代码设计 Turing 机. 只要这样的算法能用 $|I|$ 的多项式来操作完成,就可以用一台多项式时间界限的 Turing 机实现. 称这样的算法是**多项式时间的**. 表 10-4 给出这些形式的和非形式的术语之间的对应. 今后的定义和关于一般性质的定理仍以形式的方式给出,而对具体的判定问题通常都采用非形式的方式.

练 习

10.1.1 **可达性(PATH)**:任给一个有向图 $D=(V,A)$ 和两个顶点 $s,t\in V$,问:D 中是否有从 s 到 t 的有向路径?

证明:PATH$\in$P.

10.1.2 给出下述问题的简短证据,证明它们属于 NP:

(1) **子图同构**:任给两个图 $G=(V_1,E_1)$ 和 $H=(V_2,E_2)$,问:G 是否与 H 的一个子图同构? 即,是否存在单射 $f:V_1\to V_2$ 使得 $\forall u,v\in V_1,(u,v)\in E_1\Leftrightarrow(f(u),f(v))\in E_2$?

(2) **有向 Hamilton 回路**:任给一个有向图 D,问:D 中是否有一条有向 Hamilton 回路?

10.1.3 写出与下述优化问题对应的判定问题,并证明它们属于 NP:

(1) **最长回路**:任给无向图 G,求 G 中一条最长的初级(顶点不重复的)回路.

(2) **装箱问题**:任给 n 件物品和数量不限的箱子,物品 j 的重量为 $w_j\in Z^+(1\leqslant j\leqslant n)$,规定每只箱子所装物品的总重量不超过 $B\in Z^+$,要求用尽可能少的箱子装入所有的物品,如何装法?

(3) **多处理机调度**:任给有穷的工件集 A,每一个工件 $a\in A$ 的加工时间为 $t(a)\in Z^+$,有 m 台相同的机器,每一个工件可以在任一台机器上加工. 如何把工件分配给机器才能使完成加工的时间最短? 即,如何把 A 划分成 m 个不相交的子集 $A_i(1\leqslant i\leqslant m)$ 使得 $\max\left\{\sum_{a\in A_i}t(a)\mid 1\leqslant i\leqslant m\right\}$ 最小?

(4) **最小覆盖**:任给有穷集 S 和 $C\subseteq P(S)$,求 C 的子集 C' 覆盖 S 且其大小尽可能的小,即求 $C'\subseteq C$ 使得 $\bigcup_{A\in C'}A=S$ 且 $|C'|$ 最小. 其中 $P(S)$ 是 S 的幂集.

10.1.4 证明:P 类在并、连接和补运算下封闭.

10.1.5 证明:NP 类在并和连接运算下封闭.

10.2 多项式时间变换和 NP 完全性

如果 P$\neq$NP,那么 NP 中"最难的"语言必不属于 P. 如果 NP 中"最难的"语言属于 P,那么 NP 中所有的语言都属于 P,得到 P=NP. 从而把"P=NP?"归结为"NP 中'最难的'语言是否属于 P?"为了描述一个复杂性类中"最难的"语言,我们首先引入下述定义.

定义 10.1 设字母表 $A,L_1,L_2\subseteq A^*$. 如果函数 $f:A^*\to A^*$ 满足条件:

(1) f 是多项式时间可计算的,即存在 DTM $\mathscr{M}$ 和多项式 p,使得 $\forall x\in A^*$,$\mathscr{M}$ 在 $p(|x|)$ 步内停机且输出 $f(x)$,

(2) $\forall x\in A^*,x\in L_1\Leftrightarrow f(x)\in L_2$,

则称 f 是从 L_1 到 L_2 的**多项式时间变换**,或**多项式时间的映射归约**.

如果存在 L_1 到 L_2 的多项式时间变换,则称 L_1 **可多项式时间变换(映射归约)到** L_2,记作

$L_1 \leqslant_m L_2$.

对应地,有下述非形式的定义:

设判定问题 $\Pi_1=(D_1,Y_1)$,$\Pi_2=(D_2,Y_2)$.如果函数 $f:D_1\to D_2$ 满足条件:

(1) f 是多项式时间可计算的,

(2) $\forall I\in D_1, I\in Y_1 \Leftrightarrow f(I)\in Y_2$,

则称 f 是从 Π_1 到 Π_2 的**多项式时间变换,或多项式时间的映射归约**.

如果存在 Π_1 到 Π_2 的多项式时间变换,则称 Π_1 **可多项式时间变换(映射归约)到** Π_2,记作 $\Pi_1 \leqslant_m \Pi_2$.

[例 10.1]　HC$\leqslant_m$TSP.

多项式时间变换 f 规定如下:对 HC 的每一个实例 I,I 是一个无向图 $G=(V,E)$,对应的 $f(I)$为"城市"集 V,界限$|V|$以及对所有的 $u,v\in V$,

$$d(u,v)=\begin{cases}1, & 若\{u,v\}\in E,\\ 2, & 否则.\end{cases}$$

显然,f 是多项式时间可计算的.在 $f(I)$中一条"环游"的长度不超过$|V|$(实际上恰好等于$|V|$)当且仅当它是 G 的一条 Hamilton 回路,故 $I\in Y_{\mathrm{HC}}\Leftrightarrow f(I)\in Y_{\mathrm{TSP}}$.

多项式时间变换是归约(见定义 6.2)在计算复杂性理论中的自然延伸.归约是证明不可判定性的有力工具.同样地,多项式时间变换是证明难解性的有力工具.

与定义 10.1 类似,下面的定理和定义都有对应的非形式叙述,不再一一给出.但是,可能会使用它们.

定理 10.2　设 $L_1\leqslant_m L_2$,$L_2\leqslant_m L_3$,则 $L_1\leqslant_m L_3$.

证:设 $L_1,L_2,L_3\subseteq A^*$,f,g 分别是从 L_1 到 L_2、L_2 到 L_3 的多项式时间变换.DTM $\mathscr{M}_1$ 和 $\mathscr{M}_2$ 分别计算 f 和 g,它们分别是多项式 p_1 和 p_2 时间界限的.令 $h(x)=g(f(x))$,$\forall x\in A^*$.

首先,$\forall x\in A^*$,$x\in L_1\Leftrightarrow f(x)\in L_2\Leftrightarrow h(x)\in L_3$.

其次,设 DTM $\mathscr{M}$ 是 $\mathscr{M}_1$ 和 $\mathscr{M}_2$ 的合成:任给输入 x,$\mathscr{M}$ 模拟 $\mathscr{M}_1$ 关于 x 的计算得到$f(x)$,接着模拟 $\mathscr{M}_2$ 以 $f(x)$作为输入的计算,$\mathscr{M}$ 把 $\mathscr{M}_2$ 的输出作为自己的输出.显然,$\mathscr{M}$ 计算函数 h.不妨设 p_1 和 p_2 都是单调增加的.注意到$|f(x)|\leqslant p_1(|x|)$,$\mathscr{M}$ 的运行时间不超过

$$p_1(|x|)+p_2(|f(x)|)\leqslant p_1(|x|)+p_2(p_1(|x|)),$$

这也是 $n=|x|$的多项式.

因此,h 是从 L_1 到 L_3 的多项式时间变换.　□

下述定理与定理 6.2 对应.

定理 10.3　设 $L_1\leqslant_m L_2$,那么

(1) 若 $L_2\in \mathrm{P}$,则 $L_1\in \mathrm{P}$.

(2) 若 $L_2\in \mathrm{NP}$,则 $L_1\in \mathrm{NP}$.

证:(1) 设 f 是 L_1 到 L_2 的多项式时间变换,DTM $\mathscr{M}_1$ 计算 f,它是多项式 p 时间界限的.又设 DTM $\mathscr{M}_2$ 接受 L_2,它是多项式 q 时间界限的.DTM $\mathscr{M}$ 是 $\mathscr{M}_1$ 和 $\mathscr{M}_2$ 的合成:任给输入 x,$\mathscr{M}$ 模拟 $\mathscr{M}_1$ 关于 x 的计算得到$f(x)$,然后模拟 $\mathscr{M}_2$ 以 $f(x)$作为输入的计算.$\mathscr{M}$ 接受 x 当且仅当 $\mathscr{M}_2$ 接受 $f(x)$.

根据多项式时间变换的定义,$L(\mathscr{M})=L_1$.又类似定理 10.2,可证 $\mathscr{M}$ 是多项式时间界限的.从而,$L_1\in \mathrm{P}$.

(2) 类似可证. □

$\leqslant_m$ 反映了语言之间的难易. 若 $L_1 \leqslant_m L_2$, 则在下述意义下 L_2 的难度不低于 L_1: $L_2 \in \mathrm{P}$ 蕴涵 $L_1 \in \mathrm{P}$; 或者反过来说, $L_1 \notin \mathrm{P}$ 蕴涵 $L_2 \notin \mathrm{P}$. 于是, 可以利用 $\leqslant_m$ 给出 NP 中"最难的"语言的定义, 即 NP 完全的语言.

定义 10.2 如果 $\forall L' \in \mathrm{NP}, L' \leqslant_m L$, 则称 L 是 **NP 难的.**

如果 L 是 NP 难的且 $L \in \mathrm{NP}$, 则称 L 是 **NP 完全的.**

NP 完全的语言是 NP 中最难的语言. 下述定理都很容易证明, 留作练习.

定理 10.4 如果存在 NP 难的语言 $L \in \mathrm{P}$, 则 $\mathrm{P} = \mathrm{NP}$.

推论 10.5 假设 $\mathrm{P} \neq \mathrm{NP}$, 如果 L 是 NP 难的, 则 $L \notin \mathrm{P}$.

虽然"P=NP?"至今没有解决, 但是研究人员普遍相信 $\mathrm{P} \neq \mathrm{NP}$, 因而把"是 NP 难的"作为一个问题是难解的(不属于 P)有力证据.

定理 10.6 如果存在 NP 难的语言 L' 使得 $L' \leqslant_m L$, 则 L 也是 NP 难的.

推论 10.7 如果 $L \in \mathrm{NP}$, 并且存在 NP 完全的语言 L' 使得 $L' \leqslant_m L$, 则 L 是 NP 完全的.

这个推论提供了证明 NP 完全语言的一条"捷径", 不再需要把 NP 中的所有语言多项式时间变换到 L, 而只需要把一个 NP 完全语言多项式时间变换到 L. 为了证明 L 是 NP 完全的, 只要

(1) 证明 $L \in \mathrm{NP}$;

(2) 找到一个已知是 NP 完全的语言 L', 并且证明 $L' \leqslant_m L$.

但是, 直到现在我们还不知道哪个语言是 NP 完全的, 甚至不知道是否真的有 NP 完全的语言, 下一节将会给出明确的回答, 这就是著名的 Cook 定理.

练 习

10.2.1 证明定理 10.4.

10.2.2 证明定理 10.6.

10.2.3 设字母表 $\{0,1\}$ 上的语言 A, B, C, 其中 $C \neq \{0,1\}^*$, 记

$$A + B = \{x0 \mid x \in A\} \cup \{y1 \mid y \in B\}.$$

证明: (1) $A \leqslant_m A+B, B \leqslant_m A+B$;

(2) 如果 $A \leqslant_m C$ 且 $B \leqslant_m C$, 则 $A+B \leqslant_m C$.

10.2.4 如果 $A \leqslant_m B$ 且 $B \leqslant_m A$, 则称 A 与 B 是在多项式时间变换下等价的, 记作 $A \sim_m B$.

(1) 证明: $\sim_m$ 是等价关系;

(2) 给出 P 类关于 $\sim_m$ 的等价类.

10.3 Cook 定 理

S. A. Cook 于 1971 年给出第一个 NP 完全问题, 这是数理逻辑中的一个问题.

取全功能集 $\{\wedge, \vee, \neg\}$, 其中 $\wedge$ 是合取联结词、$\vee$ 是析取联结词、$\neg$ 是否定联结词. 由变元、圆括号和联结词 $\wedge$、$\vee$、$\neg$ 组成的表达式称作**合式公式**. 变元和它的否定称为**文字**. 有限个文字的析取称作**简单析取式**. 有限个简单析取式的合取称作**合取范式**. 例如,

$$F_1 = \neg x_1 \vee (x_2 \wedge x_3 \wedge (\neg x_2 \vee x_4))$$

是一个合式公式.

$$F_2 = (x_1 \lor x_2) \land (x_1 \land \neg x_2) \land (\neg x_1 \lor x_2) \land (\neg x_1 \lor \neg x_2)$$

是一个合取范式,其中 $x_1 \lor x_2$,$x_1 \lor \neg x_2$,$\neg x_1 \lor x_2$ 和 $\neg x_1 \lor \neg x_2$ 都是简单析取式.

设 F 是关于变元 $x_1,x_2,\cdots,x_n$ 的合式公式,如果真值赋值 $t:\{x_1,x_2,\cdots,x_n\}\to\{0,1\}$ 使得 $t(F)=1$,则称 t 是 F 的一个**成真赋值**. 这里 1 表示真值,0 表示假值. 如果合式公式 F 有成真赋值,则称 F 是**可满足的**.

例如,$t(x_1)=0$,$t(x_2)=1$,$t(x_3)=1$,$t(x_4)=1$ 使 $t(F_1)=1$,故 t 是 F_1 的成真赋值,F_1 是可满足的. 而 F_2 不是可满足的,它没有成真赋值.

可满足性问题(SAT):任给一个合取范式 F,问 F 是否是可满足的?

定理 10.8(Cook 定理)[①]　可满足性问题是 NP 完全的.

证:判断 SAT 的非确定型多项式时间的算法如下:对任给的合取范式 F,先猜想一个赋值,然后检查它是否使 F 成真. 故 SAT∈NP.

任给 $L\in$NP,存在 n^k 时间界限的 NTM $\mathscr{M}$ 接受 L,其中 k 是正整数. 不妨设 $\mathscr{M}$ 是一台单向无穷的单带在线 Turing 机. 它的字母表为 A,有 r 个状态 $q_1,q_2,\cdots,q_r$,$l+1$ 个带符号 $s_0,s_1,\cdots,s_l$,其中 q_1 是初始状态,q_r 是唯一的接受状态,s_0 是空白符,s_1 是左端标志符 #. $\mathscr{M}$ 对长度为 n 的输入的所有计算都在 cn^k 步内停机,其中 c 是一个正整数. 记 $p(n)=cn^k$.

对每一个 $x\in A^*$,要构造一个合取范式 F_x 满足下述条件,从而给出从 L 到 SAT 的多项式时间变换.

(1) F_x 可以在 $|x|$ 的多项式时间内构造出来;

(2) F_x 是可满足的当且仅当 $x\in L$,即 F_x 存在成真赋值当且仅当 $\mathscr{M}$ 存在接受 x 的计算.

设 $|x|=n$,计算至多使用 $p(n)+1$ 个方格,从左至右依次编号为 $0,1,\cdots,p(n)$. 用"时刻 t"表示"在完成第 t 步时",这里 $0\leqslant t\leqslant p(n)$. $\mathscr{M}$ 关于 x 的计算可用 $p(n)+1$ 个格局来描述,每个格局只需考虑 $p(n)+1$ 个方格的内容. 这使得可以用合取范式来描述 $\mathscr{M}$ 关于 x 的计算. 约定:$\mathscr{M}$ 停机后格局保持不变. 从而可以认为 $\mathscr{M}$ 关于 x 的计算恰好有 $p(n)+1$ 个格局.

变量的含义在表 10-5 中给出.

表　10-5

变　量	范　围	含　义
$q[t,i]$	$0\leqslant t\leqslant p(n)$ $1\leqslant i\leqslant r$	在时刻 t,$\mathscr{M}$ 处于状态 q_i
$h[t,j]$	$0\leqslant t\leqslant p(n)$ $0\leqslant j\leqslant p(n)$	在时刻 t,带头扫描方格 j
$s[t,j,k]$	$0\leqslant t\leqslant p(n)$ $0\leqslant j\leqslant p(n)$ $0\leqslant k\leqslant l$	在时刻 t,方格 j 内的符号为 s_k

① L. A. Levin(苏联)于 1973 年独立地发现 NP 完全性,故又称作 Cook-Levin 定理.

F_x 分成 6 部分：$F_x=F_1\wedge F_2\wedge F_3\wedge F_4\wedge F_5\wedge F_6$. 每一部分为真的含义是：

F_1：在每一时刻，$\mathscr{M}$ 恰好处于一个状态；

F_2：在每一时刻，带头恰好扫描一个方格；

F_3：在每一时刻，每个方格内恰好有一个符号；

F_4：在时刻 0，$\mathscr{M}$ 处于关于 x 的初始格局；

F_5：在时刻 $p(n)$，$\mathscr{M}$ 处于状态 q_r；

F_6：对每一个 $t(0\leqslant t<p(n))$，$\sigma_t\vdash\sigma_{t+1}$.

构造如下：

$$F_1=\bigwedge_{0\leqslant t\leqslant p(n)}((\bigvee_{1\leqslant i\leqslant r}q[t,i])\wedge(\bigwedge_{1\leqslant i<i'\leqslant r}(\neg q[t,i]\vee\neg q[t,i']))).$$

$$F_2=\bigwedge_{0\leqslant t\leqslant p(n)}((\bigvee_{0\leqslant j\leqslant p(n)}h[t,j])\wedge(\bigwedge_{0\leqslant j<j'\leqslant p(n)}(\neg h[t,j]\vee\neg h[t,j']))).$$

$$F_3=\bigwedge_{\substack{0\leqslant t\leqslant p(n)\\0\leqslant j\leqslant p(n)}}((\bigvee_{0\leqslant k\leqslant l}s[t,j,k])\wedge(\bigwedge_{0\leqslant k<k'\leqslant l}(\neg s[t,j,k]\vee\neg s[t,j,k']))).$$

$$F_4=q[0,1]\wedge h[0,0]\wedge s[0,0,1]\wedge(\bigwedge_{1\leqslant j\leqslant n}s[0,j,k_j])\wedge(\bigwedge_{n+1\leqslant j\leqslant p(n)}s[0,j,0]),$$

其中 $x=s_{k_1}s_{k_2}\cdots s_{k_n}$.

$$F_5=q[p(n),r].$$

F_6 又可分解成两部分 $F_6=F'_6\wedge F''_6$，其中

F'_6：对每一对 t 和 $j(0\leqslant t<p(n),0\leqslant j\leqslant p(n))$，若带头在时刻 t 不扫描方格 j，则方格 j 的内容在时刻 $t+1$ 和在时刻 t 的相同.

F''_6：从时刻 t 到时刻 $t+1(0\leqslant t<p(n))$，$\mathscr{M}$ 的状态、带头位置以及方格的内容按照动作函数 δ 改变.

注意到

$$\begin{aligned}&\neg h[t,j]\wedge s[t,j,k]\rightarrow s[t+1,j,k]\\&\quad\Leftrightarrow\neg(\neg h[t,j]\wedge s[t,j,k])\vee s[t+1,j,k]\\&\quad\Leftrightarrow h[t,j]\vee\neg s[t,j,k]\vee s[t+1,j,k],\end{aligned}$$

故

$$F'_6=\bigwedge_{\substack{0\leqslant t<p(n)\\0\leqslant j\leqslant p(n)\\0\leqslant k\leqslant l}}(h[t,j]\vee\neg s[t,j,k]\vee s[t+1,j,k]).$$

对每一对 i 和 $k(0\leqslant i\leqslant r,0\leqslant k\leqslant l)$ 分两种情况：

若 $\delta(q_i,s_k)=\varnothing$，则对所有的 t 和 $j(0\leqslant t<p(n),0\leqslant j\leqslant p(n))$，

$$\begin{aligned}&q[t,i]\wedge h[t,j]\wedge s[t,j,k]\rightarrow q[t+1,i]\wedge h[t+1,j]\wedge s[t+1,j,k]\\&\quad\Leftrightarrow\neg(q[t,i]\wedge h[t,j]\wedge s[t,j,k])\vee(q[t+1,i]\wedge h[t+1,j]\wedge s[t+1,j,k])\\&\quad\Leftrightarrow(\neg q[t,i]\vee\neg h[t,j]\vee\neg s[t,j,k]\vee q[t+1,i])\\&\qquad\wedge(\neg q[t,i]\vee\neg h[t,j]\vee\neg s[t,j,k]\vee h[t+1,j])\\&\qquad\wedge(\neg q[t,i]\vee\neg h[t,j]\vee\neg s[t,j,k]\vee s[t+1,j,k]).\end{aligned}$$

于是，F''_6 含有

$$\bigwedge_{\substack{0\leqslant t\leqslant p(n)\\0\leqslant j\leqslant p(n)}}((\neg q[t,i]\vee\neg h[t,j]\vee\neg s[t,j,k]\vee q[t+1,i])$$
$$\wedge(\neg q[t,i]\vee\neg h[t,j]\vee\neg s[t,j,k]\vee h[t+1,j])$$
$$\wedge(\neg q[t,i]\vee\neg h[t,j]\vee\neg s[t,j,k]\vee s[t+1,j,k])).$$

若 $\delta(q_i,s_k)=\{(q_{i_1},\Delta_1),\cdots,(q_{i_m},\Delta_m)\}$，这里 $m\geqslant1$，每个 $\Delta_v=s_{k_v}$，R 或 L，则对所有的 t 和 $j(0\leqslant t<p(n),0\leqslant j\leqslant p(n))$，

$$q[t,i]\wedge h[t,j]\wedge s[t,j,k]\rightarrow\bigvee_{1\leqslant v\leqslant m}(q[t+1,i_v]\wedge h[t+1,j_v]\wedge s[t+1,j,k'_v])$$
$$\Leftrightarrow(\neg q[t,i]\vee\neg h[t,j]\vee\neg s[t,j,k])$$
$$\vee\left(\bigvee_{1\leqslant v\leqslant m}(q[t+1,i_v]\wedge h[t+1,j_v]\wedge s[t+1,j,k'_v])\right),$$

其中，当 $\Delta_v=s_{k_v}$ 时，$k'_v=k_v$ 且 $j_v=j$；当 $\Delta_v=R$ 时，$j_v=j+1$ 且 $k'_v=k$；当 $\Delta_v=L$ 时，$j_v=j-1$ 且 $k'_v=k$.

利用分配律可将上式化成合取范式，记作 $C[i,k]$. $C[i,k]$是 3^m 个简单析取式的合取，每一个简单析取式有 $3+m$ 个文字. 于是，F''_6 含有

$$\bigwedge_{\substack{0\leqslant t\leqslant p(n)\\0\leqslant j\leqslant p(n)}}C[i,k].$$

最后，注意到 r,l 以及每一个$|\delta(q_i,s_k)|(1\leqslant i\leqslant r,0\leqslant k\leqslant l)$都是常数(对固定的 $\mathscr{M}$ 而言)，F_x 是$O(p^3(n))$个简单析取式的合取. 根据 $\mathscr{M}$ 和 x 生成这些简单析取式是很直接的，故构造 F_x 可在$|x|$的多项式时间内完成. □

合取范式是合式公式的特殊情况，下述问题是可满足性问题的推广.

合式公式的可满足性问题：任给一个合式公式 F，问 F 是否是可满足的？

由于 SAT 是这个问题的子问题，显然这个问题是 NP 难的. 实际上，把 SAT 的实例 I 映射到自身就是从 SAT 到这个问题的多项式时间变换. 而定理 10.8 证明中的非确定型多项式时间算法也适用于这个问题，故有：

推论 10.9　合式公式的可满足性问题是 NP 完全的.

下面考虑 SAT 的一种特殊情况：合取范式的每一个简单析取式恰好有 3 个文字. 这样的合取范式叫做三元合取范式. SAT 的这个子问题称作**三元可满足性问题**(3SAT).

定理 10.10　三元可满足性问题是 NP 完全的.

证：由于 3SAT 是 SAT 的子问题，故 3SAT$\in$NP.

为了证明 3SAT 是 NP 难的，要证 SAT$\leqslant_m$3SAT. 任给一个合取范式 F，要构造一个三元合取范式 F'，使得 F 是可满足的当且仅当 F'是可满足的.

设 $F=\bigwedge_{1\leqslant j\leqslant m}C_j$，其中 $C_j(1\leqslant j\leqslant m)$是简单析取式. 而 $F'=\bigwedge_{1\leqslant j\leqslant m}F'_j$，对每一个 $j(1\leqslant j\leqslant m)$，$F'_j$ 是一个合取范式，并且

$$F'_j\text{ 是可满足的}\Leftrightarrow C_j\text{ 是可满足的}. \qquad (*)$$

以下分情况构造 F'_j. 在下面，诸 z_i 表示文字，即 z_i 是一个变元 x 或$\neg x$.

(1) $C_j=z_1$. 引入新变元 y_{j1}, y_{j2}，

$$F_j' = (z_1 \vee y_{j1} \vee y_{j2}) \wedge (z_1 \vee \neg y_{j1} \vee y_{j2})$$

$$\wedge (z_1 \vee y_{j1} \vee \neg y_{j2}) \wedge (z_1 \vee \neg y_{j1} \vee \neg y_{j2}).$$

由于 $y_{j1} \vee y_{j2}$，$\neg y_{j1} \vee y_{j2}$，$y_{j1} \vee \neg y_{j2}$，$\neg y_{j1} \vee \neg y_{j2}$ 不可能同时为真. 故 F_j' 为真当且仅当 z_1 为真. 从而，(∗)成立.

(2) $C_j = z_1 \vee z_2$. 引入新变元 y_j，

$$F_j' = (z_1 \vee z_2 \vee y_j) \wedge (z_1 \vee z_2 \vee \neg y_j).$$

(3) $C_j = z_1 \vee z_2 \vee z_3$. 此时取 $F_j' = C_j$.

对于这两种情况，(∗)显然成立.

(4) $C_j = z_1 \vee z_2 \vee \cdots \vee z_k$，$k \geqslant 4$. 引入 $k-3$ 个新变元 $y_{j1}, y_{j2}, \cdots, y_{j(k-3)}$，

$$F_j' = (z_1 \vee z_2 \vee y_{j1}) \wedge (\neg y_{j1} \vee z_3 \vee y_{j2}) \wedge (\neg y_{j2} \vee z_4 \vee y_{j3})$$

$$\wedge \cdots \wedge (\neg y_{j(k-4)} \vee z_{k-2} \vee y_{j(k-3)}) \wedge (\neg y_{j(k-3)} \vee z_{k-1} \vee z_k).$$

设赋值 t 使得 $t(C_j)=1$，则存在 $i(1 \leqslant i \leqslant k)$ 使 $t(z_i)=1$. 把 t 扩张到 $\{y_{j1}, y_{j2}, \cdots, y_{j(k-3)}\}$ 上. 当 $i=1$ 或 2 时，令 $t(y_{js})=0(1 \leqslant s \leqslant k-3)$；当 $i=k-1$ 或 k 时，令 $t(y_{js})=1(1 \leqslant s \leqslant k-3)$；当 $3 \leqslant i \leqslant k-2$ 时，令

$$t(y_{js}) = \begin{cases} 1, & 1 \leqslant s \leqslant i-2, \\ 0, & i-1 \leqslant s \leqslant k-3, \end{cases}$$

这里 1 表示真值，0 表示假值. 不难验证，$t(F_j')=1$. 反之，设赋值 t 使得 $t(F_j')=1$. 若 $t(y_{j1})=0$，则 $t(z_1 \vee z_2)=1$；若 $t(y_{j(k-3)})=1$，则 $t(z_{k-1} \vee z_k)=1$；否则必有 $s(1 \leqslant s \leqslant k-4)$ 使得 $t(y_{js})=1$ 且 $t(y_{j(s+1)})=0$，从而 $t(z_{s+2})=1$. 总之，都有 $t(C_j)=1$. 因此，(∗)成立.

F_j' 中简单析取式的个数不超过 C_j 中文字个数的 4 倍，因此可在 $|F|$ 的多项式时间内构造出 F'. 得证这是从 SAT 到 3SAT 的多项式时间变换. □

现在我们已经确实有了 NP 完全问题，从而可以像上一节末所说的那样，借助已知的 NP 完全问题，通过多项式时间变换来证明一个问题是 NP 难的. 在这类证明中，3SAT 由于其实例的简单规则的结构（每一个简单析取式恰好有 3 个文字），常常扮演“已知 NP 完全问题”的角色.

由于确实存在 NP 完全的语言，推论 10.5 可进一步地改写成：

定理 10.11 P=NP 当且仅当存在 NP 完全的语言 $L \in \mathrm{P}$.

练　习

10.3.1 给出 HC 到 SAT 的多项式时间变换.

10.4 若干 NP 完全问题

10.4.1 顶点覆盖、团和独立集问题

设无向图 $G=(V,E)$，$V' \subseteq V$. 如果对每一条边 $e \in E$ 都有 $e \cap V' \neq \varnothing$，则称 V' 是 G 的一个

顶点覆盖. 如果对 V' 中的任意两点 u 和 $v(u\neq v)$ 都有 $\{u,v\}\in E$，即 V' 导出的子图是一个完全子图，则称 V' 是 G 的一个**团**. 如果对 V' 中的任意两点 u 和 v 都有 $\{u,v\}\notin E$，则称 V' 是 G 的一个**独立集**. 下述图论中的引理表明这三个概念是密切相关的.

引理 10.12　对任意的无向图 $G=(V,E)$ 和子集 $V'\subseteq V$，下述命题是等价的：

(1) V' 是 G 的顶点覆盖.

(2) $V-V'$ 是 G 的独立集.

(3) $V-V'$ 是补图 $\overline{G}=(V,\overline{E})$ 的团，这里 $\overline{E}=\{\{u,v\}\mid u,v\in V,u\neq v$ 且 $\{u,v\}\notin E\}$.

考虑下述 3 个问题：

顶点覆盖问题(VC)：任给一个无向图 $G=(V,E)$ 和非负整数 $K\leqslant|V|$，问 G 是否有大小(即，顶点数)不超过 K 的顶点覆盖？

团问题：任给一个无向图 $G=(V,E)$ 和非负整数 $J\leqslant|V|$，问 G 是否有大小不小于 J 的团？

独立集问题：任给一个无向图 $G=(V,E)$ 和非负整数 $J\leqslant|V|$，问 G 是否有大小不小于 J 的独立集？

根据引理 10.12，很容易把其中的一个问题多项式时间变换到另一个问题，例如，把顶点覆盖问题多项式时间变换到团问题. 设 $G=(V,E)$ 和 $K\leqslant|V|$ 构成顶点覆盖问题的一个实例，对应的团问题的实例由补图 $\overline{G}=(V,\overline{E})$ 和 $J=|V|-K$ 组成. 因此，只要证明这 3 个问题中的一个是 NP 完全的，就立即得到另外两个的 NP 完全性.

定理 10.13　顶点覆盖问题是 NP 完全的.

证：VC 的非确定型多项式时间算法如下：猜想一下顶点数不超过 K 的顶点子集 V'，然后检查每一条边是否至少有一个顶点在 V' 中. 所以 VC$\in$NP.

要证 3SAT$\leqslant_m$VC. 设变元 $x_1,x_2,\cdots,x_n$，三元合取范式 $F=\bigwedge\limits_{1\leqslant j\leqslant m}C_j$，其中 $C_j=z_{j1}\vee z_{j2}\vee z_{j3}$，每个 z_{jk} 为某个 x_i 或 $\neg x_i$. 这构成 3SAT 的一个实例 I，把它映射到 VC 的实例 $f(I)$. $f(I)$ 由图 $G=(V,E)$ 和 $K=n+2m$ 构成，其中

$$V=V_1\cup V_2,E=E_1\cup E_2\cup E_3,$$
$$V_1=\{x_i,\overline{x_i}\mid 1\leqslant i\leqslant n\},$$
$$V_2=\{(z'_{jk},j)\mid 1\leqslant j\leqslant m,k=1,2,3\},$$
$$E_1=\{\{x_i,\overline{x_i}\}\mid 1\leqslant i\leqslant n\},$$
$$E_2=\{\{(z'_{j1},j),(z'_{j2},j)\},\{(z'_{j2},j),(z'_{j3},j)\},\{(z'_{j1},j),(z'_{j3},j)\}\mid 1\leqslant j\leqslant m\},$$
$$E_3=\{\{z'_{jk},(z'_{jk},j)\}\mid 1\leqslant j\leqslant m,k=1,2,3\},$$

这里当 $z_{jk}=x_i$ 时，$z'_{jk}=x_i$；当 $z_{jk}=\neg x_i$ 时，$z'_{jk}=\overline{x_i}$.

图 G 可分成三部分，每一部分都有自己的功能. 第一部分，对每一个变元 x_i，G 有 2 个顶点 $x_i,\overline{x_i}$ 和 E_1 的一条边 $\{x_i,\overline{x_i}\}$. 为了覆盖 $\{x_i,\overline{x_i}\}$，顶点覆盖集 V' 必须包含 x_i 或 $\overline{x_i}$，分别对应于赋值 $t(x_i)=1$ 或 $t(x_i)=0$.

第二部分，对每一个简单析取式 $C_j=z_{j1}\vee z_{j2}\vee z_{j3}$，$G$ 有 3 个顶点 (z'_{j1},j)，(z'_{j2},j)，(z'_{j3},j) 和 E_2 中连接这 3 个顶点的 3 条边，它们恰好组成一个三角形. 为了覆盖这 3 条边，V' 至少包含这 3 个顶点中的 2 个. 因此，为了覆盖 E_1 和 E_2 中的边，V' 至少包含 V_1 中的 n 个顶点和 V_2 中的 $2m$ 个顶点，共 $n+2m$ 个顶点. 由于限制 $|V'|\leqslant K=n+2m$，故 V' 恰好包含每一对 x_i 和 $\overline{x_i}$ 中的一个，每一个三角形的 2 个顶点.

第三部分是连接 V_1 和 V_2 中顶点的边 E_3. 这些边与 F 有关. 对于每一个 C_j, 把对应于 C_j 中的文字 z_{jk} 的顶点 z'_{jk} 与对应于 C_j 的三角形中的顶点 (z'_{jk}, j) 连接起来 $(k=1,2,3)$. V' 能否覆盖 E_3 取决于对应的赋值 t 是否使 F 为真. 图 10.2 给出一个例子.

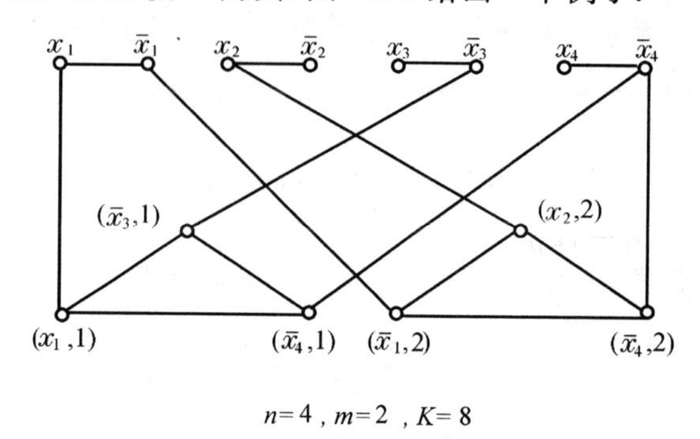

图 10.2　对应于 $F=(x_1 \vee \neg x_3 \vee \neg x_4) \wedge (\neg x_1 \vee x_2 \vee \neg x_4)$ 的图 G

设 t 是 F 的成真赋值. 对每一个 $i(1 \leqslant i \leqslant n)$, 若 $t(x_i)=1$, 则取顶点 x_i; 若 $t(x_i)=0$, 则取顶点 $\overline{x_i}$. 这 n 个顶点覆盖 E_1. 对每一个 $j(1 \leqslant j \leqslant m)$, 由于 $t(C_j)=1$, C_j 中至少有一个文字 z_{jk} 的值为 1. 于是, 从对应的三角形的顶点 (z'_{jk}, j) 引出的边已被顶点 z'_{jk} 覆盖, 取该三角形的另外两个顶点. 这就覆盖这个三角形的 3 条边和引出的另外两条边. 这样得到的 $n+2m$ 个顶点是 G 的一个顶点覆盖.

反之, 设 $V' \subseteq V$ 是 G 的一个顶点覆盖且 $|V| \leqslant K=n+2m$. 根据前面的分析, 每一对 x_i 和 $\overline{x_i}$ 中恰好有一个属于 V', 每一个三角形恰好有两个顶点属于 V'. 对每一个 $i(1 \leqslant i \leqslant n)$, 若 $x_i \in V'$, 则令 $t(x_i)=1$; 若 $\overline{x_i} \in V'$, 则令 $t(x_i)=0$. 对任一个 C_j, 不妨设 $(z'_{j2}, j), (z'_{j3}, j) \in V'$, 边 $\{z'_{j1}, (z'_{j1}, j)\}$ 只能被 z'_{j1} 覆盖, 即 $z'_{j1} \in V'$, 从而 $t(z_{j1})=1$, $t(C_j)=1$. 因此, t 是 F 的成真赋值. 得证, F 是可满足的当且仅当 G 有大小不超过 $K=n+2m$ 的顶点覆盖.

G 有 $2n+3m$ 个顶点、$n+6m$ 条边. G 和 K 都能在多项式时间内构造出来. 从而, 这是一个从 3SAT 到 VC 的多项式时间变换. □

推论 10.14　团问题是 NP 完全的.

推论 10.15　独立集问题是 NP 完全的.

10.4.2　三维匹配问题

三维匹配问题(3DM): 任给集合 $M \subseteq W \times U \times V$, 其中 W, U, V 互不相交且 $|W|=|U|=|V|=q$, 问 M 是否包含一个匹配, 即是否有子集 $M' \subseteq M$ 使得 $|M'|=q$ 且对所有的 $(w_1, u_1, v_1), (w_2, u_2, v_2) \in M'$, $(w_1, u_1, v_1) \neq (w_2, u_2, v_2)$ 蕴涵 $w_1 \neq w_2, u_1 \neq u_2, v_1 \neq v_2$?

这个问题是二部图的完美匹配问题的推广. 二部图的完美匹配问题是问: 任给的一个二部图是否有完美匹配? 这是二维情况下的匹配问题, 它是多项式时间可解的.

定理 10.16　三维匹配问题是 NP 完全的.

证: 猜想 M 的一个由 q 个元素组成的子集, 检查它是否是任意两个不同的元素的坐标都不相同. 检查工作可以在多项式时间内完成, 从而这是 3DM 的一个非确定型多项式时间算法. 所以, 3DM$\in$NP.

要证 3SAT$\leqslant_m$3DM. 任给 3SAT 的一个实例,它由变元 $x_1,x_2,\cdots,x_n$ 和三元合取范式 $F=\bigwedge_{1\leqslant j\leqslant m} C_j$ 组成,对应的 3DM 的实例为:

$$W=\{x_{ij},\overline{x_{ij}}\mid 1\leqslant i\leqslant n,1\leqslant j\leqslant m\},$$
$$U=A\cup S_1\cup G_1,$$
$$A=\{a_{ij}\mid 1\leqslant i\leqslant n,1\leqslant j\leqslant m\},$$
$$S_1=\{s_{1j}\mid 1\leqslant j\leqslant m\},$$
$$G_1=\{g_{1k}\mid 1\leqslant k\leqslant m(n-1)\},$$
$$V=B\cup S_2\cup G_2,$$
$$B=\{b_{ij}\mid 1\leqslant i\leqslant m,1\leqslant j\leqslant n\},$$
$$S_2=\{s_{2j}\mid 1\leqslant j\leqslant m\},$$
$$G_2=\{g_{2k}\mid 1\leqslant k\leqslant m(n-1)\},$$

这里 $q=|W|=|U|=|V|=2nm$. M 的元素按其功能可分为三部分:

$$M=(\bigcup_{1\leqslant i\leqslant n} T_i)\cup(\bigcup_{1\leqslant j\leqslant m} H_j)\cup G.$$

第一部分是 $T_i(1\leqslant i\leqslant n)$. 每一个 T_i 对应一个变量 x_i,它的构造与 F 中的简单析取式的个数 m 有关. T_i 包含"内部"元素 a_{ij} 和 $b_{ij}(1\leqslant j\leqslant m)$及"外部"元素 x_{ij} 和$\overline{x_{ij}}(1\leqslant j\leqslant m)$. "内部"元素 a_{ij} 和 b_{ij} 不出现在T_i以外的 3 元组中,而"外部"元素 x_{ij} 和$\overline{x_{ij}}$会出现在其他 3 元组中. T_i 又可分成两部分 $T_i=T_i^t\cup T_i^f$,其中

$$T_i^t=\{(\overline{x_{ij}},a_{ij},b_{ij})\mid 1\leqslant j\leqslant m\},$$
$$T_i^f=\{(x_{ij},a_{i(j+1)},b_{ij})\mid 1\leqslant j<m\}\cup\{(x_{im},a_{i1},b_{im})\}.$$

当 $m=4$ 时,T_i 如图 10.3 所示.

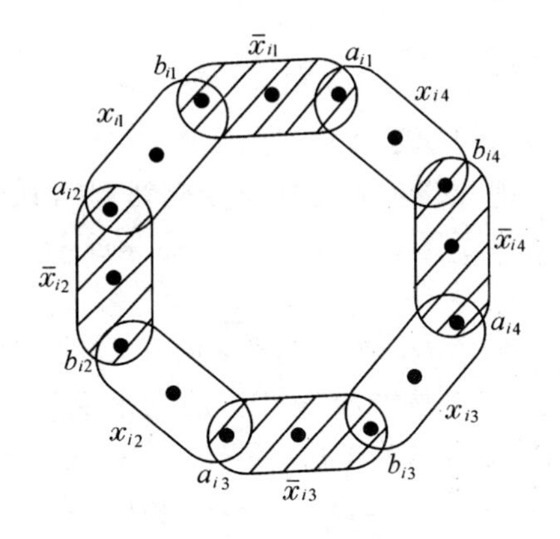

带阴影的部分为T_i^t ,不带阴影的部分为T_i^f

图 10.3　当 $m=4$ 时的 T_i

由于 a_{ij} 和 $b_{ij}(1\leqslant j\leqslant m)$只出现在 T_i 中,任何匹配 M'将恰好包含 T_i 中的 m 个 3 元组,并且可以看出 M'一定是要么包含 T_i^t 的所有 3 元组、要么包含 T_i^f 的所有 3 元组. 于是,M'导出一个真值赋值 t,$t(x_i)=1$ 当且仅当 $M'\cap T_i=T_i^t$.

第二部分是 $H_j(1\leqslant j\leqslant m)$. 每一个 H_j 对应一个简单析取式 C_j,它包含两个"内部"元素 s_{1j} 和

s_{2j}以及 W 中的外部元素. H_j 包含 W 中的哪些元素由 C_j 中的文字决定. 若 $C_j=z_1\vee z_2\vee z_3$,则

$$H_j=\{(z_{lj},s_{1j},s_{2j})\mid l=1,2,3\},$$

这里当 $z_l=x_i$ 时 $z_{lj}=x_{ij}$;当 $z_l=\neg x_i$ 时 $z_{lj}=\overline{x}_{ij}$,$l=1,2,3$. 于是,任何匹配 M'将恰好包含 H_j 中的一个 3 元组. 不妨设这个 3 元组是(z_{1j},s_{1j},s_{2j}),其中 $z_{1j}=x_{ij}$(或 $\overline{x}_{ij}$),则 z_{1j}不出现在 $T_i\cap M'$的 3 元组中. 能做到这一点当且仅当 M'导出的真值赋值 t 使 C_j 为真.

第三部分 G 是一堆"填料". 前两部分已经完成了对 3 元合取范式 F 可满足性的刻划,但是 M'还不是一个完整的匹配. M'包含每一个 T_i 中的 T_i^t 或 T_i^f、包含每一个 H_j 中的一个 3 元组,共有$(n+1)m$ 个 3 元组,还缺 $q-(n+1)m=(n-1)m$ 个. 这$(n+1)m$ 个 3 元组覆盖了 A, B, S_1, S_2 的全部元素以及 W 中的$(n+1)m$ 个元素. W 中尚有$(n-1)m$ 个元素未被覆盖. 为了提供将 M'补充成一个完整的匹配的"原料",添加$(n-1)m$ 个 g_{1k}和$(n-1)m$ 个 g_{2k},它们都是"内部"元素. 将它们与每一个 x_{ij} 和 $\overline{x}_{ij}$ 配成 3 元组,

$$G=\{(x_{ij},g_{1k},g_{2k}),(\overline{x}_{ij},g_{1k},g_{2k})\mid 1\leqslant i\leqslant n,1\leqslant j\leqslant m,1\leqslant k\leqslant (n-1)m\}.$$

只要 M'在第一、二部分中取到所需要的$(n+1)m$ 个 3 元组,就能从 G 中取到$(n-1)m$ 个元素把 M'"填充"成一个匹配.

根据上面的分析,如果 M 包含一个匹配 M',则 M'导出的真值赋值必使 F 成真. 反之,设 t 是 F 的成真赋值,我们如下构造一个匹配 $M'\subseteq M$:对每一个 $i(1\leqslant i\leqslant n)$,若 $t(x_i)=1$ 则 $M'\cap T_i=T_i^t$;若 $t(x_i)=0$ 则 $M'\cap T_i=T_i^f$. 对每一个 $j(1\leqslant j\leqslant m)$,设 $C_j=z_1\vee z_2\vee z_3$. 由于 t 使 C_j 为真,C_j 中的 3 个文字至少有一个在 t 下的值为 1,不妨设 $t(z_1)=1$. 若 $z_1=x_i$ 则 M'包含(x_{ij},s_{1j},s_{2j});若 $z_1=\neg x_i$ 则 M'包含$(\overline{x_{ij}},s_{1j},s_{2j})$. 最后在 G 中选取那些含有未被覆盖的 x_{ij} 或$\overline{x_{ij}}$的 3 元组,这样的 3 元组共有$(n-1)m$ 个. 因此,M 包含一个匹配当且仅当 F 是可满足.

根据 F 构造 M 是直截了当的,M 有 $2mn+3m+2n(n-1)m^2$ 个元素,能够在 m 和 n 的多项式时间内构造完成. 所以,这是从 3SAT 到 3DM 的多项式时间变换. □

10.4.3 Hamilton 回路问题

定理 10.17 Hamilton 回路问题是 NP 完全的.

证:已经知道 HC∈NP. 要把 VC 多项式时间变换到 HC. 设图 $G=(V,E)$和非负整数 $K\leqslant |V|$是 VC 的一个实例. 要构造一个图 $G'=(V',E')$使得 G'有一条 Hamilton 回路当且仅当 G 有大小不超过 K 的顶点覆盖.

图 G'有 K 个"选择器"顶点 $a_1,a_2,\cdots,a_K$,用它们从 G 的顶点集 V 中挑选出 K 个顶点. 对 G 的每一条边 $e\in E$,G'包含一个"覆盖检验"子图,用它来保证这条边至少有一个端点在被挑选出来的 K 个顶点之中. 图 10.4 给出关于边 $e=\{u,v\}$的这种子图 $G'_e=(V'_e,E'_e)$,它有 12 个顶点和 14 条边. V'_e 中只有$(u,e,1)$,$(v,e,1)$,$(u,e,6)$和$(v,e,6)$可以与其他添加的边相关联. 不难验证,G'中任意一条 Hamilton 回路只能按照图 10.5 所示的 3 种方式经过 G'_e 的边.

添加一些边用来连接两个覆盖检验子图,或一个覆盖检验子图与一个选择器顶点. 对 G 的每一个顶点 $v\in V$,把与 v 关联的边(任意地)排列成 $e_v[1],e_v[2],\cdots,e_v[\deg(v)]$,这里 $\deg(v)$是 v 的度数,即与 v 关联的边数. 关于这些以 v 为端点的边的覆盖检验子图用下述边连接在一起:

$$E'_v=\{\{(v,e_v[i],6),(v,e_v[i+1],1)\}\mid 1\leqslant i<\deg(v)\}.$$

如图 10.6 所示,它构成 G'中包含所有形如(v,e,i)的顶点且只包含这些顶点的唯一路径.

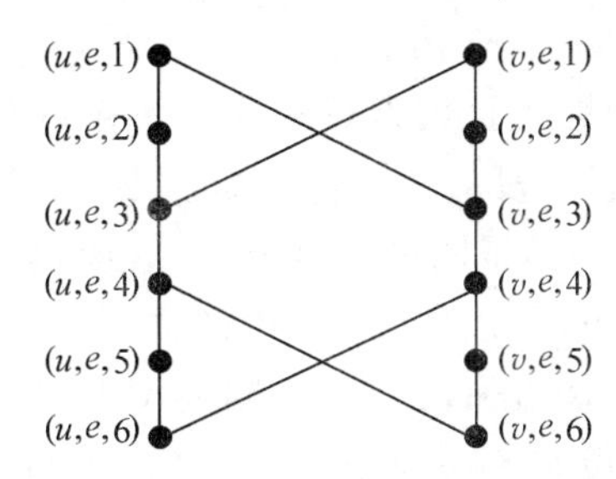

图 10.4　G' 中关于 $e=\{u,v\}$ 的覆盖检验子图 G'_e

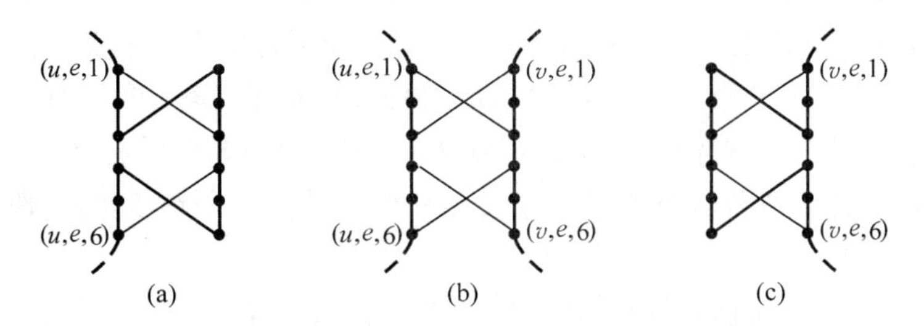

(a) u 属于但 v 不属于这个覆盖；(b) u 和 v 都属于这个覆盖；(c) v 属于但 u 不属于这个覆盖

图 10.5　Hamilton 回路通过 G'_e 的 3 种方式

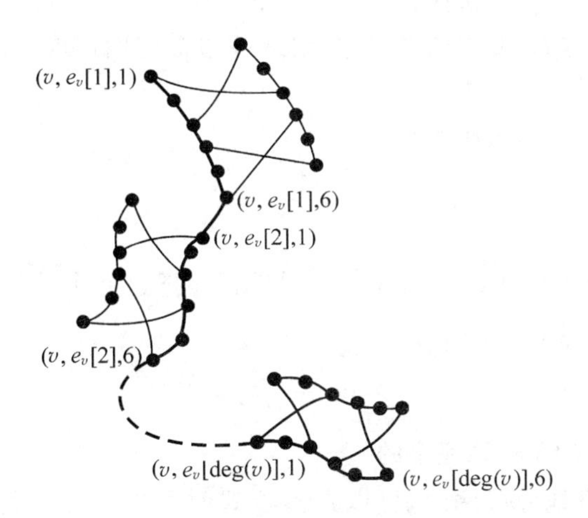

图 10.6　与 E 中以 v 为端点的边对应的覆盖检验子图的连接方式

最后再用边把每一条这样的路径的两个端点与每一个选择器顶点 $a_i(1\leqslant i\leqslant k)$ 连接起来．这些边为：

$$E''=\{\{a_i,(v,e_v[1],1)\},\{a_i,(v,e_v[\deg(v)],6)\}\mid 1\leqslant i\leqslant K,v\in V\}.$$

整个图 $G'=(V',E')$，其中，

$$V'=\{a_i\mid 1\leqslant i\leqslant K\}\cup(\bigcup_{e\in E}V'_e),$$

$$E'=(\bigcup_{e\in E}E'_e)\cup(\bigcup_{v\in V}E'_v)\cup E''.$$

G' 有 $K+12|E|=O(|V|+|E|)$ 个顶点和 $16|E|+(2K-1)|V|=O(|E|+|V|^2)$ 条边，能够

在$|V|$和$|E|$的多项式时间内从G和K构造出G'.

下面证明G'有 Hamilton 回路当且仅当G有大小不超过K的顶点覆盖. 假设C是G'的一条 Hamilton 回路. 考虑C中任意一段从某个选择器顶点a_i到另一个选择器顶点a_j、而中间不再有这种顶点的路径. 根据覆盖检验子图的连接方式,这段路径所经过的覆盖检验子图都恰好对应G中与某个顶点v关联的边,且以图 10.5 中的方式经过每一个覆盖检验子图. 于是,K个选择器顶点把C分成K段$C_1,C_2,\cdots,C_K$,分别对应V中的K个顶点,不妨设依次为$v_1,v_2,\cdots,v_K$. 对于E中的任一条边e,设C_i经过子图G'_e. 而C_i经过的覆盖检验子图都对应于与v_i关联的边,故e与v_i关联. 因此,$\{v_1,v_2,\cdots,v_K\}$是G的一个顶点覆盖.

反之,设$V^*\subseteq V$是G的顶点覆盖且$|V^*|\leqslant K$. 不妨设$|V^*|=K$,因为在V^*中增加一些顶点之后仍是G的顶点覆盖,设$V^*=\{v_1,v_2,\cdots,v_k\}$. 如下选取$G'$中的边,它们恰好构成一条 Hamilton 回路. 对于E中的每一条边$e=\{u,v\}$,根据$\{u,v\}\cap V^*$等于$\{u\}$,$\{u,v\}$或$\{v\}$,从关于e的覆盖检验子图G'_e中分别选择图 10.5(*a*),(*b*)或(*c*)中指明的边,然后选择$E'_{v_i}(1\leqslant i\leqslant K)$中所有的边. 用这些边把从各个覆盖检验子图中选取出来的边连成K段路段,每一段对应V^*中的一个顶点. 最后,选择边

$$\{a_i,(v_i,e_{v_i}[1],1)\},\quad 1\leqslant i\leqslant K,$$

$$\{a_{i+1},(v_i,e_{v_i}[\deg(v_i)],6)\},\quad 1\leqslant i<K$$

以及

$$\{a_1,(v_K,e_{v_K}[\deg(v_K)],6)\}.$$

把K个选择器顶点插入这K段路径之间,并用这些边把它们连成一条 Hamilton 回路. □

根据例 10.1 可得到

推论 10.18 货郎问题是 NP 完全的.

10.4.4 划分问题

划分问题:任给n个正整数$a_1,a_2,\cdots,a_n$,问是否能把这n个数均匀地分成两部分,即是否存在$I'\subseteq I=\{1,2,\cdots,n\}$使得

$$\sum_{i\in I'}a_i=\sum_{i\in I-I'}a_i?$$

定理10.19 划分问题是 NP 完全的.

证: 把给定的数任意地分成两组,可以在多项式时间内计算出每一组的和并且比较这两个和是否相等,因此该问题在 NP 中.

要把 3DM 多项式时间变换到划分问题. 设集合W,U,V以及$M\subseteq W\times U\times V$是 3DM 的任意一个实例,其中,

$$W=\{w_1,w_2,\cdots,w_q\},$$

$$U=\{u_1,u_2,\cdots,u_q\},$$

$$V=\{v_1,v_2,\cdots,v_q\},$$

$$M=\{m_1,m_2,\cdots,m_k\}.$$

对应的划分问题的实例由$k+2$个数$a_1,a_2,\cdots,a_k,b_1,b_2$组成. a_i和 3 元组m_i相关联. a_i用二进制表示给出,把这个二进制表示分成$3q$段. 每一段有$p=\lceil\log_2(k+1)\rceil$位,标着$W\cup U\cup V$

中的一个元素，如图 10.7 所示. 设 $m_i=(w_{f(i)},u_{g(i)},v_{h(i)})$，则 a_i 的 $w_{f(i)},u_{g(i)},v_{h(i)}$ 段的最右一位为 1，其余为 0，即

$$a_i = 2^{p(3q-f(i))}+2^{p(2q-g(i))}+2^{p(q-h(i))}.$$

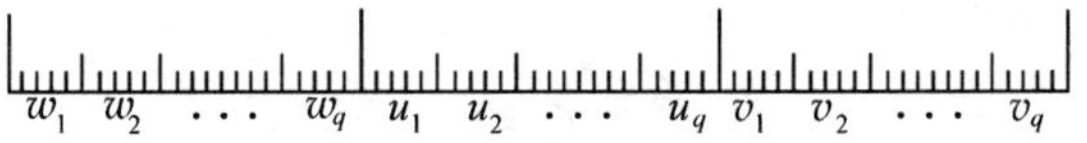

w_1 w_2 ... w_q u_1 u_2 ... u_q v_1 v_2 ... v_q

图 10.7 a_i 的二进制表示

注意到 $\sum_{i=1}^{k} a_i$ 在每一段至多是 $k\leqslant 2^p-1$，故在计算这个和的过程中不会出现从一段到另一段的进位. 于是若干 a_i 的和中某一段（如 w_1 段）的值恰好是对应的几个 m_i 中含有该段标记（如 w_1）的个数. 例如，若 $a_1+a_7+a_8$ 的 w_1 段的值为 2，则 m_1,m_7,m_8 中共含有 2 个 w_1.

令

$$B=\sum_{j=0}^{3q-1}2^{pj}.$$

它的二进制表示恰好是每一段的最右一位为 1，其余均为 0. 于是，对任意的 $I'\subseteq I=\{1,2,\cdots,k\}$，$\sum_{i\in I'}a_i=B$ 当且仅当 $M'=\{m_i\mid i\in I'\}$ 是一个匹配.

但是，当 $\sum_{i\in I'}a_i=B$ 时，$\sum_{i\in I-I'}a_i=A-B$ 不一定恰好等于 B，其中 $A=\sum_{i=1}^{k}a_i$. 因而引入 b_1 和 b_2 使得

$$B+b_1=A-B+b_2,$$

取 $b_1=2A-B$，$b_2=A+B$. 不难看到，任给 $M\subseteq W\times U\times V$，每个数有 $3qp$ 位，可以在 q 和 k 的多项式时间内构造出这 $k+2$ 个数 $a_1,a_2,\cdots,a_k,b_1,b_2$.

设 $M'\subseteq M$ 是一个匹配，取

$$I'=\{i\mid m_i\in M'\},$$

则有

$$\sum_{i\in I'}a_i+b_1=B+2A-B=2A,$$

$$\sum_{i\in I-I'}a_i+b_2=A-B+A+B=2A,$$

两者相等.

反之，设能把 $a_1,a_2,\cdots,a_k,b_1,b_2$ 均分成两部分. 注意到 $b_1+b_2=3A>\frac{1}{2}\left(\sum_{i=1}^{k}a_i+b_1+b_2\right)=2A$，$b_1$ 和 b_2 不可能在同一部分. 于是，存在 $I'\subseteq I$ 使得

$$\sum_{i\in I'}a_i+b_1=\sum_{i\in I-I'}a_i+b_2=2A,$$

得

$$\sum_{i\in I'}a_i=B.$$

从而，$M'=\{m_i\mid i\in I'\}\subseteq M$ 是一个匹配. 因此，这个变换是从 3DM 到划分问题的多项式时间变换. □

利用划分问题的 NP 完全性,容易证明下述两个问题是 NP 完全的.

背包问题:任给一个有穷物品集 A,每一件物品 $a\in A$ 的大小为 $s(a)\in Z^+$、价值为 $v(a)\in Z^+$,以及背包的容量 $B\in Z^+$ 和价值目标 $K\in Z^+$,问是否能在背包内装入价值不低于 K 的物品,即是否存在 $A'\subseteq A$ 使得

$$\sum_{a\in A'}s(a)\leqslant B \text{ 且} \sum_{a\in A'}v(a)\geqslant K?$$

双机调度问题:任给有穷的工件集 A,每一个工件 $a\in A$ 的加工时间为 $t(a)\in Z^+$,以及时间限制 $D\in Z^+$,有两台相同的机器,每一个工件可以在任一台机器上加工. 问是否能在限定的时间内加工完所有的工件,即是否能把 A 划分成两个不相交的集合 $A=A_1\cup A_2$ 使得对每一个 $i(i=1,2)$ 都有 $\sum\limits_{a\in A_i}t(a)\leqslant D$?

划分问题可以看作是这两个问题的特殊情况,从而容易把划分问题多项式时间变换到这两个问题. 限制每一件物品的大小 $s(a)$ 等于它的价值 $v(a)$,并且限制背包的容量 $B=\lfloor\frac{1}{2}\sum\limits_{a\in A}s(a)\rfloor$,价值目标 $K=\lceil\frac{1}{2}\sum\limits_{a\in A}s(a)\rceil$,则背包问题成为是否能将 $\{s(a)\mid a\in A\}$ 划分的问题. 时间限制 $D=\lfloor\frac{1}{2}\sum\limits_{a\in A}t(a)\rfloor$,则双机调度问题成为划分问题.

推论 10.20 背包问题是 NP 完全的.

推论 10.21 双机调度问题是 NP 完全的.

10.4.5 整数线性规划

整数线性规划是用途非常广泛的最优化模型,它的一般形式是

$$\begin{aligned}&\min \boldsymbol{c}^T\boldsymbol{x},\\&\text{s.t. } \boldsymbol{Ax}\geqslant\boldsymbol{b},\\&\boldsymbol{x}\geqslant\boldsymbol{0},\text{整数},\end{aligned}$$

这里 $\boldsymbol{A}$ 是 $m\times n$ 的整数矩阵,$\boldsymbol{c}$ 是 n 维整数列向量,$\boldsymbol{b}$ 是 m 维整数列向量,$\boldsymbol{x}$ 是待定的 n 维向量,它的分量都是非负整数. $\boldsymbol{c}^T$ 是 $\boldsymbol{c}$ 的转置. s. t. 是 subject to 的缩写. $\boldsymbol{c}^T\boldsymbol{x}$ 是目标函数,$\boldsymbol{Ax}\geqslant\boldsymbol{b}$是 n 个约束条件. 它们都是线性的.

按照我们的标准做法,对应的判定问题在实例中添加一个整数 d,问是否存在非负整数向量 $\boldsymbol{x}$ 使得 $\boldsymbol{c}^T\boldsymbol{x}\leqslant\boldsymbol{d}$ 且 $\boldsymbol{Ax}\geqslant\boldsymbol{b}$?

$\boldsymbol{c}^T\boldsymbol{x}\leqslant\boldsymbol{d}$ 等价于 $-\boldsymbol{c}^T\boldsymbol{x}\geqslant-\boldsymbol{d}$,可以把它与原有的约束条件 $\boldsymbol{Ax}\geqslant\boldsymbol{b}$ 合并在一起. 于是,对应的判定问题可写成下述形式.

整数线性规划问题(ILP):任给 $m\times n$ 整数矩阵 $\boldsymbol{A}$ 和 m 维整数向量 $\boldsymbol{b}$,问下述问题

$$\begin{aligned}&\boldsymbol{Ax}\geqslant\boldsymbol{b},\\&\boldsymbol{x}\geqslant\boldsymbol{0},\text{整数}\end{aligned}\tag{10.1}$$

是否有解?

引理 10.22 整数线性规划问题是 NP 难的.

证:把 3SAT 多项式时间变换到 ILP. 设变元 $x_1,x_2,\cdots,x_n$ 和 3 元合取范式$F=\bigwedge\limits_{1\leqslant j\leqslant m}C_j$,其中 $C_j=z_{j1}\vee z_{j2}\vee z_{j3}$,每一个 z_{jk}等于某个 x_i 或$\neg x_i$. 如下构造对应的 ILP 实例 I:

$$x_i+\overline{x_i}\geqslant 1,$$
$$-x_i-\overline{x_i}\geqslant -1,\qquad 1\leqslant i\leqslant n,$$
$$z'_{j1}+z'_{j2}+z'_{j3}\geqslant 1,\qquad 1\leqslant j\leqslant m,$$
$$x_i\geqslant 0,\overline{x_i}\geqslant 0,\text{整数},\qquad 1\leqslant i\leqslant n,$$

这里当 $z_{jk}=x_i$ 时，$z'_{jk}=x_i$；当 $z_{jk}=\neg x_i$ 时，$z'_{jk}=\overline{x}_i$，$(1\leqslant j\leqslant m,k=1,2,3)$. 构造可在 m 和 n 的多项式时间内完成.

对每一个 $i(1\leqslant i\leqslant n)$，存在非负整数 x_i 和$\overline{x_i}$使得 $x_i+\overline{x_i}\geqslant 1$ 且 $-x_i-\overline{x_i}\geqslant -1$ 当且仅当 x_i 和$\overline{x_i}$中恰好一个为 1，而另一个为 0. 这恰好对应于对变元 x_i 的真值赋值.

对每一个 $j(1\leqslant j\leqslant m)$，$z'_{j1}+z'_{j2}+z'_{j3}\geqslant 1$ 当且仅当 z'_{j1},z'_{j2},z'_{j3} 中至少有一个的值为 1，从而这又当且仅当 C_j 取真值.

根据上述分析，容易看出：F 是可满足的当且仅当实例 I 有解. □

和前面的问题不同，ILP 属于 NP 的证明并不容易. 主要困难是不等式组(10.1)的解中可能出现很大的数，这样的解不能作为证据，因为它不是简短的，使得验证不能在多项式时间内完成. 为了克服这个困难，下面先给出几个预备知识.

设 $\boldsymbol{A}=(a_{ij})$ 是 $m\times n$ 的整数矩阵，$\boldsymbol{b}=(b_1,b_2,\cdots,b_m)^{\mathrm{T}}$ 是 m 维整数向量. 记 $\boldsymbol{A}$ 的第 i 行为 $\boldsymbol{a}_i(1\leqslant i\leqslant m)$，$a$ 为 A 的元素的最大绝对值，$q=\max(m,n)$.

引理 10.23　设 $\boldsymbol{B}$ 是 $\boldsymbol{A}$ 的一个 $r\times r$ 的子方阵，则 $|\det(\boldsymbol{B})|\leqslant(qa)^q$.

证：$\det(\boldsymbol{B})$有 $r!$ 项，每一项是 $\boldsymbol{A}$ 中 r 个元素的乘积，其绝对值不超过 a^r. 故

$$|\det(\boldsymbol{B})|\leqslant r!a^r\leqslant(ra)^r\leqslant(qa)^q.$$ □

引理 10.24　设 $\boldsymbol{A}$ 的秩为 r. 如果 $1\leqslant r<n$，则存在非零整数向量 $\boldsymbol{z}=(z_1,z_2,\cdots,z_n)^{\mathrm{T}}$ 使得 $\boldsymbol{Az}=0$且对每一个 $j(1\leqslant j\leqslant n)$，$|z_j|\leqslant(aq)^q$.

证：不妨设 $\boldsymbol{A}$ 的左上角的 $r\times r$ 子方阵 $\boldsymbol{B}$ 的秩等于 r. 把 $\boldsymbol{A}$ 的前 r 行记作 $\boldsymbol{C}$，后 $m-r$ 行记作 $\boldsymbol{D}$. 由于 $\boldsymbol{A}$ 的秩等于 r，C 的 r 行是 A 的 m 行的一个极大线性无关组，故存在$(m-r)\times n$ 的矩阵 $\boldsymbol{P}$ 使得 $\boldsymbol{D}=\boldsymbol{PC}$. 若 $\boldsymbol{Cz}=\boldsymbol{0}$，则 $\boldsymbol{Dz}=\boldsymbol{PCz}=\boldsymbol{0}$. 因此，只要 $\boldsymbol{Cz}=\boldsymbol{0}$，就有 $\boldsymbol{Az}=\boldsymbol{0}$.

考虑方程组

$$\boldsymbol{Cz}=\boldsymbol{0},$$

取 $z_n=-\det(\boldsymbol{B})$，$z_{r+1}=\cdots=z_{n-1}=0$，注意到 $\boldsymbol{C}$ 的前 r 列是 $\boldsymbol{B}$，方程组可写成

$$\boldsymbol{By}=\det(\boldsymbol{B})\boldsymbol{c}_n,\tag{10.2}$$

其中 $\boldsymbol{y}=(z_1,\cdots,z_r)^T$，$\boldsymbol{c}_n$ 是 $\boldsymbol{C}$ 的第 n 列. 由 Cram 法则，(10.2)式有唯一解

$$z_i=\det(\boldsymbol{B}_i),\quad 1\leqslant i\leqslant r,$$

其中 $\boldsymbol{B}_i$ 是用 $\boldsymbol{c}_n$ 替换 $\boldsymbol{B}$ 的第 i 列后得到的方阵. 根据引理 10.23，这样得到的 $\boldsymbol{z}$ 满足引理的要求. □

引理 10.25　设 $\boldsymbol{A}$ 的秩等于 n. 如果

$$\boldsymbol{Ax}\geqslant\boldsymbol{b}\tag{10.3}$$

有整数解，则存在(10.3)式的整数解 $\boldsymbol{x}$ 和 $\boldsymbol{A}$ 的 k 行(不妨设为 $\boldsymbol{a}_1,\boldsymbol{a}_2,\cdots,\boldsymbol{a}_k$)使得

$$b_i\leqslant\boldsymbol{a}_i\boldsymbol{x}<b_i+(aq)^{q+1},\quad 1\leqslant i\leqslant k$$

且这 k 行的秩等于 n.

证：设 $\boldsymbol{x}_0$ 是(10.3)式的整数解. 不妨设

$$b_i \leqslant \boldsymbol{a}_i\boldsymbol{x}_0 < b_i + (qa)^{q+1}, \quad 1 \leqslant i \leqslant k_0,$$
$$\boldsymbol{a}_i\boldsymbol{x}_0 \geqslant b_i + (qa)^{q+1}, \quad k_0 < i \leqslant m.$$

记 $\boldsymbol{C}$ 为 k_0 行 $\boldsymbol{a}_1,\boldsymbol{a}_2,\cdots,\boldsymbol{a}_{k_0}$ 构成的矩阵. 如果 $\boldsymbol{C}$ 的秩等于 n,则引理已经得证. 否则由引理 10.24,当 $k_0 \geqslant 1$ 时,存在非零整数向量 $\boldsymbol{z}$ 使得 $\boldsymbol{Cz}=\boldsymbol{0}$ 且 $\boldsymbol{z}$ 的每一个分量的绝对值都不超过 $(qa)^q$. 当 $k_0=0$ 时,取 $\boldsymbol{z}=((qa)^q,\cdots,(qa)^q)$. 于是,对任意的整数 d,

$$\boldsymbol{a}_i(\boldsymbol{x}_0 + d\boldsymbol{z}) = \boldsymbol{a}_i\boldsymbol{x}_0, \quad 1 \leqslant i \leqslant k_0,$$
$$\boldsymbol{a}_i(\boldsymbol{x}_0 + d\boldsymbol{z}) = \boldsymbol{a}_i\boldsymbol{x}_0 + d\boldsymbol{a}_i\boldsymbol{z}, \quad k_0 < i \leqslant m.$$

由于 $|\boldsymbol{a}_i\boldsymbol{z}| \leqslant na(qa)^q \leqslant (qa)^{q+1}$ 以及当 $i > k_0$ 时 $\boldsymbol{a}_i\boldsymbol{x}_0 > b_i + (qa)^{q+1}$,可以适当地选取 d 使得

$$\boldsymbol{a}_i(\boldsymbol{x}_0 + d\boldsymbol{z}) \geqslant b_i, \quad i > k_0$$

且至少有一个 $t > k_0$ 使得

$$b_t \leqslant \boldsymbol{a}_t(\boldsymbol{x}_0 + d\boldsymbol{z}) < b_t + (qa)^{q+1}.$$

不妨设当 $k_0 < t \leqslant k_1$ 时,

$$b_t \leqslant \boldsymbol{a}_t(\boldsymbol{x}_0 + d\boldsymbol{z}) < b_t + (qa)^{q+1}.$$

于是,令 $\boldsymbol{x}_1 = \boldsymbol{x}_0 + d\boldsymbol{z}$,则有

$$b_i \leqslant \boldsymbol{a}_i\boldsymbol{x}_1 < b_i + (qa)^{q+1}, \quad 1 \leqslant i \leqslant k_1,$$
$$\boldsymbol{a}_i\boldsymbol{x}_1 \geqslant b_i + (qa)^{q+1}, \quad k_1 < i \leqslant m,$$

这里 $k_1 > k_0$.

以 $\boldsymbol{x}_1$ 代替 $\boldsymbol{x}_0$,$\boldsymbol{a}_1,\boldsymbol{a}_2,\cdots,\boldsymbol{a}_{k_1}$ 代替 $\boldsymbol{a}_1,\boldsymbol{a}_2,\cdots,\boldsymbol{a}_{k_0}$,重复上述过程. 经过有限次重复一定可以得到引理所要求的 $\boldsymbol{x}$ 和 $\boldsymbol{A}$ 的 k 行. □

定理 10.26 整数线性规划问题是 NP 完全的.

证:引理 10.22 已经证明该问题是 NP 难的,现在只需证明 ILP 在 NP 中.

令

$$\overline{\boldsymbol{A}} = \begin{pmatrix} \boldsymbol{A} \\ \boldsymbol{E} \end{pmatrix}, \quad \overline{\boldsymbol{b}} = \begin{pmatrix} \boldsymbol{b} \\ \boldsymbol{0} \end{pmatrix},$$

其中 $\boldsymbol{E}$ 是 n 阶单位矩阵,$\boldsymbol{0}$ 是 n 维零向量,$\overline{\boldsymbol{A}}$ 是 $(m+n)\times n$ 的整数矩阵,其秩等于 n. $\overline{\boldsymbol{A}}$ 的 $m+n$ 行依次记作 $\boldsymbol{a}_1,\boldsymbol{a}_2,\cdots,\boldsymbol{a}_{m+n}$,$\overline{\boldsymbol{b}}$ 的 $m+n$ 个元素依次记作 $b_1,b_2,\cdots,b_{m+n}$. 显然,(10.1)式可写成

$$\overline{\boldsymbol{A}}\boldsymbol{x} \geqslant \overline{\boldsymbol{b}}. \tag{10.4}$$

根据引理 10.25,如果(10.4)式有整数解,则存在整数解 $\boldsymbol{x}$ 和 $\overline{\boldsymbol{A}}$ 的 k 行,不妨设为 $\boldsymbol{a}_1,\boldsymbol{a}_2,\cdots,\boldsymbol{a}_k$,使得

$$b_i \leqslant \boldsymbol{a}_i\boldsymbol{x} < b_i + ((m+n)a)^{m+n+1}, \quad 1 \leqslant i \leqslant k$$

且 $\boldsymbol{a}_1,\boldsymbol{a}_2,\cdots,\boldsymbol{a}_k$ 的秩等于 n.

令 $c_i = \boldsymbol{a}_i\boldsymbol{x}$,有 $b_i \leqslant c_i < b_i + ((m+n)a)^{m+n+1}$. 由于 $\boldsymbol{a}_1,\boldsymbol{a}_2,\cdots,\boldsymbol{a}_k$ 的秩等于 n,给定 $c_1,c_2,\cdots,c_k$,线性方程组

$$\boldsymbol{a}_i\boldsymbol{x} = c_i, \quad 1 \leqslant i \leqslant k$$

有唯一解.

于是,下述过程是关于 ILP 的非确定型算法:

(1) 猜想 $\overline{\boldsymbol{A}}$ 的 k 行,不妨设是 $\boldsymbol{a}_1,\boldsymbol{a}_2,\cdots,\boldsymbol{a}_k$. 猜想 k 个整数 c_i,满足条件 $b_i \leqslant c_i < b_i +$

$((m+n)a)^{m+n+1}$，　$1\leqslant i\leqslant k$.

(2) 检查 $\boldsymbol{a}_1,\boldsymbol{a}_2,\cdots,\boldsymbol{a}_k$ 的秩是否等于 n. 若秩小于 n,则回答“否”,结束.

(3) 解线性方程组

$$\boldsymbol{a}_i\boldsymbol{x}=c_i,\quad 1\leqslant i\leqslant k,$$

设解为 $\boldsymbol{x}$.

(4) 检查 $\boldsymbol{x}$ 是否是整数解. 若不是则回答“否”,结束.

(5) 检查 $\boldsymbol{x}$ 是否满足其余的 $m+n-k$ 个不等式

$$\boldsymbol{a}_i\boldsymbol{x}\geqslant b_i,\quad k+1\leqslant i\leqslant m+n,$$

若都满足则回答“是”;否则回答“否”,结束.

ILP 的实例 I 的规模取作 $|I|=mn+\log_2(\alpha+1)$,其中 $\alpha=\max\{a,|b_1|,|b_2|,\cdots,|b_m|\}$. 注意到猜想的 c_i 的二进制表示的长度不超过 $(m+n+1)\log_2(2(m+n)\alpha+1)$,上述过程可以在 $|I|$ 的多项式时间内完成. □

练　　习

10.4.1　给出下述问题之间的多项式时间变换:

(1) 从顶点覆盖问题到独立集问题;

(2) 从独立集问题到团问题.

10.4.2　对图 10.2 中的合取范式 F 和对应的图 G.

(1) 给出 F 的一个成真赋值及其 G 中对应的顶点数为 $K=8$ 的顶点覆盖;

(2) 给出 G 的一个顶点数不超过 $K=8$ 的顶点覆盖及其 F 的对应的成真赋值.

10.4.3　设三元合取范式

$$F=(x_1\vee x_1\vee\neg x_2)\wedge(\neg x_1\vee x_2\vee\neg x_2).$$

(1) 按照定理 10.16 证明中的多项式时间变换,给出对应的 3DM 的实例 I;

(2) 给出 F 的一个成真赋值及其 I 对应的匹配;

(3) 给出 I 的一个匹配及其 F 对应的成真赋值.

10.4.4　证明练习 10.1.2 中的问题是 NP 完全的.

10.4.5　证明练习 10.1.3 中优化问题对应的判定问题是 NP 完全的.

10.4.6　修改定理 10.17 证明中的多项式时间变换,证明下述两个与 HC 相关的问题也是 NP 完全的.

(1) **Hamilton 通路**:任给一个图 G,问:G 中是否有 Hamilton 通路? 所谓 Hamilton 通路是一条经过每一个顶点且每一个顶点只经过一次的通路.

(2) **两点间的 Hamilton 通路**:任给一个图 G 和两个顶点 u,v,问:G 中是否有从 u 到 v 的 Hamilton 通路?

10.4.7　把下述问题表成 ILP:

(1) 团问题;

(2) 背包问题;

(3) 双机调度问题.

10.5　coNP

在补运算下,P 类是封闭的,即若 $L\in\mathrm{P}$,则 $\overline{L}\in\mathrm{P}$(练习 10.1.4). 但是,NP 类在补运算下

的封闭性至今尚未解决.

定义 10.3 $\mathrm{coNP}=\{L \mid \overline{L}\in \mathrm{NP}\}$.

［**例 10.2**］ Hamilton 回路问题的补问题$\overline{\mathrm{HC}}$是问：任给一个图 G，G 是否没有 Hamilton 回路？

为了验证 G 没有 Hamilton 回路，除了检查顶点的所有可能的排列，至今还没有在实质上更好的办法. 顶点的所有排列不是一个“简短证据”. 它的长度是顶点数的指数，不可能在多项式时间内验证这样的证据. 事实上，至今不知道$\overline{\mathrm{HC}}$是否在 NP 中.

人们猜想：NP≠coNP. 由于 NP≠coNP 蕴涵 P≠NP(P=NP 蕴涵 NP=coNP)，所以这个猜想是比 P≠NP 更强的猜想.

可以和 NP 一样地定义 coNP 完全语言.

定义 10.4 如果 $L\in \mathrm{coNP}$，并且 $\forall L'\in \mathrm{coNP}$，$L'\leqslant_m L$，则称 L 是 **coNP 完全的.**

引理 10.27 如果 $L\leqslant_m L'$，则 $\overline{L}\leqslant_m \overline{L'}$.

证：从 L 到 L' 的多项式时间变换同时也是 $\overline{L}$ 到$\overline{L'}$的多项式时间变换. □

由该引理立即得到：L 是 NP 完全的当且仅当 $\overline{L}$ 是 coNP 完全的.

定理 10.28 如果存在 NP 完全的语言 $L\in \mathrm{coNP}$，则 NP=coNP.

证：由引理 10.27，$\overline{L}$ 是 coNP 完全的. 又已知 $L\in \mathrm{coNP}$，故 $\overline{L}\in \mathrm{NP}$. 根据定理 10.3(2)，有 coNP⊆NP.

又设 $L'\in \mathrm{NP}$，则$\overline{L'}\in \mathrm{coNP}\subseteq \mathrm{NP}$，推得 $L'\in \mathrm{coNP}$. 从而 NP⊆coNP.

得证 NP=coNP. □

最后，给出 coNP 与 PSPACE 的关系.

定理 10.29 coNP⊆PSPACE.

证：不难证明 PSPACE 在补运算下封闭，已知 NP⊆PSPACE，故 coNP⊆PSPACE. □

假设 NP≠coNP，PSPACE、NP、coNP 以及 P 的关系如图 10.8 所示，其中 NPC 是所有 NP 完全语言组成的集合，coNPC 是所有 coNP 完全语言(亦即 NP 完全语言的补)组成的集合. $\mathrm{P}\subseteq \mathrm{NP}\cap \mathrm{coNP}$，但这个包含关系是否是真包含也没有解决. 此外，可以证明：假设 P≠NP，则 NP 中存在既不是 NP 完全的、又不在 P 中的语言，即 $\mathrm{NP}-(\mathrm{P}\cup \mathrm{NPC})\neq\varnothing$. 同样地，也有 $\mathrm{coNP}-(\mathrm{P}\cup \mathrm{coNPC})\neq\varnothing$.

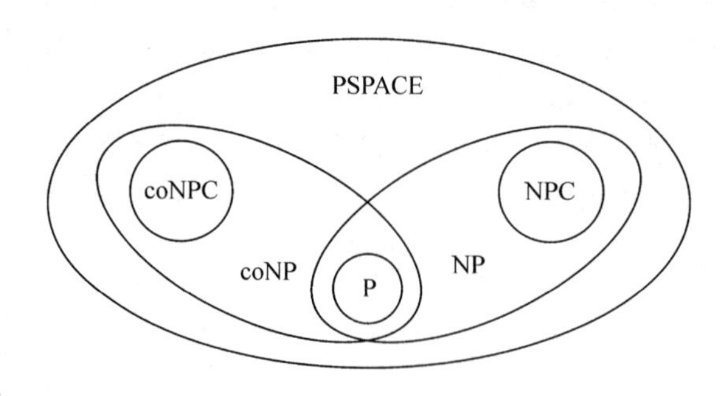

图 10.8 假设 NP≠coNP

练　　习

10.5.1　证明：L 是 NP 完全的当且仅当 $\overline{L}$ 是 coNP 完全的.

10.5.2　如果 $L_1 \leqslant_m L_2$ 且 $L_2 \in$ coNP，则 $L_1 \in$ coNP.

习　　题

10.1　证明：P 类在星号运算下封闭. 提示：设 $L \in$ P，对任意的输入 $x = x_1 x_2 \cdots x_n$，采用动态规划算法，对所有的 $1 \leqslant i \leqslant j \leqslant n$，检查 $x_i \cdots x_j$ 是否属于 L^*.

10.2　证明：NP 类在星号运算下封闭.

证明下述问题是 NP 完全的.

10.3　**击中集**：任给有穷集 $S, C \subseteq P(S)$ 和正整数 K，问：S 是否有 C 的大小不超过 K 的击中集？即，是否有一个子集 $S' \subseteq S$，$|S'| \leqslant K$，且 $\forall A \in C, S' \cap A \neq \varnothing$？

10.4　**子集和**：任给有穷的正整数集合 A 和正整数目标值 b，问：A 是否有一个子集，其元素之和恰好等于 b？

10.5　**度数有界的生成树**：任给图 $G=(V,E)$ 和正整数 $K \leqslant |V|-1$，问：G 是否有一颗所有顶点的度数不超过 K 的生成树？

10.6　**最长通路**：任给一个图 $G=(V,E)$ 以及正整数 $K \leqslant |V|$，问：G 中是否有一条边数不少于 K 的初级(即，顶点不重复的)通路？

10.7　**区间排序**：任给有穷的任务集 T，每一件任务 $t \in T$ 有一个开放时间 $r(t)$、一个截止时间 $d(t)$ 和执行时间 $l(t)$，这里 $r(t)$、$d(t)$、$l(t)$ 都是非负整数. 问：是否存在关于 T 的可行调度表，即是否存在函数 $\sigma: T \to N$ 使得对每一个 $t \in T$ 满足下述条件

(1) $\sigma(t) \geqslant r(t)$；

(2) $\sigma(t) + l(t) \leqslant d(t)$；

(3) 如果 $t' \in T - \{t\}$，则要么 $\sigma(t') + l(t') \leqslant \sigma(t)$，要么 $\sigma(t) + l(t) \leqslant \sigma(t')$？

提示：把划分问题多项式时间变换到该问题.

10.8　**最少拖延排序**：任给任务集 T，每一件任务 $t \in T$ 的执行时间为 1、截止时间为 $d(t) \in Z^+$，此外还有 T 上的偏序关系 $\preccurlyeq$ 以及非负整数 $K \leqslant |T|$. 问：是否存在关于 T 的调度表 $\sigma: T \to \{0, 1, \cdots, |T|-1\}$ 满足下述条件：

(1) 如果 $t \neq t'$，则 $\sigma(t) \neq \sigma(t')$；

(2) 如果 $t \preccurlyeq t'$，则 $\sigma(t) \leqslant \sigma(t')$；

(3) $|\{t \in T \mid \sigma(t) + 1 > d(t)\}| \leqslant K$？

提示：把团问题多项式时间变换到该问题.

10.9　**可着三色**：任给一个图 $G=(V,E)$，问：G 是否是可着三色的，即是否存在函数 $f: V \to \{1,2,3\}$ 使得只要 $\{u,v\} \in E$ 就有 $f(u) \neq f(v)$？

提示：把 3SAT 多项式时间变换到该问题.

10.10　**图的 Grundy 编号**：任给一个有向图 $D=(V,A)$，问：是否有一个编号 $l: V \to N$，使得对于每一个 $v \in V$，$l(v)$ 是不在集合 $\{l(u) \mid u \in V, (v,u) \in A\}$ 内的最小数？

提示：把 3SAT 多项式时间变换到该问题.

第十一章　NP 类的外面

11.1　PSPACE 完全问题

11.1.1　PSPACE 完全性

和 NP 完全性一样，PSPACE 完全性也是相对于多项式时间变换的.

定义 11.1　如果 $\forall L' \in \mathrm{PSPACE}$, $L' \leqslant_m L$，则称 L 是 **PSPACE 难的**.

如果 L 是 PSPACE 难的且 $L \in \mathrm{PSPACE}$，则称 L 是 **PSPACE 完全的**.

对比定理 10.4 和 10.6，有下述结论.

定理 11.1　如果存在 PSPACE 难的语言 $L \in \mathrm{P}$，则 PSPACE＝P.

如果存在 PSPACE 难的语言 $L \in \mathrm{NP}$，则 PSPACE＝NP.

推论 11.2　设 L 是 PSPACE 难的. 如果 PSPACE≠P，则 $L \notin \mathrm{P}$. 如果 PSPACE≠NP，则 $L \notin \mathrm{NP}$.

研究人员普遍相信 PSPACE≠NP，因而把 PSPACE 难的看作是比 NP 难的更强的难解性证据.

定理 11.3　如果存在 PSPACE 难的语言 L' 使得 $L' \leqslant_m L$，则 L 也是 PSPACE 难的.

11.1.2　带量词的布尔公式

在谓词逻辑中有两个量词：全称量词 $\forall$ 和存在量词 $\exists$. $\forall$ 表示“对所有的”或“对每一个”，$\exists$ 表示“存在一个”或“有一个”. 下面考虑带量词的布尔公式. 例如，

$$\exists x(x \vee y \rightarrow \forall y(x \wedge y))$$

是一个带量词的布尔公式. 在每一个量词的后面紧跟着一个变元，称这个变元为**指导变元**. 如上式中跟在 $\exists$ 后的 x 和跟在 $\forall$ 后的 y 是两个指导变元. 量词的作用范围是紧跟其后的一对括号内的部分，称作该量词的**辖域**. 指导变元在其辖域内的出现称作**约束出现**，非约束出现的变元称作**自由变元**. 上式中 $\exists$ 的辖域是后面的整个式子，x 的两次出现都是约束出现. $\forall$ 的辖域是 $x \wedge y$，y 在整个式子中的第一次出现是非约束出现，这个 y 是自由变元. y 的第二次出现是约束出现. 实际上，这两个 y 是两个不同的变元，如同两个同姓同名的人一样. 可以通过换名，即给其中的一个另起名字，把两者区分开来. 例如可把上式改写成

$$\exists x(x \vee y \rightarrow \forall z(x \wedge z))$$

对指导变元及其在辖域内的约束出现换名不改变式子的值.

没有自由变元出现的公式称作**封闭的**，简称**闭式**，又称作**全量化的布尔公式**.

形如

$$Q_1 x_1 Q_2 x_2 \cdots Q_k x_k F$$

的公式称作**前束范式**，其中 $Q_i = \forall$ 或 $\exists$，$1 \leqslant i \leqslant k$，$F$ 是不含量词的布尔公式. 任何带量词的布

尔公式经过换名总能改写成等值的前束范式.例如可把前面的式子进一步改写成

$$\phi_1 = \exists x \forall z(x \vee y \to x \wedge z).$$

ϕ_1 是非封闭的,其中 y 是自由变元.

又如

$$\phi_2 = \exists y \phi_1 = \exists y \exists x \forall z(x \vee y \to x \wedge z)$$

是闭式,它的所有变元的出现都是约束出现.ϕ_2 也是前束范式.

设 $\phi(x_1,x_2,\cdots,x_k)$ 是一个带量词的布尔公式,其中 $x_1,x_2,\cdots,x_k$ 是自由变元,则

$$\forall x_1 \phi(x_1,x_2,\cdots,x_k) = \phi(0,x_2,\cdots,x_k) \wedge \phi(1,x_2,\cdots,x_k),$$

$$\exists x_1 \phi(x_1,x_2,\cdots,x_k) = \phi(0,x_2,\cdots,x_k) \vee \phi(1,x_2,\cdots,x_k).$$

通过对指导变元代入 0 和 1,可以把任何闭式展开成等值的仅含常量 0 和 1 的布尔公式,从而得到它的值.闭式的值是确定的,非 0 即 1.例如,$\phi_2=1$,因为当 $y=0,x=0$ 时,对 $z=0$ 和 1,$x \vee y \to x \wedge z$ 都为 1.

而

$$\phi_3 = \forall y \exists x \forall z(x \vee y \to x \wedge z)$$

等于 0,因为当 $y=1$ 时,不论 $x=0$,还是 1,当 $z=0$ 时,$x \vee y \to x \wedge z$ 为 0.

非封闭的公式的值通常是不确定的,它是自由变元的函数.例如,ϕ_1 可写成 $\phi_1(y)$,$\phi_1(0)=1,\phi_1(1)=0$.

设 $\phi(x_1,x_2,\cdots,x_n)$ 是一个含有自由变元 $x_1,x_2,\cdots,x_n$ 的公式.如果 $t:\{x_1,x_2,\cdots,x_n\} \to \{0,1\}$ 使得 $\phi=1$,则称 t 为 ϕ 的**成真赋值**.如果 ϕ 存在成真赋值,则称 ϕ 是**可满足的**.令

$$\psi = \exists x_1 \exists x_2 \cdots \exists x_n \phi,$$

显然,ϕ 是可满足的当且仅当 $\psi=1$.因此,非封闭的公式的可满足性问题可以归结为闭式为真问题.不含量词的合式公式也是非封闭的公式,从而下述问题是 SAT 的推广.

全量化的布尔公式(QBF):任给一个$\{\vee,\wedge,\neg\}$上的封闭的前束范式 ϕ,问:ϕ 的值为 1 吗?

对于 $\exists x$,可以通过猜想来验证.设 F 是一个不带量词的布尔公式,其变元为 $x_1,x_2,\cdots,x_n$.F 是否是可满足的等价于 $\phi=\exists x_1 \exists x_2 \cdots \exists x_n F$ 是否为 1.关于 F 的一个成真赋值 t 是该问题的一个简短的证据,因而 SAT$\in$NP.这是已经熟知的事实.但是,对于 $\forall x$,必须检查 $x=0$ 和 $x=1$.对于一般的全量化的布尔公式,至今还不知道有没有类似 SAT 那样简短的证据,也就是说不知道 QBF 是否在 NP 中.下面将要证明 QBF 是 PSPACE 完全的,从而表明它不大可能在 NP 中.

定理 11.4　QBF 是 PSPACE 完全的.

证:先证 QBF$\in$PSPACE.为了节省空间,采用下述递归算法 A:

对于封闭的前束范式 ϕ.

(1) 若 ϕ 不含量词,则 ϕ 是一个不含变元的布尔公式,计算 ϕ 的值并返回 ϕ 的值.

(2) 若 $\phi=\forall x\psi(x)$,则

　(2.1) 对 $\psi(0)$递归调用算法 A.若返回 1,则执行(2.2);否则返回 0.

　(2.2) 对 $\psi(1)$递归调用算法 A.若返回 1,则返回 1;否则返回 0.

(3) 若 $\phi=\exists x\psi(x)$,则

　(3.1) 对 $\psi(0)$递归调用算法 A.若返回 1,则返回 1;否则执行(3.2).

(3.2) 对 $\psi(1)$递归调用算法 A. 若返回 1,则返回 1;否则返回 0.

显然算法 A 正确地计算 ϕ 的值,从而能用它判定 QBF. 设 ϕ 有 n 个变元,算法 A 至多递归 n 层,每一层只需存放一个变元的值,需要 $O(n)$空间. 当 ϕ 中的所有变元都被常数替换后,计算 ϕ 的值可在 $O(|\phi|)$空间内完成,所以算法 A 是多项式空间界限的. 得证 QBF$\in$PSPACE.

下面要证 PSPACE 中的任何语言 $L\leqslant_m$QBF. 设 $\mathcal{M}$ 是一台接受 L 的 n^k 空间界限的 DTM. 为方便起见,不妨设 $\mathcal{M}$ 是在线 DTM,只有一条单向无穷的带,有唯一的接受状态,并且约定在停机后计算中的格局保持不变. 任给 $\mathcal{M}$ 的输入 x,要构造一个封闭的前束范式 ϕ_x 使得,$\mathcal{M}$ 接受 x 当且仅当 $\phi_x=1$.

在 Cook 定理的证明中提供了如何用一组表示 $\mathcal{M}$ 的状态、带头位置和方格内容的变元的合取范式描述格局及后继关系的方法. 在这里也可以这样做. 问题是当 $\mathcal{M}$ 是多项式时间界限时,一个计算只含有多项式个格局,因而可以直接用对应的多项式个合取范式的合取来描述一个计算. 而现在 $\mathcal{M}$ 是 n^k 空间界限的,计算长度可能是指数的. 如果继续用原来的方法,描述计算的合取范式可能是指数长的,不可能在多项式时间内构成. 因此,必须设法缩短公式的长度,这可以借助于量词来实现. 在 Savitch 定理(定理 9.6)证明中,为了检查图 G_x 中是否有从初始格局 σ_0 到终点格局 σ_f 的路径,构造递归过程 TEST(σ_1,σ_2,i)检查从 σ_1 到 σ_2 是否有长度不超过 2^i 的路径. 下面的证明实际上是 Savitch 定理证明的翻版,只是用带量词的布尔公式来表示.

像 Cook 定理证明中那样,用一组表示 $\mathcal{M}$ 的状态、读写头位置和方格内容的变元来描述格局,描述一个格局的变元数 $l=O(n^k)$. 设 σ_1 和 σ_2 是两个格局,i 是一个非负整数. 设 $A=(a_1,a_2,\cdots,a_l)$,$B=(b_1,b_2,\cdots,b_l)$分别是描述 σ_1 和 σ_2 的变元,要构造一个以 A 和 B 中变元为自由变元的带量词的布尔公式 $\phi_i(A,B)$使得,$\phi_i(A,B)$是可满足的当且仅当从 σ_1 至多经过 2^i 步能够转移到σ_2. 根据定理 9.3,存在正整数 c 使得 $\mathcal{M}$ 关于 x 的计算不超过 2^{cn^k} 步. 于是,

$$\phi_x = \exists C_0\ \exists C_f(F_0(C_0)\wedge F_f(C_f)\wedge \phi_{cn^k}(C_0,C_f)),$$

其中 C_0 和 C_f 分别是描述初始格局σ_0 和接受格局 σ_f 的变元,$F_0(C_0)$和 $F_f(C_f)$分别是描述 σ_0 和 σ_f 的合取范式,在 Cook 定理证明中都已给出.

当 $i=0$ 时,$\phi_0(A,B)$表示 σ_1,σ_2 是格局并且 $\sigma_1=\sigma_2$ 或者 $\sigma_1\vdash\sigma_2$. 于是

$$\phi_0(A,B) = F_\sigma(A)\wedge F_\sigma(B)\wedge((A\leftrightarrow B)\vee F_\delta(A,B)),$$

其中 $A\leftrightarrow B$ 是$(a_1\leftrightarrow b_1)\wedge(a_2\leftrightarrow b_2)\wedge\cdots\wedge(a_l\leftrightarrow b_l)$的缩写,而每一个 $a_k\leftrightarrow b_k$ 又可写成

$$(a_k\wedge b_k)\vee(\neg a_k\wedge\neg b_k).$$

$F_\sigma(A)$,$F_\sigma(B)$和 $F_\delta(A,B)$分别是描述 σ_1,σ_2 是格局和 $\sigma_1\vdash\sigma_2$ 的合取范式,在 Cook 定理证明中也都已给出. $\phi_0(A,B)$的长度为 $O(n^{2k})$.

当 $i>0$ 时,显然

$$\phi_i(A,B) = \exists C(\phi_{i-1}(A,C)\wedge\phi_{i-1}(C,B)),$$

这里 $\exists C$ 是 $\exists c_1\exists c_2\cdots\exists c_l$ 的缩写. 但是,这样不能达到缩短公式的目的,因为虽然只需递归 cn^k 步,可是每一步递归使公式长度增加一倍,使得最后得到的公式长度是 ϕ_0 的长度的 2^{cn^k} 倍. 为了解决这个问题,再次使用量词,把上式改写成

$$\phi_i(A,B) = \exists C\,\forall X\,\forall Y(((X\leftrightarrow A)\wedge(Y\leftrightarrow C))\vee((X\leftrightarrow C)\wedge(Y\leftrightarrow B)) \rightarrow\phi_{i-1}(X,Y)).$$

这里 $\forall X$, $\forall Y$ 以及 $X\leftrightarrow A$ 等也都是缩写. 上式又可写成

$$\exists C\,\forall X\,\forall Y(((\neg(X\leftrightarrow A)\vee\neg(Y\leftrightarrow C))\wedge(\neg(X\rightarrow C)\vee\neg(Y\leftrightarrow B)))\vee\phi_{i-1}(X,Y)).$$

这不是前束范式,但可以通过换元把它改写成前束范式,且不增加公式的长度.而

$$\neg(X\leftrightarrow A)=\bigvee_{1\leqslant j\leqslant l}((x_j\wedge\neg a_j)\vee(\neg x_j\wedge a_j)),$$

长度为 $4l$(仅计变元出现的次数),故 $|\phi_i|=|\phi_{i-1}|+16l$,从而 $|\phi_{cn^k}|=|\phi_0|+16l\cdot cn^k=O(n^{2k})$.又 $|F_0(C_0)|=O(n^k)$,$|F_f(C_f)|=O(1)$,故 $|\phi_x|=O(n^{2k})$. □

当 QBF 中不带量词的布尔公式限制为合取范式时,记作 QSAT.可以证明 QBF 的这种限制形式仍是 PSPACE 完全的(参阅[6]).类似于 SAT 在 NP 完全性证明中的作用,QSAT 为证明其他 PSPACE 完全问题提供了方便.把这个结论作为一个定理叙述如下,以便后面引用.

定理 11.5　QSAT 是 PSPACE 完全的.

11.1.3　博弈与游戏

博弈与游戏中有大量的 PSPACE 完全问题.下面是二人博弈或游戏的典型形式.

从局势 P_0 开始,

甲有一种走法从 P_0 到 P_1 使得,

对于乙的任何一种走法从 P_1 到 P_2,

甲有一种走法从 P_2 到 P_3 使得,

对于乙的任何一种走法从 P_3 到 P_4,

……

对于乙的任何一种走法从 P_{n-2} 到 P_{n-1},

甲有一种走法从 P_{n-1} 到 P_n.

在局势 P_n 甲胜.

在上面的叙述中呈现出"量词的交替",即 $\exists$ 和 $\forall$ 的交替出现.在每一步,甲的目标是要找到一种走法使得,不管乙下一步如何走,他都有办法赢.全量化的布尔公式正好体现了这个特征.事实上,任何前束范式总可以写成如下形式:

$$\exists x_1\,\forall x_2\,\exists x_3\cdots Q_n x_n F,$$

式中 $\exists$ 和 $\forall$ 交替出现,当 n 为奇数时,$Q_n=\exists$;当 n 为偶数时,$Q_n=\forall$.当前束范式中的 $\exists$ 和 $\forall$ 不是严格地交替出现时,可以添加一些量词和在 F 中不出现的指导变元,把它化成这种形式.这些添加的量词和指导变元实际上不起任何作用.这种在辖域中不出现的指导变元称作**哑元**.例如,

$$\forall x\,\forall y\,F(x,y)$$

可以改写成

$$\exists u\,\forall x\,\exists v\,\forall y\,F(x,y).$$

广义地理学(GG):任给一个有向图 $G=(V,A)$和始点 $s\in V$.从选手甲开始,甲选取一个顶点 v_1,要求$(s,v_1)\in A$,然后乙选一个顶点 v_2,要求$(v_1,v_2)\in A$.接下去又轮到甲,两人如此轮流进行,要求所选的顶点不重复.一直进行到一个选手无顶点可选为止,该选手输,而他的对手赢.问:甲有必胜策略吗?

图 11.1 是 GG 的一个例子,指定 0 作为始点.甲可以选 1 或 3,甲决定选 3.此时,乙有两种选择:4 或 6.不管乙选哪一个,接下去甲都可以选 7.没有从 7 射出的弧,乙无顶点可选,甲

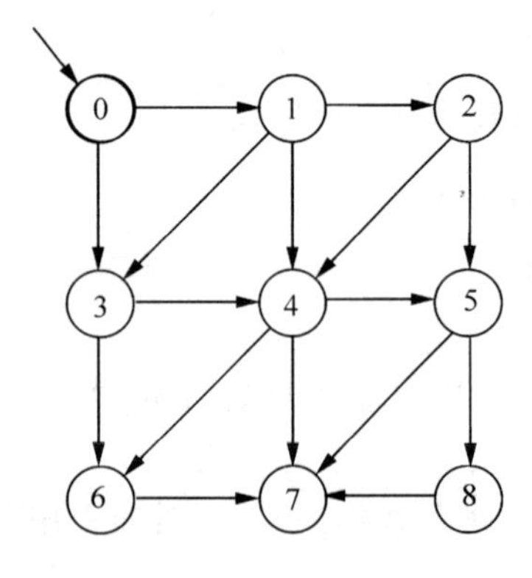

图 11.1 GG 的例子

胜. 甲采取的是必胜策略.

定理 11.6 GG 是 PSPACE 完全的.

证:先证 GG∈PSPACE. 算法要搜索甲、乙所有可能的走法,如果同时记录所有的走法,需要指数空间. 下面采用递归算法,及时释放空间,以减少对空间的需求.

算法 $A(G,s)$:

对有向图 G 和始点 s,

(1) 若 s 的出度为 0,则甲输了,返回拒绝;

(2) 删去 s 以及与 s 关联的所有的弧,得到 G_1;

(3) 对在原图 G 中从 s 射出的弧指向的每一个顶点 $s_1, s_2, \cdots, s_k$,递归调用 $A(G_1, s_i)$;

(4) 如果所有调用都返回接受,则表明乙有必胜策略,返回拒绝;否则返回接受.

算法至多递归 $n-1$ 层,其中 n 是 G 的顶点数. 每一层需存储 G 的一个子图和一个顶点. 算法是多项式空间的.

下面要证 QSAT$\leqslant_m$GG. 任给一个封闭的前束范式

$$\phi = \exists x_1 \forall x_2 \exists x_3 \cdots \forall x_n F,$$

其中 F 是合取范式. 为方便起见,这里不妨设 ϕ 以 ∃ 开始、∀ 结束,∃ 和 ∀ 严格地交替出现. 要构造 GG 的一个实例(G,s)使得,$\phi=1$ 当且仅当选手甲有必胜策略.

G 如图 11.2 所示,它有 n 个菱形. 第 i 个菱形 G_i 对应于变元 x_i,有 4 个顶点 $s_i, x_i, \overline{x_i}, t_i$ 和 4 条弧(s_i, x_i),$(s_i, \overline{x_i})$,(x_i, t_i),$(\overline{x_i}, t_i)$. 用弧$(t_i, s_{i+1})$$(1\leqslant i\leqslant n-1)$把 n 个菱形串连在一起. 在菱形的下方有 m 个顶点 $c_1, c_2, \cdots, c_m$,从 t_n 到它们中的每一个有一条弧. 这里 m 是 F 中的简单析取式的个数,每一个顶点 c_j 对应一个简单析取式 C_j,$1\leqslant j\leqslant m$. 设 $C_j = z_{j1} \vee z_{j2} \vee \cdots \vee z_{jk_j}$,则从顶点 c_j 到顶点 $z_{j1}, z_{j2}, \cdots, z_{jk_j}$ 各有一条弧. 这里当文字 $z_{jp}=x_i$ 时,顶点 $z_{jp}=x_i$;当文字 $z_{jp}=\neg x_i$ 时,顶点$z_{jp}=\overline{x_i}$.

在每一个 s_i 处有两种选择:x_i 或$\overline{x_i}$,分别对应给变元 x_i 赋 0 或赋 1. s_1 是始点. 游戏开始时,在 s_1 甲可以选择 x_1 或选择$\overline{x_1}$,这对应于第一个 ∃,x_1 取 0 或取 1. 不管甲选择哪一个,乙都只有一种可能,选择 t_1. 在 t_1 甲也必须选择 s_2. 现在该轮到乙了,在 s_2 乙可以选择 x_2 或$\overline{x_2}$,这对应于第一个 ∀,x_2 取 0 还是取 1. 同样地,经过第二个菱形到达 s_3,又重新轮到甲选择 x_3 或 $\overline{x_3}$. 如此重复进行,直至到达 t_n. 对应地,得到一个真值赋值 $t:\{x_1, x_2, \cdots, x_n\}\to\{0,1\}$. 选择 x_i 对应$t(x_i)=0$,选择$\overline{x_i}$对应 $t(\overline{x_i})=1$. 由于最后一个量词是 ∀,在 t_n 该轮到乙了,乙可以选择 $c_1, c_2, \cdots, c_m$ 中的任何一个. 如果 $\phi=1$,则甲必有一个策略使得对应的真值赋值 t 使 F 为 1. 于是,每一个 C_j 都有一个文字 z_{jp} 为 1,对应的顶点 z_{jp} 未被选中,从而 c_j 有一条弧指向未被选中的顶点. 于是,不管乙选哪一个,甲都能选到一个 x_i 或$\overline{x_i}$. 接下去乙无顶点可选,因为所有的 t_i 都已被选中,甲胜. 反之,如果$\phi=0$,则乙总能设法使得对应的真值赋值 t 使 F 为 0. 于是,存在一个 C_j,它的每一个文字都为 0,对应的顶点均已被选中,从而 c_j 没有指向未被选中的顶点的弧. 于是,乙就选这个顶点 c_j,使得甲无顶点可选,乙胜. 所以,$\phi=1$ 当且仅当甲有必胜策略.

最后,G 显然可以在$|\phi|$的多项式时间内构造出来. □

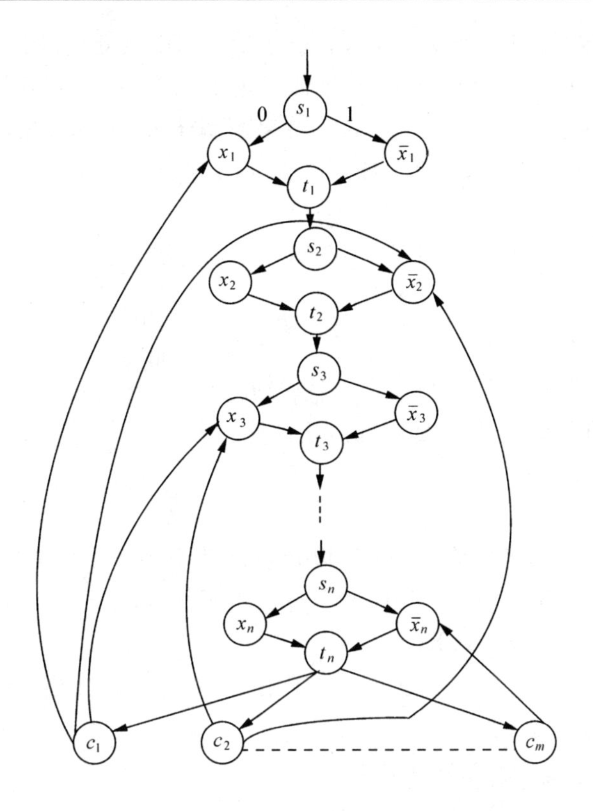

图 11.2　与 ϕ 对应的 G，其中 $\phi=(x_1 \vee \neg x_2 \vee x_3) \wedge (\neg x_2 \vee x_3) \wedge \cdots \wedge (\cdots \vee \neg x_n)$

11.2　一个难解问题

根据定理 9.10，9.11 及 9.8，知道在 EXPTIME，NEXPTIME，EXPSPACE 以及更大的复杂性类中存在难解的语言，即不属于 P 类的语言. 但是，在那里提供的难解的语言是人工构造出来的. 本节将证明一个自然的难解问题——带幂运算的正则表达式的全体性问题，通过证明它是 EXPSPACE 完全的来得到它是难解的结论.

所谓带幂运算的正则表达式是在正则表达式中添加了幂运算，即允许把 k 个 r 的连接缩写成 $r \uparrow k$ 或 r^k，其中 r 是一个正则表达式. 如

$$0(0+1)^3 0 = 0(0+1)(0+1)(0+1)0.$$

带幂运算的正则表达式的全体性($\mathbf{ALL}_{\mathbf{RE}\uparrow}$)：任给一个字母表 A 上的带幂运算的正则表达式 R，问：$\langle R\rangle = A^*$？

判定 $\mathrm{ALL}_{\mathrm{RE}\uparrow}$ 的基本做法是：先把表达式中的幂运算展开成连接运算，得到等价的普通正则表达式，然后把这个正则表达式转换成等价的 NFA，最后判定 NFA 接受的语言是否是 A^*. 为此，先考虑 NFA 的全体性问题.

NFA 的全体性($\mathbf{ALL}_{\mathbf{NFA}}$)：任给一台 NFA$\mathscr{M}$，其字母表为 A，问：$L(\mathscr{M}) = A^*$？

引理 11.7　$\overline{\mathrm{ALL}_{\mathrm{NFA}}} \in \mathrm{NSPACE}(n)$.

证：要构造一个判定$\overline{\mathrm{ALL}_{\mathrm{NFA}}}$的非确定型算法，即任给一台 NFA$\mathscr{M}$，算法输出“接受”当且仅

当 $L(\mathcal{M})\neq A^*$，亦即任意猜想一个 $w\in A^*$，若 $w\notin L(\mathcal{M})$，则接受；否则拒绝.

设 $\mathcal{M}$ 有 r 个状态，共有 2^r 个状态子集. 类似于定理 7.10(关于正则语言的泵引理)可以证明，如果 $L(\mathcal{M})\neq A^*$，则存在长度小于 2^r 的字符串不属于 $L(\mathcal{M})$. 因此，算法只需猜想长度小于 2^r 的字符串并检查 $\mathcal{M}$ 是否接受. 算法如下：

对任给的 NFA$\mathcal{M}=(Q,A,\delta,q_1,F)$，其中 $|Q|=r$.

(1) 若 $q_1\notin F$，则接受并且停止计算. /$\varepsilon\notin L(\mathcal{M})$/

(2) 令 $P=\{q_1\}$.

(3) 重复下述操作 2^r-1 次，

 (3.1) 任取一个输入字符 a，令 $P'=\bigcup_{q\in P}\delta(q,a)$；

 (3.2) 若 $P'\cap F=\varnothing$，则接受并且停止计算；

 (3.3) 否则令 $P=P'$.

(4) 拒绝.

算法只需保存字符 a，状态子集 P 和 P' 以及控制猜想字符个数的数，这个数小于 2^r 且以二进制表示，故只需 $O(n)$ 工作空间，其中 n 是 $\mathcal{M}$ 的编码长度. □

推论 11.8 $\mathrm{ALL_{NFA}}\in\mathrm{DSPACE}(n^2)$.

证：由 Savitch 定理(定理 9.6)，$\overline{\mathrm{ALL_{NFA}}}\in\mathrm{DSPACE}(n^2)$. 而 $\mathrm{DSPACE}(n^2)$ 在补运算下封闭，故 $\mathrm{ALL_{NFA}}\in\mathrm{DSPACE}(n^2)$. □

定理 11.9 $\mathrm{ALL_{RE\uparrow}}$ 是 EXPSPACE 完全的.

证：先证 $\mathrm{ALL_{RE\uparrow}}\in\mathrm{EXPSPACE}$. 步骤如下：

对任给的带幂运算的正则表达式 R，设其字母表为 A.

(1) 将 R 中的幂运算展开成连接运算，得到等价的普通正则表达式 R'；

(2) 构造与 R' 等价的 NFA$\mathcal{M}$；

(3) 若 $L(\mathcal{M})=A^*$ 则接受，否则拒绝.

步骤(1)是简单的. 设 $|R|=n$，在输入的编码中，R 中的幂次以二进制表示. $r\uparrow k$ 展开成 k 个 r 的连接 $r\cdot r\cdot\cdots\cdot r$，其长度不超过原来长度的 $k=2^{\log k}$ 倍，故 $|R'|\leqslant n2^n$.

步骤(2)可采用定理 7.7 和 7.8 中的方法构造出与 R' 等价的 ε-NFA$\mathcal{M}'$，再消去 ε 动作，得到所需的 NAF$\mathcal{M}$. 注意到定理 7.7 证明中构造出的 ε-NFA 的规模呈线性增长，故 $\mathcal{M}$ 的规模为 $O(n2^n)$.

由推论 11.8，存在判定 $\mathrm{ALL_{NFA}}$ 的平方空间界限的确定型算法. 步骤(3)判定 $L(\mathcal{M})=A^*$ 所需空间为 $O(n^2 2^{2n})$. 算法是 $2^{O(n)}$ 空间界限的.

下面给出 EXPSPACE 到 $\mathrm{ALL_{RE\uparrow}}$ 的一般性变换. 任给一个语言 $L\in\mathrm{EXPSPACE}$，设单带 DTM$\mathcal{M}=(Q,A,C,\delta,B,q_1,F)$接受 L，$\mathcal{M}$ 的带是单向无穷的，且对任意的 $x\in A^*$，$\mathcal{M}$ 关于 x 的计算至多使用 2^{cn^k} 个方格，其中 $n=|x|$，c 和 k 是正整数. 记 $N=2^{cn^k}$.

$\mathcal{M}$ 的计算是一个格局序列，把所有格局连成一个字符串，相邻的两个格局之间用 $*$ 隔开，并且以 $*$ 开始和结束，形如

$$*\sigma_0*\sigma_1*\cdots*\sigma_h*,$$

称作**计算的描述**，其中 $*\notin Q\cup C$，σ_0 是初始格局，σ_h 是停机格局，$\sigma_i\vdash\sigma_{i+1}$，$0\leqslant i<h$. 格局的表示和以前的基本相同，不同的是这次把状态 q 和读写头扫描的字符 s 合并成 $Q\times C$ 中的一个

符号$\langle q,s\rangle$. 此外，取定每一个格局σ_i 的长为 N，不足部分用空白符 B 补齐.

令 $\Sigma=Q\cup C\cup Q\times C\cup\{*\}$. 对每一个 $x\in A^*$，要构造一个以 Σ 为字母表的带幂运算的正则表达式 R_x 使得，$\mathcal{M}$ 接受 x 当且仅当$\langle R_x\rangle=\Sigma^*$.

$\mathcal{M}$ 关于 x 的停机在非接受状态的计算称作关于 x 的拒绝计算. 根据上面的要求，$\langle R_x\rangle$ 由 Σ 上所有不表示关于 x 的拒绝计算的字符串组成. 不表示关于 x 的拒绝计算的字符串可分成 3 类：(1) 不以关于 x 的初始格局开始. (2) 不以停机在非接受格局结束. (3)不表示 $\mathcal{M}$ 的计算. 于是

$$R_x = R_1 + R_2 + R_3,$$

R_1,R_2,R_3 分别生成上述 3 类字符串.

(1) 设 $x=a_1a_2\cdots a_n$，则

$$\sigma_0 = \langle q_1,\#\rangle a_1a_2\cdots a_nB\cdots B,$$

其中 # 是带左端标志符. 令

$$R_1 = S_0 + S_1 + \cdots + S_n + S_B + S_*,$$

其中

$$S_0 = \Sigma(\Sigma - \langle q_1,\#\rangle)\Sigma^*,$$

它表示不符合 σ_0 的第 1 个符号是$\langle q_1,\#\rangle$的所有字符串，其中 Σ 和 $\Sigma-a$ 分别是 Σ 中所有字符和 Σ 中除 a 之外的所有字符相“+”的缩写.

$$S_i = \Sigma^{i+1}(\Sigma - a_i)\Sigma^*,\quad i = 1,2,\cdots,n,$$

它表示不符合 σ_0 的第 $i+1$ 个符号是 a_i 的所有字符串.

$$S_B = \Sigma^{n+2}(\Sigma+\varepsilon)^{N-n-3}(\Sigma - B)\Sigma^*,$$

它表示不符合 σ_0 从第 $n+2$ 到 N 全都是空白符 B 的所有字符串.

$$S_* = (\Sigma - *)\Sigma^* + \Sigma^{N+1}(\Sigma - *)\Sigma^*,$$

它表示第 1 位或第 $N+2$ 位不为 * 的所有字符串.

(2) 不妨设 $\mathcal{M}$ 有唯一的非接受停机状态 q_r. 取

$$R_2 = (\Sigma - \{q_r\}\times C)^*,$$

它表示所有不含$\langle q_r,s\rangle$的字符串，其中 $s\in C$.

(3) 设两个格局 $\sigma\vdash\tau$. τ 的第 i 个符号由 σ 的第 $i-1,i,i+1$ 个符号决定，把这个关系记作 Δ. 例如，设 $\delta(q_1,a)=(q_2,b)$，$\delta(q_1,b)=(q_1,R)$，则 Δ 包含$(\alpha\langle q_1,a\rangle\beta,\langle q_2,b\rangle)$，$(\langle q_1,b\rangle\alpha\beta,\langle q_1,\alpha\rangle)$，$(\alpha\langle q_1,b\rangle\beta,b)$，以及$(\langle q_1,a\rangle\alpha\beta,\alpha)$，$(\alpha\beta\langle q_1,a\rangle,\beta)$，$(\alpha\beta\langle q_1,b\rangle,\beta)$等，其中 $\alpha,\beta\in C$. Δ 包含所有(abc,b)，其中 $a,b,c\in C$.

关系 Δ 可以推广运用到一个计算的描述上. 一个计算描述 ξ 被 * 分割成若干子串，每一个子串长为 N，表示一个格局. 前后两个格局相同位置上的符号在 ξ 中恰好相隔 N 个符号. 于是，ξ 的第 i 个符号完全由前面的第 $i-N-1,i-N,i-N+1$ 个符号决定，其中 $i\geqslant N+2$，而且这个关系可以把分隔符 * 包括在内. 关系 $\Delta\subset\Sigma^3\times\Sigma$ 由 $\mathcal{M}$ 的动作函数 δ 给出.

事实上，如果 Σ 上的一个字符串 ξ 有一处不符合上述关系，ξ 就不可能是一个计算的描述. 反之，如果 ξ 符合上述关系并且以 $*\sigma_0*$ 开始和含有拒绝停机的符号$\langle q_r,s\rangle$，则 ξ 是拒绝计算的描述，或可以延长成拒绝计算的描述.

令 $\overline{\Delta}=\Sigma^3\times\Sigma-\Delta$，取

$$R_3 = \sum_{(abc,d)\in\overline{\Delta}} \Sigma^* abc\Sigma^{N-1} d\Sigma^* .$$

至此,完成了 R_x 的构造.根据前面分析,

$$\begin{aligned} x\in L &\Leftrightarrow \mathscr{M}\text{关于 } x \text{ 的计算是接受计算} \\ &\Leftrightarrow \Sigma\text{ 上的任何字符串都不是拒绝计算} \\ &\Leftrightarrow \langle R_x\rangle = \Sigma^* . \end{aligned}$$

注意到 R_x 中出现的幂次不超过 $N=2^{cn^k}$,其二进制表示不超过 cn^k+1 位,故 R_x 的长度是 n 的多项式界限的,R_x 能够在 n 的多项式时间内构造出来,得证 $L\leqslant_m \mathrm{ALL}_{\mathrm{RE}\uparrow}$. □

习　题

11.1　证明:PSPACE 在并、补和星号运算下封闭.

11.2　证明定理 11.1.

11.3　**正则表达式的全体性($\mathbf{ALL_{RE}}$)**:任给一个正则表达式 R,其字母表为 A,问:$\langle R\rangle = A^*$?

证明:$\mathrm{ALL_{RE}}$ 是 PSPACE 完全的.

11.4　设字母表 A,$\# \notin A$. **填充函数** $\mathrm{pad}: A^* \times N \to A^* \#^*$ 定义如下:$\forall x\in A^*$ 和 $l\in N$,$\mathrm{pad}(x,l) = x\#^k$,其中 $k=\max(0,l-|x|)$. 也就是说,当 $l\leqslant |x|$ 时,$\mathrm{pad}(x,l)=x$;当 $l>|x|$ 时,在 x 的后面加若干个 #,把它填充成长为 l 的字符串.

对于任何语言 L 和函数 $f: N\to N$,定义**填充语言**

$$\mathrm{pad}(L,f(n)) = \{\mathrm{pad}(x,f(|x|)) \mid x\in L\}.$$

证明:若语言 L 的空间复杂度上界为 $s(n)$,其中 $s(n)$ 是空间可构造的,则 $\mathrm{pad}(L,s(n))\in \mathrm{DSPACE}(n)$.

11.5　**线性空间接受性**:任给一台 DTM$\mathscr{M}$ 和输入 x,问:$\mathscr{M}$ 能只使用 $|x|+1$ 个方格接受 x 吗?

证明:该问题是 PSPACE 完全的.提示:利用 11.4 题.

11.6　证明:如果 $\mathrm{DSPACE}(n)\subseteq \mathrm{P}$,则 PSPACE=P.

如果 $\mathrm{DSPACE}(n)\subseteq \mathrm{NP}$,则 PSPACE=NP.

第十二章　P类的里面

12.1　若干例子

12.1.1　P类

任何一本算法设计的教材都提供了大量的P问题，这里只从不同的角度举几个例子.

[**例 12.1**]　***k*-团**：任给一个图 $G=(V,E)$，问：G 中是否有 k 个顶点的完全子图？这里 k 是一个固定的正整数.

检查 G 中所有 k 个顶点的生成子图就能正确地回答这个问题. 设 $|V|=n$，V 的 k 个顶点的子集的个数为 $C_n^k=O(n^k)$. 由于这里 k 是一个固定的正整数，故这个穷举算法是多项式时间的. 从而，k-团 $\in$ P.

前面已经知道团问题是NP完全的. k-团是团问题的特殊情况——限制团问题实例中的 K 是固定不变的. 这种特殊情况的问题称作原问题的**子问题**.

设 A 是 B 的子问题，如果已知 A 是NP难的，则 B 也是NP难的. 恒等变换就是 A 到 B 的多项式时间变换. 练习10.4.4和10.4.5中的问题都属于这类情况. 当然，有时 A 并不直接是 B 的子问题，而是等价于 B 的一个子问题. 本质上，这也属这类情况.

如果反过来，已知 B 是NP完全的，那么它的子问题 A 如何呢？显然，A 不会比 B 更难. A 有可能比 B 容易得多，变成P中的问题. k-团就是一个例子. 但是，并非总是这样. 例如，当限制图为平面图时，Hamilton回路问题仍然是NP完全的. 证明这种子问题的NP完全性通常是不很简单的. 这样一来，在一个NP完全问题的各种子问题中NP完全的子问题和P中的子问题之间可能形成一条界线. 在理论上，还可能有既不是NP完全的、又不在P中的问题. SAT问题是一个很好的例子. 如果限制每一个简单析取式至多有 k 个文字，把问题称作 ***k* 元可满足性**，记作 ***k*SAT**，其中 k 是一个固定的正整数. 把这样的合取范式称作 ***k* 合取范式**，记作 ***k*CNF**. 已经证明3SAT是NP完全的. 因此，当 $k\geqslant 3$ 时，kSAT都是NP完全的. 要问：2SAT呢？回答是2SAT $\in$ P.（和前面有点不一致，但无大碍. 在第十章，3SAT的每一个简单析取式恰好有3个文字，而这里是至多有3个文字.）

[**例 12.2**]　证明：2SAT $\in$ P.

证：设合取范式 F 有 n 个变元 $x_1,x_2,\cdots,x_n$ 和 m 个简单析取式 $C_1,C_2,\cdots,C_m$. 每个 $C_j(j=1,2,\cdots,m)$ 至多有2个文字. 如果有一个 C_j 只含有一个文字 z，则 F 的任何成真赋值 t 必有 $t(z)=1$. 于是，令 $t(z)=1$，即当 $z=x_i$ 时，令 $t(x_i)=1$；当 $z=\neg x_i$ 时，令 $t(x_i)=0$. 为方便起见，当 $z=x_i$ 时，记 $\neg z=\neg x_i$；当 $z=\neg x_i$ 时，记 $\neg z=x_i$. 将 z 和 $\neg z$ 的值代入 F，每一个 C_k 有下述几种可能：

(1) $C_k=z\vee y=1\vee y=1$，从 F 中删去 C_k；

(2) $C_k=\neg z\vee y=0\vee y=y$，$C_k$ 变成只含一个文字的简单析取式；

(3) $C_k=z=1$,从 F 中删去 C_k;

(4) $C_k=\neg z=0$,这是矛盾式;

(5) C_k 既不含 z、也不含 $\neg z$,保持不动.

如此重复进行,直至出现下述两种情况中的一种为止:

第一种情况:出现情况(4),则 F 是不可满足的.

第二种情况:剩下的简单析取式都恰好有 2 个文字.

把上述过程称作化简,并称第一种情况为化简失败,第二种情况为化简成功.

如果经过化简出现第二种情况,剩下的简单析取式都恰好有 2 个文字.那么,任取一个简单析取式 C 和它的一个变元 z,令 $t(z)=1$ 和 $t(z)=0$ 分别进行化简.如果这两次化简都失败,即都得到矛盾式,则 F 是不可满足的.如果这两次化简至少有一次成功,则任取一个成功的化简,取定化简中的真值赋值.继续对剩余的部分重复上述过程,直至断言 F 是不可满足的,或者删去了所有的简单析取式.在后一种情况,F 是可满足的,并且在计算中给出的真值赋值 t 是 F 的一个成真赋值.

显然,每一次化简可在 $O(m)$时间内完成,其中 m 是简单析取式的个数.对一个变元至多尝试 2 次化简,总共至多进行 $2n$ 次化简,其中 n 是变元数,算法可在 $O(nm)$时间内完成.得证 2SAT$\in$P.

[例 12.3] 互素:任给两个正整数 a 和 b,问:a 与 b 是否互素?

证明:该问题属于 P.

证:如果 a 和 b 不存在大于 1 的公因数,则称 a 和 b 互素.最直接的判定算法是对每一个正整数 $x=2,3,\cdots,\min(a,b)$检查 x 是否能同时整除 a 和 b.但这个算法是指数时间的,因为在标准的编码中,整数 a,b 是以二进制表示给出的,其输入长度 n 是$\lceil \log_2(a+1)\rceil$ 和 $\lceil \log_2(b+1)\rceil$ 的线性函数,a 和 b 是 n 的指数函数.

由于 a 和 b 互素当且仅当 $\gcd(a,b)>1$,这里 $\gcd(a,b)$是 a 和 b 的最大公因数,因此该问题可以用求最大公因数的算法来解决.众所周知,辗转相除法是一个古老而有效的求最大公因数的算法,又称作 Euclid 算法.

辗转相除法

对于正整数 a 和 b,不妨设 $a\geqslant b$.

(1) 令 $x_0=a,x_1=b,i=1$;

(2) 如果 $x_i>0$,则令 $x_{i+1}=x_{i-1} \bmod x_i,i=i+1$,转(2);

(3) $\gcd(a,b)=x_{i-1}$.

其中 $x\bmod y$ 等于 y 整除 x 的余数.

只需证明辗转相除法是多项式时间的.先证明 $x_{i+1}\leqslant\frac{1}{2}x_{i-1}$.由算法,恒有 $x_{i+1}\leqslant x_i$.若 $x_i\leqslant\frac{1}{2}x_{i-1}$,则 $x_{i+1}\leqslant\frac{1}{2}x_{i-1}$;若 $x_i>\frac{1}{2}x_{i-1}$,则 $x_{x+1}=x_{i-1}\bmod x_i=x_{i-1}-x_i<\frac{1}{2}x_{i-1}$.总之,恒有 $x_{i+1}\leqslant\frac{1}{2}x_{i-1}$.于是,$x_{2k}\leqslant 2^{-k}a$,故步骤(2)至多执行 $2\log_2 a$ 次.得证算法是多项式时间的.

如果规定在输入中数采用一进制表示,即用 1^n 表示正整数 n,则有些 NP 完全问题可能变成 P 中的问题(见习题 12.1).

12.1.2　NL 类

可达性(PATH)：任给一个有向图 $G=(V,A)$ 和两个顶点 s,t，问：G 中是否有从 s 到 t 的路径？

练习 10.1.1 要求证明该问题属于 P. 下面要进一步证明它属于 NL. 但是，至今不知道它是否属于 L. 事实上，在 12.3 节将会看到这个问题不可能属于 L，除非 NL=L.

［**例 12.4**］　证明：PATH∈NL.

证：判定该问题的非确定型算法的想法是猜想一个从 s 到 t 的顶点序列，验证这个序列是一条有向路径. 但是，不能同时存储这个序列的所有顶点，因为这需要使用线性空间. 为了节省空间，把猜想一个顶点序列拆开成一个顶点一个顶点的猜想. 算法如下：

对任给的有向图 $G=(V,A)$ 和 $s,t\in V$，其中 $|V|=n$.

(1) 令 $u=s$.

(2) 执行下述操作 $n-1$ 次：

　(2.1) 猜想一个顶点 v；

　(2.2) 若 $(u,v)\notin A$，则转(3)；

　(2.3) 若 $(u,v)\in A$ 且 $v=t$，则接受，停止计算；

　(2.4) 否则令 $u=v$.

(3) 拒绝.

计算中只需存储两个顶点. 对顶点从 1 到 n 编号，以编号的二进制表示作为顶点的编码，仅需 $O(\log n)$ 空间. 此外，还要使用一个非负整数 i 控制(2)中的操作次数，$i\leqslant n-1$，也采用二进制表示，算法所需的空间为 $O(\log n)$.

12.1.3　L 类

例 9.1(续)中已经证明语言 $\{ww^R \mid w\in\{0,1\}^*\}$ 在 L 中. 下面再给出一个 L 中的问题.

［**例 12.5**］　**DFA 的接受问题(A_{DFA})**：任给一台 DFA$\mathscr{M}$ 和输入 x，问：$x\in L(\mathscr{M})$？

证明：$A_{DFA}\in$ L.

证：这个问题的算法很简单，只需直接模拟 $\mathscr{M}$ 关于 x 的计算，并且当 $\mathscr{M}$ 接受时接受，当 $\mathscr{M}$ 拒绝时拒绝. 从初始状态开始，逐个读入 x 的字符，并按照转移函数改变 $\mathscr{M}$ 的状态. 计算中只需保存当前的状态. 和例 12.4 一样，也要对状态编号，以编号的二进制表示作为编码. 算法只需要对数空间.

练　　习

12.1.1　用例 12.2 中的 2SAT 算法判定下述 F 是否是可满足的. 若是可满足的，给出它的成真赋值.

(1) $F=x_1\wedge(x_1\vee x_2)\wedge(\neg x_2\vee x_3)\wedge(\neg x_1\vee\neg x_2)\wedge(x_3\vee x_4)\wedge(\neg x_3\vee x_5)\wedge(\neg x_3\vee x_4)\wedge(\neg x_4\vee x_5)$；

(2) $F=(x_1\vee x_2)\wedge(x_2\vee x_3)\wedge(x_2\vee\neg x_3)\wedge(\neg x_1\vee\neg x_2)\wedge(x_3\vee x_4)\wedge(\neg x_3\vee x_5)\wedge(\neg x_4\vee\neg x_5)\wedge(x_4\vee\neg x_3)\wedge(x_3\vee x_5)$.

12.1.2　例 12.2 中的算法是否也能用于 3SAT？为什么？

12.1.3 **整系数一次方程解的存在性**：一次方程 $ax+by=c$ 是否有整数解？其中 a,b,c 是整数.
试证明：该问题属于 P.

12.1.4 **根树的可达性**：任给一棵根树 T 和两个顶点 s 和 t，问：从 s 到 t 是否有一条有向路径？
试证明：该问题属于 L.

12.2 对数空间变换

前面已知 $\mathrm{L}\subseteq\mathrm{NL}\subseteq\mathrm{P}$. 在 P 类中使用多项式时间变换不再有任何意义，因为在 P 类里除 $\varnothing$ 和 A^* 外，字母表 A 上的任何两个语言都可以相互多项式时间变换. 对于 P 类而言，多项式时间变换太强了. 在讨论 L，NL 和 P 之间的关系时，需要引入一种新的、比多项式时间变换弱一些的变换，这就是对数空间变换.

定义 12.1 **对数空间转换器**是一台总停机的 $\log n$ 空间界限的带输出带的离线 DTM.

设全函数 $f: \Sigma^* \to \Sigma^*$，如果存在一台计算 f 的对数空间转换器 $\mathscr{M}$，即 $\forall x\in\Sigma^*$，$\mathscr{M}$ 输出 $f(x)$，则称 f 是**对数空间可计算的**.

设 f 是对数空间可计算的函数，$|f(x)|$ 可以远大于 $\log|x|$. 由定理 9.4，有下述结论.

引理 12.1 设 f 是对数空间可计算的函数，则

(1) f 是多项式时间可计算的；

(2) 存在正整数 c 和 k 使得，$|f(x)|\leqslant c|x|^k$.

此外，根据定理 9.2，对数空间转换器的工作带的数目可以根据需要(方便计算)任意地设定.

引理 12.2 设函数 f 和 g 是对数空间可计算的，则它们的合成 $h(x)=g(f(x))$ 也是对数空间可计算的.

证：设 $\mathscr{M}_1$ 和 $\mathscr{M}_2$ 分别是计算 f 和 g 的对数空间转换器. $\mathscr{M}_1$ 和 $\mathscr{M}_2$ 的合成无疑能计算 h，但它不是对数空间界限的. 这是因为它为了把 $\mathscr{M}_1$ 的输出 $f(x)$ 作为 $\mathscr{M}_2$ 的输入，需要把 $f(x)$ 存储在工作带上，而 $|f(x)|$ 可能是 $|x|$ 的多项式长的. 为了节省存储空间，采取以时间换空间的策略. 做法如下：

对输入 x，$\mathscr{M}$ 模拟 $\mathscr{M}_2$ 关于 $f(x)$ 的计算. 但是，$\mathscr{M}$ 不存储整个 $f(x)$，而是以二进制表示记录 $\mathscr{M}_2$ 的只读头在输入带上扫视 $f(x)$ 的第几个符号. 如果知道 $\mathscr{M}_2$ 只读头当前扫视的字符，$\mathscr{M}$ 就能够模拟 $\mathscr{M}_2$ 的这一步计算. 设 $\mathscr{M}_2$ 在输入带上扫视 $f(x)$ 的第 i 个符号. 计算开始，令 $i=1$. 模拟的每一步都从模拟 $\mathscr{M}_1$ 关于 x 的计算开始，直到输出 $f(x)$ 的第 i 个符号，接着模拟 $\mathscr{M}_2$ 的这一步计算，并且根据 $\mathscr{M}_2$ 的只读头在输入带上右移、左移、还是保持不动，对 i 加 1、减 1、还是保持不动. $\mathscr{M}$ 用另外的若干条工作带分别模拟 $\mathscr{M}_1$ 和 $\mathscr{M}_2$ 的工作带.

由引理 12.1，存在正整数 c 和 k 使 $|f(x)|\leqslant cn^k$，其中 $n=|x|$. 注意到 $\log(cn^k)=O(\log n)$，$\mathscr{M}$ 用来模拟 $\mathscr{M}_1$ 和 $\mathscr{M}_2$ 的工作带的工作带使用 $O(\log n)$ 个方格. $i\leqslant|f(x)|$，用二进制表示只需占用空间 $O(\log n)$. 所以，$\mathscr{M}$ 是一台对数空间转换器. □

定义 12.2 设 A 和 B 是字母表 Σ 上的语言，如果函数 $f: \Sigma^*\to\Sigma^*$ 满足下述条件：

(1) f 是对数空间可计算的，

(2) $\forall x\in\Sigma^*$，$x\in A\Leftrightarrow f(x)\in B$，

则称 f 是 A 到 B 的**对数空间变换**.

如果存在 A 到 B 的对数空间变换，则称 A **可对数空间变换到** B，记作 $A\leqslant_{\log}B$.

由引理 12.1,有

引理 12.3　如果 $A\leqslant_{\log}B$,则 $A\leqslant_{m}B$.

下述定理分别与定理 10.2 和 10.3 相对应.

定理 12.4　如果 $A\leqslant_{\log}B$ 且 $B\leqslant_{\log}C$,则 $A\leqslant_{\log}C$.

证:设 $A,B,C\subseteq\Sigma^*$, f 和 g 分别是 A 到 B 和 B 到 C 的对数空间变换. $\forall x\in\Sigma^*$,令 $h(x)=g(f(x))$. 显然,

$$x\in A\Leftrightarrow f(x)\in B\Leftrightarrow h(x)=g(f(x))\in C.$$

又由引理 12.2,$h(x)$是对数空间可计算的,故 h 是 A 到 C 的对数空间变换. □

定理 12.5　设 $A\leqslant_{\log}B$,

(1) 若 $B\in\mathrm{L}$,则 $A\in\mathrm{L}$;

(2) 若 $B\in\mathrm{NL}$,则 $A\in\mathrm{NL}$.

证:(1) 设 f 是 A 到 B 的对数空间变换,χ 是 B 的特征函数,即当 $x\in B$ 时,$\chi(x)=1$;当 $x\notin B$ 时,$\chi(x)=0$,χ 是对数空间可计算的. f 与 χ 的合成 $\chi(f(x))$是 A 的特征函数. 采用引理 12.2 证明中的方法可以证明,$\chi(f(x))$是对数空间可计算的,得证 $A\in\mathrm{L}$.

(2) 注意到在引理 12.2 证明中,当 $\mathscr{M}_2$ 是 NTM 时,$\mathscr{M}$ 也是一台 NTM,空间复杂度分析仍然有效. 其余与(1)类似. □

定义 12.3　如果 $\forall A\in\mathrm{P}$,$A\leqslant_{\log}B$,则称 B 是 **P 难的**.

如果 B 是 P 难的且 $B\in\mathrm{P}$,则称 B 是 **P 完全的**.

如果 $\forall A\in\mathrm{NL}$,$A\leqslant_{\log}B$,则称 B 是 **NL 难的**.

如果 B 是 NL 难的且 $B\in\mathrm{NL}$,则称 B 是 **NL 完全的**.

下述两个定理是 NP 完全性理论中相关性质在这里的对应,它们是定理 12.4 和定理12.5 的推论.

定理 12.6　如果存在 P 完全的语言 $A\in\mathrm{NL}$,则 $\mathrm{P}=\mathrm{NL}$.

如果存在 P 完全的语言 $A\in\mathrm{L}$,则 $\mathrm{P}=\mathrm{L}$.

如果存在 NL 完全的语言 $A\in\mathrm{L}$,则 $\mathrm{NL}=\mathrm{L}$.

实际上和前面类似,研究人员也普遍认为 $\mathrm{L}\neq\mathrm{NL}$,$\mathrm{NL}\neq\mathrm{P}$,因而把 P 完全性看作不属于 NL,当然更不属于 L 的证据,把 NL 完全性看作不属于 L 的证据.

和 NP 完全性证明一样,下述定理提供了用已知的 P 完全问题和 NL 完全问题证明 P 完全性和 NL 完全性的根据.

定理 12.7　设 $A\leqslant_{\log}B$,

(1) 如果 A 是 P 难的,则 B 也是 P 难的;

(2) 如果 A 是 NL 难的,则 B 也是 NL 难的.

12.3　NL 类

12.3.1　PATH

定理 12.8　PATH 是 NL 完全的.

证:在 12.1.2 小节中已经证明 PATH$\in$NL. 现在给出 NL 中的语言到 PATH 的一般性

对数空间变换.

设 L 是 NL 中的任意一个语言,$\log n$ 空间界限的 NTM$\mathscr{M}=(Q,A,C,\delta,B,q,F)$接受 L. 对每一个 $x\in A^*$ 要构造一个有向图 G 和两个顶点 s,t,使得 $x\in L$ 当且仅当 G 中有从 s 到 t 的路径. 这个图就是定理 9.4 证明中构造的 G_x,$\mathscr{M}$ 的每一个格局是一个顶点,此外还添加一个特殊的终点 σ_f. 从格局 σ 到 τ 有一条弧当且仅当 $\sigma\vdash\tau$. 此外,每一个接受的停机格局到 σ_f 有一条弧. 取 $\mathscr{M}$ 关于 x 的初始格局 σ_0 作为始点 s,终点 σ_f 作为终点 t. 在定理 9.4 证明中已经知道这个图满足上述要求.

剩下的事情是要证明构造图 G_x 可以用 $O(\log n)$空间完成,其中 $n=|x|$. 由于 $\mathscr{M}$ 是 $\log n$ 空间界限的,每一个格局的长为 $O(\log n)$,仅占用 $O(\log n)$空间. 首先一个一个地生成 $\mathscr{M}$ 的所有可能的格局,得到 G_x 的顶点集. 生成一个输出一个,仅需 $O(\log n)$工作空间. 然后逐对生成格局,并检查生成的两个格局是否有后继关系. 若有,则输出这一对格局,得到一条弧;若没有,则放弃这一对格局,也是生成一对格局输出一条弧或放弃,同样仅需 $O(\log n)$工作空间. 接下去逐个生成含接受状态的格局,并检查它是否是停机格局. 若是,则输出它与 σ_f 组成的有序对;否则放弃. 这样就得到了 G_x 的弧集合,从而完成了 G_x 的构造,最后,生成并输出初始格局 σ_0 和终点 σ_f 作为 PATH 实例中的两个指定顶点. 整个构造可在$O(\log n)$空间内完成. □

12.3.2 NL 等于 coNL

coNL 是 NL 中所有语言的补组成的语言类,即

$$\text{coNL}=\{A\mid \overline{A}\in \text{NL}\}.$$

出人意料的是,与 coNP 不同,coNL=NL,即 NL 在补运算下封闭.

和 NP 一样,不难证明:如果存在 NL 完全的语言 $A\in$ coNL,则 NL=coNL(对照定理 10.28). 于是,为了证明 NL=coNL,只须证 PATH$\in$coNL,即$\overline{\text{PATH}}\in$NL.

判定$\overline{\text{PATH}}$的非确定型算法的基本思路是:首先非确定型的计算从始点 s 出发可以到达的顶点数 c,然后非确定型地检查每一个顶点是否能到达,并且记录能到的顶点数 d. 若 $d=c$ 且终点 t 不在能到达的顶点内,则表明没有从 s 到 t 的路径,从而接受;否则拒绝.

这里要说明一下什么是非确定型的计算函数,设函数 $f: A^*\to A^*$,如果对每一个 $x\in A$, NTM$\mathscr{M}$ 的计算或者输出 $f(x)$,称作计算成功,或者停机在一个特殊的状态 q_{no},表示计算失败,并且至少一个计算成功,则称 $\mathscr{M}$ 计算 $f(x)$.

设 V_i 表示 G 中离始点 s 的距离不超过 i 的顶点集合,$c_i=|V_i|$,$i=0,1,\cdots,n-1$,其中 n 是 G 的顶点数. 显然,$V_0=\{s\}$,$c_0=1$,从 s 能到达的顶点数 $c=c_{n-1}$.

从 $c_0=1$ 开始,逐个计算 $c_1,c_2,\cdots$,最后即可得到 $c=c_{n-1}$. 从 c_{i-1} 计算 c_i 的算法是非确定型的:令 $d=0,c_i=0$,对每一个顶点 v 和对每一个顶点 u,像例 12.4 中 PATH 的非确定型算法那样判定 u 是否属于 V_{i-1},即至多猜想 $i-1$ 个顶点,检查这些顶点是否是从 s 到 u 的路径. 若是,则令 $d=d+1$. 如果又有 $v=u$ 或(u,s)是一条弧,则表明 $v\in V_i$,令 $c_i=c_i+1$. 但是,这里还有一个问题:刚才是否找到了 V_{i-1}中所有的点. 如果确实找到了 V_{i-1}中所有的顶点,这样得到的 c_i 的值是正确的,否则 c_i 就不一定对了,应该放弃,计算失败. 也就是说,若 $d=c_{i-1}$,则这个 c_i 有效;若$d\neq c_{i-1}$,则这个 c_i 无效,计算失败.

引理 12.9　$\overline{\text{PATH}} \in \text{NL}$.

证：判定$\overline{\text{PATH}}$的非确定型算法如下：

对任给的有向图 G 和两个顶点 s,t，设顶点数为 n.

(1) 令 $c_0=1$.

(2) 对 $i=1,2,\cdots,n-1$，

　(2.1) 令 $c_i=0$.

　(2.2) 对每一个顶点 v，

　　(2.2.1) 令 $d=0, bl=0$；

　　(2.2.2) 对每一个顶点 u，

　　　从 s 开始，非确定地沿长 $i-1$ 的路径前进. 如果遇到 u，则

　　　　① 令 $d=d+1$，

　　　　② 若($v=u$ 或(u,v)是一条边)且 $bl=0$，则令 $c_i=c_i+1, bl=1$；

　　(2.2.3) 若 $d \neq c_{i-1}$则拒绝.

(3) 令 $d=0$.

(4) 对每一个顶点 $u \neq t$，

　从 s 开始，非确定地沿长 $n-1$ 的路径前进. 若遇到 u，则令 $d=d+1$.

(5) 若 $d=c_{n-1}$则接受，否则拒绝.

步骤(1)～(2)计算 G 中 s 可到达的顶点个数 $c=c_{n-1}$. 步骤(3)～(5)验证 G 中除 t 外是否恰好有 c 个 s 可到达的顶点，对每一个 i，假设已知 c_{i-1}，在循环(2.2)中对每一个顶点 v，非确定型地找到所有离 s 的距离不超过 $i-1$ 的顶点. 如果找到的顶点数恰好等于 c_{i-1}且有一个顶点等于 v 或有一条弧指向 v，则 c_i 加 1. 如果找到的顶点数不等于 c_{i-1}，则计算失败. 显然，如果对每一个顶点 v 计算成功(找到的离 s 距离不超过 $i-1$ 的顶点数等于 c_{i-1})，这样得到的 c_i 是正确的，并且一定有这样的一个成功的计算(假设 c_{i-1}的值是正确的). 因此，步骤(1)～(2)从 $c_0=1$(这个值是正确的)开始，正确地计算出 c_{n-1}.

已知 G 中有 c_{n-1}个从 s 可到达的顶点，则 t 是不可到达的当且仅当存在一个计算能验证除 t 之外有 c_{n-1}个可到达的顶点. 因此，若 t 是不可到达的，则步骤(3)～(5)有一个计算接受；若 t 是可到达的，则步骤 4 得到的 d 必小于 c_{n-1}，从而所有的计算都拒绝.

算法只须同时存储 c_{i-1}, c_i, d, bl 和 4 个顶点(非确定地搜索路径时只须同时存储 2 个顶点)，$O(\log n)$空间足够了，算法是 $O(\log n)$空间界限的. □

于是，得到

定理 12.10　NL＝coNL.

12.3.3　2SAT

前面已经证明 2SAT∈P，本小节证明它是 NL 完全的.

设 F 是一个 2CNF，如果 F 含有单元简单析取式，即只有一个文字的简单析取式，引入 2 个新变元 t 和 s，把 F 的每一个单元简单析取式 $C=z$ 替换成 $C'=z \vee \neg t$. 此外，再添加 2 个简单析取式 $t \vee s$ 和 $t \vee \neg s$，得到 F'. F'仍是一个 2CNF，且它的每一个简单析取式恰好有 2 个文字. 显然，F 是可满足的当且仅当 F'是可满足. 从 F 构造 F'是极其简单的，可以用对数空间实

现. 由引理 12.2,对数空间可计算的函数的合成仍是对数空间可计算的,故在证明 2SAT∈NL 时,可以假设 2CNF 的每一个简单析取式恰好有 2 个文字. 把这样的 2CNF 叫做**严格的 2CNF.**

设 F 是一个严格的 2CNF,对应的有向图 $G(F)$ 的构造如下：对每一个变元 x,$G(F)$ 有 2 个顶点 x 和$\overline{x}$;对每一个 2 元简单析取式 $C_j=y\vee z$,有 2 条弧$(\overline{y},z)$和$(\overline{z},y)$,这里当$z=x$ 时,$\overline{z}=\overline{x}$;当 $z=\neg x$ 时,$\overline{z}=x$. 图 12.1 给出一个例子. 弧(y,z)对应$\neg y\vee z$,即$y\rightarrow z$. 于是,$G(F)$中的一条路径$(z_1,z_2,\cdots,z_k)$对应于蕴涵式序列 $z_1\rightarrow z_2,z_2\rightarrow z_3,\cdots,z_{k-1}\rightarrow z_k$. 因而,当 z_1 取值 1 时,$z_2,z_3,\cdots,z_k$ 都必须取值 1,相对应的简单析取式$\neg z_1\vee z_2,\neg z_2\vee z_3,\cdots,\neg z_{k-1}\vee z_k$ 才能都满足.

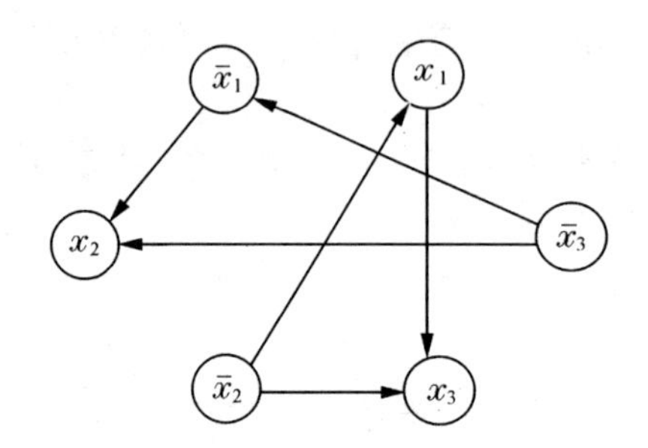

图 12.1　$G(F)$,其中 $F=(x_1\vee x_2)\wedge(\neg x_1\vee x_3)\wedge(x_2\vee x_3)$

引理 12.11　严格的2CNF是不可满足的当且仅当存在一个变元 x 使得,在 $G(F)$中有从 x 到$\overline{x}$和从$\overline{x}$到 x 的路径.

证：充分性. 设 $G(F)$中有从 x 到$\overline{x}$的路径 P 和从$\overline{x}$到 x 的路径$\overline{P}$,要证 F 是不可满足的. 假如 F 有成真赋值 t. 如果 $t(x)=1$,t 在 P 的始点 x 的值为 1,终点$\overline{x}$的值为 0,从而 P 上一定有一条弧(y,z)使得 $t(y)=1$ 且 $t(z)=0$. 对应这条弧,F 中有简单析取式 $C=\neg y\vee z$,$t(C)=0$,与 t 是 F 的成真赋值矛盾. 如果 $t(x)=0$,可类似证明.

必要性. 设对所有的变元 x,$G(F)$中都不存在从 x 到$\overline{x}$和从$\overline{x}$到 x 的路径,要证 F 是可满足的. 为此,如下构造 F 的成真赋值 t. 在 $G(F)$中任取一个尚未赋值的顶点 z,对 z 和它能到达的所有顶点赋值 1,同时对这些文字的否定赋值 0. 重复这个过程,直至所有的文字被赋值为止. 例如,对于图 12.1,取$\overline{x}_1$,从$\overline{x}_1$可到达x_2,令 $t(\overline{x}_1)=t(x_2)=1$,$t(x_1)=t(\overline{x}_2)=0$. 剩下 x_3 和$\overline{x}_3$. 取 x_3,它没有可到达的顶点,令 $t(x_3)=1$,$t(\overline{x}_3)=0$. 这样就得到了一个真值赋值：$t(x_1)=0$,$t(x_2)=1$,$t(x_3)=1$,它满足 F.

首先证明这个赋值 t 是有效的. 第一,每一次对 z 和它可到达的顶点赋值,不会对某个 x 和$\overline{x}$同时赋值 1. 假设不然,则从 z 到 x 和从 z 到$\overline{x}$都有路径. 由 $G(F)$的构造,从 x 到$\overline{z}$也有路径(对应于从 z 到$\overline{x}$的路径). 于是,从 z 到 x 和从 x 到$\overline{z}$的两条路径可以连成一条从 z 到$\overline{z}$的路径,与前题矛盾. 第二,如果一个顶点被赋值 2 次,则这 2 个值必相同. 假设不然,设第一次在取 u 时给 z 赋值 1,第二次取 v 时又给 z 赋值 0(相反的情况,类似可证). 那末,从 u 可到达 z,从 v 可到达$\overline{z}$. 由后者知道,从 z 可到达$\overline{v}$. 因而,从 u 可到达$\overline{v}$,在第一次取 u 时 v 应该已被赋值,矛盾. 得证 t 是有效的.

其次证明 t 是 F 的成真赋值. 对于每一个顶点 z,如果 $t(z)=1$,则所有 z 可到达的顶点均为 1;如果 $t(z)=0$,则所有 z 可到达的顶点均为 0. 因而,一条弧的两个端点或者同时为 1,或者同时为 0. 对于 F 的每一个简单析取式 $y\vee z$,它对应两条弧$(\bar{y},z)$和$(\bar{z},y)$,y 和 z 必有一个赋值 1,$y\vee z$ 的值为 1,故 t 是 F 的成真赋值. □

定理 12.12　2SAT是 NL 完全的.

证:先证 2SAT$\in$NL. 由于 NL=coNL,即 NL 在补运算下封闭,只需证$\overline{\text{2SAT}}\in$NL. 任给一个 2CNF F,不妨设假设 F 是严格的 2CNF. 由引理 12.10,F 是不可满足的当且仅当存在变元 x 使得 $G(F)$中有从 x 到$\bar{x}$和从$\bar{x}$到 x 的路径. 实际上,在 $G(F)$中 x 到$\bar{x}$和$\bar{x}$到 x 或者同时有路径、或者都没有路径,因此只需考虑其中的一条. 下述非确定型算法判定任给的一个严格的 2CNF F 是否是不可满足的:

(1) 构造 $G(F)$;

(2) 任取一个变元 x,将例 12.4 中 PATH 判定算法应用于 $G(F)$和顶点 $x,\bar{x}$. 如果 PATH 判定算法返回接受,则接受;否则拒绝.

构造 $G(F)$是非常直截了当的,可在 $O(\log n)$空间界限内完成. $G(F)$的大小是 F 长度的线性函数,而 PATH 判定算法是非确定型对数空间界限的,故算法是非确定型对数空间界限的.

根据本小节开头的论述,得证$\overline{\text{2SAT}}\in$NL,从而有 2SAT$\in$NL.

再证 2SAT 是 NL 难的. 同样由 NL 在补运算下的封闭性,只需证 PATH$\leqslant_{\log}\overline{\text{2SAT}}$.

任给一个有向图 G 和两个顶点 s,t,要构造一个 2CNF F,使得 G 中有从 s 到 t 的路径当且仅当 F 是不可满足的. 构造 F 的思想和构造 $G(F)$的思想是一样的:弧(u,v)对应于蕴涵式 $u\rightarrow v$,即$\neg u\vee v$. 具体做法如下:G 中的每一个顶点对应有一个变元;对于每一条弧(u,v),F 有一个简单析取式$\neg u\vee v$. 除此之外,还有两个单元析取式 s 和$\neg t$. 可以证明这是 PATH 到$\overline{\text{2SAT}}$的对数空间归约.(练习 12.3.1) □

练　　习

12.3.1　完成定理 12.12 证明中 PATH$\leqslant_{\log}\overline{\text{2SAT}}$的证明,即证明所给的变换是 PATH 到$\overline{\text{2SAT}}$的对数空间变换.

12.3.2　证明:$\overline{\text{PATH}}$是 NL 完全的.

12.4　P 完全问题

12.4.1　单文字消解

设 $C_1=x\vee y_1\vee\cdots\vee y_n$,$C_2=\neg x\vee z_1\vee\cdots\vee z_m$ 是两个简单析取式,其中 x 是一个变元,$y_1,y_2,\cdots,y_n$ 和 $z_1,z_2,\cdots,z_m$ 均是文字. 容易验证,$C_1\wedge C_2$ 可满足当且仅当 $C=y_1\vee\cdots\vee y_n\vee z_1\vee\cdots\vee z_m$ 可满足. 称 C 是从 C_1 和 C_2 经过**消解**得到的,又称 C 是 C_1 和 C_2 关于变元 x 的**消解式**. 当 $n=0$ 或 $m=0$,亦即 C_1 或 C_2 是一个文字时的消解称作**单文字消解**,相应地,此时的消解式称作**单文字消解式**.

设 $F=C_1\wedge C_2\wedge\cdots\wedge C_m$ 是一个合取范式,$D_1,D_2,\cdots,D_k$ 是一个简单析取式序列,如果每

一个 D_j 或者是某个 C_i，或者是 D_s 和 $D_t(s,t<j)$ 的(单文字)消解式，则称该序列是 F 的一个**(单文字)消解推导**. 设 C 是一个简单析取式，如果存在 F 的一个(单文字)消解推导 $D_1,D_2,\cdots,D_k$ 使得 $D_k=C$，则称 C **可由** F**(单文字)消解得到**，又称 C 是 F 的**(单文字)消解结果**. 如果 F 经过消解得到矛盾式，即空简单析取式 $\varnothing$，则 F 是不可满足的.

[例 12.6] 证明：$F=(\neg p\vee\neg q\vee s)\wedge(\neg p_1\vee\neg q_1\vee r_1)\wedge(\neg r_1\vee\neg s\vee s_1)\wedge p\wedge q\wedge q_1\wedge p_1\wedge\neg s_1$ 是不可满足的.

证：单文字消解推导如下：

① p

② $\neg p\vee\neg q\vee s$

③ $\neg q\vee s$　　①,②消解

④ q

⑤ s　　③,④消解

⑥ $\neg p_1\vee\neg q_1\vee r_1$

⑦ p_1

⑧ $\neg q_1\vee r_1$　　⑥,⑦消解

⑨ q_1

10 r_1　　⑧,⑨消解

11 $\neg r_1\vee\neg s\vee s_1$

12 $\neg s\vee s_1$　　10,11消解

13 s_1　　⑤,12消解

14 $\neg s_1$

15 $\varnothing$　　13,14消解

得证 F 是不可满足的.

单文字消解(UNIT)：任给一个合取范式 F，问：是否能从 F 经过单文字消解得矛盾式 $\varnothing$？

引理 12.13　UNIT$\in$P.

证明留作习题(习题 12.4).

设多项式时间界限的 DTM$\mathscr{M}=(Q,A,C,\delta,q_1,B,\{q_f\})$，它有一条单向无穷的带和唯一的接受状态 q_f，对任意的 $x\in A^*$，在 $T=cn^k$ 步内停机，其中 c 和 k 是正整数，$n=|x|$，不妨设 $\mathscr{M}$ 停机在接受状态 q_f 时已将读写头移到带的左端.

采用定理 11.9 证明中描述 $\mathscr{M}$ 的格局的方法. 当在状态 q 下扫描符号 s 时，用 $Q\times C$ 上的一个符号 $\langle q,s\rangle$ 表示. 一个格局描述是 $C^*(Q\times C)C^*$ 上的一个长为 $T+3$ 的字符串，这里为了以后叙述的方便，在两端各加一个不变的空白符 B. 实际上，读写头永远也不会扫描到它们，左端第二个位置才是带的左端.

像 Cook 定理证明中那样，用一组布尔变量描述 $\mathscr{M}$ 的格局. 设变元 $s(a,i,t)$ 表示时刻 t 的格局在位置 i 上的符号为 a，其中 $a\in C\cup(Q\times C)$，$i=-1,0,1,\cdots,T+1$，$t=0,1,\cdots,T$. $i=0$对

应带的左端,$i=-1$ 和 $T+1$ 对应左、右端添加的空白符.

对于任给的 $x\in A^*$,令

$$F_x = F_0 \wedge F_1 \wedge \cdots \wedge F_T \wedge F_{T+1},$$

其中

$$F_0 = s(\langle q_1, \# \rangle, 0, 0) \wedge s(a_1, 1, 0) \wedge \cdots \wedge s(a_n, n, 0) \wedge s(B, n+1, 0)$$
$$\wedge \cdots \wedge s(B, T, 0) \wedge \bigwedge_{0\leqslant t\leqslant T} (s(B, -1, t) \wedge s(B, T+1, t)),$$

$$F_{T+1} = \neg s(\langle q_f, \# \rangle, 0, T),$$

这里 $x=a_1a_2\cdots a_n$.

F_0 的前 $T+1$ 个文字的合取表示 $\mathscr{M}$ 关于 x 的初始格局,剩余部分表示在任何时刻 $t(0\leqslant t\leqslant T)$ 的格局描述的两端固定为 B.

F_{T+1} 的作用是,如果能消解得到 $s(<q_f, \#>, 0, T)$——表示在时刻 T 停机在接受状态 q_f,就能得到矛盾式 $\varnothing$.

F_t 表示时刻 t 的格局 σ_t, $1\leqslant t\leqslant T$. $\mathscr{M}$ 是确定型的,σ_{t+1} 由 σ_t 完全确定. 具体地说,σ_{t+1} 在位置 $i(0\leqslant i\leqslant T)$ 上的符号由 σ_t 在位置 $i-1$, i 和 $i+1$ 上的符号决定,即它们之间满足关系 Δ(见定理 11.9 证明). 这个关系是一个函数,记作 $f(a,b,c)$,即当 σ_t 在位置 $i-1, i, i+1$ 上的符号分别为 a,b,c 时,σ_{t+1} 在位置 i 上的符号为 $f(a,b,c)$,这里 a,b,c 及 $f(a,b,c)$ 均属于 $C\cup(Q\times C)$,且 a,b,c 中至多有一个在 $Q\times C$ 中,$f(a,b,c)$ 由 $\mathscr{M}$ 的动作函数给出. 于是,

对 $t=0,1,\cdots,T-1$,

$$F_{t+1} = \bigwedge_{0\leqslant i\leqslant T} \bigwedge_{a,b,c} (s(a,i-1,t) \wedge s(b,i,t) \wedge s(c,i+1,t) \rightarrow s(f(a,b,c),i,t+1)),$$

可以等值地表示为

$$F_{t+1} = \bigwedge_{0\leqslant i\leqslant T} \bigwedge_{a,b,c} (\neg s(a,i-1,t) \vee \neg s(b,i,t) \vee \neg s(c,i+1,t) \vee s(f(a,b,c),i,t+1)),$$

其中 a,b,c 遍取 $C\cup(Q\times C)$ 且其中至多有一个在 $Q\times C$ 中.

F_x 是一个合取范式.

引理 12.14 设 $a\in C\cup(Q\times C)$. 对于 $0\leqslant i\leqslant T$ 和 $0\leqslant t\leqslant T$,a 是格局 σ_t 在位置 i 上的符号当且仅当可由 $F_0\wedge F_1\wedge\cdots\wedge F_t$ 单文字消解得到 $s(a,i,t)$.

证:必要性. 对 t 作归纳证明. 当 $t=0$ 时,若 a 是 σ_0 在位置 i 上的符号,则 F_0 含有单元析取式 $s(a,i,0)$,结论成立. 设 $t-1(t\geqslant 1)$ 时结论成立. 若 a 是 σ_t 在位置 i 上的符号,则存在 a_1, $b_1, c_1\in C\cup(Q\times C)$ 使得 $a=f(a_1,b_1,c_1)$ 且 a_1,b_1,c_1 分别是 σ_{t-1} 在位置 $i-1,i,i+1$ 上的符号. 由归纳假设,由 $F_0\wedge F_1\wedge\cdots\wedge F_{t-1}$ 经单文字消解得到 $s(a_1,i-1,t-1)$, $s(b_1,i,t-1)$ 和 $s(c_1,i+1,t-1)$. F_t 含有简单析取式

$$D = \neg s(a_1, i-1, t-1) \vee \neg s(b_1, i, t-1) \vee \neg s(c_1, i+1, t-1) \vee s(a, i, t).$$

于是,D 依次与 $s(a_1,i-1,t-1)$, $s(b_1,i,t-1)$ 和 $s(c_1,i+1,t-1)$ 消解,得到 $s(a,i,t)$. 得证对于 t 结论成立.

充分性. 注意到 F_0 的简单析取式都是正文字(即,不带$\neg$的变元),而 $F_t(1\leqslant t\leqslant T)$ 的简单析取式都是由 1 个正文字和 3 个负文字(即,带$\neg$的变元)组成. 根据 $F_t(0\leqslant t\leqslant T)$ 的构造,如果

$s(a,i,t)$可由 $F_0 \wedge F_1 \wedge \cdots \wedge F_t$ 经单文字消解得到,则 F_t 必有简单析取式

$$\neg s(a_1,i-1,t-1) \vee \neg s(b_1,i,t-1) \vee \neg s(c_1,i+1,t-1) \vee s(a,i,t),$$

且 $s(a_1,i-1,t-1)$,$s(b_1,i,t-1)$和 $s(c_1,i+1,t-1)$可由 $F_0 \wedge F_1 \wedge \cdots \wedge F_{t-1}$经单文字消解得到. 同样可用归纳法证明结论成立. □

定理 12.15 UNIT 是 P 完全的.

证: 由引理 12.13,UNIT∈P. 只须证 P 中的任意一个语言 $L \leqslant_{\log}$UNIT.

设 n^k 时间界限的 DTM$\mathscr{M}$接受 L,且不妨设 $\mathscr{M}$符合前面的假设. 对任给的输入 x,构造F_x. $x \in L$ 当且仅当 $\mathscr{M}$关于 x 的计算停机在接受状态 q_f,即格局 σ_T 在位置 0 的符号为$\langle q_f, \#\rangle$. 由引理 12.14,这又当且仅当由 $F_0 \wedge F_1 \wedge \cdots \wedge F_T$ 经单文字消解得到$s(\langle q_f,\#\rangle,0,T)$.

由于 $F_{T+1} = \neg s(\langle q_f,\#\rangle,0,T)$,故当 $x \in L$ 时,由 F_x 单文字消解得到$\varnothing$. 反之,由 F_t $(0 \leqslant t \leqslant T)$的构造,不可能推出矛盾式. 如果由 F_x 单文字消解得到矛盾式,必可以由 $F_0 \wedge F_1 \wedge \cdots \wedge F_T$消解得到$s(\langle q_f,\#\rangle,0,T)$. 由引理 12.14,$\sigma_T$ 在位置 0 上的符号为$\langle q_f,\#\rangle$,这表示 σ_T 是接受停机格局,从而 $x \in L$.

最后,由于 $T=cn^k$,i,t 的二进制表示仅需 $O(\log n)$空间,函数 f 仅与 $\mathscr{M}$有关,整个 F_x 的构造可用$O(\log n)$空间完成. 得证,L$\leqslant_{\log}$UNIT. □

注意到 F_x 的每一个简单析取式至多有 4 个文字,即是一个 4 元合取范式. 当限制实例为 4 元合取范式时,把 UNIT 记作 4UNIT. 于是,有

推论 12.16 4UNIT 是 P 完全的.

12.4.2 广义可达性

广义可达性(GPATH): 任给集合 A,A 上的 3 元关系 $R \subseteq A \times A \times A$ 以及始点集 $S \subseteq A$ 和终点 $t \in A$,$P=(A,R,S,t)$称作一个道路系统. 问: t 是否可达? 其中可达的递归定义如下: (1) 如果 $x \in S$,则 x 是可达的;(2) 如果 y,z 是可达的且$(x,y,z) \in R$,则 x 是可达的.

GPATH 是 PATH 的推广. 前面已知 PATH 是 NL 完全的,现在证明 GPATH 是 P 完全的.

定理 12.17 GPATH 是 P 完全的.

证: 不难给出 GPATH 的多项式时间判定算法. 要证 4UNIT$\leqslant_{\log}$GPATH. 把简单析取式中部分文字的析取叫作它的子式. 例如,$C=x_1 \vee \neg x_2 \vee x_3$ 有 8 个子式: $x_1 \vee \neg x_2$,$x_1 \vee x_3$,$\neg x_2 \vee x_3$,x_1,$\neg x_2$,x_3 以及 C 本身和矛盾式$\varnothing$. 矛盾式$\varnothing$,即空子式是任何简单析取式的子式.

任给一个 4 元合取范式 F,对应的道路系统 $P=(A,R,S,t)$定义如下:

A 是 F 的所有简单析取式的全部子式,

$R=\{(a,b,c) \mid a,b,c \in A$ 且 a 是b 和 c 的单文字消解式$\}$,

S 是 F 的所有简单析取式,

$t=\varnothing$.

显然,可以由 F 消解得到$\varnothing$当且仅当在 P 中 t 是可达的.

由于 F 的每一个简单析取式至多有 4 个文字,它至多有 16 个子式,从而$|A| \leqslant 16m$,其中 m 是 F 的简单析取式的个数. 由 F 生成 P 的对数空间转换器的描述留作练习(练习12.4.1). □

练 习

12.4.1 非形式地描述定理 12.17 证明中实现 4UNIT 到 GPATH 变换的对数空间转换器.

习 题

12.1 若背包问题(10.4.4 小节)的输入中所有的数采用一进制表示,试证明:该问题属于 P. 提示:设计一个动态规划算法,任意的指定物品的排列顺序,对每一个 $k\leqslant n$ 和 $b\leqslant B$,求用前 k 件物品在不超过容量 b 的条件下能装入背包的物品的最大价值,其中 n 是物品数,B 是背包的容量限制.

12.2 **图的二部性**:任给图 $G=(V,E)$,问:G 是二部图吗? 即,是否能把 V 分成两个不相交的子集,使得每一个子集中的任意两点之间都没有边?

试证明:该问题属于 NL. 提示:一个图是二部图的充要条件是不存在奇数条边的圈.

12.3 **NFA 的接受问题(A_{NFA})**:任给一台 NFA$\mathscr{M}$ 和输入 x,问:$x\in L(\mathscr{M})$?

试证明:A_{NFA} 是 NL 完全的.

12.4 证明:UNIT$\in$P.

12.5 **GEN**:任给一个有穷集合 X,X 上的二元运算 $*$,子集 $S\subseteq X$ 和元素 $x\in X$. 问:$x\in\overline{S}$? 其中 $\overline{S}\subseteq X$ 是满足下述条件的最小集合:$S\subseteq\overline{S}$ 且在运算 $*$ 下是封闭的.

试证明:GEN 是 P 完全的.

12.6 **CFL 的成员资格(M_{CFL})**:任给一个 CFG G 和字符串 x,问:$x\in L(G)$?

试证明:M_{CFL} 是 P 完全的. 提示:不妨设 G 是 Chomsky 范式,$x=a_1a_2\cdots a_n$,设计动态规划算法对所有 $1\leqslant i\leqslant j\leqslant n$,计算能生成 $a_i\cdots a_j$ 的变元.

第十三章　随机算法与随机复杂性类

随机算法又称**概率算法**，在计算过程中加入了随机操作. 随机操作产生随机数，并根据随机数决定下面的运算. 随机算法的运行具有某种不确定性. 对同一个输入，算法的执行可以不完全相同，运行时间可能不同，也可能得到不同的计算结果，甚至错误的结果. 当然，只有保证犯错误的概率足够地小，随机算法才有实际使用价值. 和普通算法相比，随机算法通常具有简单快速的优点. 随机算法已成功地运用于数据结构、计算数论、图论、计算几何、并行计算等领域.

本章主要介绍随机算法的计算模型及随机复杂性类——概率 Turing 机及 PP，BPP，RP 和 ZPP 类，这些复杂性类之间以及它们与 P，NP，PSPACE 类之间的关系. 为了给随机计算模型及复杂性类提供一定的背景材料，先在第一节介绍几个随机算法. 随机算法的设计与分析已超出本书的范围，有兴趣的读者可阅读参考文献[8].

13.1　随 机 算 法

13.1.1　随机快速排序

快速排序是一种常用的排序算法，它的基本思想是：在待排序的几个数中取一个数作为主元，以主元为标准，将其余的数分成两组，第一组中的数都小于主元，第二组中的数都大于主元，并把主元排在两组数之间，然后分别对这两组数重复上述做法，直到所有的数都排定为止.

快速排序算法最坏情况的时间复杂度为 $O(n^2)$，平均时间复杂度为 $O(n\log n)$，在实际使用中的效率与输入数据有关. 算法实现要预先设定如何选取主元，如取第一个数作为主元. 在这种情况下，如果输入数据差不多是排好序的(从小到大或从大到小)，则算法是低效的，实际运行时间为 $O(n^2)$.

随机快速排序和快速排序基本相同，唯一的区别是从数据中随机地选择一个数作为主元. 算法递归地描述如下：

算法 RandQS

对任给的 n 个不同的数 $S=\{x_1,x_2,\cdots,x_n\}$，

(1) 产生随机数 k，k 服从 $\{1,2,\cdots,n\}$ 上的均匀分布. 取 $y=x_k$ 作为主元；

(2) 令 $S_1=\{x_i\mid x_i<y\}$，$S_2=\{x_i\mid x_i>y\}$；

(3) 对 S_1，S_2 分别递归地运用 RandQS；

(4) 按照下述顺序排列 S 的元素：S_1，y，S_2.

考虑 RandQS 的平均运行时间 $T(n)$. 记 $s(i)$ 为 S 中秩为 i 的元素，即从小到大排列的第 i 个元素. 记

$$X_{ij}=\begin{cases}1, & s(i)\text{ 和 }s(j)\text{ 进行了比较},\\ 0, & \text{否则}.\end{cases}$$

$$P\{X_{ij}=1\}=p_{ij},\quad 1\leqslant i<j\leqslant n.$$

于是，

$$T(n) = E\left(\sum_{i=1}^{n-1}\sum_{j=i+1}^{n} X_{ij}\right) = \sum_{i=1}^{n-1}\sum_{j=i+1}^{n} p_{ij}.$$

$s(i)$和$s(j)(i<j)$进行比较当且仅当算法取到的主元第一次属于$\{s(i),s(i+1),\cdots,s(j)\}$时，恰好取到$s(i)$或$s(j)$. 也就是说，第一次从$\{s(i),s(i+1),\cdots,s(j)\}$中取到主元时，恰好取到$s(i)$或$s(j)$. 在此之前，它们当然一直被分在同一组内. 设第一次从$\{s(i),s(i+1),\cdots,s(j)\}$中取到主元时，它们所在组内有$m$个数，$m\geqslant j-i+1$. 记$A$为对该组选取的主元属于$\{s(i),s(i+1),\cdots,s(j)\}$，$B$为主元恰好是$s(i)$或$s(j)$. 因此，

$$p_{ij} = P(B \mid A) = \frac{2}{m}\Big/\frac{(j-i+1)}{m} = \frac{2}{j-i+1}.$$

于是

$$\begin{aligned} T(n) &= \sum_{i=1}^{n-1}\sum_{j=i+1}^{n} \frac{2}{j-i+1} \\ &= 2\sum_{i=1}^{n-1}\sum_{k=2}^{n-i+1} \frac{1}{k} \\ &\leqslant 2n\mathrm{H}_n, \end{aligned}$$

其中$\mathrm{H}_n = 1+\frac{1}{2}+\cdots+\frac{1}{n}$是第$n$个调和数，得证

$$T(n) = O(n\log n).$$

(见习题 13.1)

与快速算法不同，RandQS 的运行时间与输入数据中的排列无关.

13.1.2　多项式不恒零测试

问题：任给一个n元多项式$p(x_1,x_2,\cdots,x_n)$，问：$p(x_1,x_2,\cdots,x_n)\not\equiv 0$?

当很容易把p整理成标准的$x_1,x_2,\cdots,x_n$的幂的乘积(即项)的线性组合时，问题是很简单的. 但是，p可能以某种复杂的方式给出，譬如下一小节将会看到用行列式给出p，行列式的元素中含有变量. 计算这样的行列式需要采用符号演算.

任取n个数$a_1,a_2,\cdots,a_n$. 如果$p(x_1,x_2,\cdots,x_n)\equiv 0$，则必有$p(a_1,a_2,\cdots,a_n)=0$. 但是，当$p(x_1,x_2,\cdots,x_n)\not\equiv 0$时，不一定$p(a_1,a_2,\cdots,a_n)\neq 0$. 换一种说法，如果$p(a_1,a_2,\cdots,a_n)\neq 0$，则可以断言$p(x_1,x_2,\cdots,x_n)\not\equiv 0$. 但是，当$p(a_1,a_2,\cdots,a_n)=0$时，不能断言$p(x_1,x_2,\cdots,x_n)\equiv 0$. 下述引理给出当$p(x_1,x_2,\cdots,x_n)\not\equiv 0$时，$p(a_1,a_2,\cdots,a_n)=0$的概率.

引理13.1　设$p(x_1,x_2,\cdots,x_n)$是域F上的n元d次多项式，S是F的一个有穷子集. 随机变量$a_1,a_2,\cdots,a_n$相互独立且都服从S上的均匀分布，则

$$P\{p(a_1,a_2,\cdots,a_n)=0 \mid p\not\equiv 0\} \leqslant \frac{d}{|S|}.$$

证：对n作归纳证明. 当$n=1$时，一元d次多项式至多有d个不同的根，故

$$P\{p(a_1)=0 \mid p\not\equiv 0\} \leqslant \frac{d}{|S|},$$

结论成立.

假设结论对$n-1$成立，设$p(x_1,x_2,\cdots,x_n)\not\equiv 0$，则

$$p(x_1,x_2,\cdots,x_n)=\sum_{i=0}^{k}x_1^i q_i(x_2,\cdots,x_n),$$

其中 $0<k\leqslant d$, $q_k(x_2,\cdots,x_n)\neq 0$,其次数$\leqslant d-k$,记

$$p_1(x_1)=\sum_{i=0}^{k}x_1^i q_i(a_2,\cdots,a_n),$$

于是

$$\begin{aligned}
&P\{p(a_1,a_2,\cdots,a_n)=0\mid p\neq 0\}\\
&\quad =P\{q_k(a_2,\cdots,a_n)=0\mid q_k\neq 0\}\cdot P\{p_1(a_1)=0\mid q_k(a_2,\cdots,a_k)=0,q_k\neq 0\}\\
&\quad +P\{q_k(a_2,\cdots,a_n)\neq 0\mid q_k\neq 0\}\cdot P\{p_1(a_1)=0\mid q_k(a_2,\cdots,a_k)\neq 0,q_k\neq 0\}\\
&\quad \leqslant P\{q_k(a_2,\cdots,a_n)=0\mid q_k\neq 0\}+P\{p_1(a_1)=0\mid q_k(a_2,\cdots,a_k)\neq 0\}\\
&\quad \leqslant \frac{d-k}{|S|}+\frac{k}{|S|}=\frac{d}{|S|},
\end{aligned}$$

得证结论对 n 也成立. □

算法 Poly

对任给的 n 元 d 次多项式 p,

(1) 产生 n 个相互独立的、服从$\{0,1,\cdots,2d-1\}$上均匀分布的随机数 $a_1,a_2,\cdots,a_n$;

(2) 如果 $p(a_1,a_2,\cdots,a_n)\neq 0$ 则接受,否则拒绝.

这是多项式不恒零测试的概率算法.当 $p\equiv 0$ 时,算法 Poly 必拒绝,回答正确;当 $p\not\equiv 0$ 时,算法可能接受、也可能拒绝.由引理 13.1,拒绝的概率,即回答错误的概率$\leqslant\frac{1}{2}$.

显然,$\frac{1}{2}$的错误概率太大,不能实际使用.通过重复执行,可以把错误概率降低到任意地小.做法如下:

算法 RPoly

对任给的 n 元 d 次多项式 p 及正整数 k,独立地重复执行 k 次 Poly.若有一次 Poly 接受,则接受;若 k 次都拒绝,则拒绝.

显然,当 $p\equiv 0$ 时,算法 RPoly 必拒绝,回答正确.当 $p\not\equiv 0$ 时,只有当 k 次调用 Poly 都拒绝,RPoly 才拒绝.也就是说,只有当 Poly k 次都回答错误,RPoly 才回答错误.而 Poly 每次回答错误的概率不超过$\frac{1}{2}$,k 次都错的概率不超过 2^{-k},从而当 $p\not\equiv 0$ 时,RPoly 回答错误的概率不超过 2^{-k}.

只要取足够大的 k,譬如 $k=100$,算法 RPoly 的错误概率在实际使用中是可以忽略不计的.事实上,硬件和系统软件的故障率就可能要高于这个错误概率.因此,算法 RPoly 是有实用价值的,是有效可行的.这种通过重复运行来降低错误概率的做法是一种通用的策略.

另外,算法 Poly 是单侧错误的,即当 $p\equiv 0$ 时,错误概率为 0.

13.1.3 完美匹配

二部图完美匹配:任给一个二部图 $G=(V,U,E)$,其中$|V|=|U|=n$, $E\subseteq V\times U$.问:G 是否有完美匹配,即是否存在 $M\subseteq E$ 使得$|M|=n$ 且 M 中任何两条边都没有共同的顶点?

二部图完美匹配问题可以用二部图的最大匹配算法解决,用最大流法求二部图的最大匹

配的时间复杂度为 $O(m\sqrt{n})$，其中 n 是顶点数，m 是边数(见参考文献[9])．下面把这个问题归结为多项式不恒零问题，从而可以用上一小节的随机算法 RPoly 求解．

不妨设 $V=U=\{1,2,\cdots,n\}$，定义 $n\times n$ 矩阵 $\boldsymbol{A}^G=(a_{ij})$ 如下：对 $1\leqslant i,j\leqslant n$，

$$a_{ij}=\begin{cases}x_{ij}, & 若(i,j)\in E,\\ 0, & 否则,\end{cases}$$

其中 x_{ij} 是对应边 (i,j) 的变量．行列式 $\det(\boldsymbol{A}^G)$ 是含有 $|E|$ 个变量的 n 次多项式．例如，对于图 13.1 中的二部图 G，有相应的

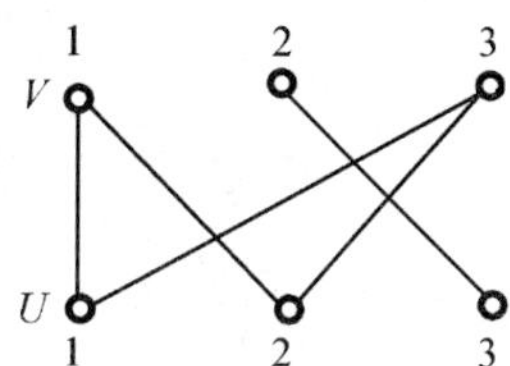

图 13.1　二部图 G

$$\boldsymbol{A}^G=\begin{bmatrix}x_{11} & x_{12} & 0\\ 0 & 0 & x_{23}\\ x_{31} & x_{32} & 0\end{bmatrix},$$

$$\det(\boldsymbol{A}^G)=-x_{11}x_{23}x_{32}+x_{12}x_{23}x_{31}.$$

上式的每一项恰好对应一个完美匹配：$x_{11}x_{23}x_{32}$ 对应 $\boldsymbol{M}_1=\{(1,1),(2,3),(3,2)\}$，$x_{12}x_{23}x_{31}$ 对应 $\boldsymbol{M}_2=\{(1,2),(2,3),(3,1)\}$．不难证明：二部图 G 有完美匹配当且仅当 $\det(A^G)\neq 0$(习题 13.2)．

上述做法可以推广到一般图的完美匹配问题．

图的完美匹配：任给无向图 $\boldsymbol{G}=(V,E)$，问：$\boldsymbol{G}$ 是否有完美匹配，即是否有 $\boldsymbol{M}\subseteq E$ 使得 $\boldsymbol{M}$ 中的任意两条边都没有共同的顶点且 V 中的每一个顶点都与 M 中的一条边关联？

一般图的完美匹配问题同样可以用最大匹配算法解决．求一般图的最大匹配的时间复杂度仍是 $O(m\sqrt{n})$，但是算法十分复杂，使得编程实现也相当困难．下面同样把这个问题归结为多项式不恒零问题．

设 $V=\{1,2,\cdots,n\}$，定义 $n\times n$ 矩阵 $A^G=(a_{ij})$ 如下：

$$a_{ij}=\begin{cases}x_{ij}, & \{i,j\}\in E 且 i<j,\\ -x_{ji}, & \{i,j\}\in E 且 i>j,\\ 0, & 否则,\end{cases}$$

其中 x_{ij} 是对应边 $\{i,j\}$ 的变量$(i<j)$．$\boldsymbol{A}^G$ 是含有 $|E|$ 个变量的反对称矩阵，称作 $\boldsymbol{G}$ 的 **Tutte 矩阵**．

$$\det(\boldsymbol{A}^G)=\sum_{\sigma}(-1)^{\tau(\sigma)}a_{1\sigma(1)}a_{2\sigma(2)}\cdots a_{n\sigma(n)},$$

其中 $\sum\limits_{\sigma}$ 是对 $1,2,\cdots,n$ 的所有排列 σ 求和，$\tau(\sigma)$ 是 σ 的逆序数．

记排列 σ 的值

$$val(\sigma)=a_{1\sigma(1)}a_{2\sigma(2)}\cdots a_{n\sigma(n)}.$$

显然，$val(\sigma)\neq 0$ 当且仅当 $\{i,\sigma(i)\}\in E,1\leqslant i\leqslant n$．当 $val(\sigma)\neq 0$ 时，把 n 条边 $\{i,\sigma(i)\}\in E(1\leqslant i\leqslant n)$ 构成的子图称作 σ 的**轨迹**．

每一个排列 σ 是一个置换，可以表成不相交的轮换的乘积．长度为 l 的轮换可写成 $(i,\sigma(i),\sigma^2(i),\cdots,\sigma^{l-1}(i))$，其中 $i,\sigma(i),\cdots,\sigma^{l-1}(i)$ 均不相同，而 $\sigma^l(i)=i$．长度为 2 的轮换称作对换，长度为偶数的轮换称作偶轮换，长度为奇数的轮换称作奇轮换．

图 13.2 所示图 G 的 Tutte 矩阵为

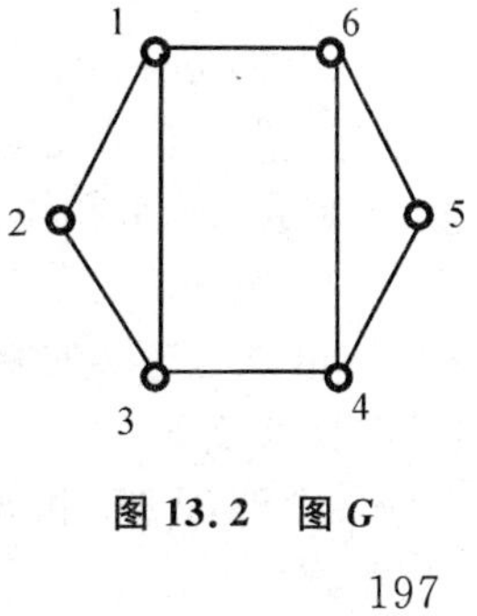

图 13.2　图 G

$$\boldsymbol{A}^G=\begin{bmatrix}0 & x_{12} & x_{13} & 0 & 0 & x_{16}\\ -x_{12} & 0 & x_{23} & 0 & 0 & 0\\ -x_{13} & -x_{23} & 0 & x_{34} & 0 & 0\\ 0 & 0 & -x_{34} & 0 & x_{45} & x_{46}\\ 0 & 0 & 0 & -x_{45} & 0 & x_{56}\\ -x_{16} & 0 & 0 & -x_{46} & -x_{56} & 0\end{bmatrix}$$

$$\begin{aligned}\det(\boldsymbol{A}^G)=&-x_{12}(-x_{12})x_{34}(-x_{34})x_{56}(-x_{56}) &①\\ &+x_{12}x_{23}(-x_{13})x_{45}x_{56}(-x_{46}) &②\\ &+x_{12}x_{23}(-x_{13})x_{46}(-x_{45})(-x_{56}) &③\\ &-x_{12}x_{23}x_{34}x_{45}x_{56}(-x_{16}) &④\\ &+x_{13}(-x_{12})(-x_{23})x_{45}x_{56}(-x_{46}) &⑤\\ &+x_{13}(-x_{12})(-x_{23})x_{46}(-x_{45})(-x_{56}) &⑥\\ &-x_{16}(-x_{12})(-x_{23})(-x_{34})(-x_{45})(-x_{56}) &⑦\\ &-x_{16}x_{23}(-x_{23})x_{45}(-x_{45})(-x_{16}) &⑧\\ =&x_{12}^2x_{34}^2x_{56}^2+2x_{12}x_{23}x_{34}x_{45}x_{56}x_{16}+x_{16}^2x_{23}^2x_{45}^2.\end{aligned}$$

$\det(\boldsymbol{A}^G)$的展开式中有 8 项，分别对应下述置换：

① $\begin{pmatrix}1&2&3&4&5&6\\2&1&4&3&6&5\end{pmatrix}=(1,2)(3,4)(5,6)$；

② $\begin{pmatrix}1&2&3&4&5&6\\2&3&1&5&6&4\end{pmatrix}=(1,2,3)(4,5,6)$；

③ $\begin{pmatrix}1&2&3&4&5&6\\2&3&1&6&4&5\end{pmatrix}=(1,2,3)(4,6,5)$；

④ $\begin{pmatrix}1&2&3&4&5&6\\2&3&4&5&6&1\end{pmatrix}=(1,2,3,4,5,6)$；

⑤ $\begin{pmatrix}1&2&3&4&5&6\\3&1&2&5&6&4\end{pmatrix}=(1,3,2)(4,5,6)$；

⑥ $\begin{pmatrix}1&2&3&4&5&6\\3&1&2&6&4&5\end{pmatrix}=(1,3,2)(4,6,5)$；

⑦ $\begin{pmatrix}1&2&3&4&5&6\\6&1&2&3&4&5\end{pmatrix}=(1,6,5,4,3,2)$；

⑧ $\begin{pmatrix}1&2&3&4&5&6\\6&3&2&5&4&1\end{pmatrix}=(1,6)(2,3)(4,5)$.

从上例可以看到下述两点：

(1) 当 σ 含有奇轮换时，$val(\sigma)$成对出现且恰好带有相反的符号，从而相互抵消. 如②和③，⑤和⑥(或者②和⑤，③和⑥). ②，③，⑤，⑥都含有 1,2,3 和 4,5,6 的两个奇循环.

(2) 若 $val(\sigma)\neq 0$ 且 σ 不含奇循环，则 σ 的轨迹含有图的完美匹配. 对换对应着一条边. 若 σ 是不相交的对换的乘积，则 σ 的轨迹恰好是一个完美匹配，如①对应 $\boldsymbol{M}_1=\{\{1,2\},\{3,4\},\{5,6\}\}$. 长度为 $2l(l>1)$的轮换对应长度为 $2l$ 的圈，隔一条边取一条边，得到一个匹配，如④对应 2 个匹配 $\boldsymbol{M}_1$ 和 $\boldsymbol{M}_2=\{\{2,3\},\{4,5\},\{1,6\}\}$.

下面证明观察到的这两点.

引理 13.2　如果 $\det(\boldsymbol{A}^G)$不恒为 0,则存在置换 σ 使得 $val(\sigma)\neq 0$ 且 σ 不含奇循环.

证:设置换 π 含有 $t(t>0)$个奇循环且 $val(\pi)\neq 0$. 这 t 个奇循环中的每一个可以有两个不同的方向,而其余部分不变,共可构成 2^t 个置换. 可以把它们分成 2^{t-1}对,每一对置换恰好有一对方向相反的奇轮换,其余部分相同. 在置换的值中,一对方向相反的奇轮换对应的元素的行列下标正好互换. 如奇轮换(1,2,3)和(3,2,1)分别对应 $a_{12}a_{23}a_{31}$ 和 $a_{21}a_{32}a_{13}=a_{13}a_{21}a_{32}$. 由于 $\boldsymbol{A}^G$ 是反对称的,它们恰好相差一个负号. 又方向相反的一对奇轮换具有相同的奇偶性,故上述 2^{t-1}对中的每一对置换的值在 $\det(\boldsymbol{A}^G)$中相互抵消. 如在前面看到的②,③,⑤,⑥那样. 也就是说,含有奇循环的置换对 $\det(\boldsymbol{A}^G)$没有贡献. 因此,如果 $\det(\boldsymbol{A}^G)\neq 0$,必存在置换 σ 使得 $val(\sigma)\neq 0$ 且 σ 不含奇循环. □

引理 13.3　G 有完美匹配当且仅当存在置换 σ 不含奇循环且在 $\det(\boldsymbol{A}^G)$中的值 $val(\sigma)\neq 0$.

证:设 $val(\sigma)\neq 0$ 且 σ 等于若干不相交的偶轮换的乘积. 对换对应一条边,长度 $2l(l>1)$的轮换对应长度 $2l$ 的圈. 于是,σ 的轨迹由若干条不相交的圈和边组成,其中每一个圈的边数为偶数,隔一条边取一条边可以得到一个匹配. 对每一个圈取一个这样的匹配和那些单独的边合在一起恰好构成 $\boldsymbol{G}$ 的一个完美匹配.

反之,设 $\boldsymbol{G}$ 有一个完美匹配 $\boldsymbol{M}$. 定义置换 σ 如下:若$\{i,j\}\in\boldsymbol{M}$,则 $\sigma(i)=j$. σ 等于$\frac{n}{2}$个不相交的对换的平方的乘积,其轨迹就是 $\boldsymbol{M}$,由$\frac{n}{2}$条不相交的边组成,

$$val(\sigma)=(-1)^{n/2}\prod_{\substack{\{i,j\}\in M\\ i<j}}x_{ij}^2\neq 0\ . \qquad \square$$

定理13.4　设 A^G 是图 G 的 Tutte 矩阵,则 G 有完美匹配当且仅当 $\det(\boldsymbol{A}^G)$不恒为 0.

证:设 G 有完美匹配 $\boldsymbol{M}$,如引理 13.3 证明中那样构造置换 σ,有

$$val(\sigma)=(-1)^{n/2}\prod_{\substack{\{i,j\}\in M\\ i<j}}x_{ij}^2.$$

对每一条边$\{i,j\}\in E$ 且 $i<j$,令

$$x_{ij}=\begin{cases}1, & \{i,j\}\in\boldsymbol{M},\\ 0, & \text{否则},\end{cases}$$

则 $val(\sigma)=(-1)^{n/2}$且对所有的置换 $\pi\neq\sigma$,$val(\pi)=0$. 于是,$\det(\boldsymbol{A}^G)=(-1)^{\tau(\sigma)}val(\sigma)\neq 0$,得证 $\det(\boldsymbol{A}^G)\neq 0$.

反之,若 $\det(\boldsymbol{A}^G)\neq 0$,由引理 13.2,存在不含奇循环的置换 σ 使得 $val(\sigma)\neq 0$. 再由引理 13.3,得证 G 有完美匹配. □

$\det(\boldsymbol{A}^G)$是一个$|E|$元的 n 次多项式,因此可以利用 13.1.2 小节中的随机算法来检测任意一个图是否有完美匹配. 不过这个算法仅能回答是否有完美匹配,而不能给出这样的匹配. 事实上,已经设计出求完美匹配的随机算法.

13.1.4　素数测试

素数测试在密码学中有重要的应用. M. Agrawal, N. Kayal 和 N. Saxena 于 2002 年给出时间复杂度为 $O(\log^6 n)$的素数测试算法,其中 n 是待测试的数,从而证明这是一个 P 问题. 本小节介绍一个素数测试的随机算法.

$a \bmod n$ 表示 a 被 n 整除的余数. 例如, $14 \bmod 3 = 2$, $15 \bmod 3 = 0$. 如果 $a \bmod n = b \bmod n$, 即 $n \mid a-b$. 则称 a 与 b **模 n 同余**, 记作 $a \equiv b \pmod n$. 例如, $14 \equiv 2 \pmod 3$. 算法的出发点基于数论中的下述定理.

定理13.5(Fermat 小定理) 设 p 是素数, $1 \leqslant a \leqslant p-1$, 则

$$a^{p-1} \equiv 1 \pmod p \ .$$

例如, $2^{7-1} = 64$, $64 \bmod 7 = 1$, 故 $2^{7-1} \equiv 1 \pmod 7$. $3^{7-1} = 729$, $729 \bmod 7 = 1$, 也有 $3^{7-1} \equiv 1 \pmod 7$. 而 $2^{8-1} = 128$, $128 \bmod 8 = 0$, $2^{8-1} \not\equiv 1 \pmod 8$, 8 不是素数.

设 $n > 1$, 任给 $1 \leqslant a \leqslant n-1$, 如果 $a^{n-1} \not\equiv 1 \pmod n$, 根据 Fermat 小定理, 就可以断言 n 是合数. 把这样的 a 称作 n 的**合数见证**. 但是, 当 n 是合数时, 对于 $1 \leqslant a \leqslant n-1$, 不一定有 $a^{n-1} \not\equiv 1 \pmod n$. 或者说, 当 $a^{n-1} \equiv 1 \pmod n$ 时, n 不一定是素数. 例如, $8^{9-1} \equiv (-1)^8 \equiv 1 \pmod 9$, 而 9 是合数. 事实上, 当 n 是合数时, 如果 a 与 n 不互素, 则必有 $a^{n-1} \not\equiv 1 \pmod n$ (习题 13.3). 但是, 在 1 和 $n-1$ 之间与 n 不互素的数所占比例可能太小. 例如, 当 $n = p^2$, p 是素数时, 在 1 到 p^2-1 中与 p^2 不互素的数是 $p, 2p, \cdots, (p-1)p$, 共 $p-1$ 个, 所占比例为 $\frac{p-1}{p^2-1} = \frac{1}{p+1}$. 当 p 很大时(有任意大的素数), 这个比例很小. 因此, 必须在与 n 互素的数中寻找合数见证. 但是, 存在这样的合数 c, 对所有与它互素的 a, 都有 $a^{c-1} \equiv 1 \pmod c$. 这样的数称作 Carmichael 数. 已经知道有无穷多个 Charmichael 数, 前 5 个是:

$$561 = 3 \times 11 \times 17,$$
$$1\,105 = 5 \times 13 \times 17,$$
$$1\,729 = 7 \times 13 \times 19,$$
$$2\,465 = 5 \times 17 \times 29,$$
$$2\,821 = 7 \times 13 \times 31.$$

因此, 需要寻找新的合数见证.

引理 13.6 设 p 是素数, $1 \leqslant a \leqslant p-1$. 如果 $a^{2k} \equiv 1 \pmod p$, 则 $a^k \equiv 1 \pmod p$ 或 $a^k \equiv -1 \pmod p$.

证: 由 $a^{2k} \equiv 1 \pmod p$, 存在整数 d 使得

$$a^{2k} = dp + 1 \ ,$$
$$(a^k + 1)(a^k - 1) = dp \ .$$

由于 p 是素数, 必有 $p \mid a^k - 1$ 或 $p \mid a^k + 1$, 从而 $a^k \equiv 1 \pmod p$ 或 $a^k \equiv -1 \pmod p$. □

设 p 是素数, $p-1 = 2^t s$, 其中 s 是奇数. 由引理 13.6, 对任意的 $1 \leqslant a \leqslant p-1$, 如果 $a^{2^t s} \bmod p$, $a^{2^{t-1} s} \bmod p, \cdots, a^s \bmod p$ 不全为 1, 则第一个不等于 1 的数是 $p-1$. $x \bmod p = p-1$ 等同于 $x \equiv -1 \pmod p$.

于是, 得到一类新的合数见证. 设 n 是奇数, $n-1 = 2^t s$, 其中 s 是奇数, $1 \leqslant a \leqslant n-1$. 如果存在 $0 \leqslant k < t$, 使得 $a^{2^i s} \bmod n = 1$, $k+1 \leqslant i \leqslant t$ 且 $a^{2^k s} \bmod n \neq n-1$, 则 n 是合数.

素数测度与合数测试互为补问题. 由于后面形式定义的需要, 下面给出合数测试算法.

算法 Compositeness

对任给的正整数 n,

(1) 如果 n 是偶数且 $n \neq 2$ 则接受; 如果 $n = 1$ 或 $n = 2$, 则拒绝;

(2) 计算 t 和 s 使得 $n-1 = 2^t s$, 其中 s 是奇数;

(3) 从$\{1,2,\cdots,n-1\}$中等可能地任取一个数 a;

(4) 对 $i=0,1,\cdots,t$,计算 $b_i=a^{2^i s} \bmod n$;

(5) 如果 $b_t \neq 1$,则接受;

(6) 如果 $b_0=1$,则拒绝;

(7) 令 $j=\max\{i \mid b_i \neq 1\}$;

(8) 如果 $b_j=n-1$,则拒绝,否则接受.

算法是单侧错误的,当 n 是素数时,算法必拒绝. 但是,当 n 是合数时,算法不一定接受. 可以证明,当 n 是合数时,算法拒绝的概率,即错误概率不超过$\frac{1}{2}$(请参阅参考文献[8]). 由于 $a^b \bmod n$ 是多项式时间可计算的(习题 13.4),故算法是多项式时间的.

类似算法 RPoly,重复独立地运行 k 次 Compositeness,只要有一次接受就接受,如果 k 次都拒绝则拒绝,可以把错误概率降低到 2^{-k}.

13.1.5　Monte Carlo 算法和 Las Vegas 算法

随机快速排序和检测多项式不恒零(以及测试合数)的随机算法是两种不同的类型,随机快速排序的计算结果总是正确的,而检测多项式不恒零的随机算法可能给出错误的结果. 前者称作 **Las Vegas 算法**,后者称作 **Monte Carlo 算法**.

对于判定问题,Las Vegas 算法的结论总是正确的,但允许不作结论或拒绝回答. 而 Monte Carlo 算法可能给出错误的结论. Monte Carlo 算法又分两种,一种是当答案为“否定”时,算法一定作出“否定”的结论,当答案为“肯定”时,算法可能得出“否定”的错误结论. 或者换一种说法,当算法得出“肯定”的结论时,这个结论一定是正确的,而得出“否定”的结论时,结论不一定正确. 也就是说,只有一类错误(把是说成非). 这一种 Monte Carlo 算法称作**单侧错误的**. 另一种是**双侧错误的**,即既可能把非说成是,也可能把是说成非. 检测多项式不恒零和合数测试的随机算法都是单侧错误的.

前面已经看到,当单侧错误的 Monte Carlo 算法的错误概率不超过$\frac{1}{2}$时(实际上,只须不超过一个小于 1 的常数),通过重复独立地运行可以把错误概率降低到任意地小且保持算法仍是多项式时间的. 这样的随机算法在实际中完全可以放心使用. 同理,当 Las Vegas 算法的不作结论的概率不超过一个小于 1 的常数时,也能通过重复独立地运行把不作结论的概率降低到足够的小. 双侧错误的 Monte Carlo 算法也有类似的性质,只是要复杂一点,在下一节将会看到.

13.2　随机复杂性类

13.2.1　PP 类

概率 Turing 机(简记作 **PTM**)$\mathscr{M}$ 是一台总停机的 **NTM**,它的每一个格局至多有两个后继,亦即对每一个状态 q 和带符号 s,$|\delta(q,s)| \leqslant 2$. 有两个后继的格局称作**随机格局**. 从随机格局可以等可能地随机到达它的两个后继中的任一个. 这相当于在随机格局掷一枚均匀的硬币,并根据硬币的正面朝上,还是背面朝上决定下一步的动作. 除通常的接受状态和不接受状态外,

PTM 还有一种新的**不知道状态**. 若 $\mathscr{M}$ 停机在不知道状态,则称这个计算是**无效计算**,既不接受输入串、也不拒绝输入串. 对于输入 x,设 c 是 $\mathscr{M}$ 关于 x 的一个计算,c 中有 k 个随机格局,定义**计算 c 的概率**等于 2^{-k},**$\mathscr{M}$ 接受 x 的概率**等于所有接受 x 的计算的概率之和,记作 $\alpha(\mathscr{M},x)$;**$\mathscr{M}$ 拒绝 x 的概率**等于所有拒绝 x 的计算的概率之和,记作 $\beta(\mathscr{M},x)$;**计算无效的概率**等于所有无效计算的概率之和,记作 $\gamma(\mathscr{M},x)$. 恒有

$$\alpha(\mathscr{M},x)+\beta(\mathscr{M},x)+\gamma(\mathscr{M},x)=1 .$$

图 13.3 给出一棵 PTM 的计算树. 实心点的叶片表示接受计算,空心点的叶片表示拒绝计算,三角形的叶片表示无效计算. $\alpha(\mathscr{M},x)=\frac{5}{8}$, $\beta(\mathscr{M},x)=\frac{1}{4}$, $\gamma(\mathscr{M},x)=\frac{1}{8}$.

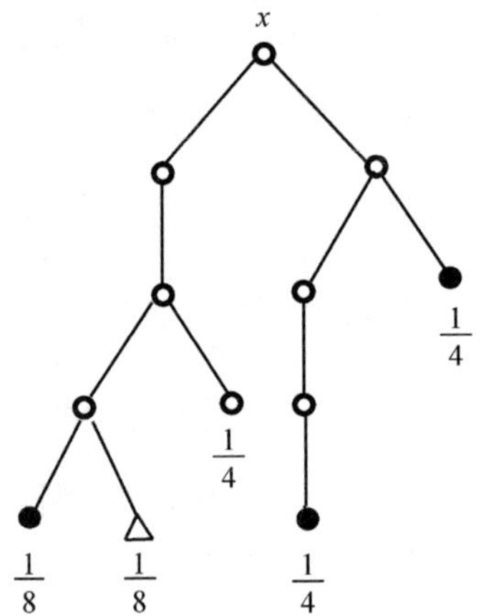

图 13.3 PTM 计算树

定义 13.1 如果 PTM 是多项式时间界限的且没有不知道状态,则称它是 **PP 机**.

设 PP 机 $\mathscr{M}$ 的输入字母表为 A,$x\in A^*$. 规定当 $\alpha(\mathscr{M},x)>\frac{1}{2}$ 时,$\mathscr{M}$ 接受 x;当 $\beta(\mathscr{M},x)\geqslant\frac{1}{2}$ 时,$\mathscr{M}$ 拒绝 x.

$\mathscr{M}$ 接受的语言

$$L(\mathscr{M})=\{x\in A^* \mid \mathscr{M}\text{接受 } x\} .$$

PP 机接受的语言的全体称作 **PP 类**.

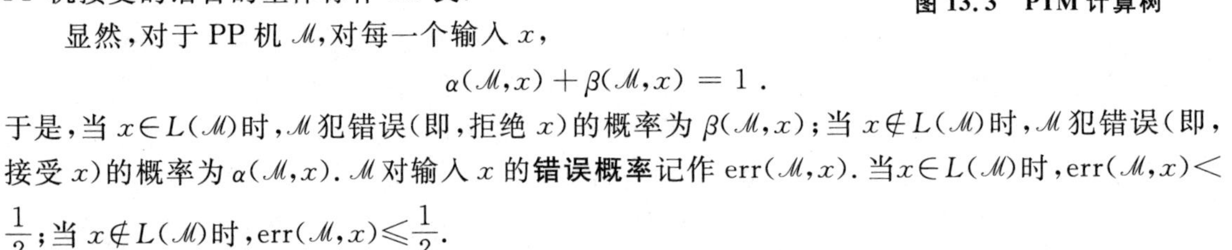

显然,对于 PP 机 $\mathscr{M}$,对每一个输入 x,

$$\alpha(\mathscr{M},x)+\beta(\mathscr{M},x)=1 .$$

于是,当 $x\in L(\mathscr{M})$ 时,$\mathscr{M}$ 犯错误(即,拒绝 x)的概率为 $\beta(\mathscr{M},x)$;当 $x\notin L(\mathscr{M})$ 时,$\mathscr{M}$ 犯错误(即,接受 x)的概率为 $\alpha(\mathscr{M},x)$. $\mathscr{M}$ 对输入 x 的**错误概率**记作 $\mathrm{err}(\mathscr{M},x)$. 当 $x\in L(\mathscr{M})$ 时,$\mathrm{err}(\mathscr{M},x)<\frac{1}{2}$;当 $x\notin L(\mathscr{M})$ 时,$\mathrm{err}(\mathscr{M},x)\leqslant\frac{1}{2}$.

[例 13.1] MAJSAT.

任给一个布尔公式 F,F 有 n 个变元,问:在所有 2^n 个真值赋值中是否至少有 $2^{n-1}+1$ 个满足 F?

判定该问题的随机算法是直截了当的. 对每一个变元等可能地赋给 1 或 0,然后检查这个真值赋值是否满足 F. 若满足 F 则接受,否则拒绝.

显然,算法是多项式时间的. 当 $F\in$ MAJSAT 时,算法的接受概率 $>\frac{1}{2}$;当 $F\notin$ MAJSAT 时,算法的拒绝概率 $\geqslant\frac{1}{2}$,故 MAJSAT $\in$ PP.

可以用多项式空间界限的 DTM 模拟多项式时间界限的 NTM 的所有计算(引理 9.4 的证明). 这个模拟也可以用于 PP 机,只须稍作修改:在模拟关于输入 x 的每一个计算时,同时检查这个计算有多少个随机格局,得到该计算的概率,并且累加所有接受计算的概率,得到 $\alpha(\mathscr{M},x)$,从而可以正确地判断 $\mathscr{M}$ 是否接受 x. 设 $\mathscr{M}$ 是 n^k 时间界限的,概率的最小单位为 2^{-n^k}. 要计算的概率可用 n^k 位的二进制小数表示,其中 $n=|x|$. 用于计算每一个计算的概率的空间可以重复使用,需要 $O(n^k)$ 空间. 累加接受计算的概率也需要 $O(n^k)$ 空间. 因此,模拟需添加 $O(n^k)$ 空间,仍是多项式空间界限的,从而得证下述定理.

定理 13.7　PP⊆PSPACE.

下面考虑 NP,coNP 与 PP 的关系.为此,先给出 PP 机的一个性质.这个性质实际上给出了 PP 机的另一个等价的定义.

引理 13.8　语言 $L\in$ PP 当且仅当存在 PP 机 $\mathscr{M}$ 使得 $\forall x$,若 $\alpha(\mathscr{M},x)\geqslant\frac{1}{2}$,则 $x\in L$;若 $\beta(\mathscr{M},x)>\frac{1}{2}$,则 $x\notin L$.

证:设 PP 机 $\mathscr{M}'$ 接受 L,构造 PP 机 $\mathscr{M}$ 如下:对输入 x,$\mathscr{M}$ 关于 x 的计算树 T 如图 13.4 所示.根节点的左子树是 $\mathscr{M}'$ 关于 x 的计算树 T',而右子树是高度为 t 的完全正则二叉树,它有 $2^{t-1}-1$ 片树叶是接受格局,$2^{t-1}+1$ 片树叶是拒绝格局,其中 t 是 T' 的高度.显然,

$$x\in L\Leftrightarrow\alpha(\mathscr{M}',x)>\frac{1}{2}$$
$$\Leftrightarrow\alpha(\mathscr{M},x)\geqslant\frac{1}{2}.$$

反之,可类似构造 PP 机 $\mathscr{M}'$ 模拟 $\mathscr{M}$.这次根节点的左子树是 $\mathscr{M}$ 的计算树,而右子树有 $2^{t-1}+1$ 片树叶是接受格局,$2^{t-1}-1$ 片树叶是拒绝格局.　□

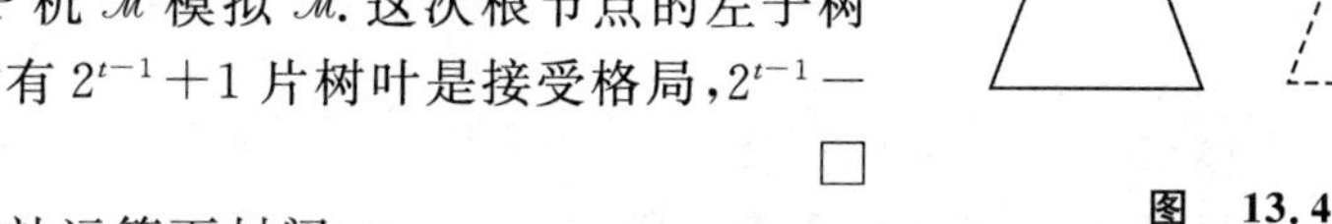

图　13.4

定理 13.9　PP 类在补运算下封闭.

证:设 $L\in$ PP,PP 机 $\mathscr{M}$ 接受 L,交换 $\mathscr{M}$ 的接受状态集和非接受状态集,把这样修改后的 PP 机记作 $\bar{\mathscr{M}}$.显然,$\alpha(\bar{\mathscr{M}},x)=\beta(\mathscr{M},x)$,$\beta(\bar{\mathscr{M}},x)=\alpha(\mathscr{M},x)$.

于是,$\forall x$,$x\in\bar{L}\Leftrightarrow\beta(\mathscr{M},x)\geqslant\frac{1}{2}$,即 $\alpha(\bar{\mathscr{M}},x)\geqslant\frac{1}{2}$.

由引理 13.8,$\bar{L}\in$ PP.　□

定理 13.10　NP∪coNP⊆PP.

证:由于 PP 类在补运算下封闭,故只须证明 NP⊆PP.

用 PP 机 $\mathscr{M}$ 模拟多项式时间的 NTM$\mathscr{M}'$ 的做法与引理 13.8 证明中的差不多,$\mathscr{M}$ 关于输入 x 的计算树的根节点的左子树仍是 $\mathscr{M}'$ 关于 x 的计算树,而右子树的 2^t 片树叶全是接受格局,或者等价地,根节点的右儿子是一个接受格局.从而,$\mathscr{M}'$ 有一个接受 x 的计算当且仅当 $\alpha(\mathscr{M},x)>\frac{1}{2}$,故 $L(\mathscr{M})=L(\mathscr{M}')$.　□

通过重复运行 PP 机 $\mathscr{M}$ 可以降低错误概率.但是,由于区分接受和拒绝输入串的概率可能非常接近,两者之差可能仅为 2^{-n^k},其中 n^k 是 $\mathscr{M}$ 的时间复杂度,n 是输入串的长度,在这种情况下要把错误概率降低到希望的值 $\varepsilon>0$,需要重复运行指数次 $\mathscr{M}$,因此 PP 机不是有效的算法.为了成为一种有效算法,要求接受和拒绝输入串的概率之间有一个常数大小(可以任意地小,但与输入无关)的间隔,这就是 BPP 机.

13.2.2　BPP 类

定义 13.2　设 $\mathscr{M}$ 是一台 PP 机.如果存在 $0<\varepsilon<\frac{1}{2}$ 使得对所有的输入 x,$\alpha(\mathscr{M},x)>\frac{1}{2}+\varepsilon$ 或者 $\beta(\mathscr{M},x)>\frac{1}{2}+\varepsilon$,则称 $\mathscr{M}$ 是一台 **BPP 机**.

BPP 机接受的语言的全体称作 **BPP 类**.

显然,BPP⊆PP.

设 $\mathscr{M}$ 是一台 BPP 机,根据定义,当 $\alpha(\mathscr{M},x)>\frac{1}{2}+\varepsilon$ 时,$\mathscr{M}$ 接受 x;当 $\beta(\mathscr{M},x)>\frac{1}{2}+\varepsilon$时,$\mathscr{M}$ 拒绝 x. 对所有的输入 x,$\mathrm{err}(\mathscr{M},x)<\frac{1}{2}-\varepsilon$. 实际上,BPP 机的错误概率可以小于任意给定的正常数.

定理 13.11 设 $\mathscr{M}$ 是一台 BPP 机,q 是一个多项式且恒有 $q(n)\geqslant 1$,则存在 PP 机 $\mathscr{M}'$ 使得对每一个输入 x,如果 $x\in L(\mathscr{M})$,则 $\alpha(\mathscr{M}',x)>1-2^{-q(n)}$;如果 $x\notin L(\mathscr{M})$,则$\beta(\mathscr{M}',x)>1-2^{-q(n)}$,其中 $n=|x|$.

证:设 $0<\varepsilon<\frac{1}{2}$. $\forall x$,$\alpha(\mathscr{M},x)>\frac{1}{2}+\varepsilon$ 或者 $\beta(\mathscr{M},x)>\frac{1}{2}+\varepsilon$.

$\mathscr{M}'$ 如下工作:

对输入 x,

(1) 取奇数 t(其值在后面给出).

(2) 令 $acc=0$.

(3) 对 $i=1,2,\cdots,t$,

(3.1) 模拟 $\mathscr{M}$ 关于 x 的计算;

(3.2) 如果 $\mathscr{M}$ 停机在接受状态则 $acc=acc+1$.

(4) 如果 $acc>\frac{t}{2}$则接受,否则拒绝.

设 $x\in L(\mathscr{M})$,$\alpha(\mathscr{M},x)=\frac{1}{2}+\varepsilon_1$,$\beta(\mathscr{M},x)=\frac{1}{2}-\varepsilon_1$,$\varepsilon\leqslant\varepsilon_1\leqslant\frac{1}{2}$. 于是,根据二项概率公式,$acc=i(0\leqslant i<\frac{t}{2})$的概率为

$$\begin{aligned}
&C_t^i\left(\frac{1}{2}+\varepsilon_1\right)^i\left(\frac{1}{2}-\varepsilon_1\right)^{t-i}\\
&\leqslant C_t^i\left(\frac{1}{2}+\varepsilon_1\right)^i\left(\frac{1}{2}-\varepsilon_1\right)^{t-i}\left(\frac{\frac{1}{2}+\varepsilon_1}{\frac{1}{2}-\varepsilon_1}\right)^{\frac{t}{2}-i}\\
&=C_t^i\left(\frac{1}{4}-\varepsilon_1^2\right)^{t/2}\\
&\leqslant C_t^i\left(\frac{1}{4}-\varepsilon^2\right)^{t/2}.
\end{aligned}$$

于是,$\mathscr{M}'$ 拒绝 x 的概率

$$\begin{aligned}
\beta(\mathscr{M}',x)&=\sum_{i=0}^{(t-1)/2}C_t^i\left(\frac{1}{2}+\varepsilon_1\right)^i\left(\frac{1}{2}-\varepsilon_1\right)^{t-i}\\
&\leqslant\sum_{i=0}^{(t-1)/2}C_t^i\left(\frac{1}{4}-\varepsilon^2\right)^{t/2}\\
&=2^{t-1}\left(\frac{1}{4}-\varepsilon^2\right)^{t/2}\\
&=\frac{1}{2}(1-4\varepsilon^2)^{t/2}.
\end{aligned}$$

要使 $\alpha(\mathscr{M}',x)>1-2^{-q(n)}$，只须

$$\frac{1}{2}(1-4\varepsilon^2)^{t/2}<2^{-q(n)},$$

解得

$$t>\frac{2(q(n)-1)}{\log_2(1/(1-4\varepsilon^2))}.$$

$\mathscr{M}'$取 t 为满足此不等式的最小奇数，当 $x\in L(\mathscr{M})$ 时，$\alpha(\mathscr{M}',x)>1-2^{-q(n)}$. 由对称性，当 $x\notin L(\mathscr{M})$时，$\beta(\mathscr{M}',x)>1-2^{-q(n)}$.

t 是 n 的多项式，故 $\mathscr{M}'$是一台 PP 机. □

推论 13.12　设 $L\in$ BPP，$0<\varepsilon<\frac{1}{2}$，则存在 BPP 机 $\mathscr{M}$ 接受 L，且对每一个输入 x，$\mathrm{err}(\mathscr{M},x)<\varepsilon$.

证：取 $q(n)=\lceil\log_2\frac{1}{\varepsilon}\rceil$，由定理 13.11 可得. □

该推论表明 BPP 机是一种有效的算法，能在多项式时间内以足够大的概率作出正确的结论.

推论 13.13　对任意固定的$\frac{1}{2}<r<1$，$L\in$BPP 当且仅当存在 PP 机 $\mathscr{M}$ 使得对每一个输入 x，当 $x\in L$ 时，$\alpha(\mathscr{M},x)>r$；当 $x\notin L$ 时，$\beta(\mathscr{M},x)>r$.

根据推论 13.13，BPP 机有下述等价的定义.

定义 13.2′　设 $\mathscr{M}$ 是一台 PP 机，如果对所有的输入 x，$\alpha(\mathscr{M},x)>\frac{2}{3}$或者 $\beta(\mathscr{M},x)>\frac{2}{3}$，则称 $\mathscr{M}$ 是一台 BPP 机.

13.2.3　RP 类

定义 13.3　设 $\mathscr{M}$ 是一台 PP 机，如果对每一个输入 x，$\alpha(\mathscr{M},x)>\frac{1}{2}$或 $\beta(\mathscr{M},x)=1$，则称 $\mathscr{M}$ 是一台 **RP 机**.

RP 机接受的语言的全体称作 **RP 类.**

设 $\mathscr{M}$ 是一台 RP 机，对每一个输入 x，当 $\alpha(\mathscr{M},x)>\frac{1}{2}$时，$\mathscr{M}$ 接受 x；当 $\beta(\mathscr{M},x)=1$ 时，$\mathscr{M}$ 拒绝 x. 于是，当 $x\in L(\mathscr{M})$时，$\mathrm{err}(\mathscr{M},x)<\frac{1}{2}$；当 $x\notin L(\mathscr{M})$时，$\mathrm{err}(\mathscr{M},x)=0$.

RP 机是单侧错误的. 当 $x\notin L(\mathscr{M})$时，$\mathscr{M}$ 一定拒绝 x. 换一种说法，当 $\mathscr{M}$ 关于 x 的计算停机在接受状态时可以肯定 $x\in L(\mathscr{M})$. 而 BPP 机是双侧错误的. BPP 机和 RP 机都对应 Monte Carlo 算法.

根据 13.1 节中的有关算法，多项式不恒零问题，图的完美匹配问题，合数测试问题都属于 RP.

RP 与 BPP 有下述包含关系.

定理 13.14　RP$\cup$coRP$\subseteq$BPP.

证：在 BPP 机的定义中，对 $\alpha(\mathscr{M},x)$和 $\beta(\mathscr{M},x)$的限制是对称的. 由这种对称性，容易证明 BPP 在补运算下封闭. 因而，只须证明 RP$\subseteq$BPP.

设$\mathcal{M}$是一台 RP 机，要构造一台 BPP 机$\mathcal{M}'$使得$L(\mathcal{M}')=L(\mathcal{M})$. $\mathcal{M}'$与定理13.11证明中的$\mathcal{M}'$类似，也是采用重复运行策略. $\mathcal{M}'$如下工作：对输入x，模拟$\mathcal{M}$关于x的计算两次，如果这两次计算中至少有一次接受，则$\mathcal{M}'$接受；如果这两次计算都拒绝，则$\mathcal{M}'$拒绝.

若$x\in L(\mathcal{M})$，则$\beta(\mathcal{M},x)<\frac{1}{2}$. 于是，$\beta(\mathcal{M}',x)<\frac{1}{4}$，从而$\alpha(\mathcal{M}',x)>\frac{3}{4}$. 若$x\notin L(\mathcal{M})$，则$\alpha(\mathcal{M},x)=0$. 于是，$\alpha(\mathcal{M}',x)=0$，从而$\beta(\mathcal{M}',x)=1>\frac{3}{4}$. 因此，$\mathcal{M}'$是一台 BPP 机，且$L(\mathcal{M}')=L(\mathcal{M})$. □

证明中的$\mathcal{M}'$也是一台 RP 机. 事实上，RP 机有下述等价定义：设$\mathcal{M}$是一台 PP 机，$0<r<1$. 如果对所有的输入x，$\alpha(\mathcal{M},x)>r$或$\beta(\mathcal{M},x)=1$，则称$\mathcal{M}$是一台 RP 机，并且规定：当$\alpha(\mathcal{M},x)>r$时$\mathcal{M}$接受x；当$\beta(\mathcal{M},x)=1$时，$\mathcal{M}$拒绝x(习题 13.8).

采用证明中的重复运行策略，可将 RP 机的错误概率降到任意小的正常数. 具体地说，独立地重复运行 RP 机k次，只要有一次接受就接受；如果k次都拒绝则拒绝. 这仍是一台 RP 机，接受相同的语言，且错误概率不超过2^{-k}. 因此，RP 机也是一种有效算法.

定理 13.15 RP⊆NP.

证：设$\mathcal{M}$是一台 RP 机，把它看作一台多项式时间的 NTM，所接受的语言不变. 对于输入x，若$\mathcal{M}$作为 RP 机接受x，则$\alpha(\mathcal{M},x)>\frac{1}{2}$，从而存在$\mathcal{M}$关于$x$的接受计算，故$\mathcal{M}$作为 NTM 也接受$x$；若$\mathcal{M}$作为 RP 机拒绝$x$，则$\beta(\mathcal{M},x)=1$，从而不存在$\mathcal{M}$关于$x$的接受计算，故$\mathcal{M}$作为 NTM 也拒绝$x$. □

推论 13.16 coRP⊆coNP.

13.2.4 ZPP 类

BPP 机和 RP 机都是 PP 机，没有不知道状态. 而本小节将要介绍的 ZPP 机可以有不知道状态.

定义 13.4 设$\mathcal{M}$是一台多项式时间界限的 PTM，如果对每一个输入x，$\alpha(\mathcal{M},x)>\frac{1}{2}$且$\beta(\mathcal{M},x)=0$或者$\beta(\mathcal{M},x)>\frac{1}{2}$且$\alpha(\mathcal{M},x)=0$，则称$\mathcal{M}$是一台 **ZPP 机**.

当$\alpha(\mathcal{M},x)>\frac{1}{2}$时，$\mathcal{M}$接受$x$；当$\beta(\mathcal{M},x)>\frac{1}{2}$时，$\mathcal{M}$拒绝$x$.

$\mathcal{M}$接受的语言$L(\mathcal{M})$等于$\mathcal{M}$接受的输入串的全体.

ZPP 机接受的语言的全体记作 **ZPP 类**.

ZPP 机的错误概率为 0，也就是说，一旦 ZPP 机做出回答(接受或拒绝)，它的回答总是正确的. 但是它可以不回答，既不接受、也不拒绝(停机在不知道状态)，这种无效计算的概率小于$\frac{1}{2}$. 类似于 RP 机，通过独立地重复运行k次，只要有一次接受或拒绝(如果有多次回答，则回答一定是相同的)，就接受或拒绝；如果k次都不回答则不回答，这样可以把无效计算的概率降低到2^{-k}. ZPP 机也是一种有效算法，它对应 Las Vegas 算法.

可以把多项式时间的 DTM$\mathcal{M}$看作 ZPP 机，它恒有$\alpha(\mathcal{M},x)=1$或$\beta(\mathcal{M},x)=1$. 从而有下述定理.

定理 13.17　P⊆ZPP.

下面考虑 ZPP 与 RP 的关系. 如果把 ZPP 机的不知道状态当作不接受状态，它就是一台 RP 机，且接受的语言不变，故 ZPP⊆RP. 又由 ZPP 机定义中对 $\alpha(\mathscr{M},x)$ 和 $\beta(\mathscr{M},x)$ 的规定的对称性，容易证明 ZPP 在补运算下封闭，故又有 ZPP⊆coRP. 从而，ZPP⊆RP∩coRP.

反过来，设 L∈RP∩coRP，则有两台 RP 机 $\mathscr{M}_1$ 和 $\mathscr{M}_2$ 分别接受 L 和 $\overline{L}$. 于是，对每一个输入 x，当 $x\in L$ 时，$\alpha(\mathscr{M}_1,x)>\frac{1}{2}$ 且 $\alpha(\mathscr{M}_2,x)=0(\beta(\mathscr{M}_2,x)=1)$；当 $x\notin L$ 时，$\alpha(\mathscr{M}_2,x)>\frac{1}{2}$ 且 $\alpha(\mathscr{M}_1,x)=0(\beta(\mathscr{M}_1,x)=1)$. 从而在 $\mathscr{M}_1$ 和 $\mathscr{M}_2$ 关于 x 的计算中至多有一个接受计算. 用一台 PTM 机 $\mathscr{M}$ 模拟 $\mathscr{M}_1$ 和 $\mathscr{M}_2$. 若 $\mathscr{M}_1$ 接受 x，则 $\mathscr{M}$ 接受 x；若 $\mathscr{M}_2$ 接受 x，则 $\mathscr{M}$ 拒绝 x；若 $\mathscr{M}_1$ 和 $\mathscr{M}_2$ 都拒绝 x，则 $\mathscr{M}$ 既不接受、也不拒绝. 显然，$\mathscr{M}$ 是多项式时间界限的，并且对每一个输入 x，当 $x\in L$ 时，$\alpha(\mathscr{M},x)>\frac{1}{2}$ 且 $\beta(\mathscr{M},x)=0$；当 $x\notin L$ 时，$\beta(\mathscr{M},x)>\frac{1}{2}$ 且 $\alpha(\mathscr{M},x)=0$. $\mathscr{M}$ 是一台 ZPP 机且 $L(\mathscr{M})=L$. 得证 RP∩coRP⊆ZPP. 于是，得到下述定理.

定理 13.18　ZPP＝RP∩coRP.

综合本节的结果，有下述包含关系：

（1）P⊆ZPP；

（2）ZPP＝RP∩coRP；

（3）RP∪coRP⊆BPP；

（4）RP⊆NP，coRP⊆coNP；

（5）BPP⊆PP；

（6）NP∪coNP⊆PP；

（7）PP⊆PSPACE.

上述包含关系如图 13.5 所示.

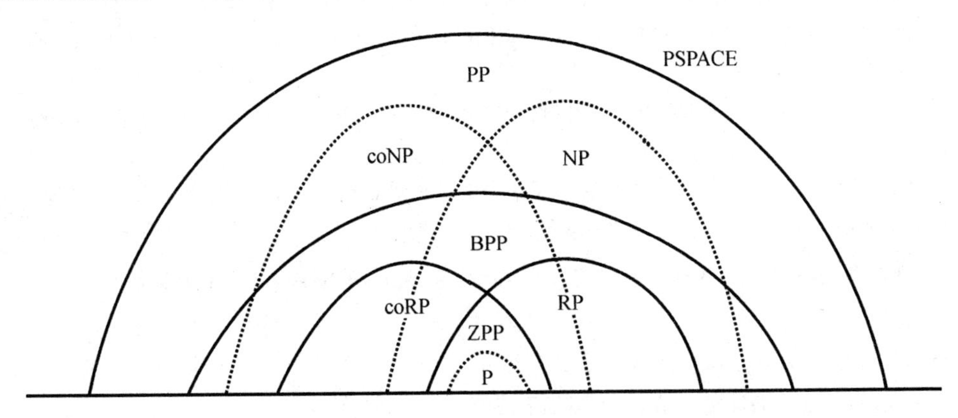

图 13.5　随机复杂性类及相关复杂性类之间的关系

13.2.5　随机复杂性类的完全性

由于 BPP 机以及 RP 机、ZPP 机可以在多项式时间内以足够大的概率解决问题，因此认为 BPP 以及 RP，coRP，ZPP 中的语言也是易解的.

不难证明 PP，BPP，RP 以及 ZPP 在多项式时间变换下是封闭的（习题 13.14），因此可以和 NP 一样，定义它们的完全性，并且在逻辑上得到一系列相应的性质. 例如，如果存在 BPP

完全的语言 $L\in$ P,则 BPP=P.

但是,与 NP 不同,BPP,RP 和 ZPP 都不是用某种 TM 模型直接给出的,而是要对模型附加一些条件.如要求 BPP 机对所有的输入 x,$\alpha(\mathcal{M},x)>\frac{1}{2}+\varepsilon$ 或者 $\beta(\mathcal{M},x)>\frac{1}{2}+\varepsilon$.这种语言类称作"**语义**"的,而 NP 等前几章定义的语言类称作"**语法**"的.PP 也是"语法"的.对于"语法"的语言类,能够给出它的完全语言.而对于"语义"的语言类,至今无法构造出它们的完全语言.研究人员普遍猜想"语义"的语言类不存在完全的语言.

习　题

13.1　证明:对任意的正整数 n,$|\mathrm{H}_n-\ln n|\leqslant 1$.这里 H_n 是第 n 个调和数,即 $\mathrm{H}_n=1+\frac{1}{2}+\cdots+\frac{1}{n}$.

13.2　证明:二部图 G 有完美匹配当且仅当 $\det(A^G)$ 不恒为 0.

13.3　设 n 是合数,a 与 n 不互素,则 $a^{n-1}\not\equiv 1(\mathrm{mod}\ n)$.

13.4　设计计算 $a^b \bmod n$ 的多项式时间算法.

13.5　**矩阵乘积**:任给 3 个 $n\times n$ 矩阵 A,B 和 C,问:$AB\neq C$?

考虑下述随机算法:

对任给的 $n\times n$ 矩阵 A,B,C,

(1) 随机地生成一个 n 维向量 x,其分量 $x_1,x_2,\cdots,x_n$ 相互独立且服从$\{-1,1\}$上的均匀分布;

(2) 计算 $y=Bx,z=Ay,w=Cx$;

(3) 如果 $z\neq w$ 则接受,否则拒绝.

试给出算法所需的乘法次数复杂度并分析它的错误概率.作为比较,已知的计算矩阵乘积的最好算法所需的乘法次数为$O(n^{2.376})$.提示:证明:假设 $AB\neq C$ 且 $ABx=Cx$,则存在 x' 使得 $ABx'\neq Cx'$.

13.6　设 $\mathcal{M}$ 是一台 PTM,对每一个输入 x,$\mathcal{M}$ 关于 x 的所有计算的概率之和等于 1.

13.7　设 $0<r<1$,证明:$L\in$ PP 当且仅当存在 PP 机 $\mathcal{M}$ 使得对每一个输入 x,当 $x\in L$ 时,$\alpha(\mathcal{M},x)\geqslant r$;当 $x\notin L$ 时,$\beta(\mathcal{M},x)>1-r$.

13.8　设 $0<r<1$,证明:$L\in$ RP 当且仅当存在 PP 机 $\mathcal{M}$ 使得对每一个输入 x,当 $x\in L$ 时,$\alpha(\mathcal{M},x)>r$;当 $x\notin L$ 时,$\beta(\mathcal{M},x)=1$.

13.9　设 $0<r<1$,证明:$L\in$ ZPP 当且仅当存在多项式时间界限的 PTM$\mathcal{M}$ 使得,对每一个输入 x,当 $x\in L$ 时,$\alpha(\mathcal{M},x)>r$ 且 $\beta(\mathcal{M},x)=0$;当 $x\notin L$ 时,$\beta(\mathcal{M},x)>r$ 且 $\alpha(\mathcal{M},x)=0$.

13.10　如果在定理 13.11 的证明中 $\mathcal{M}$ 是一台 PP 机,要保证 $\mathcal{M}'$ 的错误概率不超过 $\delta(0<\delta<\frac{1}{2})$,$t$ 值应取多少?

13.11　证明:BPP 在补运算下封闭.

13.12　证明:BPP,RP 和 ZPP 在并、交运算下封闭.

13.13　证明:PP,BPP,RP 和 ZPP 关于多项式时间变换是封闭的,即设 $L\leqslant_m L'$ 且 $L'\in$ PP(BPP,RP,ZPP),则 $L\in$ PP(BPP,RP,ZPP).

13.14　**MAXSAT**:任给一个合取范式 F 和正整数 $k\leqslant 2^n$,其中 n 是 F 中的变元数.问:是否有 k 个真值赋值满足 F?

证明:MAXSAT$\leqslant_m$MAJSAT.

13.15　证明:MAXSAT 是 PP 完全的.

13.16　证明:MAJSAT 是 PP 完全的.

习题解答

第一章

1.1 (1) [L] IF $X=0$ GOTO E

$X \leftarrow X-1$

IF $X=0$ GOTO E

$X \leftarrow X-1$

$Y \leftarrow Y+1$

GOTO L

(2) [A] IF $X=0$ GOTO C

$X \leftarrow X-1$

[B] IF $X=0$ GOTO B

$X \leftarrow X-1$

GOTO A

[C] $Y \leftarrow Y+1$

1.2 (1) $\psi_{\mathscr{P}}^{(1)}(x)=\begin{cases}0, & x=0, \\ \uparrow, & x>0;\end{cases}$

(2) $\psi_{\mathscr{P}}^{(1)}(x)=\begin{cases}0, & x\text{ 为正偶数}, \\ \uparrow, & \text{否则};\end{cases}$

(3) $\psi_{\mathscr{P}}^{(1)}(x)=0$.

1.3 (1) [A] IF $X_1=0$ GOTO B

$X_1 \leftarrow X_1-1$

$Y \leftarrow Y+1$

GOTO A

[B] IF $X_2=0$ GOTO E

$X_2 \leftarrow X_2-1$

$Y \leftarrow Y+1$

GOTO B

(2) [A] IF $X_1=0$ GOTO B

$X_1 \leftarrow X_1-1$

$Y \leftarrow Y+1$

GOTO A

[B] IF $X_2=0$ GOTO E

[C] IF $Y=0$ GOTO C

$X_2 \leftarrow X_2-1$

$Y \leftarrow Y-1$

GOTO B

```
(3)     IF X1=0 GOTO E
    [A] IF X2=0 GOTO E
        X2←X2-1
    [B] X1←X1-1
        Z←Z+1
        Y←Y+1
        IF X1≠0 GOTO B
    [C] Z←Z-1
        X1←X1+1
        IF Z≠0 GOTO C
        GOTO A
(4)     X←X+1
    [A] IF X≠0 GOTO A
```

1.4 (1)

```
X←X-1 ⎫
  ⋮   ⎬ a-1 条
X←X-1 ⎭
IF X=0 GOTO E
Y←Y+1
```

```
(2) [A] IF X1=0 GOTO F
        IF X2=0 GOTO E
        X1←X1-1
        X2←X2-1
        GOTO A
    [F] Y←Y+1
(3) [A] IF X1≠0 GOTO B
        IF X2=0 GOTO F
        GOTO E
    [B] IF X2=0 GOTO E
        X1←X1-1
        X2←X2-1
        GOTO A
    [F] Y←Y+1
```

第 二 章

2.1 证 设 $f(x_i)=a_i$, $i=1,2,\cdots,n$; $f(x)=0$, $x\neq 1,2,\cdots,n$,

$$f(x)=a_1\alpha(x-x_1)+a_2\alpha(x-x_2)+\cdots+a_n\alpha(x-x_n).$$

2.2 证 记 $G(0,x)=x$,

$$G(n+1,x)=g(G(n,x)),\ n\geqslant 0,$$

G 是原始递归的,且显然 $G(n,x)=\underbrace{g(\cdots g}_{n\text{个}}(x)\cdots)$.

而

$$f(0,x)=g(x),$$
$$f(1,x)=f(0,f(0,x))=f(0,g(x))=g(g(x))=G(2,x),$$
$$f(2,x)=f(1,f(1,x))=f(1,G(2,x))=G(2,G(2,x))=G(2^2,x).$$

一般地，

$$f(n,x)=G(2^n,x).$$

2.3 证一 设 $g(n,m)$是高度为 $m+1$ 的一叠 n，

$$g(n,0)=n,$$
$$g(n,m+1)=n^{g(n,m)},\ m>0,$$

$g(n,m)$是原始递归的，而 $f(n)=g(n,n\dot{-}1)$.

证二 令 $h(n,0)=\alpha(\alpha(n))$， $h(n,m+1)=n^{h(n,m)}$， $m\geqslant 0$，

则

$$f(n)=h(n,n).$$

2.4 证 (1) $f(x,0)=g(x)$,

$$f(x,1)=f(x,0)=g(x),$$
$$f(x,2)=f(f(x,1),0)=g(g(x)).$$

一般地，

$$f(x,y+1)=f(f(x,y),y)$$
$$=\underbrace{g(\cdots g}_{2^{y-1}\text{个}}(x)\cdots),\quad y>0.$$

令 $G(x,y)=\underbrace{g(\cdots g}_{y\text{个}}(x)\cdots)$,

$$G(x,0)=x,$$
$$G(x,y+1)=g(G(x,y)),$$
$$f(x,y)=G(x,2^{y\dot{-}1}).$$

(2) 同(1)

(3) $f(0)=g(0)+1$,

$$f(x+1)=g(f(x))+1,\quad x\geqslant 0.$$

2.5 令 $g(x,y)=\sum_{t=1}^{y}(t|x)\cdot t$,有

$$\sigma(x)=g(x,x).$$

2.6 $\pi(x)=\sum_{t=1}^{x}\mathrm{Prime}(t)$.

2.7 设谓词 $P(x,y)$：x 与 y 互素，

$$P(x,y)=(x>0\lor y>0)\land(\forall t)_{\leqslant x}(t=1\lor\neg(t|x)\lor\neg(t|y)).$$

$P(x,y)$是原始递归谓词. 而

$$\phi(x)=\sum_{t=1}^{x}P(x,t).$$

2.8 $h(x)=\min_{n\leqslant 2x}2x^2<(n+1)^2$.

2.9 证一 $h(x)=\min_{n\leqslant 3x}2x^2<(n+1\dot{-}x)^2$；

证二 改记上题(2.8)中的 $h(x)$为 $g(x)$，则

$$h(x)=g(x)+x.$$

2.10 $u(0)=0$,

$u(n+1)=\min_{t\leqslant u^2(n)+1}\{t>u(n)\wedge(\exists a)_{\leqslant t}(\exists b)_{\leqslant t}(a^2+b^2=t)\}$.

2.11 证一

$$g(x,y)=\begin{cases}y-\min_{t\leqslant y}R(x,y-t), & 若(\exists z)_{\leqslant y}R(x,z),\\ 0, & 否则;\end{cases}$$

证二 $g(x,y)=\min_{t\leqslant y}\{R(x,t)\wedge(\forall s)_{\leqslant y}[s\leqslant t\vee\neg R(x,s)]\}$.

2.12 $\gcd(x,y)=\max_{t\leqslant x}(t|x\wedge t|y)$

$=\min_{t\leqslant x}\{t|x\wedge t|y\wedge(\forall s)_{\leqslant x}[s\leqslant t\vee\neg s|x\vee\neg s|y]\}$.

2.13 考虑从右上方到左下方的对角线，按照从左上方到右下方的顺序排列这些对角线，$\pi(x,y)$的取值恰好为 $0,1,2,\cdots$，见图E1. $\pi(x,y)$在第 $x+y+1$ 条上. 前 $x+y$ 条共有 $1+2+\cdots+(x+y)=(x+y)(x+y+1)/2$ 个数，$\pi(x,y)$是第 $x+y+1$ 条上的第 $x+1$ 个数，注意到 $\pi(0,0)=0$，故有

$$\pi(x,y)=\frac{1}{2}(x+y)(x+y+1)+x.$$

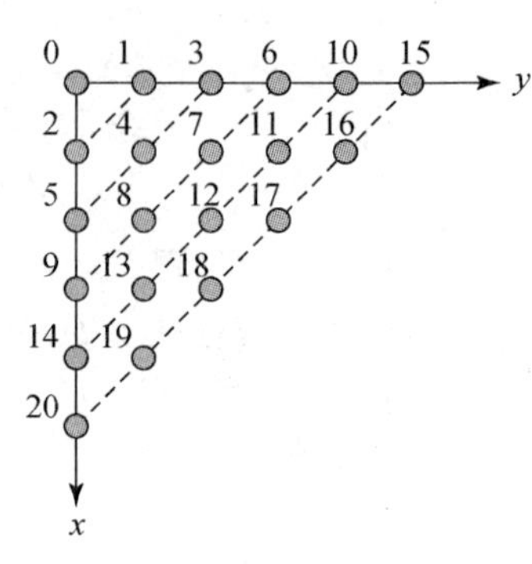

图 E1

由于 $z=\pi(x,y)$是双射，且显然 $x\leqslant z$, $y\leqslant z$，故又有

$$\sigma_1(z)=\min_{x\leqslant z}[(\exists y)_{\leqslant z}\,\pi(x,y)=z],$$
$$\sigma_2(z)=\min_{y\leqslant z}[(\exists x)_{\leqslant z}\,\pi(x,y)=z],$$

得证 $\pi(x,y)$, $\sigma_1(z)$, $\sigma_2(z)$是原始递归的. 而 $\sigma(z)=\sigma_1(z)+\sigma_2(z)$也是原始递归的.

2.14 当 $\sigma_2(y)=0$ 时，$\sigma_1(y+1)=0$, $\sigma_2(y+1)=\sigma_1(y)+1$；当 $\sigma_2(y)=1$ 时，$\sigma_1(y+1)=\sigma_1(y)+1$, $\sigma_2(y+1)=0$；否则 $\sigma_1(y+1)=\sigma_1(y)+1$, $\sigma_2(y+1)=\sigma_2(y)-1$.

令 $H(x,y)=h(x,\sigma_1(y),\sigma_2(y))$,

当 $\sigma_2(y)\geqslant 2$ 时，

$$\begin{aligned}H(x,y+1)&=h(x,\sigma_1(y+1),\sigma_2(y+1))\\&=g(\sigma_1(y),\sigma_2(y)-2,h(x,\sigma_1(y)+1,\sigma_2(y)-2),h(x,\sigma_1(y),\sigma_2(y)-1),x).\end{aligned}$$

记 $\sigma_1(y)=t_1,\sigma_2(y)=t_2$，由上题

$$y=\pi(t_1,t_2)=\frac{1}{2}(t_1+t_2)(t_1+t_2+1)+t_1,$$

$$\pi(t_1+1,t_2-2)=\frac{1}{2}(t_1+t_2-1)(t_1+t_2)+t_1+1=y-t_1-t_2+1,$$

$$\pi(t_1,t_2-1)=\pi(t_1+1,t_2-2)-1=y-t_1-t_2,$$

令 $\omega_1(y)=y-t_1-t_2+1$, $\omega_2(y)=y-t_1-t_2$,

$$G(y,z_1,z_2,x)=\begin{cases}f_1(x,\sigma_1(y)+1), & 若\ \sigma_2(y)=0,\\ f_2(x,\sigma_1(y)), & 若\ \sigma_2(y)=1,\\ g(\sigma_1(y),\sigma_2(y)-2,z_1,z_2,x), & 否则,\end{cases}$$

则有

$$H(x,0)=f_1(0,0),$$
$$H(x,y+1)=G(y,H(x,\omega_1(y)),H(x,\omega_2(y)),x),\quad y\geqslant 0,$$
$$h(x,t_1,t_2)=H(x,\pi(t_1,t_2)).$$

2.15 (1)

x	0	1	2	3	4	5	6	7	8	9	10	11	12	13	14	15
$f(x)$	0	1	0	2	1	0	3	2	1	0	4	3	2	1	0	5
$g(x)$	0	1	1	2	2	2	3	3	3	3	4	4	4	4	4	5

$$f(0)=0;$$

$$g(0)=0;$$

$$f(x+1)=\begin{cases} g(x)+1, & 若\ f(x)=0, \\ f(x)\dot{-}1, & 若\ f(x)>0; \end{cases}$$

$$g(x+1)=\begin{cases} g(x)+1, & 若\ f(x)=0, \\ g(x), & 若\ f(x)>0. \end{cases}$$

实际上，$f(x)=\sigma_2(x)$.

(2)

x	0	1	2	3	4	5	6	7	8	9	10	11	12	13	14	15
$f(x)$	0	1	1	2	2	2	2	3	3	3	3	3	3	3	3	4
$g(x)$	0	1	0	3	2	1	0	7	6	5	4	3	2	1	0	15

$$f(0)=0;$$

$$g(0)=0;$$

$$f(x+1)=\begin{cases} f(x)+1, & 若\ g(x)=0, \\ f(x), & 若\ g(x)>0; \end{cases}$$

$$g(x+1)=\begin{cases} 2^{f(x)+1}\dot{-}1, & 若\ g(x)=0, \\ g(x)\dot{-}1, & 若\ g(x)>0. \end{cases}$$

2.16 令 $F(x)=\langle f(x),f(x+1)\rangle$，则 $f(x)=l(F(x))$，

$$F(0)=\langle 1,1\rangle=5;$$

$$\begin{aligned} F(x+1)&=\langle f(x+1),f(x+2)\rangle \\ &=2^{f(x+1)}\{2[f(x)+f(x+1)]+1\}-1 \\ &=2^{r(F(x))}\{2[l(F(x))+r(F(x))]+1\}-1, \quad x\geqslant 0. \end{aligned}$$

2.17 令 $F(x,y)=\sum_{t=0}^{x} f(t,y)$，$g_1(x)=\sum_{t=0}^{x} g(t)$，则有

$$F(0,y)=f(0,y);$$

$$F(x+1,0)=g_1(x+1);$$

$$\begin{aligned} F(x+1,y+1)&=F(x,y+1)+f(x+1,y+1) \\ &=F(x,y+1)+h\Big(\sum_{j=0}^{x+1} f(j,y)\Big) \\ &=F(x,y+1)+h(F(x+1,y)). \end{aligned}$$

又

$$f(0,0)=g(0),$$

$$f(0,y+1)=h(f(0,y)).$$

$f(0,y)$是原始递归的，故 $F(x,y)$是原始递归的．而

$$f(x,y)=\begin{cases} F(0,y), & 若\ x=0, \\ F(x,y)-F(x-1,y), & 若\ x>0, \end{cases}$$

得证 $f(x,y)$是原始递归的．

2.18 f 的计算顺序是

$$(0,0)\to(0,1)\to(1,0)\to(0,2)\to(1,1)\to(2,0)\to(0,3)\to\cdots,$$

即按 Cantor 编码 $\pi(x,y)=0,1,2,\cdots$的顺序计算 ($\pi(0,y+1)=\pi(y,0)+1,\pi(x+1,y)=\pi(x,y+1)+1$).

令$F(z)=f(\sigma_1(z),\sigma_2(z))$，有 $f(x,y)=F(\pi(x,y))$，

$$F(0)=0,$$

$$F(z+1)=h(F(z)).$$

2.19 对 i 归纳证明 $g_i(x)$是原始递归的，当 $i=0$ 时，$g_0(x)=x+1$ 是原始递归的．假设 $g_i(x)$是原始

递归的，

$$g_{i+1}(0)=g_i(1),$$
$$g_{i+1}(x+1)=g_i(g_{i+1}(x)),$$

$g_{i+1}(x)$也是原始递归的.

假设 $h_i(x)$是原始递归的，存在 k 使得对所有的 x，

$$h_i(x)=A(x,i)<A(k,x),$$

取 $x=2k+4$，则

$$A(2k+4,i)\geqslant A(k+2,i+k+2)\geqslant A(k+2,k+2)>A(k,2k+4),$$

矛盾.

2.20 (1) $S(0,x)=1$,

$S(k+1,0)=S(k,1)+1$,

$S(k+1,x+1)=S(k,A(k+1,x))+S(k+1,x)$.

(2) (a) 对 x 作归纳证明，当 $x=0$ 时，$S(k+1,0)=S(k,1)+1>0$. 假设对 x 成立，$S(k+1,x+1)=S(k,A(k+1,x))+S(k+1,x)\geqslant S(k+1,x)+1>x+1$，即对 $x+1$ 也成立.

(b) 对 k 作归纳证明，当 $k=0$ 时，$S(0,x)=1>0$. 假设对 k 成立，当 $x=0$ 时，$S(k+1,0)=S(k,1)+1>k+1$；当 $x>0$ 时，$S(k+1,x)=S(k,A(k+1,x-1))+S(k+1,x-1)>S(k+1,x-1)>k+1$，得证对 $k+1$ 也成立.

(c) 当 $k=0$ 时，$S(1,x+1)=S(0,A(1,x))+S(1,x)>1+x=A(0,x)$；

当 $k>0$ 时，由(a)，$S(k+1,x+1)=S(k,A(k+1,x))+S(k+1,x)>A(k+1,x)>A(k,x)$.

(3) 只要证 $S(x,x)$不是原始递归的. 假设不然，$S(x,x)$是原始递归的，则存在 k 使得，对所有的 x，

$$S(x,x)<A(k,x).$$

取 $x=k+2$，由(c)，$S(x,x)=S(k+2,k+2)>A(k+1,k+1)\geqslant A(k,k+2)=A(k,x)$，矛盾.

2.21 设字母表 $A=\{a_1,a_2,\cdots,a_n\}$.

(1) $|w|$对应的数论函数是 $\mathrm{LENGTH}_n(w)$.

(2) $\mathrm{CONCAT}^{(m)}(w_1,w_2,\cdots,w_m)=w_1\cdot n^{l_2+l_3+\cdots+l_m}+w_2\cdot n^{l_3+l_4+\cdots+l_m}+\cdots+w_{m-1}\cdot n^{l_m}+w_m$，

其中 $l_j=\mathrm{LENGTH}_n(w_j)$.

(3) 当 $w=\varepsilon$ 时，$\mathrm{RTEND}(w)=0$；当 $w\neq\varepsilon$ 时，$\mathrm{RTEND}(w)=R^+(w,n)$.

(4) 当 $w=\varepsilon$ 时，$\mathrm{LTEND}(w)=0$；

当 $w\neq\varepsilon$ 时，$\mathrm{LTEND}(w)=h(\mathrm{LENGTH}_n(w)-1,n,w)$，其中 h 的定义见第 34 页(2.15)式.

(5) 当 $w=\varepsilon$ 时，$w^-=0$；当 $w\neq\varepsilon$ 时，$w^-=Q^+(w,n)$.

(6) 当 $w=\varepsilon$ 时，${}^-w=0$；当 $w\neq\varepsilon$ 时，${}^-w=w\dot{-}\mathrm{LTEND}(w)\cdot n^{\mathrm{LENGTH}_n(w)\dot{-}1}$

2.22 $\mathrm{UPCHANG}_{n,m}(x)=\sum\limits_{i=0}^{\mathrm{LENGTH}_n(x)} h(i,n,x)\cdot m^i$,

$$\mathrm{DOWNCHANG}_{n,m}(x)=\sum_{k=0}^{\mathrm{LENGTH}_m(x)} h(k,m,x)\cdot P(h(k,m,x))\cdot n^{\sum\limits_{i=0}^{k-1}P(h(i,m,x))}$$

其中，当 $x>n$ 时，$P(x)=0$；当 $x\leqslant n$ 时，$P(x)=1$.

第 三 章

3.1 对任意的 x，设 $\#(\mathscr{P})=x$，构造程序 $\mathscr{Q}$：

$$\left.\begin{array}{c} X\leftarrow X+1 \\ \vdots \\ X\leftarrow X+1 \end{array}\right\} x\text{ 条},$$

$$\mathscr{P}$$

则 $\mathscr{P}$对 x 停机$\Leftrightarrow\mathscr{Q}$对 0 停机，

即 $\text{HALT}(x,x)\Leftrightarrow\text{HALT}(0,y)$， 这里 $y=\#(\mathscr{Q})$.

而 $X\leftarrow X+1$ 的编码是$\langle 0,\langle 1,1\rangle\rangle=10$，故

$$y=\#(\mathscr{Q})=\Big(\prod_{i=1}^{x}p_i\Big)^{10}\cdot\prod_{j=1}^{\text{Lt}(x+1)}p_{j+x}^{(x+1)_j}-1$$

是可计算的.

假设 $\text{HALT}(0,x)$是可计算的，则 $\text{HALT}(0,y)$也是可计算的，从而 $\text{HALT}(x,x)$是可计算的，矛盾.

3.2 令 $\text{ID}(x_1,x_2,\cdots,x_n,y,t)=\langle K,S\rangle$表示编码为 y 的程序对输入 $x_1,x_2,\cdots,x_n$ 的计算的第 t 个快相，其中 K，S 的含义与通用程序中的相同. 显然

$$\text{STP}^{(n)}(x_1,x_2,\cdots,x_n,y,t)\Leftrightarrow(\exists t')_{\leqslant t}(K=0\lor K>\text{Lt}(y)),$$

其中 $K=l(\text{ID}(x_1,x_2,\cdots,x_n,y,t))$.

于是，只需证 $\text{ID}(x_1,x_2,\cdots,x_n,y,t)$是原始递归的. 事实上，$K,S$ 可由下述联立递归给出：

$K(x_1,x_2,\cdots,x_n,y,0)=1$;

$S(x_1,x_2,\cdots,x_n,y,0)=[0,x_1,0,x_2,\cdots,0,x_n]=\prod_{i=1}^{n}p_{2i}^{x_i}$;

$K(x_1,x_2,\cdots,x_n,y,t+1)$

$$=\begin{cases}K(x_1,\cdots,x_n,y,t)+1, & \text{若 } l(r((y+1)_{K(x_1,\cdots,x_n,y,t)}))\leqslant 2\\ & \text{或}\neg(p_{r(r((y+1)_{K(x_1,\cdots,x_n,y,t)}))+1}\mid S(x_1,\cdots,x_n,y,t)),\\ \min_{i\leqslant \text{Lt}(y+1)}\{l((y+1)_i)+2=l(r((y+1)_{K(x_1,\cdots,x_n,y,t)}))\}, & \text{否则};\end{cases}$$

$S(x_1,x_2,(,x_n,y,t+1)$

$$=\begin{cases}S(x_1,\cdots,x_n,y,t)\cdot p_{r(r((y+1)_{K(x_1,\cdots,x_n,y,t)}))+1}, & \text{若 } l(r((y+1)_{K(x_1,\cdots,x_n,y,t)}))=1,\\ \lfloor S(x_1,\cdots,x_n,y,t)/p_{r(r((y+1)_{K(x_1,\cdots,x_n,y,t)}))+1}\rfloor, & \text{若 } l(r((y+1)_{K(x_1,\cdots,x_n,y,t)}))=2,\\ S(x_1,\cdots,x_n,y,t), & \text{否则}.\end{cases}$$

3.3 用反证法，假设存在这样的可计算函数 $f(x)$，设 $f(x)=\Phi(x,x_0)$，于是 $\Phi(x_0,x_0)=f(x_0)=\Phi(x_0,x_0)+1$，矛盾.

3.4 (1) 设计算 $g(x)$，$h(x)$的程序的编码分别为 p 和 q. 下述程序计算的函数满足要求：

```
[A]  IF STP(X,p,T) GOTO B
     IF STP(X,q,T) GOTO C
     T←T+1
     GOTO A
[B]  Y←g(X)
     GOTO E
[C]  Y←h(X).
```

(2) 不存在. 取 $g(x)=\Phi(x,x)+1$，而 $h(x)$是可计算函数，如 $h(x)=1$. 由上题(3.3 题)，不存在满足所要条件的 f.

3.5 (1) 令

$$g(x)=\begin{cases}0, & \text{若}\exists n(f(n)=x),\\ \uparrow, & \text{否则},\end{cases}$$

则 $B=\{x\mid g(x)\downarrow\}$. 计算 $g(x)$的程序如下：

```
[A]  IF X=f(N) GOTO E
     N←N+1
     GOTO A.
```

(2) 令谓词 $P(x) \Leftrightarrow \exists n(f(n)=x)$，则有 $B=\{x \mid P(x)\}$.

由于 $f(n)$ 是严格增加的，下述程序计算 $P(x)$：

```
[A]  IF X=f(N) GOTO B
     IF X<f(N) GOTO E
     N←N+1
     GOTO A
[B]  Y←Y+1.
```

3.6 设 $A=\{x \mid P(x)\}$，$B=\{x \mid Q(x)\}$，则

$$A\odot B=\{x \mid ((2|x)\wedge P(x/2))\vee(\neg(2|x)\wedge Q((x-1)/2)),$$

$$A\otimes B=\{z \mid P(l(z))\wedge Q(r(z))\}.$$

反之，设 $A\odot B=\{x \mid G(x)\}$，$A\otimes B=\{x \mid H(x)\}$，又设 $a\in A$，$b\in B$，则

$$A=\{x \mid G(2x)\},\ B=\{x \mid G(2x+1)\},$$

$$A=\{x \mid H(\langle x,b\rangle)\},\ B=\{y \mid H(\langle a,y\rangle)\}.$$

3.7 (1) $B_1=\{x\in N \mid \Phi(a,x)\downarrow\}$，而 $\Phi(a,x)$ 是部分可计算的.

(2) 令

$$g(x)=\begin{cases}0, & \text{若}\ \exists n\Phi(n,x)=a,\\ \uparrow, & \text{否则},\end{cases}$$

则 $B_2=\{x\in N \mid g(x)\downarrow\}$. 计算 $g(x)$ 的程序如下：

```
[A]  IF ¬STP(N,X,T) GOTO B
     IF Φ(N,X)=a GOTO E
[B]  N←N+1
     IF N≤T GOTO A
     T←T+1
     N←0
     GOTO A.
```

(3) $\mathrm{dom}\Phi_x\neq\varnothing\Leftrightarrow\exists n\Phi(n,x)\downarrow$

令

$$h(x)=\begin{cases}0, & \text{若}\ \exists n\Phi(n,x)\downarrow,\\ \uparrow, & \text{否则},\end{cases}$$

则 $B_3=\{x\in N \mid h(x)\downarrow\}$. 计算 $h(x)$ 的程序如下：

```
[A]  IF STP(N,X,T) GOTO E
     N←N+1
     IF N≤T GOTO A
     T←T+1
     N←0
     GOTO A.
```

3.8 设部分可计算函数 $f(x)$ 使得 $A=\{n \mid f(n)\downarrow\}$，计算 $f(n)$ 的程序的编码为 p，则

$$
\begin{aligned}
x\in \bigcup_{n\in A} W_n &\Leftrightarrow \exists n(n\in A \wedge x\in W_n)\\
&\Leftrightarrow \exists n(f(n)\downarrow \wedge \Phi(x,n)\downarrow)\\
&\Leftrightarrow \exists t\,\exists n(\mathrm{STP}(n,p,t)\wedge \mathrm{STP}(x,n,t))\\
&\Leftrightarrow \exists z(\mathrm{STP}(l(z),p,r(z))\wedge \mathrm{STP}(x,l(z),r(z)))\\
&\Leftrightarrow [\min_z(\mathrm{STP}(l(z),p,r(z)\wedge \mathrm{STP}(x,l(z),r(z)))\downarrow.
\end{aligned}
$$

3.9 用反证法. 假设 K 是递归集，则$\overline{\mathrm{K}}$是 r. e.，存在 q 使得$\overline{\mathrm{K}}=W_q$. 于是

$$q\in \overline{\mathrm{K}} \underset{\mathrm{K}的定义}{\Leftrightarrow} q\notin W_q \underset{q的定义}{\Leftrightarrow} q\notin \overline{\mathrm{K}},$$

矛盾.

第 四 章

4.1 基本思想：读写头移动到输入串的右端，记住右端字符并把它改写成 x，然后右移过一个空白符，写下这个字符；再左移到输入串剩余部分的右端，记住这个字符并把它改写成 x，然后右移过一个空白符和已写下的字符后写下这个字符；重复这个做法，直至输入串全部被改写成 x 为止.

	q_0	q_1	q_2	q_3	q_4	q_5	q_6	q_7
B	(R,q_1)		(L,q_3)		(a,q_6)	(b,q_6)		
a		(R,q_2)	(R,q_2)	(x,q_4)	(R,q_4)	(R,q_5)	(L,q_6)	(x,q_4)
b		(R,q_2)	(R,q_2)	(x,q_5)	(R,q_4)	(R,q_5)	(L,q_6)	(x,q_5)
x					(R,q_4)	(R,q_5)	(L,q_7)	(L,q_7)

初始状态：q_0；接受状态：q_1，q_7.

若使用 2 带 TM，则要简单得多.

4.2 基本思想：重复用 2 整除 $x+1$ 直到等于 1，所需的整除次数恰好等于$\lfloor \log_2(x+1)\rfloor$. 输入串是 x 个 1，添加一个 1，从左到右删去一个 1(改写成 x)，保留一个 1，直到右端的空白符为止. 如果是奇数个 1，则删去最后一个 1. 然后回到左端，如果原来的 1 没有被删光，则写一个 1. 重复这个过程，直到原来的 1 都被删光为止.

	q_0	q_1	q_2	q_3	q_4	q_5	q_6	q_7
B	$(1,q_1)$	(L,q_4)		(L,q_4)		(L,q_6)	$(1,q_7)$	(R,q_1)
1		(x,q_2)		$(1,q_1)$	(L,q_5)	(L,q_5)	(L,q_6)	(R,q_7)
x		(R,q_1)	(R,q_3)	(R,q_3)	(L,q_4)	(L,q_5)		

初始状态：q_0；接受状态：q_4.

4.3 (1) 基本思想：关键是进位. 从最右端开始，若被扫描的字符是空白符，则把它改写成 1，计算结束；若被扫描的字符为 1，则把它改写成 2，计算结束；若被扫描的字符为 2，则要进位，先把它改写成 1，然后左移一格，重复上述过程.

	q_0	q_1	q_2	q_3	q_4
B	(R,q_1)	(L,q_2)	$(1,q_4)$		
1		(R,q_1)	$(2,q_4)$	(L,q_2)	
2		(R,q_1)	$(1,q_3)$		

初始状态：q_0；接受状态：q_4.

(2) 基本思想：关键是借位．从最右端开始，若被扫描的字符是空白符，则计算结束；若被扫描的字符为 2，则把它改写成 1，计算结束；若被扫描的字符为 1，则要看它的上一位（左边的字符）．若它是最高位，即左边的字符是空白符，则把它改写成空白符，计算结束；若它不是最高位，则要借位，先把它改写成 2，然后左移一格，重复上述过程．

	q_0	q_1	q_2	q_3	q_4	q_5	q_6	q_7
B	(R,q_1)	(L,q_2)		(R,q_6)				
1		(R,q_1)	(L,q_3)	(R,q_4)	$(2,q_5)$		(B,q_2)	
2		(R,q_1)	$(1,q_7)$	(R,q_4)		(L,q_2)		

初始状态：q_0；接受状态：q_2，q_7．

4.4 (1) 读写头从左到右、再从右到左地来回移到，若最左端和最右端的字符分别是 0 和 1，则删去这一对 0 和 1．如此重复进行，若最后删去了整个输入串，则停机在接受状态；否则（左端是 1，或右端是 0，或最后剩下一个字符）停机在非接受状态．

(2) 读写头从左到右，删去一个 0，移到右端；然后从右到左，删去一个 1，移到左端．如此进行．若最后删去整个输入串，则停机在接受状态；否则（删完了 0、但还有剩余的 1，或删完了 1、但还有剩余的 0）停机在非接受状态．

(3) 输入串被 # 分成 2 段，从左到右检查这 2 段的第一个字符，若它们相同 则删去这一对字符，返回到左端，继续检查．如果检查完整个字符串，都是相同的，则停机在接受状态；否则（2 段的长度不相等、或一个是 0 而另一个是 1）停机在非接受状态．

(4) 读写头从左到右、从右到左地来回移动，每一趟将左端的一个 0 改写成 a 或 1 改写成 b，将右端的一个 0 改写成 c 或 1 改写成 d．若左端改写后，不再有 0 和 1，说明输入串的长度为奇数，于是停机在非接受状态．否则，进行第二阶段检查．这时字符串被分成 2 段，左边是 ab 段，右边是 cd 段．从左到右检查这 2 段的第一个字符，若它们成对，即分别是 a 和 c，或 b 和 d，则删去这一对字符，返回到左端，继续检查．如果检查完整个字符串，都是成对的，则停机在接受状态；否则停机在非接受状态．

4.5 (1) 首先将输入串中从第一个 1 开始到右端的子串复制到第二条带上，同时删去第一条带上的这个子串．如果在复制的过程中读到 0，则停机在非接受状态．如果成功地把一个全为 1 的子串复制到第二条带上，则进入下面的检查阶段．2 条带的带头都回到左端，并且同时从左到右检查它们的字符串．若 2 条带同时读完它们的字符串，则停机在接受状态；否则停机在非接受状态．

(2) 用第二条带记录所读到的 0 与 1 的个数之差 x．当 $x>0$ 时，用 x 个 a 表示；当 $x<0$ 时，用 $|x|$ 个 b 表示．第一条带的带头从左到右移动，每读到一个 0，如果第二条带上是空白或有若干个 a，则添加一个 a；如果第二条带上有若干个 b，则删去一个 b．每读到一个 1，如果第二条带上是空白或有若干个 b，则添加一个 b；如果第二条带上有若干个 a，则删去一个 a．当读完输入串时，如果第二条带上是空白，则停机在接受状态；否则停机在非接受状态．

(3) 首先把 # 右边的子串（不含 #）复制到第二条带上，然后 2 个带头都返回到左端，同时向右移动．如果 2 个带头始终同时都读到 0 或 1，直到第一个带头读到 #，第二个带头读到空白符为止，则停机在接受状态；否则（一个带头读到 0 而另一个读到 1，或不同时读到 # 和空白符）停机在非接受状态．

4.6 用 2 条带．首先第一条带的带头从左到右读输入串，在每一步有 2 种可能的选择：向右走或进入复制阶段．如果选择进入复制阶段，则把从当前读的字符到右端的子串复制到第二条带上，同时在第一条带上删去这个子串. 然后像上题(3)中那样检查这 2 个字符串是否一样,如果一样,则停机在接受状态;否则停机在非接受状态. 如果始终不进入复制阶段,读完输入串后停机在非接受状态.

4.7 (1) 不指定接受状态的 TM 是一种特殊形式的基本 TM(所有状态都是接受状态),故充分性是显然的. 下面证必要性. 假设基本 TM $\mathscr{M}=(Q,A,C,\delta,B,q_0,F)$计算 f,只需如下改造 $\mathscr{M}$ 就可以得到一台计算 f 的不指定接受状态的 TM $\mathscr{M}_1$:当 $\mathscr{M}$ 停机在非接受状态 q 时,$\mathscr{M}_1$ 在状态 q 下死循环. 即,$\mathscr{M}_1=(Q,A,C,\delta_1,B,q_0)$,对每一对 $q\in Q$ 和 $a\in C$,若 $\delta(q,a)\downarrow$,则令 $\delta_1(q,a)=\delta(q,a)$;若 $\delta(q,a)\uparrow$ 且 $q\notin F$,则令 $\delta_1(q,a)=(a,q)$.

(2) 可类似证明.

4.8 有唯一接受状态的 TM 是一种特殊形式的 TM,故充分性是显然的. 下面证必要性. 假设 TM$\mathscr{M}=(Q,A,C,\delta,B,q_0,F)$接受语言 L,只需如下改造 $\mathscr{M}$ 就可以得到一台接受 L 的有唯一指定接受状态 q_Y 的 TM $\mathscr{M}_1$:添加一个新的状态 q_Y 作为唯一的接受状态,当 $\mathscr{M}$ 停机在任何接受状态时,$\mathscr{M}_1$ 转移到状态 q_Y 并停机. 即,$\mathscr{M}_1=(Q\cup\{q_Y\},A,C,\delta_1,B,q_0,\{q_Y\})$,其中 $q_Y\notin Q$. 对每一对 $q\in Q$ 和 $a\in C$,若 $q\in F$ 且 $\delta(q,a)\uparrow$,则令 $\delta_1(q,a)=(a,q_Y)$;否则,令 $\delta_1(q,a)=\delta(q,a)$. 此外,对所有的 $a\in C$,令 $\delta_1(q_Y,a)\uparrow$.

4.9 可类似 4.8 题证明.

4.10 只需交换接受递归语言 L 的总停机的 TM 的接受状态和非接受状态,即可得到接受$\overline{L}$的总停机的 TM.

上述证明不适用 r. e. 语言,因为接受 r. e. 语言 L 的 TM 不一定是总停机的,当 $x\notin L$ 时,TM 可能永不停机. 交换接受状态和非接受状态后,仍不停机.

第 五 章

5.1 (1) 记 ① $S\to aSAB$, ② $S\to aAB$, ③ $BA\to AB$, ④ $aA\to ab$, ⑤ $bA\to bb$, ⑥ $bB\to bc$, ⑦ $cB\to cc$,

$$
\begin{aligned}
S &\overset{*}{\Rightarrow} a^{n-1}S(AB)^{n-1} && n-1\text{ 次①}\\
&\Rightarrow a^n(AB)^n && \text{②}\\
&\overset{*}{\Rightarrow} a^nA^nB^n && n(n-1)/2\text{ 次③}\\
&\Rightarrow a^nbA^{n-1}B^n && \text{④}\\
&\overset{*}{\Rightarrow} a^nb^nB^n && n-1\text{ 次⑤}\\
&\Rightarrow a^nb^ncC^{n-1} && \text{⑥}\\
&\overset{*}{\Rightarrow} a^nb^nc^n. && n-1\text{ 次⑦}
\end{aligned}
$$

(2) 不难看出文法生成的字符串有下述性质:

(a) a,A,B 的个数相同且大于等于 1.

(b) 一个 A 换一个 b,一个 B 换一个 c,从而 a,b,c 的个数也相等且大于等于 1.

(c) a 位于 b 的左边,b 位于 c 的左边.

根据上述性质,必有

$$L(G)=\{a^nb^nc^n\mid n\geqslant 1\}.$$

5.2 (1) 记 ① $S\to ACaB$, ② $Ca\to aaC$, ③ $CB\to DB$, ④ $CB\to E$, ⑤ $aD\to Da$, ⑥ $AD\to AC$, ⑦ $aE\to Ea$, ⑧ $AE\to\varepsilon$.

归纳证明：$S \overset{*}{\Rightarrow} Aa^{2^n}CB, n \geq 1$.

$$S \Rightarrow ACaB \qquad ①$$
$$\Rightarrow AaaCB \qquad ②$$

得证当 $n=1$ 时成立．假设当 $n=k$ 时成立，于是

$$S \overset{*}{\Rightarrow} Aa^{2^k}CB \qquad \text{归纳假设}$$
$$\Rightarrow Aa^{2^k}DB \qquad ③$$
$$\overset{*}{\Rightarrow} ADa^{2^k}B \qquad 2^k \text{ 次⑤}$$
$$\Rightarrow ACa^{2^k}B \qquad ⑥$$
$$\overset{*}{\Rightarrow} Aa^{2^{k+1}}CB \qquad 2^k \text{ 次②}$$

得证当 $n=k+1$ 时也成立．于是

$$S \overset{*}{\Rightarrow} Aa^{2^n}CB$$
$$\Rightarrow Aa^{2^n}E \qquad ④$$
$$\overset{*}{\Rightarrow} AEa^{2^n} \qquad 2^n \text{ 次⑦}$$
$$\Rightarrow a^{2^n} \qquad ⑧$$

(2) 由于 a 是唯一的终结符，⑧是唯一能消去所有非终结符的产生式，且不难看出 A 始终在生成的字符串的左端，故有

$$S \Rightarrow ACaB \overset{*}{\Rightarrow} AEa^k \Rightarrow a^k.$$

④是唯一能产生 E 的产生式，也不难看出 B 始终在生成的字符串的右端，从而

$$S \Rightarrow ACaB \overset{*}{\Rightarrow} Aa^kCB \Rightarrow Aa^kE \overset{*}{\Rightarrow} AEa^k \Rightarrow a^k.$$

C 从左移到右需跨过若干个 a，由②有

$$S \Rightarrow ACaB \overset{*}{\Rightarrow} ACa^mB \overset{*}{\Rightarrow} Aa^kCB \Rightarrow Aa^kE \overset{*}{\Rightarrow} AEa^k \Rightarrow a^k, \quad \text{其中 } k=2m.$$

上面 $ACa^mB \overset{*}{\Rightarrow} Aa^kCB$ 是唯一产生新的 a 的推导，从开始的一个 a 得到 k 个 a，要多次进行这样的推导，每次使 a 的个数增加一倍，因而必有 $k=2^n$．结合(1)得证结论成立．

5.3 (1) 基本思想：容易生成 ww^R，关键是将 w^R 反转成 w．为此，在生成 ww^R 时，先用 A 和 B 分别代替 w^R 中的 a 和 b，然后将右端的 A 或 B 转变成 a 或 b（也只有右端的 A，B 可以转变）后移到左边相应的位置．重复这个过程，将所有的 A 和 B 转变成 a 和 b.

$$S \to CD, \qquad C \to aCA,$$
$$C \to bCB, \qquad AD \to aD,$$
$$BD \to bD, \qquad Aa \to aA,$$
$$Ab \to bA, \qquad Ba \to aB,$$
$$Bb \to bB, \qquad C \to \varepsilon,$$
$$D \to \varepsilon.$$

(2) 基本思想：先生成 n 个 A 和 n 个 B，然后每一对 A 和 B 生成一个 a.

$$S \to CXD, \qquad X \to BXA,$$
$$X \to \varepsilon, \qquad BA \to AaB,$$
$$aA \to Aa, \qquad Ba \to aB,$$
$$CA \to C, \qquad BD \to D,$$
$$C \to \varepsilon, \qquad D \to \varepsilon.$$

5.4 对 G 的每一个终结符 a，引入一个新的变元 X_a 和产生式 $X_a \to a$，并把 G 的每一个产生式中的所有终结符替换成对应的新变元.

5.5 设 $G=(V,T,\Gamma,S)$，要构造 NTM $\mathscr{M}$ 使得对每一个 $w\in T^*$，

$$S\overset{*}{\Rightarrow}w \text{ 当且仅当 } \mathscr{M} \text{ 接受 } w.$$

$\mathscr{M}$ 的输入字母表为 T，带字母表包含 $V\cup T$. $\mathscr{M}$ 反向地模拟 G 产生 w 的推导过程中使用的产生式. 每一次带头从左端开始，向右移动. 如果带的内容是 S，则计算结束，停机在接受状态；否则试图继续模拟. 在每一步可以选择继续右移，或者进入模拟. 若选择进入模拟，则接着选择模拟哪一条产生式并检查从带头当前扫描的位置向右是否恰好是该产生式右端的字符串. 若是，则把这个子串替换成该产生式左端的字符串，然后回到左端进行下一次模拟. 否则，停机在非接受状态.

5.6 设 B 是无穷的 r.e. 集，存在可计算的函数 $f(x)$ 使

$$B=\{f(x)\mid x(N\}.$$

令 $g(0)=0, g(x+1)=\min_t\{f(t)>f(g(x))\}$，

由于 B 是无穷的，$f(x)$ 一定无界，从而 $g(x)$ 是可计算的全函数. 由 $g(x)$ 的定义，有

$$f(g(0))<f(g(1))<f(g(2))<\cdots.$$

令 $h(x)=f(g(x))$，$h(x)$ 是严格增加的可计算函数，由习题 3.5(2)，

$$C=\{h(x)\mid x\in N\}$$

是递归的，$C\subseteq B$ 且 C 是无穷的.

第 六 章

6.1 设 DTM $\mathscr{M}_1$ 的停机问题是不可判定的，$\mathscr{M}$ 由如下改造 $\mathscr{M}_1$ 得到：添加 2 个新的字符 # 和 $，分别标记带上内容的左端和右端. 为此，计算开始时分别把它们放在输入字符串的左端和右端. 在整个计算过程中，一旦带头要越过它们，就把它们向左或向右移一格. 当 $\mathscr{M}_1$ 停机后，$\mathscr{M}$ 将带头移到左端，即扫描 #，然后向右移动删去 # 与 $ 之间的所有的字符(包括 # 和 $)，即把它们改写成空白符，然后停机.

显然，从任给的格局 σ 开始，$\mathscr{M}_1$ 停机当且仅当 $\mathscr{M}$ 以完全空白的带停机.

6.2 证明略.

6.3 设 DTM $\mathscr{M}=(Q,A,C,\delta,s_0,q_1,F)$ 的停机问题是不可判定的，取半 Thue 系统 $(hq_0h,\Omega(\mathscr{M}))$. $\forall x\in A^*$，令 $f(x)=hq_1s_0xh$，f 是从 $L(\mathscr{M})$ 的识别问题到关于 $(hq_0h,\Omega(\mathscr{M}))$ 的该问题的归约：

(a) f 是可计算的；

(b) $\forall x\in A^*$，$x\in L(\mathscr{M})$ 当且仅当 $hq_0h \underset{\Omega(\mathscr{M})}{\overset{*}{\Rightarrow}} hq_1s_0xh$.

6.4 设半 Thue 过程有 n 个字符，仅含一个产生式 $g\to h$，不妨设 $g\neq h$，又设 $|g|\leqslant|h|$ (当 $|g|\geqslant|h|$ 时类似可证). 设 $u=u_1\Rightarrow u_2\Rightarrow\cdots\Rightarrow u_m=v$，则有

$$|u|=|u_1|\leqslant|u_2|\leqslant\cdots\leqslant|u_m|=|v|.$$

于是

$$m\leqslant m(u,v)=\sum_{i=|u|}^{|v|}n^i,$$

$$u_j\leqslant d(v)=\sum_{i=1}^{|v|}n^i, j=1,2,\cdots,m,$$

$$[u_1,u_2,\cdots,u_m]\leqslant b(u,v)=\prod_{j=1}^{m(u,v)}p_j^{d(v)},$$

$$u\overset{*}{\Rightarrow}v\Leftrightarrow(\exists y)_{\leqslant b(u,v)}\{(y)_1=u\wedge(y)_m=v\wedge(\forall j)_{<\mathrm{Lt}(y)}[j=0\vee(y)_j\Rightarrow(y)_{j+1}]\}.$$

得证 $u \Rightarrow v$ 是原始递归的.

6.5 设 A 上的有穷集合$\{(u_i, v_i) \mid i=1,2,\cdots,n\}$,记 $a_i=|u_i|, b_i=|v_i|$. 当$|A|=1$ 时,

$$u_{i_1}u_{i_2}\cdots u_{i_k}=v_{i_1}v_{i_2}\cdots v_{i_k}$$

当且仅当 $a_{i_1}+a_{i_2}+\cdots+a_{i_k}=b_{i_1}+b_{i_2}+\cdots+b_{i_k}$

当且仅当 $\sum_{i=1}^{n} x_i a_i = \sum_{i=1}^{n} x_i b_i$ 有不全为零的非负整数解

当且仅当 $\sum_{i=1}^{n} x_i(a_i-b_i)=0$ 有不全为零的非负整数解

当且仅当$((\exists i)a_i=b_i) \vee ((\exists i,j)\ a_i>b_i \wedge a_j<b_j)$.

6.6 把 Post 对应问题归约到 2 个字符的字母表的 Post 对应问题. 任给 Post 对应系统: 字母表 $A=\{a_1,a_2,\cdots,a_k\}$上字符串有序对的有穷集合 P,对应的 2 个字符的字母表上的 Post 对应问题定义如下: 字母表 $A'=\{0,1\}$, $P'=\{(b(u),b(v) \mid (u,v)\in P\}$,其中当 $x=a_{i_1}a_{i_2}\cdots a_{i_m}$ 时,$b(x)=b(i_1)b(i_2)\cdots b(i_m)$,$b(i)$是 i 的$\lceil \log_2(k+1)\rceil$ 位的二进制表示,当 i 的二进制表示不足$\lceil \log_2(k+1)\rceil$ 位时,在左端用 0 补足.

6.7 如下构造从 Post 对应问题到该问题的归约 f. 对任意的 Post 对应系统 P: 字母表 A 上字符串有序对的有穷集合$\{(u_i,v_i) \mid i=1,2,\cdots,n\}$,$f(P)$定义如下:

$$A_1=\{a_1,a_2,\cdots,a_n\}, \quad A_2=A,$$

$$\phi_1(a_i)=u_i, \quad i=1,2,\cdots,n,$$

$$\phi_2(a_i)=v_i, \quad i=1,2,\cdots,n,$$

显然,f 是可计算的,并且 P 有解 $w=u_{i_1}u_{i_2}\cdots u_{i_k}=v_{i_1}v_{i_2}\cdots v_{i_k}$ 当且仅当存在 $x=a_{i_1}a_{i_2}\cdots a_{i_k}$ 使$\phi_1(x)=\phi_2(x)$.

6.8 (1) 把"任给一个文法 G,是否 $L(G)=\varnothing$?"归约到该问题: 对任给的文法 G,对应的 $G_1=G$,而 $L(G_2)=\varnothing$. 例如,取 G_2: $S\to S$.

上述归约同样可用于(2).

6.9 设过程 A,对任给的 $I\in D$,当 $I\in Y$ 时,A 回答"yes". 又设 f 是从Π 到$\overline{\Pi}$的归约. 于是,$I\in Y$ 当且仅当 $f(I)\notin Y$.

如下设计判断Π 的算法 B: 对任给的 $I\in D$,计算 $f(I)$,然后运用 A 分别对 I 和 $f(I)$计算 1 步. 若都不停机,则重新从头开始对它们分别计算 2 步. 若仍都不停机,则重新从头开始对它们分别计算 3 步. 如此重复进行. 由于 I 和 $f(I)$中有且只有一个属于Y,故 A 对它们中的一个一定会停机并回答"yes". 若 A 对 I 回答"yes",则 B 回答"yes"; 若 A 对 $f(I)$回答"yes",则 B 回答"no".

第 七 章

7.1 (1) 不属于这个语言的字符串是存在连续的 3 个字符中至少有 2 个 1.

a \ q	$\to{}^*q_0$	$^*q_1$	$^*q_2$	q_3
0	q_0	q_2	q_0	q_3
1	q_1	q_3	q_3	q_3

(2) 设 $a_1a_2\cdots a_m \bmod 5=i$,则 $a_1a_2\cdots a_m a_{m+1} \bmod 5=(2i+a_{m+1}) \bmod 5$. $(2i+a) \bmod 5$ 的值如下表:

a \ i	0	1	2	3	4
0	0	2	4	1	3
1	1	3	0	2	4

注意到二进制数为 0 或以 1 开头，不含空串、也不允许以 0 开头(除 0 外).

a \ q	$\to q_s$	$^*q_{01}$	q_N	$^*q_0$	q_1	q_2	q_3	q_4
0	q_{01}	q_N	q_N	q_0	q_2	q_4	q_1	q_3
1	q_1	q_N	q_N	q_1	q_3	q_0	q_2	q_4

(3) 注意到 01 合 10 一定交替出现.

a \ q	$\to ^*q_0$	$^*q_1$	q_2	$^*q_3$	q_4
0	q_1	q_1	q_1	q_4	q_4
1	q_3	q_2	q_2	q_3	q_3

7.2 (1)

a \ q	$\to q_0$	q_1	q_2	$^*q_3$
0	$\{q_0, q_1\}$	$\{q_2\}$	$\varnothing$	$\{q_3\}$
1	$\{q_0\}$	$\{q_2\}$	$\{q_3\}$	$\{q_3\}$

(2)

a \ q	$\to q_s$	q_0	q_1	q_2	q_3	$^*q_Y$
0	$\{q_s, q_0\}$	$\{q_Y\}$	$\varnothing$	$\varnothing$	$\varnothing$	$\{q_Y\}$
1	$\{q_s\}$	$\{q_1\}$	$\{q_2\}$	$\{q_3\}$	$\{q_0\}$	$\{q_Y\}$

(3)

a \ q	$\to q_s$	q_0	q_1	$^*q_Y$
0	$\{q_s, q_0\}$	$\{q_0, q_Y\}$	$\{q_1\}$	$\varnothing$
1	$\{q_s, q_1\}$	$\{q_0\}$	$\{q_1, q_Y\}$	$\varnothing$

7.3 (1)

q \ a	0	1
$\to\{q_0\}$	$\{q_0, q_1\}$	$\{q_0\}$
$\{q_0, q_1\}$	$\{q_0, q_1, q_2\}$	$\{q_0, q_2\}$
$\{q_0, q_2\}$	$\{q_0, q_1\}$	$\{q_0, q_3\}$
$^*\{q_0, q_3\}$	$\{q_0, q_1, q_3\}$	$\{q_0, q_3\}$
$\{q_0, q_1, q_2\}$	$\{q_0, q_1, q_2\}$	$\{q_0, q_2, q_3\}$
$^*\{q_0, q_1, q_3\}$	$\{q_0, q_1, q_2, q_3\}$	$\{q_0, q_2, q_3\}$
$^*\{q_0, q_2, q_3\}$	$\{q_0, q_1, q_3\}$	$\{q_0, q_3\}$
$^*\{q_0, q_1, q_2, q_3\}$	$\{q_0, q_1, q_2, q_3\}$	$\{q_0, q_2, q_3\}$

(2)

q \ a	0	1
$\to\{q_s\}$	$\{q_s,q_0\}$	$\{q_s\}$
$\{q_s,q_0\}$	$\{q_s,q_0,q_Y\}$	$\{q_s,q_1\}$
$\{q_s,q_1\}$	$\{q_s,q_0\}$	$\{q_s,q_2\}$
$\{q_s,q_2\}$	$\{q_s,q_0\}$	$\{q_s,q_3\}$
$\{q_s,q_3\}$	$\{q_s,q_0\}$	$\{q_s,q_0\}$
$^*\{q_s,q_0,q_Y\}$	$\{q_s,q_0,q_Y\}$	$\{q_s,q_1,q_Y\}$
$^*\{q_s,q_1,q_Y\}$	$\{q_s,q_0,q_Y\}$	$\{q_s,q_2,q_Y\}$
$^*\{q_s,q_2,q_Y\}$	$\{q_s,q_0,q_Y\}$	$\{q_s,q_3,q_Y\}$
$^*\{q_s,q_3,q_Y\}$	$\{q_s,q_0,q_Y\}$	$\{q_s,q_0,q_Y\}$

(3)

q \ a	0	1
$\to\{q_s\}$	$\{q_0\}$	$\{q_1\}$
$\{q_0\}$	$\{q_0,q_Y\}$	$\{q_0\}$
$\{q_1\}$	$\{q_1\}$	$\{q_1,q_Y\}$
$^*\{q_0,q_Y\}$	$\{q_0,q_Y\}$	$\{q_0\}$
$^*\{q_1,q_Y\}$	$\{q_1\}$	$\{q_1,q_Y\}$

7.4　不妨设 G 是右线性文法,第一步,若有形如 $A_1\to A_2,\cdots,A_k\to A_1(k\geqslant 2)$ 的循环产生式,则删去它们,并对每一个 $B\to wA_i(1\leqslant i\leqslant k)$ 添加 k 个产生式 $B\to wA_1,B\to wA_2,\cdots,B\to wA_k$. 第二步,若有 $A_1\to A_2,\cdots,A_k\to A_{k+1}$,则删去它们,并对每一个 $B\to wA_i(1\leqslant i\leqslant k)$,添加 $B\to wA_{i+1},\cdots,B\to wA_{k+1}$. 所得文法即为所求的 G'.

7.5　设 $L=L(G_1)$,其中 G_1 是一个右线性文法.

(a) 构造右线性文法 G_2 使 $L(G_2)=L(G_1)$,且 G_2 不含形如 $A\to B$ 的产生式,见上题.

(b) 删去所有形如 $A\to\varepsilon$ 的产生式. 若删去 $B\to\varepsilon$,则对每一个 $A\to wB$,添加 $A\to w$. 记得到的文法为 G_3,则 $L(G_3)=L-\{\varepsilon\}$.

G_3 只有 2 类产生式:

① $A\to wB$,

② $A\to w$,

其中 $w\neq\varepsilon$.

(c) 对每一个 $A\to a_1a_2\cdots a_kB,k\geqslant 2$,引入新的变元 $Z_1,Z_2,\cdots,Z_{k-1}$,把它替换成

$$
\begin{gathered}
A\to a_1Z_1\\
Z_1\to a_2Z_2\\
\vdots\\
Z_{k-1}\to a_kB.
\end{gathered}
$$

对每一个 $A\to a_1a_2\cdots a_k,k\geqslant 2$,引入新的变元 $Z_1,Z_2,\cdots,Z_{k-1}$,把它替换成

$$
\begin{gathered}
A\to a_1Z_1\\
Z_1\to a_2Z_2\\
\vdots\\
Z_{k-1}\to a_k.
\end{gathered}
$$

所得到的文法即为所求的文法 G.

7.6 只需证：$\forall w\in A^*$ 和 $q\in Q$，$\tilde{\delta}^*(E(q),w)=\delta^*(q,w)$. 对 w 的长度作归纳证明.

$$\tilde{\delta}^*(E(q),\varepsilon)=E(q)=\delta^*(q,\varepsilon).$$

$$\begin{aligned}\tilde{\delta}^*(E(q),ua)&=\tilde{\delta}(\tilde{\delta}^*(E(q),u),a)\\&=\tilde{\delta}(\delta^*(q,u),a)\qquad \text{归纳假设}\\&=\delta^*(\delta^*(q,u),a)\\&=\bigcup_{s\in\delta^*(q,u)}\delta^*(s,a)\\&=\bigcup_{s\in\delta^*(q,u)}\bigcup\{E(r)\mid p\in E(s),r\in\delta(p,a)\}\\&=\bigcup\{E(r)\mid p\in\delta^*(q,u),r\in\delta(p,a)\}\\&=\delta^*(q,ua).\end{aligned}$$

7.7 设 $\mathscr{M}=(Q,A,\delta,q_1,F)$，如下构造 $\mathscr{M}'=(Q\cup\{q_Y\},A,\delta',q_1,\{q_Y\})$，其中 $q_Y\notin Q$，$\forall q\in Q\cup\{q_Y\}$，$a\in A\cup\{\varepsilon\}$，

$$\delta'(q,a)=\begin{cases}\delta(q,a)\cup\{q_Y\}, & \text{若 } q\in Q \text{ 且 } \delta(q,a)\cap F\neq\varnothing,\\ \delta(q,a), & \text{若 } q\in Q \text{ 且 } \delta(q,a)\cap F=\varnothing,\\ \varnothing, & \text{若 } q=q_Y.\end{cases}$$

对不带 ε 转移的 NFA 修改如下：对任意的 NFA $\mathscr{M}$，存在恰好有一个接受状态的 NFA $\mathscr{M}'$ 使得 $L(\mathscr{M}')=L(\mathscr{M})$ 或 $L(\mathscr{M}')=L(\mathscr{M})-\{\varepsilon\}$.

7.8 设 $\mathscr{M}_1=(Q_1,A,\delta_1,p_1,F_1)$，$\mathscr{M}_2=(Q_2,A,\delta_2,q_1,F_2)$，接受 $L(\mathscr{M}_1)\cap L(\mathscr{M}_2)$ 的 DFA $\mathscr{M}=(Q_1\times Q_2,A,\delta,(p_1,q_1),F_1\times F_2)$，其中 $\forall p\in Q_1,q\in Q_2$ 和 $a\in A$，

$$\delta((p,q),a)=(\delta_1(p,a),\delta_2(q,a)).$$

7.9 (1) 证明略.

(2) 设 $p\equiv q,a\in A$，则对任意的 $w\in A^*$，

$$\delta^*(\delta(p,a),w)=\delta^*(p,aw)\in F \text{ 当且仅当 } \delta^*(\delta(q,a),w)=\delta^*(q,aw)\in F,$$

故 $\delta(p,a)\equiv\delta(q,a)$，从而 $\delta_{\equiv}([p],a)=[\delta(p,a)]=[\delta(q,a)]=\delta_{\equiv}([q],a)$. 得证 $\delta_{\equiv}$ 的合法性.

再证 $L(\mathscr{M}_{\equiv})=L(\mathscr{M})$，先证：$\forall q\in Q$ 和 $w\in A^*$，$\delta_{\equiv}^*([q],w)=[\delta^*(q,w)]$. 对 w 的长度作归纳证明：

$$\delta_{\equiv}^*([q],\varepsilon)=[q]=[\delta^*(q,\varepsilon)],$$

$$\begin{aligned}\delta_{\equiv}^*([q],ua)&=\delta_{\equiv}(\delta_{\equiv}^*([q],u),a)\\&=\delta_{\equiv}([\delta^*(q,u)],a)\\&=[\delta(\delta^*(q,u),a)]\\&=[\delta^*(q,ua)].\end{aligned}$$

于是，$\forall w\in A^*$，$w\in L(\mathscr{M}_{\equiv})$

当且仅当 $\delta_{\equiv}^*([q_1],w)=[\delta^*(q_1,w)]\in F_{\equiv}$

当且仅当 $\delta^*(q_1,w)\in F$

当且仅当 $w\in L(\mathscr{M})$.

7.10 首先验证 $\zeta=\beta\alpha^*$ 是方程的解.

$$\text{右端}=\beta+(\beta\alpha^*)\alpha\equiv\beta+\beta\alpha^+\equiv\beta(\varepsilon+\alpha^+)\equiv\beta\alpha^*=\text{左端}.$$

再证唯一性. 设 η 也方程的解，要证 $\langle\eta\rangle=\langle\beta\alpha^*\rangle$. 由方程 $\eta\equiv\beta+\eta\alpha$，有 $\langle\beta\rangle\subseteq\langle\eta\rangle$，$\langle\eta\alpha\rangle\subseteq\langle\eta\rangle$. 不难归纳证明：$\forall n\geqslant 0$，$\langle\beta\alpha^n\rangle\subseteq\langle\eta\rangle$，从而 $\langle\beta\alpha^*\rangle\subseteq\langle\eta\rangle$.

反之，$\forall x\in\langle\eta\rangle$，$x\in\langle\beta\rangle$ 或 $x\in\langle\eta\alpha\rangle$. 若 $x\in\langle\beta\rangle$，则 $x\in\langle\beta\alpha^*\rangle$；若 $x\in\langle\eta\alpha\rangle$，则 $x=x_1y_1$，其中 $x_1\in\langle\eta\rangle$，$y_1\in\langle\alpha\rangle$，且 $|x|>|x_1|$，因为 $\varepsilon\notin\langle\alpha\rangle$，$y_1\neq\varepsilon$. 同样地，$x_1\in\langle\beta\rangle$ 或 $x_1\in\langle\eta\alpha\rangle$. 有 $x_1\in\langle\beta\alpha^*\rangle$，

或 $x_1=x_2y_2$，$x_2\in\langle\eta\rangle$，$y_2\in\langle\alpha\rangle$，且 $|x_1|>|x_2|$. 如此下去，必有 $x=x_ky_1y_2\cdots y_k$，$x_k\in\langle\beta\rangle$，$y_i\in\langle\alpha\rangle$，$1\leqslant i\leqslant k$. 从而 $x\in\langle\beta\alpha^k\rangle\subseteq\langle\beta\alpha^*\rangle$. 得证$\langle\eta\rangle\subseteq\langle\beta\alpha^*\rangle$.

7.11 设 DFA $\mathscr{M}=(Q,A,\delta,q_1,F)$使得 $L=L(\mathscr{M})$.

(1) 基本思想：反向模拟 $\mathscr{M}$.

生成 L^R 的 NFA $\mathscr{M}_1=(Q\cup\{p_1\},A,\delta_1,p_1,\{q_1\})$如下：$p_1\notin Q$，$\forall q\in Q\cup\{p_1\}$和 $a\in A\cup\{\varepsilon\}$，

$$\delta_1(q,a)=\begin{cases}F, & 若\ q=p_1,a=\varepsilon,\\ \{q'\mid\delta(q',a)=q\}, & 若\ q\in Q,a\in A,\\ \varnothing, & 若\ q\in Q,a=\varepsilon\ 或\ q=p_1,a\in A.\end{cases}$$

(2) 基本思想：模拟 $\mathscr{M}$，并且只要 $\mathscr{M}$ 进入接受状态就立即停止计算.

生成 min L 的 NFA $\mathscr{M}_2=(Q,A,\delta_2,q_1,F)$如下：$\forall q\in Q$ 和 $a\in A$，

$$\delta_2(q,a)=\begin{cases}\varnothing, & 若\ q\in F,\\ \delta(q,a), & 否则.\end{cases}$$

(3) $\max L=(\min L^R)^R$. 由(1)和(2)可得 max L 是正则的.

(4) 基本思想：对每一个 $q\in Q$，引入一个"虚状态"q'. 先模拟 $\mathscr{M}$，设读完输入串后处于状态 p. 从 $p\varepsilon$ 转移到 p'，然后任意猜想一个字符串 x，用虚状态模拟 $\mathscr{M}$ 继续读完 x.

生成 pref L 的 NFA $\mathscr{M}_4=(Q_4,A,\delta_4,q_1,F_4)$，其中 $Q_4=\{q,q'\mid q\in Q\}$，$F_4=\{q'\mid q\in F\}$，$\forall q\in Q_4$ 和 $a\in A\cup\{\varepsilon\}$，

$$\delta_4(p,a)=\begin{cases}\{\delta(q,a)\}, & 若\ p=q,q\in Q,a\in A,\\ \{q'\}, & 若\ p=q,q\in Q,a=\varepsilon,\\ \{r'\mid r=\delta(q,b),b\in A\}, & 若\ p=q',q\in Q,a=\varepsilon,\\ \varnothing, & 若\ p=q',q\in Q,a\in A.\end{cases}$$

(5) $\mathrm{suf}\ L=(\mathrm{pref}\ L^R)^R$. 由(1)和(4)可得 suf L 是正则的.

7.12 (1) 记语言为 L，假设 L 是正则的，取 $w=a^nb$，当 n 充分大时，$w=xyz$，其中 $y=a^t$，$t>0$，使得对任意的 i，$xy^izw\in L$. 但是，$xy^2zw=a^{n+t}ba^nb\notin L$，矛盾.

(2) 证明略.

(3) 证明略.

(4) 假设 L 是正则的，取充分大的 n，$|w|=n^2$，则 $w=xyz$，$1\leqslant|y|\leqslant n$，且对任意的 i，$xy^iz\in L$. 而 $n^2<|xy^2z|\leqslant n^2+n<(n+1)^2$，从而 $xy^2z\notin L$，矛盾.

(5) 假设 L 是正则的，取充分大的素数 m，则对所有的 $n(1<n<m)$，m 与 n 互素，从而 $0^m1^n\in L$. 可以证明：$0^m=xyz$，$y=0^t$，$1\leqslant t\leqslant m-2$，且对所有的 $n(1<n<m)$和所有的 i，$xy^iz1^n\in L$. 取 $i=m+1$，$xy^iz=0^{m(1+t)}$，$1<1+t<m$，对 $n=1+t$，m 与 n 不互素，矛盾.

7.13 根据下述性质不难给出问题的算法. 不妨设 $\mathscr{M}$ 是一个 DFA，否则可以首先构造出与它接受相同语言的 DFA.

(1) 设 $\mathscr{M}$ 有 n 个状态，则 $L(\mathscr{M})$非空的充分必要条件是存在长度小于 n 的字符串属于 $L(\mathscr{M})$，而字母表 A 上长度小于 n 的字符串只有有限个.

(2) 设 $\mathscr{M}$ 有 n 个状态，则 $L(\mathscr{M})$是无穷的充分必要条件是存在长度大于等于 n 小于 $2n$ 的字符串属于 $L(\mathscr{M})$.

(3) $L(\mathscr{M}_1)=L(\mathscr{M}_2)$当且仅当 $L(\mathscr{M}_1)\oplus L(\mathscr{M}_2)=\varnothing$，$\oplus$是对称差，而 $L(\mathscr{M}_1)\oplus L(\mathscr{M}_2)$也是正则的. 设 DFA$\mathscr{M}_1=(Q_1,A,\delta_1,q_1,F_1)$，$\mathscr{M}_2=(Q_2,A,\delta_2,p_1,F_2)$，下述 DFA $\mathscr{M}=(Q_1\times Q_2,A,\delta,(q_1,p_1),F)$接受 $L(\mathscr{M}_1)\oplus L(\mathscr{M}_2)$，其中 $F=F_1\times(Q_2-F_2)\cup(Q_1-F_1)\times F_2$，$\forall q\in Q_1$，$p\in Q_2$ 和 $a\in A$，

$$\delta((q,p),a)=(\delta_1(q,a),\delta_2(p,a)).$$

第 八 章

8.1 产生式每次都只能产生一个 a 和一个 b，因此文法生成的字符串中 a 和 b 的个数必相等. 反之，设 $w\in\{a,b\}^*$ 且 a 和 b 的个数相等，要证 $w\in L(G)$. 对 $|w|$ 作归纳证明. 当 $|w|=0$ 时，$w=\varepsilon$，结论成立. 假设对 $|w|\leqslant 2k$ 时结论成立. 考虑 $|w|=2(k+1)$ 的情况，不妨设 w 以 a 开头，取 w_1 使 $w=aw_1bw_2$ 且 w_1 中 a 和 b 的个数都相等. w_2 中 a 和 b 的个数自然相等，这里可以是 $w_1=\varepsilon$ 或 $w_2=\varepsilon$. 由归纳假设，$S\overset{*}{\Rightarrow}w_1$，$S\overset{*}{\Rightarrow}w_2$. 于是，$S\rightarrow aSbS\overset{*}{\Rightarrow}aw_1bw_2=w$，得证当 $|w|=2(k+1)$ 时结论也成立.

8.2 首先证明 G 生成的字符串 x 的每一个前缀中 a 不少于 b. 对生成 x 的派生的长度 k 作归纳证明. 当 $k=1$ 时，$x=\varepsilon$，结论成立. 假设当 $k\leqslant m$ 时结论成立. 当 $k=m+1$ 时有 2 种可能：$S\rightarrow aS\overset{*}{\Rightarrow}ax_1$，$S\overset{*}{\Rightarrow}x_1$，$x=ax_1$ 或者 $S\rightarrow aSbS\overset{*}{\Rightarrow}ax_1bx_2$，$S\overset{*}{\Rightarrow}x_1$，$S\overset{*}{\Rightarrow}x_2$，$x=ax_1bx_2$. 由归纳假设，$x_1$，$x_2$ 的每一个前缀中 a 不少于 b. 不难看出 x 的每一个前缀中 a 也不少于 b.

反之，设 $x\in\{a,b\}^*$ 且每一个前缀中 a 不少于 b，要证 $x\in L(G)$. 对 $|x|$ 作归纳证明. 当 $|x|=0$ 时，$x=\varepsilon$，结论成立. 假设当 $|x|\leqslant k$ 时结论成立，设 $|x|=k+1$，设 $x=a^{i_1}b^{j_1}a^{i_2}b^{j_2}\cdots a^{i_k}b^{j_k}$，其中 $i_t\geqslant 1(1\leqslant t\leqslant k)$，$j_t\geqslant 1(1\leqslant t\leqslant k-1)$，$j_k\geqslant 0$，且 $i_1+i_2+\cdots+i_t\geqslant j_1+j_2+\cdots+j_t$，$1\leqslant t\leqslant k$. 若对所有的 $t(1\leqslant t\leqslant k)$，$i_1+i_2+\cdots+i_t>j_1+j_2+\cdots+j_t$，则 $x=ax_1$ 且 x_1 的每一个前缀中 a 不少于 b. 根据归纳假设，有 $S\overset{*}{\Rightarrow}x_1$. 于是，$S\rightarrow aS\overset{*}{\Rightarrow}ax_1=x$. 否则，存在 s 使得 $i_1+i_2+\cdots+i_t>j_1+j_2+\cdots+j_t$，$1\leqslant t<s$，且 $i_1+i_2+\cdots+i_s=j_1+j_2+\cdots+j_s$. 令 $x_1=a^{i_1-1}b^{j_1}a^{i_2}b^{j_2}\cdots a^{i_s}b^{j_s-1}$，$x_2=a^{i_{s+1}}b^{j_{s+1}}a^{i_2}b^{j_2}\cdots a^{i_k}b^{j_k}$，则 $x=ax_1bx_2$，且 x_1，x_2 的每一个前缀中 a 不少于 b. 根据归纳假设，有 $S\overset{*}{\Rightarrow}x_1$，$S\overset{*}{\Rightarrow}x_2$. 于是，$S\rightarrow aSbS\overset{*}{\Rightarrow}ax_1bx_2=x$. 得证当 $|x|=k+1$ 时结论也成立.

8.3 (1) 基本思想：每一步同时生成一个 a 和一个 c、一个 a 和一个 d、一个 b 和一个 c 或者一个 b 和一个 d，并且要保证 a 和 d 分别在两边，b 和 c 在中间且 b 在 c 的左边.

$$S\rightarrow aSd\,|\,X\,|\,Y,\quad X\rightarrow aXc\,|\,Z,\quad Y\rightarrow bYd\,|\,Z,\quad Z\rightarrow bZc\,|\,\varepsilon.$$

(2) 基本思想：每次生成 2 个 a 和一个 b. 关键是对 a 和 b 的排列顺序没有限制，因此要考虑到所有可能的排列.

$$S\rightarrow aSaSbS\,|\,aSbSaS\,|\,bSaSaS\,|\,\varepsilon.$$

(3) 基本思想：$x=x^R$ 当且仅当 x 是左右对称的. 此外，还要考虑到 2 种可能的情况：$|x|$ 是偶数和 $|x|$ 是奇数.

$$S\rightarrow aSa\,|\,bSb\,|\,a\,|\,b\,|\,\varepsilon.$$

8.4 $S\rightarrow\varnothing\,|\,\varepsilon\,|\,a\,|\,b\,|\,(S+S)\,|\,(S\cdot S)\,|\,(S^*)$.

8.5 $S\rightarrow\sim S\,|\,\cup SS\,|\,\cap SS\,|\,a$.

8.6 $S\rightarrow XC\,|\,AY$，$X\rightarrow aXb\,|\,\varepsilon$，$Y\rightarrow bYc\,|\,\varepsilon$，$A\rightarrow aA\,|\,\varepsilon$，$C\rightarrow cC\,|\,\varepsilon$.

生成 abc 的 2 棵派生树如图 E2 所示.

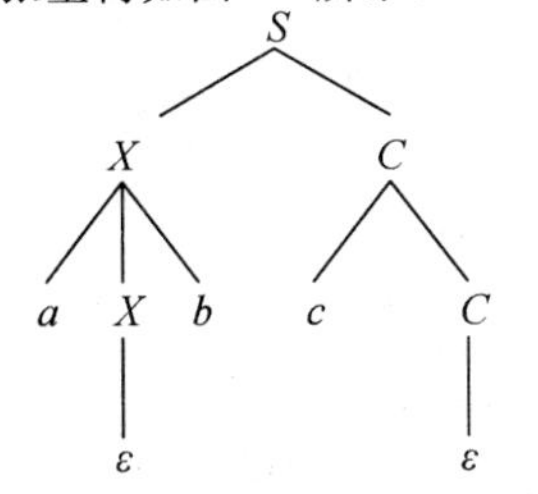

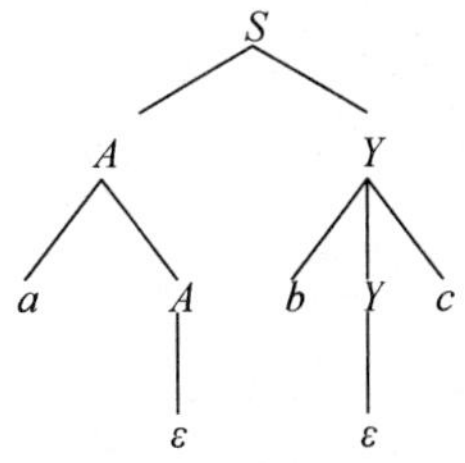

图 E2

8.7 因为派生树与最左派生是一一对应的.

8.8 (1) 假设 L 是 CFL,对充分大的 n 和 $n\leqslant m\leqslant 2n$, $a^nb^nc^m=u_1v_1uv_2u_2$, $|v_1uv_2|\leqslant n$, $v_1v_2\neq\varepsilon$,且 $\forall i(i\geqslant 0)$, $u_1v_1^iuv_2^iu_2\in L$. 由于 $|v_1uv_2|\leqslant n$, v_1uv_2 中只可能含有一个字母或 2 个相邻的字母. 又 v_1, v_2 中都只能含有一个字母,否则 $u_1v_1^2uv_2^2u_2\notin L$. 于是,只可能有下述几种情况:

(a) $v_1=a^s$, $v_2=a^t$, $s+t\geqslant 1$. $u_1v_1^2uv_2^2u_2=a^{n+s+t}b^nc^m\notin L$,矛盾.

(b) $v_1=b^s$, $v_2=b^t$, $s+t\geqslant 1$. 类似(a).

(c) $v_1=c^s$, $v_2=c^t$, $s+t\geqslant 1$. $u_1v_1^{m+2}uv_2^{m+2}u_2=a^nb^nc^{m+(m+1)(s+t)}\notin L$,矛盾. 这是因为

$$m+(m+1)(s+t)=m(1+s+t)+s+t>2m\geqslant 2n.$$

(d) $v_1=a^s$, $v_2=b^t$, $s\geqslant 1$, $t\geqslant 1$.

(d.1) $s\neq t$. $u_1v_1^2uv_2^2u_2=a^{n+s}b^{n+t}c^m\notin L$,矛盾.

(d.2) $s=t$. $u_1v_1^{m+2}uv_2^{m+2}u_2=a^{n+(m+1)s}b^{n+(m+1)t}c^m\notin L$,矛盾. 因为 $n+(m+1)s>m$.

(e) $v_1=b^s$, $v_2=c^t$, $s\geqslant 1$, $t\geqslant 1$. $u_1v_1^2uv_2^2u_2=a^nb^{n+s}c^{m+t}\notin L$,矛盾.

(2) 类似 7.12(4).

(3) 假设 L 是 CFL,对充分大的 n, $a^nb^na^nb^n=u_1v_1uv_2u_2$, $|v_1uv_2|\leqslant n$, $v_1v_2\neq\varepsilon$,且 $\forall i(i\geqslant 0)$, $u_1v_1^iuv_2^iu_2\in L$. 由于 $|v_1uv_2|\leqslant n$, v_1uv_2 只可能在左边的 a^nb^n,中间的 b^na^n,右边的 a^nb^n 三个子串中的一个中. 不妨设在右边的 a^nb^n 子串中,只有下述几种可能:

(a) $v_1=a^s$, $v_2=a^t$, $s+t\geqslant 1$. $u_1v_1^2uv_2^2u_2=a^nb^na^{n+s+t}b^n\notin L$,矛盾.

(b) $v_1=b^s$, $v_2=b^t$, $s+t\geqslant 1$. 类似(a).

(c) $v_1=a^s$, $v_2=b^t$, $s\geqslant 1$, $t\geqslant 1$. $u_1v_1^2uv_2^2u_2=a^nb^na^{n+s}b^{n+t}\notin L$,矛盾.

(d) $v_1=a^sb^t$, $v_2=b^r$, $s\geqslant 1$, $t\geqslant 1$, $r\geqslant 0$. $u_1v_1^2uv_2^2u_2=a^nb^na^nb^ta^sb^{n+r}\notin L$,矛盾.

(e) $v_1=a^r$, $v_2=a^sb^t$, $s\geqslant 1$, $t\geqslant 1$, $r\geqslant 0$. 类似(d).

8.9 设 CFL $L\subseteq\{a\}^*$,则存在正整数 n 使得 $\forall a^m\in L$ 且 $m\geqslant n$,

$$a^m=a^{i_1}a^{j_1}a^ia^{j_2}a^{i_2}.$$

其中 $j_1+i+j_2\leqslant n$, $j_1+j_2>0$ 且 $\forall t\geqslant 0$,

$$a^{i_1}a^{tj_1}a^ia^{tj_2}a^{i_2}=a^{p+tq}\in L,$$

这里 $p=i_1+i+i_2$, $q=j_1+j_2\leqslant n$.

于是,L 可表成 L_0 和若干 $L_{p,q}$ 的并,其中

$$L_0=\{a^m\in L\mid m<n\},\text{是有穷集,从而是正则语言}.$$

$$L_{p,q}=\{a^{p+tq}\mid t\geqslant 0\},\text{也是正则语言}.$$

下面证明 L 等于 L_0 与有穷个 $L_{p,q}$ 的并,从而 L 是正则语言.

对每一个 $q(0<q\leqslant n)$,令 $S^q=\{p\mid L_{p,q}\subseteq L\}$.

将 S^q 按模 q 划分成等价类 $S^q=\bigcup_{r=0}^{q-1}S_r^q$,其中

$$S_r^q=\{p\in S^q\mid p\equiv r \bmod q\}.$$

令 $p_r^q=\min\{p\mid p\in S_r^q\}$,则 $\forall p\in S_r^q$, $L_{p,q}\subseteq L_{p_r^q,q}$. 从而, $\bigcup_{p\in S_r^q}L_{p,q}=L_{p_r^q,q}$.

于是

$$\begin{aligned}L&=L_0\cup\bigcup_{q=1}^{n}\bigcup_{p\in S^q}L_{p,q}\\&=L_0\cup\bigcup_{q=1}^{n}\bigcup_{r=0}^{q-1}\bigcup_{p\in S_r^q}L_{p,q}\\&=L_0\cup\bigcup_{q=1}^{n}\bigcup_{r=0}^{q-1}L_{p_r^q,q}.\end{aligned}$$

8.10 下面均以空栈方式接受，q_1 或 q 是初始状态，X_0 是栈起始符.

(1) 基本思想：读一个 a 或 b，把一个 X 推入栈；读一个 c 或 d，从栈中取出一个 X.

δ	X_0	X	δ	X_0	X
(q_1,a)	$\{(q_1,XX_0)\}$	$\{(q_1,XX)\}$	(q_3,a)	$\varnothing$	$\varnothing$
(q_1,b)	$\{(q_2,XX_0)\}$	$\{(q_2,XX)\}$	(q_3,b)	$\varnothing$	$\varnothing$
(q_1,c)	$\varnothing$	$\{(q_3,\varepsilon)\}$	(q_3,c)	$\varnothing$	$\{(q_3,\varepsilon)\}$
(q_1,d)	$\varnothing$	$\{(q_4,\varepsilon)\}$	(q_3,d)	$\varnothing$	$\{(q_4,\varepsilon)\}$
(q_1,ε)	$\{(q_1,\varepsilon)\}$	$\varnothing$	(q_3,ε)	$\{(q_3,\varepsilon)\}$	$\varnothing$
(q_2,a)	$\varnothing$	$\varnothing$	(q_4,a)	$\varnothing$	$\varnothing$
(q_2,b)	$\varnothing$	$\{(q_2,XX)\}$	(q_4,b)	$\varnothing$	$\varnothing$
(q_2,c)	$\varnothing$	$\{(q_3,\varepsilon)\}$	(q_4,c)	$\varnothing$	$\varnothing$
(q_2,d)	$\varnothing$	$\{(q_4,\varepsilon)\}$	(q_4,d)	$\varnothing$	$\{(q_4,\varepsilon)\}$
(q_2,ε)	$\varnothing$	$\varnothing$	(q_4,ε)	$\{(q_4,\varepsilon)\}$	$\varnothing$

(2) 基本思想：用栈符号 A，B 表示输入串被读过的部分中 a 的个数与 b 的个数的 2 倍之差. 当差数 $k>0$ 时，用 k 个 A 表示；当 $k<0$ 时，用 $|k|$ 个 B 表示.

δ	X_0	A	B
(q,a)	$\{(q,AX_0)\}$	$\{(q,AA)\}$	$\{(q,\varepsilon)\}$
(q,b)	$\{(q,BBX_0)\}$	$\{(p,\varepsilon)\}$	$\{(q,BBB)\}$
(q,ε)	$\{(q,\varepsilon)\}$	$\varnothing$	$\varnothing$
(p,a)	$\varnothing$	$\varnothing$	$\varnothing$
(p,b)	$\varnothing$	$\varnothing$	$\varnothing$
(p,ε)	$\{(q,BX_0)\}$	$\{(q,\varepsilon)\}$	$\varnothing$

(3) 基本思想：用栈符号 A 和 B 分别表示 a 和 b. 有 2 个状态 q 和 p，状态 q 用栈记录输入串的前半部，状态 p 比较输入串的后半部与栈的内容. 状态 q 在每一步都猜想是否读完了前半部分. 若是，则转移到状态 p.

δ	X_0	A	B
(q,a)	$\{(q,AX_0)\}$	$\{(q,AA),(p,\varepsilon)\}$	$\{(q,AB)\}$
(q,b)	$\{(q,BX_0)\}$	$\{(q,BA)\}$	$\{(q,BB),(p,\varepsilon)\}$
(q,ε)	$\{(q,\varepsilon)\}$	$\{(p,A)\}$	$\{(p,B)\}$
(p,a)	$\varnothing$	$\{(p,\varepsilon)\}$	$\varnothing$
(p,b)	$\varnothing$	$\varnothing$	$\{(p,\varepsilon)\}$
(p,ε)	$\{(p,\varepsilon)\}$	$\varnothing$	$\varnothing$

8.11 设 CFG $G_1=(V_1,A_1,\Gamma_1,S_1)$，$G_2=(V_2,A_2,\Gamma_2,S_2)$，$L(G_1)=L_1$，$L(G_2)=L_2$，且 $V_1\cap V_2=\varnothing$，S_3，S_4，$S_5\notin V_1\cup V_2$. 构造分别生成 $L_1\cup L_2$，L_1L_2 和 L_1^* 的 CFG G_3，G_4 和 G_5 如下.

$G_3=(V_1\cup V_2\cup\{S_3\},A_1\cup A_2,\Gamma_3,S_3)$，$\Gamma_3=\Gamma_1\cup\Gamma_2\cup\{S_3\to S_1,S_3\to S_2\}$.

$G_4=(V_1\cup V_2\cup\{S_4\},A_1\cup A_2,\Gamma_4,S_4)$，$\Gamma_4=\Gamma_1\cup\Gamma_2\cup\{S_4\to S_1S_2\}$.

$G_5=(V_1\cup\{S_5\},A_1,\Gamma_5,S_5)$，$\Gamma_5=\Gamma_1\cup\{S_5\to S_1S_5,S_5\to\varepsilon\}$.

8.12 $L_1=\{a^nb^nc^m\mid n,m>0\}$ 和 $L_2=\{a^nb^mc^m\mid n,m>0\}$ 是 CFL，而 $L_1\cap L_2=\{a^nb^nc^n\mid n>0\}$ 不是 CFL（例

8.6)，故上下文无关语言在交运算下不是封闭的.

假设上下文无关语言在补运算下是封闭的，由上下文无关语言在并运算下是封闭的(8.11 题)和德摩根律，得到上下文无关语言在交运算下也是封闭的，矛盾. 故上下文无关语言在补运算下不是封闭的.

8.13 设 PDA $\mathscr{M}_1=(Q_1,A,\Omega,\delta_1,q_1,X_0,F_1)$，$L(\mathscr{M}_1)=L_1$，DFA $\mathscr{M}_2=(Q_2,A,\delta_2,p_1,F_2)$，$L(\mathscr{M}_2)=L_2$. 可类似 7.8 题构造一个 PDA $\mathscr{M}$ 接受 $L_1\cap L_2$. 基本思想仍是用 $\mathscr{M}_1$ 和 $\mathscr{M}_2$ 同时读输入串，$\mathscr{M}$ 接受当且仅当 $\mathscr{M}_1$ 和 $\mathscr{M}_2$ 都接受. 这里的区别是要对所有的 $q\in Q_1$，$p\in Q_2$，$a\in A\cup\{\varepsilon\}$ 和 $X\in\Omega$，定义 $\mathscr{M}$ 的动作函数 $\delta((q,p),a,X)$ 的值.

8.14 假设它是 CFL，由上题，它与正则语言 $\{a^ib^jc^k\mid i,j,k\geqslant 0\}$ 的交 $\{a^nb^nc^n\mid n\geqslant 0\}$ 是 CFL，而 $\{a^nb^nc^n\mid n\geqslant 0\}$ 不是 CFL，矛盾.

8.15 (1) 假设 $x\in L$，$y\neq\varepsilon$，对输入 xy，$\mathscr{M}$ 读完 x 后排空栈，不可能继续读 y，从而 $xy\notin L$.

(2) 在定理 8.8 的证明中构造 $\mathscr{M}_1$ 使得 $L(\mathscr{M}_1)=N(\mathscr{M}_2)$，当 $\mathscr{M}_2$ 是 DPDA 时，$\mathscr{M}_1$ 也是 DPDA.

8.16 先证 $L=\{a^ib^jc^k\mid i\neq j$ 或 $i\neq k\}$ 不是 DCFL. 假设 L 是 DCFL，由定理 8.13，$\bar{L}=\{a^nb^nc^n\mid n\geqslant 0\}\cup(\{a,b,c\}^*-\{a^ib^jc^k\mid i,j,k\geqslant 0\})$ 也是 DCFL，当然也是 CFL. 于是，$\bar{L}\cap\{a^ib^jc^k\mid i,j,k\geqslant 0\}=\{a^nb^nc^n\mid n\geqslant 0\}$ 是 CFL，矛盾.

生成 $\{a^ib^jc^k\mid i\neq j\}$ 的 CFG 如下：

$$S\to XC,\quad X\to aXb\mid aA\mid Bb,\quad A\to aA\mid\varepsilon,\quad B\to Bb\mid\varepsilon,\quad C\to cC\mid\varepsilon.$$

生成 $\{a^ib^jc^k\mid i\neq k\}$ 的 CFG 如下：

$$S\to aSc\mid aAB\mid BCc,\quad A\to aA\mid\varepsilon,\quad B\to bB\mid\varepsilon,\quad C\to Cc\mid\varepsilon.$$

由 8.11 题，它们的并 L 也是 CFL.

8.17 设 Post 对应系统 $P=\{(u_i,v_i)\mid u_i,v_i\in A^*,1\leqslant i\leqslant n\}$，令

$$L_1=\{u_{i_1}u_{i_2}\cdots u_{i_m}a_{i_m}a_{i_{m-1}}\cdots a_{i_1}\mid 1\leqslant i_j\leqslant n,1\leqslant j\leqslant m,m\geqslant 1\},$$

$$L_2=\{v_{i_1}v_{i_2}\cdots v_{i_m}a_{i_m}a_{i_{m-1}}\cdots a_{i_1}\mid 1\leqslant i_j\leqslant n,1\leqslant j\leqslant m,m\geqslant 1\},$$

其中 $a_1,a_2,\cdots,a_n\notin A$. 构造 CFG G 如下：

$$S\to S_1\mid S_2,\quad S_1\to u_iS_1a_i\mid u_ia_i,\quad S_2\to v_iS_2a_i\mid v_ia_i,\quad 1\leqslant i\leqslant n,$$

则 $L(G)=L_1\cup L_2$.

若 P 有解 $w=u_{i_1}u_{i_2}\cdots u_{i_m}=v_{i_1}v_{i_2}\cdots v_{i_m}$，则 G 有 2 个分别从 $S\to S_1$ 和 $S\to S_2$ 开始的最左派生生成 $wa_{i_m}a_{i_{m-1}}\cdots a_{i_1}$.

反之，设 G 是歧义的，有 2 个生成 $w\in L(G)$ 的派生. 由于 w 中的 a_i 完全确定了生成 w 所用的产生式，只能有一个从 $S\to S_1$ 开始的派生，也只能有一个从 $S\to S_2$ 开始的派生. 从而，必有 $w=u_{i_1}u_{i_2}\cdots u_{i_m}a_{i_m}a_{i_{m-1}}\cdots a_{i_1}=v_{i_1}v_{i_2}\cdots v_{i_m}a_{i_m}a_{i_{m-1}}\cdots a_{i_1}$，$u_{i_1}u_{i_2}\cdots u_{i_m}=v_{i_1}v_{i_2}\cdots v_{i_m}$ 是 P 的一个解.

于是，我们把 Post 对应问题归约到 CFG 的歧义性问题，得证后者是不可判定的.

8.18 取 $S'=S$，对每一个 $a\in T$，引入一个新变元 X_a 和产生式 $X_a\to a$. 把 G 的每一个产生式中的 $a\in T$ 替换成 X_a. 把这样得到的文法记作 G_1. G_1 中除 $X_a\to a(a\in T)$ 外，所有产生式中不含终极符.

设 G_1 中第 i 个不含终极符的产生式为

$$\varphi X_1X_2\cdots X_s\psi\to\varphi Y_1Y_2\cdots Y_t\psi,$$

这里 φ,ψ 是非终极符串，$X_1,X_2,\cdots,X_s,Y_1,Y_2,\cdots,Y_t$ 是非终极符，$1\leqslant s\leqslant t$.

若 $s=1$，则它已经是所要求的形式. 若 $s>1$，则添加 s 个新变元 $Z_{ij}(1\leqslant j\leqslant s)$ 和下述产生式：

$$\varphi X_1X_2\cdots X_s\psi\to\varphi Z_{i1}X_2\cdots X_s\psi,$$

$$\varphi Z_{i1}X_2\cdots X_s\psi\to\varphi Z_{i1}Z_{i2}X_3\cdots X_s\psi,$$

$$\vdots$$

$$\varphi Z_{i1}\cdots Z_{i,s-2}X_{s-1}X_s\psi\to\varphi Z_{i1}\cdots Z_{i,s-1}X_s\psi,$$

$$\varphi Z_{i1}\cdots Z_{i,s-1}X_s\psi\to\varphi Z_{i1}\cdots Z_{i,s-1}Y_s\cdots Y_t\psi,$$

$$\varphi Z_{i1}\cdots Z_{i,s-1}Y_s\cdots Y_t\psi\to\varphi Z_{i1}\cdots Z_{i,s-2}Y_{s-1}Y_s\cdots Y_t\psi,$$

$$\vdots$$

$$\varphi Z_{i1}Y_2\cdots Y_t\psi\to\varphi Y_1Y_2\cdots Y_t\psi.$$

这就得到所要的 G'.

8.19 设文法 $G=(V,A,\Gamma,S)$ 使得 $L=L(G)$，如下构造 CSG $\widetilde{G}=(V,A\cup\{c\},\Gamma_1\cup\Gamma_2,S)$，其中 $c\notin V\cup A$，

$\Gamma_1=\{g\to hc^i \mid g\to h\in\Gamma$ 并且当 $|g|\leqslant|h|$ 时，$i=0$；当 $|g|>|h|$ 时，$i=|g|-|h|\}$，

$\Gamma_2=\{ca\to ac \mid a\in V\cup A\}$.

要证 $\forall\alpha(V\cup A)^*$，$S\overset{*}{\underset{G}{\Rightarrow}}\alpha$ 当且仅当 $(\exists i\in N)\ S\overset{*}{\underset{\widetilde{G}}{\Rightarrow}}\alpha c^i$.

必要性. 对 $S\overset{*}{\underset{G}{\Rightarrow}}\alpha$ 的派生长度 m 作归纳证明. 当 $m=0$ 时，$\alpha=S$，结论显然成立. 假设对 m 结论成立. 设 $S\overset{*}{\underset{G}{\Rightarrow}}xgy\underset{G}{\Rightarrow}xhy=\alpha$，其中 $S\overset{*}{\underset{G}{\Rightarrow}}xgy$ 的派生长度是 m，$g\to h\in\Gamma$. 由归纳假设，$(\exists j\in N)\ S\overset{*}{\underset{\widetilde{G}}{\Rightarrow}}xgyc^j$. 又 $(\exists i\in N)\ g\to hc^i\in\Gamma_1$，于是

$$S\overset{*}{\underset{\widetilde{G}}{\Rightarrow}}xgyc^j\underset{\Gamma_1}{\Rightarrow}xhc^iyc^j\overset{*}{\underset{\Gamma_2}{\Rightarrow}}xhyc^{i+j}=\alpha c^{i+j},$$

得证当 $m+1$ 时结论也成立.

充分性. 对 $S\overset{*}{\underset{\widetilde{G}}{\Rightarrow}}\alpha c^i$ 的派生使用 Γ_1 中的产生式的次数 m 作归纳证明. 当 $m=0$ 时，$\alpha=S$，$i=0$，结论显然成立. 假设对 m 结论成立. 由于 Γ_1 中的产生式的左端不含 c，故总可以在使用 Γ_1 中的产生式后接着使用 Γ_2 中的产生式把 c 集中到字符串的右端，设

$$S\overset{*}{\underset{\widetilde{G}}{\Rightarrow}}xgyc^j\underset{\Gamma_1}{\Rightarrow}xhc^kyc^j\overset{*}{\underset{\Gamma_2}{\Rightarrow}}xhyc^{k+j}=\alpha c^i,$$

其中 $S\overset{*}{\underset{\widetilde{G}}{\Rightarrow}}xgyc^j$ 使用 Γ_1 中的产生式 m 次，$g\to hc^k\in\Gamma_1$. 由归纳假设，$S\overset{*}{\underset{G}{\Rightarrow}}xgy$. 又有 $g\to h\in\Gamma$，于是

$$S\overset{*}{\underset{G}{\Rightarrow}}xgy\underset{G}{\Rightarrow}xhy=\alpha,$$

得证当 $m+1$ 时结论也成立.

8.20 把上题证明中的 $\widetilde{G}$ 中的 c 改作为变元，并添加产生式 $c\to\varepsilon$ 即可得到所要的文法.

第 九 章

9.1 (1) (a) 扫描带，如果在 1 的右边发现 0，则拒绝.

(b) 只要带上同时有 0 和 1，就执行下述运算：

(b.1) 检查带上字符串的长度，若为奇数，则拒绝.

(b.2) 删除第一个 0，然后隔一个删除一个 0；删除第一个 1，然后隔一个删除一个 1.

(c) 如果带被删空，则接受；否则(带上剩有 0 或剩有 1)拒绝.

执行(b.2)，每次开始删除 0 时 0 的个数的奇偶性恰好给出 0 的个数的二进制表示中对应位置是 1 还是 0. 如，000000000，删除的结果依次是：000000000，0000，00，0，它们的奇偶性依次是奇，偶，偶，奇. 9 的二进制表示是 1001. 由此不难证明算法是正确的.

设输入长度为 n，$(b.2)$要执行 $\log n$ 次，故时间复杂度为 $O(n\log n)$.

(2) (a) 扫描带 1 上的输入串，如果在 1 的右边发现 0，则拒绝.

(b) 把带 1 上的 0 复制到带 2 上，同时删除带 1 上的 0.

(c) 2 个带头同时从左到右扫描，如果同时读完各自的字符串，则接受；否则(带 1 上还有 1 或带 2 上还有 0)拒绝.

(3) (a) 扫描输入带，如果在 1 的右边发现 0，则拒绝.

(b) 用工作带 1 以二进制方式记录 0 的个数：在工作带 1 上写一个 0，然后输入带头从左到右每读一个 0，在工作带上以二进制方式加 1，直到读完 0 为止.

(c) 用工作带 2 以二进制方式记录 1 的个数：在工作带 2 上写一个 0，然后输入带头接着从左到右每读一个 1，在工作带 2 上以二进制方式加 1，直到读完 1 为止.

(d) 比较 2 条工作带上的内容，若相同，则接受；否则拒绝.

9.2 空间复杂度为 $O(\log n)$ 是显然的. 下面证时间复杂度为 $O(n)$.

设 $n=2^k$，从 0 加到 n 就是对 0 到 $n-1$ 这 n 个数中的每一个加 1. 把这 n 个二进制数都写成长度为 k 的 0－1 串，长度小于 k 的在右端用 0 补齐，这里二进制数的顺序与通常的写法相反，低位在左，高位在右. 从低位到高位，第 1 位为 1 的有 2^{k-1} 个，第 1 位和第 2 位都为 1 的有 2^{k-2} 个，第 1、2、3 位都为 1 的有 2^{k-3} 个，…，k 位都为 1 的有 $2^{k-k}=1$ 个. 当从低位到高位有连续的 i 个 1 时，加 1 要连续进位 i 次，加上返回到最低位，带头共移动 $2i+1$ 次. 因此，总时间为

$$
\begin{aligned}
&2^{k-1}+\sum_{i=1}^{k}(2i+1)2^{k-i}=2^{k-1}+2^k\sum_{i=1}^{k}(2i+1)2^{-i}\\
&\leqslant 2^{k-1}+2^k\sum_{i=1}^{\infty}(2i+1)2^{-i}=2^{k-1}+2^k\Big(2\sum_{i=1}^{\infty}i2^{-i}+\sum_{i=1}^{\infty}2^{-i}\Big)\\
&=2^{k-1}+2^k(2\times 2+1)=5.5\times 2^k.
\end{aligned}
$$

得证时间复杂度为 $O(n)$. 这里用到，当 $|x|<1$ 时，

$$
\sum_{i=1}^{\infty}ix^i=x\Big(\sum_{i=1}^{\infty}x^i\Big)'=x\Big(\frac{x}{1-x}\Big)'=\frac{x}{(1-x)^2}.
$$

令 $x=0.5$，$\sum\limits_{i=1}^{\infty}ix^i=2$.

9.3 (1) $\lceil\log_2(n+1)\rceil$ 等于 $n+1$ 的二进制表示的位数.

用 2 条工作带的离线 TM. 对输入 1^n，

(a) 在工作带 1 上写一个 1，然后输入带带头从左向右每读一个 1，在工作带 1 上以二进制方式加 1，直到读完输入为止.

(b) 在工作带 2 上写一个 0，然后工作带 1 的带头从右向左每读一个 1 或 0，在工作带 2 上以二进制方式加 1，直到读完工作带 1 上的内容为止.

空间复杂度为 $O\lceil(\log_2(n+1)\rceil)$，工作带 2 上的内容为 $\lceil\log_2(n+1)\rceil$ 的二进制表示.

(2) 解法一 用 2 条工作带的离线 TM. 对输入 1^n，

(a) 在工作带 1 上复制 1^n.

(b) 删去工作带 1 上的一个 1，在工作带 2 上复制一个 1^n，直到删去工作带 1 上所有的 1 为止，此时工作带 2 上有 n^2 个 1.

(c) 在工作带 1 上写一个 0，然后工作带 2 的带头从右向左每读一个 1，在工作带 1 上以二进制方式加 1，直到读完工作带 2 上所有的 1 为止.

空间复杂度为 $O(n^2)$，工作带 1 上的内容为 n^2 的二进制表示.

解法二 用 3 条工作带的离线 TM，对输入 1^n，

(a) 在工作带 1 上生成 n 的二进制表示.

(b) 做二进制乘法生成 n^2 的二进制表示.

(b.1) 把工作带 1 的内容复制到工作带 2 上，在工作带 3 上写一个 0，3 个带头都回到左端.

(b.2) 若工作带 1 的带头读到 1，则以二进制方式把工作带 2 的内容加到工作带 3 上.

(b.3) 在工作带 2 的左端添加一个 0,工作带 1 的带头右移一位.

(b.4) 重复(b.2)～(b.3),直到读完工作带 1 上的内容为止.

空间复杂度为 $O(\log n)$,工作带 3 上的内容为 n^2 的二进制表示.

9.4 解法一 类似 9.3(1)的解法一,首先生成 n^k 个 1,然后生成 n^k 的二进制表示. 生成 n^k 个 1 需要 $O(n^k)$时间,根据 9.2 题,可用 $O(n^k)$时间由 n^k 个 1 生成 n^k 的二进制表示,故时间复杂度为 $O(n^k)$.

解法二 类似 9.3(1)的解法二. 首先生成 n 的二进制表示,然后做 $k-1$ 次二进制乘法,给出 n^k 的二进制表示. 生成 n 的二进制表示需要 $O(n)$时间,一次二进制乘法需要 $O(\log^2 n)$时间,故时间复杂度为 $O(n)$.

9.5 对长度为 n 的输入,

(a) 以工作带 1 为输出带、工作带 2 为工作带在工作带 1 上生成 $s(n)$的二进制表示 $B(s(n))$. 工作带 1 的带头回到左端,清空工作带 2.

(b) 在工作带 2 上写一个 1.

(c) 若工作带 1 的带头读到 1,则把工作带 2 上的内容复制到工作带 3 上.

(d) 在工作带 2 上复制自己的内容,即将 1 的个数增加一倍. 工作带 1 的带头右移一位.

(e) 重复(c)～(d),直到工作带 1 读完 $B(s(n))$为止.

在工作带 3 生成 $s(n)$个 1.

显然,(b)～(e)的运行时间为 $O(s(n))$. 因为 $s(n)$是空间可构造的,(a)需要 $O(s(n))$空间. 设 TM 有 a 个状态,b 个带符号,至多有 $a(n+2)\cdot cs(n)b^{cs(n)}$ 个不同的格局,其中 c 是一个常数. 由于 $s(n)\geqslant\log_2 n, b\geqslant 2$,故 $a(n+2)\cdot cs(n)b^{cs(n)}=2^{O(s(n))}$,从而(a)的执行时间不超过 $2^{O(s(n))}$. 得证时间复杂度为 $2^{O(s(n))}$.

9.6 基本思想是模拟深度优先搜索 $\mathscr{M}$ 的计算树. 对 $\mathscr{M}$ 的每一个状态 q 和字符 a,将 $\delta(q,a)$的元素排列顺序,依此称作第一个动作,第二个动作,…….设对所有的 q 和 a,$|\delta(q,a)|\leqslant d$,即在 $\mathscr{M}$ 计算的每一步至多有 d 个可能的动作. $\mathscr{M}'$首先在工作带上标出 $f(n)$个方格(因为 f 是空间可构造的),用这 $f(n)$个方格逐个生成所有的序列$(k_1,k_2,\cdots,k_{f(n)})$,每个方格放一个 k_i,$1\leqslant k_i\leqslant d(1\leqslant i\leqslant f(n))$. 每生成一个这样的序列,$\mathscr{M}'$按这个序列模拟 $\mathscr{M}$,在第 i 步执行第 k_i 个动作. 如果在某一步 $\mathscr{M}$ 停机,则 $\mathscr{M}'$停机并且当且仅当 $\mathscr{M}$ 接受时接受,这次模拟结束. 如果某个 k_i 大于在这一步可能做的动作数,则这次模拟结束并且拒绝. 每次模拟结束后清空工作带,然后再生成下一个序列并进行模拟,如此重复,直至生成所有可能的序列并进行模拟. $\mathscr{M}'$接受当且仅当存在一次模拟接受. 只需使用生成一个序列并按这个序列进行模拟的空间,显然这个空间为 $O(f(n))$.

第 十 章

10.1 设 $L\in P$,对任意的 x,

$$x\in L^* \text{ 当且仅当 } x=\varepsilon \vee x\in L \vee (x=uv(u,v\neq\varepsilon)\wedge u\in L^* \wedge v\in L^*).$$

采用动态规划算法,设 $x=a_1a_2\cdots a_n(n\geqslant 1)$,用 $A[i,j]=1$ 表示 $a_i\cdots a_j\in L^*$,$1\leqslant i\leqslant j\leqslant n$.

算法:

输入 x,$|x|=n$,

(a) 若 $x=\varepsilon$,则返回“yes”;

(b) 对所有的 $k=0,1,\cdots,n-1$ 和 $i=1,2,\cdots,n-k$,

若 $a_i\cdots a_{i+k}\in L\vee\exists s(0\leqslant s\leqslant k-1)(A[i,i+s]=1\wedge A[i+s+1,i+k]=1)$ 则令 $A[i,i+k]=1$,否则令 $A[i,i+k]=0$;

(c) 若 $A[1,n]=1$ 则返回"yes",否则返回"no".

在(b)中要做 $n(n+1)/2$ 次循环,每次至多要检查一个长度为 $k+1$ 的字符串是否属于 L 和 A 的 $2k$ 个元素的值,可在 n 的多项式时间内完成.

10.2 上题的算法同样适用,下面给出一个更简单的算法,它充分地利用了非确定性.

输入 x,

(a) 若 $x=\varepsilon$,则返回"yes";

(b) 猜想 $x=u_1u_2\cdots u_k(u_i\neq\varepsilon,1\leqslant i\leqslant k)$,若所有的 $u_i\in L(1\leqslant i\leqslant k)$,则返回"yes",否则返回"no".

10.3 对任意给定的 $S'\subseteq S,|S'|\leqslant k$,可以在多项式时间内检查是否 $\forall A\in C,S'\cap A\neq\varnothing$,因此击中集 $\in$ NP. 下面各题中的问题属于 NP 都很容易证明,不再赘叙.

如下构造 VC 到击中集的多项式时间变换:任给无向图 $G=(V,E)$ 和正整数 $K\leqslant|V|$,对应的击中集的实例为 S,C 及正整数 K',其中 $S=V,C=E,K'=K$.

10.4 把划分问题多项式时间变换到子集和. 任给 n 个正整数 $a_1,a_2,\cdots,a_n$,对应的子集和的实例为 $A=\{2a_1,2a_2,\cdots,2a_n\}$,目标值 $b=a_1+a_2+\cdots,+a_n$.

10.5 把 Hamilton 通路多项式时间变换到度数有界的生成树. 任给图 $G=(V,E)$,对应的度数有界的生成树的实例为图 $G=(V,E)$ 和正整数 $K=2$. 注意到度数不超过 2 的生成树是一条 Hamilton 通路.

10.6 把 Hamilton 通路多项式时间变换到最长通路. 任给图 $G=(V,E)$,对应的最长通路的实例为图 $G=(V,E)$ 和正整数 $K=|V|-1$.

10.7 把划分多项式时间变换到区间排序. 任给 n 个正整数 $a_1,a_2,\cdots,a_n$,对应的区间排序的实例为:任务集 $T=\{t_1,t_2,\cdots,t_{n+1}\}$,对所有的 $i(1\leqslant i\leqslant n)$,任务 t_i 的开放时间 $r(t_i)=0$,截止时间 $d(t_i)=B+1$,执行时间 $l(t_i)=a_i$,其中 $B=\sum_{j=1}^{n}a_j$. $r(t_{n+1})=\lceil B/2\rceil$,$d(t_{n+1})=\lceil(B+1)/2\rceil$,$l(t_{n+1})=1$.

当 B 为偶数数时,调度表必须把 t_{n+1} 放在中间,恰好把其余的时间分成两段,每段长为 $B/2$.

10.8 把团多项式时间变换到最少拖延排序. 任给图 $G=(V,E)$ 和非负整数 $J\leqslant|V|$,记 $|V|=n$,$|E|=m$,对应的最少拖延排序的实例为:任务集 $T=V\cup E$,$\forall t,t'\in T$,

$$t\leqslant t\Leftrightarrow t\in V\wedge t'\in E\wedge t\text{ 是 }t'\text{ 的端点},$$

$$d(t)=\begin{cases}J(J+1)/2, & t\in E,\\ n+m, & t\in V,\end{cases}$$

$$K=m-J(J-1)/2.$$

为了使拖延的任务数不超过 K,至多允许 $J(J-1)/2$ 条边任务拖延,而 $J(J-1)/2$ 条边至少有 J 个顶点,这 J 个顶点任务也必须排在 $J(J+1)/2$ 之前,$J(J-1)/2+J=J(J+1)/2$,因此在 $J(J+1)/2$之前至多排 $J(J-1)/2$ 条边任务和 J 个顶点任务,它们恰好对应一个团.

10.9 把 3SAT 多项式时间变换到可着三色. 任给一个三元合取范式 $F=C_1\wedge C_2\wedge\cdots\wedge C_m$,它有 n 个变元 $x_1,x_2,\cdots,x_n$ 和 m 个简单析取式 $C_j=z_{j1}\vee z_{j2}\vee z_{j3}$,其中 z_{jt} 等于某个 x_i 或 $\neg x_i$,$j=1,2,\cdots,m$,$t=1,2,3$. 要构造一个图 $G=(V,E)$,使得 F 是可满足的当且仅当 G 是可着三色的.

G 有一个三角形,由 3 个顶点 v_0,v_1,v_2 和连接它们的边组成,这 3 个顶点必须着 3 种颜色,不妨设分别着颜色 0,1,2. 对每一个顶点 x_i,G 有 2 个顶点 x_i 和 $\overline{x}_i$,它们之间有一条边并且都与 v_2 相连,如图 E3 所示. 把 G 的这个子图记作 G_0. 每一对顶点 x_i 和 $\overline{x}_i$ 只能是一个着颜色 1、另一个着颜色 0,这恰好对应变元 x_i 的取值. 顶点 x_i 着颜色 1 对应变元 x_i 取值 1,顶点 x_i 着颜色 0 对应变元 x_i 取值 0. 因此,G_0 的一个 3-着色恰好对应对变元 $x_1,x_2,\cdots,x_n$ 的一个赋值.

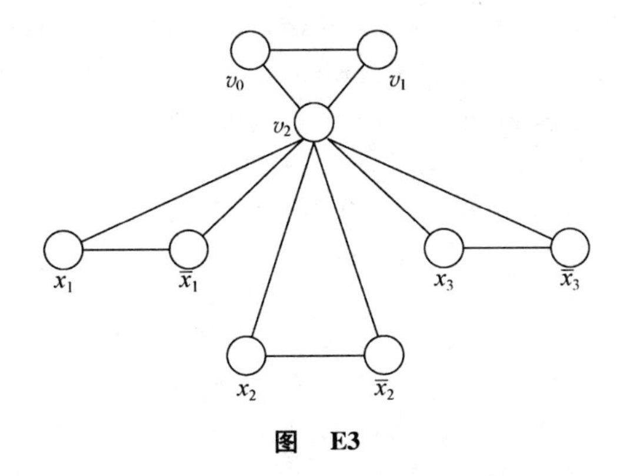

图 E3

为了将着色与 F 的可满足性联系起来，再对每一个简单析取式 $C_j = z_{j1} \vee z_{j2} \vee z_{j3}$ 构造如图 E4 所示的子图 G_j. 在这里，若 $z_{jt}=x_i$，则顶点 $z_{jt}=x_i$；若 $z_{jt}=\neg x_i$，则顶点 $z_{jt}=\overline{x}_i$. 可以看出，能够把 G_0 的 3-着色扩大到 G_j 上的 3-着色当且仅当 z_{j1}, z_{j2}, z_{j3} 中至少有一个着颜色 1，亦即对变元 $x_1, x_2, \cdots, x_n$ 对应 G_0 的 3-着色的赋值满足 C_j.

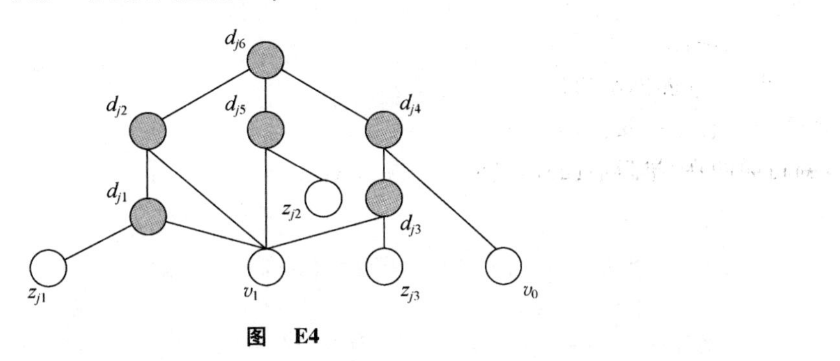

图 E4

图 G 由 G_0 和 $G_1, G_2, \cdots, G_m$ 组成. 根据上面的叙述，可以证明 F 是可满足的当且仅当 G 是可着三色的. 又，由 F 构造 G 显然是可以在多项式时间内完成的. 因此，得证 3SAT 可多项式时间变换到可着三色.

10.10 把 3SAT 多项式时间变换到图的 Grundy 编号. 任给一个三元合取范式 $F=C_1 \wedge C_2 \wedge \cdots \wedge C_m$，它有 n 个变元 $x_1, x_2, \cdots, x_n$，其中 $C_j = u_j \vee v_j \vee w_j$，每个 u_j, v_j, w_j 等于某个 x_i 或 $\neg x_i$，$j=1,2,\cdots,m$. 要构造一个有向图 $D=(V,A)$，使得 F 是可满足的当且仅当 D 有 Grundy 编号.

对每一个变元 x_i，构造一个 4 个顶点的圈：

$$V_i = \{x_{i1}, x_{i2}, \overline{x}_{i1}, \overline{x}_{i2}\}, A_i = \{\langle x_{i1}, \overline{x}_{i1}\rangle, \langle \overline{x}_{i1}, x_{i2}\rangle, \langle x_{i2}, \overline{x}_{i2}\rangle, \langle \overline{x}_{i2}, x_{i1}\rangle,$$

如图 E5 所示，并且在最后构造出来的 D 中没有从这些顶点引出其他的边.

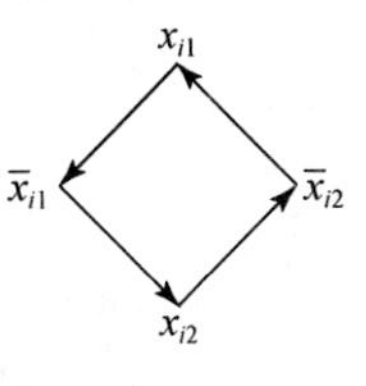

图 E5

因为当 $(u,v) \in A$ 时 $l(u) \neq l(v)$，所以必有 $l(x_{i1}) = l(x_{i2}), l(\overline{x}_{i1}) = l(\overline{x}_{i2})$.

从而，任何 Grundy 编号 l 只有 2 种可能：

$$l(x_{i1}) = l(x_{i2}) = 0, l(\overline{x}_{i1}) = l(\overline{x}_{i2}) = 1 \text{ 或者}$$

$$l(x_{i1}) = l(x_{i2}) = 1, l(\overline{x}_{i1}) = l(\overline{x}_{i2}) = 0.$$

前者对应 x_i 取值 1，后者对应 x_i 取值 0.

对每一个 $C_j = u_j \vee v_j \vee w_j$，引入一个 3 个顶点的圈和从其中一个顶点引出的 3 条边：

$$V_j' = \{a_{j1}, a_{j2}, a_{j3}\},$$

$$A'_j=\{\langle a_{j1},a_{j2}\rangle,\langle a_{j2},a_{j3}\rangle,\langle a_{j3},a_{j1}\rangle,\langle a_{j1},u_{j1}\rangle,\langle a_{j1},v_{j1}\rangle,\langle a_{j1},w_{j1}\rangle\},$$

其中当 $u_j=x_i$ 时，$u_j=x_{i1}$；当 $u_j=\neg x_i$ 时，$u_{j1}=\overline{x}_{i1}$. v_{j1}，w_{j1} 与此类似. 如图 E6 所示. 如果上面的编号 l 能扩张到 V'_j 上，显然 $l(a_{j1})$，$l(a_{j2})$，$l(a_{j3})$ 不相等，分别取 0，1，2. 由于 $l(a_{j2})$ 和 $l(a_{j3})$ 分别等于 $N-\{l(a_{j3})\}$ 和 $N-\{l(a_{j1})\}$ 中的最小数，必为 0 或 1. 从而，$l(a_{j1})=2$，进而有 $l(a_{j2})=0$，$l(a_{j3})=1$. 这样一来，$l(u_j)$，$l(v_j)$ 和 $l(w_j)$ 中至少有一个等于 0. 反之，如果 $l(u_j)$，$l(v_j)$ 和 $l(w_j)$ 中至少有一个等于 0，则可以把编号 l 扩张到 V'_j 上：$l(a_{j1})=2$，$l(a_{j2})=0$，$l(a_{j3})=1$. 因此，前面的 Grundy 编号 l 可以扩张到 V'_j 当且仅当 $l(u_j)$，$l(v_j)$，$l(w_j)$ 中至少有一个为 0，这恰好对应文字 u_j，v_j，w_j 中至少有一个的值为 1，亦即赋值满足 C_j.

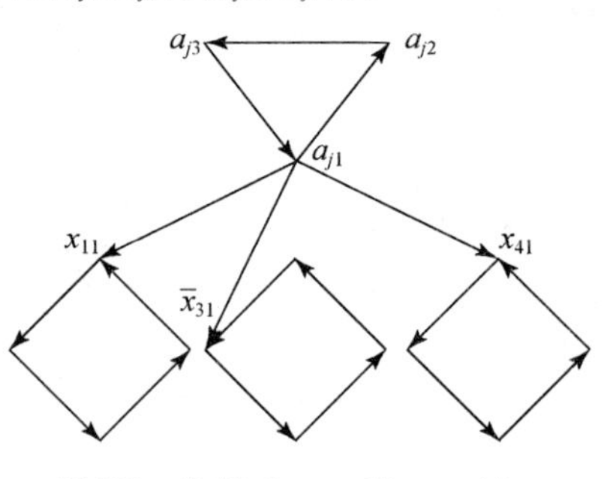

图 E6　这里 $C_j=x_1\vee\neg x_3\vee x_4$

整个有向图 $D=(V,A)$ 由上述构造的子图组成：

$$V=\left(\bigcup_{i=1}^{n}V_i\right)\cup\left(\bigcup_{i=1}^{m}V'_i\right),\quad A=\left(\bigcup_{i=1}^{n}A_i\right)\cup\left(\bigcup_{i=1}^{m}A'_i\right).$$

根据上面的叙述，F 是可满足的当且仅当 D 有 Grundy 编号. 显然可以在多项式时间内构造出 D，得证 3SAT 可多项式时间变换到图的 Grundy 编号.

第十一章

11.1　补是显然的，只需交换 DTM 的接受状态和非接受状态.

并. 不难构造接受 $L(\mathscr{M}_1)\cup L(\mathscr{M}_2)$ 的 TM $\mathscr{M}$，$\mathscr{M}$ 先模拟 $\mathscr{M}_1$ 对输入 x 的计算，然后再模拟 $\mathscr{M}_2$ 对 x 的计算，$\mathscr{M}$ 接受 x 当且仅当这 2 个计算中有一个接受 x. $\mathscr{M}$ 所用空间等于 $\mathscr{M}_1$ 和 $\mathscr{M}_2$ 所用空间中的大者.

星号. 可以采用 10.1 题的动态规划算法证明，也可以根据 NPSPACE＝PSPACE，采用 10.2 题的算法证明.

11.2　可由定理 9.8 和定理 10.3 得到.

11.3　定理 11.9 的证明在这里同样适用，只需修改涉及幂运算的部分. 在构造 R_x 时，用连接代替幂.

11.4　设 $L\subseteq A^*$，$L=L(\mathscr{M}_1)$，$\mathscr{M}_1$ 是有一条单向无穷工作带的离线 DTM，其空间复杂度上界为 $s(n)$. 如下构造接受 $\mathrm{pad}(L,s(n))$ 的 DTM $\mathscr{M}_2$：$\mathscr{M}_2$ 使用 2 条工作带，对输入 $x\in(A\cup\{\#\})^*$，

(a) 检查 x，若在 # 的后面出现 A 中的字符，则结束计算并拒绝 x.

(b) 在 2 条工作带上都标出 $n=|x|$ 个方格.

(c) 设 $x=x_1\#^k$，其中 $x_1\in A^*$，记 $n_1=|x_1|$. 使用工作带 1 模拟 $\mathscr{M}_1$ 对 x_1 的计算，如果在计算中工作带 1 的带头试图越出标出的范围(这说明 $|x|<s(n_1)$)或停机在拒绝 x_1 的状态，则结束计算并拒绝 x.

(d) 用工作带 1 做工作带，在工作带 2 上标记 $s(n_1)$ 个方格，如果有一个工作带的带头试图越出原先标出的范围(因为 $s(n_1)$ 是空间可构造的，故这说明 $|x|<s(n_1)$)，则结束计算并拒绝 x.

(e) 如果 $s(n_1)<|x|$ 且 $k=0$ 或者 $s(n_1)=|x|$，则接受 x；否则拒绝 x.

$\mathscr{M}_2$ 在每条工作带上使用 $n+1$ 方格.

11.5　显然该问题属于 PSPACE. 设 $\mathscr{M}_1$ 是任意一个 DTM，以多项式 $s(n)$ 为空间复杂度上界，输入字母表为 A. 要把它多项式时间变换到该问题. 任给 $x\in A^*$，取上题中的 $\mathscr{M}_2$ 和 $y=\mathrm{pad}(x,s(|x|))$，显

然,

$$x \in L(\mathscr{M}_1) \Leftrightarrow \mathscr{M}_2 \text{ 使用} |y|+1 \text{ 个方格接受 } y.$$

注意到 $s(n)$ 是一个多项式,在上题 $\mathscr{M}_2$ 的步骤(d)只需使用多项式时间,从而这是一个多项式时间变换.

11.6 线性空间接受性 $\in$ DSPACE(n),它又是 PSPACE 完全的,由定理 11.1 得证结论成立.

第十二章

12.1 设第 i 件物品的大小为 s_i,价值为 v_i,$1 \leqslant i \leqslant n$,背包的最大容量为 B,价值目标为 K. 记 $V(k,b)$ 为用前 k 件物品在容量不超过 b 的条件下能装入背包的物品的最大价值,$0 \leqslant k \leqslant n, 0 \leqslant b \leqslant B$.

递推公式

$$V(0,b)=0, \quad 0 \leqslant b \leqslant B,$$
$$V(k,0)=0, \quad 0 \leqslant k \leqslant n,$$
$$V(k,b)=\begin{cases} V(k-1,b), & \text{若 } b<s_k, \\ \max\{V(k-1,b), V(k-1,b-s_k)+v_k\}, & \text{若 } b \geqslant s_k, \end{cases}$$
$$k=1,2,\cdots,n, b=1,2,\cdots,B.$$

可装入背包的物品的最大价值为 $V(n,B)$,故在背包内可装入价值不小于 K 的物品当且仅当 $V(n,B) \geqslant K$. 根据上述公式可设计出背包问题的算法,时间为 $O(nB)$. 当采用一进制表示数时,这是多项式时间算法.

12.2 由于 NL=coNL,只需证明该问题的补问题属于 NL.

一个图不是二部图当且仅当它存在一个奇数条边的圈.

算法:

输入:图 $G=(V,E)$,$|V|=n$.

(a) 猜想一个顶点 u,令 $i \leftarrow 1$,

(b) 令 $i \leftarrow i+1$,

(c) 猜想一个顶点 v,

(d) 如果 $(u,v) \notin E$,则转(g),

(e) 如果 $v=u \wedge i$ 是奇数,则接受,计算结束,

(f) 如果 $i<n$,则转(b),

(g) 拒绝.

只需存储 2 个顶点 u,v 和计数器 i,顶点分别用 $1,2,\cdots,n$ 的二进制表示作为编码,i 也用二进制表示,故空间复杂度为 $O(\log n)$.

12.3 算法:

输入:NFA $\mathscr{M}=(Q,A,\delta,q_1,F)$ 和 $x=a_1a_2\cdots a_n$,其中 $a_i \in A$,$1 \leqslant i \leqslant n$.

(a) 令 $q \leftarrow q_1, i \leftarrow 0$,

(b) 如果 $i=n$,则转(e),

(c) 令 $i \leftarrow i+1$,

(d) 在 $\delta(q,a_i)$ 中猜想的一个状态并赋给 q,转(b),

(e) 如果 $q \in F$,则接受;否则拒绝.

只需保存 i 和 q,用 $1,2,\cdots,|Q|$ 的二进制表示作为状态的编码,i 也采用二进制表示,这是 A_{NFA} 的 NL 算法.

要证 PATH$\leqslant_{\log}$ A_{NFA}. 任给图 $G=(V,E)$ 和两个顶点 s,t,如下构造 NFA $\mathscr{M}=(Q,A,\delta,q_1,F)$ 和

$x\in A^*$：$A=\{a\}, Q=V, q_1=s, F=\{t\}$，

$$\delta(u,a)=\{v\mid(u,v)\in E\}\cup\{u\}, u\in V$$

并取 $x=a^{n-1}$，其中 $n=|V|$.

如果在 G 中存在从 s 到 t 的路径，则存在从 s 到 t 的长度不超过 $n-1$ 的路径，注意到每一个 $u\in\delta(u,a)$，故在 G 中存在从 s 到 t 的路径当且仅当 $t\in\delta^*(s,a^{n-1})$.

构造 $\mathscr{M}$ 要对每一个 $u\in V$ 生成 $\delta(u,a)$，这只需存放一个 u，采用二进制编码表示顶点(状态). 生成 $x=a^{n-1}$，需要计数，只需存放 2 个变量 i 和 n，其中 $1\leqslant i\leqslant n$. 也采用二进制表示 i 和 n，共需要空间 $O(\log n)$. 因此，这是从 PATH 到 A_{NAF} 的对数空间变换.

12.4 设合取范式 F 有 n 个变元，m 个简单析取式. 任一个单文字简单析取式最多与 $m-1$ 个简单析取式作消解，从整个式子中删去这个变元，因此任何单文字消解的步数都不超过 $n(m-1)$.

12.5 设 $|X|=n, A,B\subseteq X$，记 $A*B=\{a*b\mid a\in A, b\in B\}$. 令

$$S_0=S,$$
$$S_{i+1}=S_i*S,\quad i=0,1,\cdots.$$

若 $S_k=S_{k+1}$，则 $\bar{S}=S_k$. 显然，$k\leqslant n$.

根据上述性质，不难设计出 GEN 的时间复杂度为 $O(n^3)$ 的算法. 得证 GEN∈P.

要证 4UNIT$\leqslant_{\log}$GEN. 任给一个 4 元合取范式 $F=C_1\wedge C_2\wedge\cdots\wedge C_m$，它有 n 个变元 $x_1,x_2,\cdots,x_n$，对应的 GEN 的实例如下构成：

X 为由变元 $x_1,x_2,\cdots,x_n$ 构成的所有 4 元简单析取式，含 $\varnothing$.

$\forall A,B\in X$，若 A,B 可以单文字消解成 C，则 $A*B=C$；否则 $A*B=A$.

$$S=\{C_1,C_2,\cdots,C_m\},$$
$$x=\varnothing.$$

显然，F 可以单文字消解得到 $\varnothing$ 当且仅当 $\varnothing\in\bar{S}$.

用 X 上的二元运算表表示 X 和二元运算 $*$. 用 $\lceil\log_2(n+1)\rceil+1$ 位 0,1 表示一个文字，第 1 位为 0 表示正文字，第 1 位为 1 表示负文字，i 的二进制数表示变元 x_i，位数不足的部分用 0 补足. 用 $4(\lceil\log_2(n+1)\rceil+1)$ 位 0,1 表示一个 4 元简单析取式，每 $\lceil\log_2(n+1)\rceil+1$ 位表示一个文字. 当不足 4 个文字时，用 0 补齐. 依次生成所有的 4 元简单析取式，输出每一对 4 元简单析取式 A,B 和 $A*B$. 为此只需要常数个中间存储单元，存放一个 A，一个 B，n 以及若干个用于计数的变量. 这需要 $O(\log n)$ 空间，因此这是从 4UNIT 到 GEN 的对数空间变换.

12.6 第一步给出 M_{CFL} 的多项式时间算法：

输入：CFG $G=(V,T,\Gamma,S)$，$x\in T^*$，

(a) 如果 $x=\varepsilon$，则计算 $\ker(G)$. 若 $S\in\ker(G)$，则返回"yes"，否则返回"no".

(b) 按照引理 8.1 和定理 8.4 证明中的方法把 G 转换成 Chomsky 范式 $G_1=(V_1,T,\Gamma_1,S_1)$.

(c) 设 $x=a_1a_2\cdots a_n$，记 $V_{ij}=\{X\in V_1\mid X\stackrel{*}{\Rightarrow}a_i\cdots a_j\}$，$1\leqslant i\leqslant j\leqslant n$. 按下述递推公式计算所有的 V_{ij}：

$$V_{ii}=\{X\mid X\rightarrow a_i\in\Gamma_1\}, i=1,2,\cdots,n$$
$$V_{i,i+t}=\{X\mid X\rightarrow YZ\in\Gamma_1 \text{ 且 } Y\in V_{ik}, Z\in V_{k+1,i+t}, i\leqslant k<i+t\},$$
$$t=1,2,\cdots,n-1;\ i=1,2,\cdots,n-t.$$

(d) 若 $S_1\in V_{1n}$，则返回"yes"，否则返回"no".

第二步证明 GPATH$\leqslant_{\log}M_{CFL}$. 任给一个道路系统 $P=(A,R,S,t)$，如下构造对应的 CFG $G=(V,T,\Gamma,S_0)$ 和 x：$x=\varepsilon, V=\{a\}, T=A, S_0=t$,

$$\Gamma=\{x\rightarrow yz\mid\langle x,y,z\rangle\in R\}\cup\{x\rightarrow\varepsilon\mid x\in S\},$$

其中 a 是任意一个不属于 A 的元素. 不难验证在 P 中 t 是可达的当且仅当 $\varepsilon\in L(G)$.

从 P 构造 G 和 x 都是直截了当的，不需要中间存储，故是对数空间可计算的.

第十三章

13.1 $\int_1^n \frac{1}{x}\mathrm{d}x = \ln n$,

$$\int_1^n \frac{1}{x}\mathrm{d}x = \int_1^2 \frac{1}{x}\mathrm{d}x + \int_2^3 \frac{1}{x}\mathrm{d}x + \cdots + \int_{n-1}^n \frac{1}{x}\mathrm{d}x$$
$$< \int_1^2 \mathrm{d}x + \int_2^3 \frac{1}{2}\mathrm{d}x + \cdots + \int_{n-1}^n \frac{1}{n-1}\mathrm{d}x = H_{n-1} < H_n,$$
$$\int_1^n \frac{1}{x}\mathrm{d}x = \int_1^2 \frac{1}{x}\mathrm{d}x + \int_2^3 \frac{1}{x}\mathrm{d}x + \cdots + \int_{n-1}^n \frac{1}{x}\mathrm{d}x$$
$$> \int_1^2 \frac{1}{2}\mathrm{d}x + \int_2^3 \frac{1}{3}\mathrm{d}x + \cdots + \int_{n-1}^n \frac{1}{n}\mathrm{d}x = H_n - 1,$$

得 $0 < H_n - \ln n < 1$.

13.2 若 G 有完美匹配 M，则 M 中 n 条边对应的 x_{ij} 在不同行不同列，从而它们的乘积是 $\det(A^G)$ 的一项，故 $\det(A^G)$ 不恒为 0.

反之，若 $\det(A^G)$ 不恒为 0，则 $\det(A^G)$ 有一项含有 n 个 x_{ij}，这些 x_{ij} 在不同行不同列，它们对应的边构成 G 的一个完美匹配.

13.3 存在素数 p, $p|a$ 且 $p|n$. 由于 n 是合数，$n>2$，故 $p|a^{n-1}$ 且 $p|n$，得证 $a^{n-1} \not\equiv 1 \pmod n$.

13.4 设 b 的二进制表示为 $b_{k-1}\cdots b_1 b_0$，其中 $k=\lceil \log_2(b+1)\rceil$，则

$$a^b = a^{b_{k-1}\cdot 2^{k-1}} \times \cdots \times a^{b_1\cdot 2} \times a^{b_0}$$
$$= a_{k-1}^{b_{k-1}} \times \cdots \times a_1^{b_1} \times a_0^{b_0}, \quad \text{其中 } a_i = a^{2^i}, \quad i = 0,1,\cdots,k-1.$$

有 $a_0 = a$, $a_i = a_{i-1}^2$, $i=1,2,\cdots,k-1$,

令 $A_0 = a \bmod n$,

$$A_i = A_{i-1}^2 \bmod n, \ i=1,2,\cdots,k-1,$$
$$B_0 = \begin{cases} A_0, & \text{若 } b_0=1, \\ 1, & \text{若 } b_0=0, \end{cases}$$
$$B_i = \begin{cases} (A_i \times B_{i-1}) \bmod n, & \text{若 } b_i=1 \\ B_{i-1}, & \text{若 } b_i=0 \end{cases}, \quad i=1,2,\cdots,k-1,$$

则 $a^b \bmod n = B_{k-1}$.

13.5 算法需要 $3n^2$ 次乘法，$3n(n-1)$ 次加法和 n 次比较.

假设 $AB\neq C$，不妨设它们的第 1 列不相等. 记 AB 的第 1 列为 d_1，C 的第 1 列为 c_1，$d_1\neq c_1$. 又设 $ABx=Cx$，$x=(x_1,x_2,\cdots,x_n)^{\mathrm{T}}$，这里“T”表示转置. 令 $x'=(-x_1,x_2,\cdots,x_n)^{\mathrm{T}}$，则有 $x'=x\pm(2,0,\cdots,0)^{\mathrm{T}}$,

$$ABx' = ABx \pm 2d_1 = Cx \pm 2d_1 \neq Cx \pm 2c_1 = Cx'.$$

又显然若 $x\neq y$，则有 $x'\neq y'$. 因而当 $AB\neq C$ 时，$\{-1,1\}^n$ 中使得 $ABx=Cx$ 的向量 x 的个数不会超过总数的一半. 所以，当 $AB\neq C$ 时，算法回答错误的概率小于等于 $\frac{1}{2}$. 当 $AB=C$ 时，恒有 $ABx=Cx$，从而算法总是回答正确.

13.6 对分支点数 m 作归纳证明. 当 $m=0$ 时，计算树是一条路径，只有一个计算，它的概率等于 $2^0=1$，结论成立.

设当 $m\leqslant k$ 时结论成立，考虑 $m=k+1$. 设 A 是计算树中最上面的分支点，A 有 2 棵子树 A_1 和 A_2，

它们的分支点数都小于等于 k. 由归纳假设,它们中每一个的所有计算的概率之和等于 1. 而每一个计算恰好对应 A_1 或 A_2 的一个计算,且分支点恰好多一个,从而计算的概率等于对应的 A_1 或 A_2 的计算的概率的 $\frac{1}{2}$. 因此,所有计算的概率之和等于 A_1 和 A_2 的所有计算的概率之和的 $\frac{1}{2}$,其值为 1. 得证当 $m=k+1$ 时,结论成立.

13.7 必要性. 设 PP 机 $\mathscr{M}_1$ 接受 L,取 s 使 $2^{-(s+1)}<r\leqslant 1-2^{-(s+1)}$. 如下构造 $\mathscr{M}$:对输入 x,$|x|=n$,设 $\mathscr{M}_1$ 关于 x 的计算树 T 的高度为 t,t 是 n 的多项式. 令 $q=\lceil r\cdot 2^{s+t}\rceil-2^{t-1}-1$,$\mathscr{M}$ 关于 x 的计算树的高度为 $t+s$,左下方是子树 T,其余 $2^{s+t}-2^t$ 个叶子中有 q 个接受,$2^{s+t}-2^t-q$ 个拒绝. 注意到 $r\cdot 2^{s+t}>2^{t-1}$,有 $q\geqslant 0$. 又 $q\leqslant\lceil(1-2^{-(s+1)})\cdot 2^{s+t}\rceil-2^{t-1}-1=2^{s+t}-2^t-1$,有 $2^{s+t}-2^t-q\geqslant 1$.

当 $x\in L$ 时,$\alpha(\mathscr{M}_1,x)>\frac{1}{2}$,则有 $\alpha(\mathscr{M},x)\geqslant 2^{-(s+t)}(2^{t-1}+1+q)\geqslant r$. 当 $x\notin L$ 时,$\beta(\mathscr{M}_1,x)\geqslant\frac{1}{2}$,则有 $\beta(\mathscr{M},x)\geqslant 2^{-(s+t)}(2^{t-1}+2^{s+t}-2^t-q)>1-r$.

充分性. 设 PP 机 $\mathscr{M}$,当 $x\in L$ 时,$\alpha(\mathscr{M},x)\geqslant r$;当 $x\notin L$ 时,$\beta(\mathscr{M},x)>1-r$. 如下构造 $\mathscr{M}_1$:对输入 x,$|x|=n$,设 $\mathscr{M}$ 关于 x 的计算树 T 的高度为 t,t 是 n 的多项式. 令 $q=2^t-\lceil r\cdot 2^t\rceil+1$,$\mathscr{M}_1$ 关于 x 的计算树的高度为 $t+1$,左子树是 T,右子树的 2^t 个叶子中有 q 个接受,2^t-q 个拒绝.

当 $x\in L$ 时,$\alpha(\mathscr{M},x)\geqslant r$,则有 $\alpha(\mathscr{M}_1,x)\geqslant 2^{-(t+1)}(\lceil r\cdot 2^t\rceil+q)>\frac{1}{2}$. 当 $x\notin L$ 时,$\beta(\mathscr{M},x)>1-r$,则有 $\beta(\mathscr{M}_1,x)>2^{-(t+1)}((1-r)\cdot 2^t+2^t-q)=2^{-(t+1)}(2^t-(r\cdot 2^t-\lceil r\cdot 2^t\rceil+1)$,得 $\beta(\mathscr{M}_1,x)\geqslant\frac{1}{2}$. 因此,$\mathscr{M}_1$ 是一台 PP 机且 $L(\mathscr{M}_1)=L$.

13.8 分两种情况证明:(a) $r>\frac{1}{2}$,(b) $r<\frac{1}{2}$.

(a) $r>\frac{1}{2}$. 充分性. 设 $\mathscr{M}$ 是满足要求的 PP 机,则它也是 RP 机,故 $L\in$ RP.

必要性. 设 $\mathscr{M}_1$ 是接受 L 的 RP 机,如下设计 $\mathscr{M}$:对输入 x,模拟 t 次 $\mathscr{M}_1$ 对 x 的计算. 若 $\mathscr{M}_1$ 有一次接受 x,则 $\mathscr{M}$ 接受 x;否则 $\mathscr{M}$ 拒绝 x.

取 $t=\lceil-\log_2(1-r)\rceil$,当 $x\in L$ 时,$\alpha(\mathscr{M},x)>1-\left(\frac{1}{2}\right)^t\geqslant r$;当 $x\notin L$ 时,显然 $\beta(\mathscr{M},x)=0$.

(b) $r<\frac{1}{2}$. 类似可证.

13.9 分两种情况证明:(a) $r>\frac{1}{2}$,(b) $r<\frac{1}{2}$.

(b) $r<\frac{1}{2}$. 必要性显然,设 $\mathscr{M}_1$ 是接受 L 的 ZPP 机,则 $\mathscr{M}_1$ 就是所需要的 PTM $\mathscr{M}$.

充分性. 设 $\mathscr{M}$ 是满足要求的 PTM,如下设计 $\mathscr{M}_1$:对输入 x,模拟 t 次 $\mathscr{M}$ 对 x 的计算. 若 $\mathscr{M}$ 有一次接受 x,则 $\mathscr{M}_1$ 接受 x;若 $\mathscr{M}$ 有一次拒绝 x,则 $\mathscr{M}_1$ 拒绝 x.

取 $t=\left\lceil 1\Big/\log_2\frac{1}{1-r}\right\rceil$,当 $x\in L$ 时,$\alpha(\mathscr{M}_1,x)>1-(1-r)^t\geqslant\frac{1}{2}$,且显然 $\beta(\mathscr{M}_1,x)=0.$;当 $x\notin L$ 时,同理可证 $\beta(\mathscr{M}_1,x)>\frac{1}{2}$,$\alpha(\mathscr{M}_1,x)=0$. 显然 $\mathscr{M}_1$ 是多项式时间的,从而是一台 ZPP 机.

(a) $r>\frac{1}{2}$. 类似可证.

13.10 设当 $x\in L(\mathscr{M})$ 时,$\alpha(\mathscr{M},x)=\frac{1}{2}+\varepsilon$,$0<\varepsilon\leqslant\frac{1}{2}$.

$$C_t^i\left(\frac{1}{2}+\varepsilon\right)^i\left(\frac{1}{2}-\varepsilon\right)^{t-i}=C_t^i\left(\frac{\frac{1}{2}+\varepsilon}{\frac{1}{2}-\varepsilon}\right)^i\left(\frac{1}{2}-\varepsilon\right)^t\geqslant C_t^i\left(\frac{1}{2}-\varepsilon\right)^t,$$

$$\begin{aligned}\operatorname{err}(\mathscr{M}',x)=\beta(\mathscr{M}',x)&\geqslant\sum_{i=0}^{(t-1)/2}C_t^i\left(\frac{1}{2}-\varepsilon\right)^t\\&=2^{t-1}\left(\frac{1}{2}-\varepsilon\right)^t=\frac{1}{2}(1-2\varepsilon)^t.\end{aligned}$$

当 $x\notin L$ 时，$\beta(\mathscr{M},x)=\frac{1}{2}+\varepsilon,0\leqslant\varepsilon\leqslant\frac{1}{2}$.

$$\begin{aligned}\operatorname{err}(\mathscr{M}',x)=\alpha(\mathscr{M}',x)&\geqslant\sum_{i=(t+1)/2}^{t}C_t^i\left(\frac{1}{2}-\varepsilon\right)^t\\&=2^{t-1}\left(\frac{1}{2}-\varepsilon\right)^t=\frac{1}{2}(1-2\varepsilon)^t.\end{aligned}$$

为使 $\operatorname{err}(\mathscr{M}',x)\leqslant\delta$，必须$\frac{1}{2}(1-2\varepsilon)^t\leqslant\delta,t\geqslant\frac{\log_2(2\delta)}{\log_2(1-2\varepsilon)}$. 而

$$\log_2(1-2\varepsilon)=\frac{\ln(1-2\varepsilon)}{\ln 2}=-\frac{1}{\ln 2}(2\varepsilon+o(\varepsilon)).$$

若 $\varepsilon=2^{-n}$，则 $t\geqslant O(2^n)$. 特别地，若 $\varepsilon=0\left(当\ x\notin L\ 时,\beta(\mathscr{M},x)=\frac{1}{2}\right)$，则恒有 $\operatorname{err}(\mathscr{M}',x)=\frac{1}{2}$.

由此可见，PP 机不能给出有效算法.

13.11 由 BPP 机定义中的对称性，交换 BPP 机的接受状态和非接受状态仍是 BPP 机，它们接受的语言恰好互补.

13.12 (1)BPP 在并，交运算下封闭. 设 $L_1,L_2\in$ BPP，根据推论 13.13，存在 PP 机 $\mathscr{M}_i$，当 $x\in L_i$ 时，$\alpha(\mathscr{M}_i,x)>\frac{3}{4}$；当 $x\notin L_i$ 时，$\beta(\mathscr{M}_i,x)>\frac{3}{4},i=1,2$. 如下构造 $\mathscr{M}$：对输入 x，依次模拟 $\mathscr{M}_1$ 和 $\mathscr{M}_2$ 对 x 的计算，$\mathscr{M}$ 接受 x 当且仅当 $\mathscr{M}_1$ 接受 x 或 $\mathscr{M}_2$ 接受 x.

当 $x\in L_1\cup L_2$ 时，$\alpha(\mathscr{M}_3,x)=\alpha(\mathscr{M}_1,x)+\alpha(\mathscr{M}_2,x)-\alpha(\mathscr{M}_1,x)\alpha(\mathscr{M}_2,x)$. 由于 $x\in L_1$ 或 $x\in L_2$，有 $\alpha(\mathscr{M}_1,x)>\frac{3}{4}$或 $\alpha(\mathscr{M}_2,x)>\frac{3}{4}$，从而 $\alpha(\mathscr{M}_3,x)>\frac{3}{4}$.

当 $x\notin L_1\cup L_2$ 时，$\beta(\mathscr{M}_3,x)=\beta(\mathscr{M}_1,x)\beta(\mathscr{M}_2,x)$. 由于 $x\notin L_1$ 且 $x\notin L_2$，有 $\beta(\mathscr{M}_1,x)>\frac{3}{4}$且 $\beta(\mathscr{M}_2,x)>\frac{3}{4}$，从而 $\beta(\mathscr{M}_3,x)>\left(\frac{3}{4}\right)^2$.

取 $\varepsilon=\frac{1}{16}$，当 $x\in L_1\cup L_2$ 时，$\alpha(\mathscr{M}_3,x)>\frac{1}{2}+\varepsilon$；当 $x\notin L_1\cup L_2$ 时，$\beta(\mathscr{M}_3,x)>\frac{1}{2}+\varepsilon$. 得证 $\mathscr{M}_3$ 是一台 BPP 机.

因为 BPP 在补运算和并运算下是封闭的，由德摩根律，在交运算下也是封闭的.

(2) RP 在并，交运算下封闭. 设 RP 机 $\mathscr{M}_1,\mathscr{M}_2,L(\mathscr{M}_1)=L_1,L(\mathscr{M}_2)=L_2$. 如下构造 $\mathscr{M}_3$：对输入 x，依次模拟 $\mathscr{M}_1$ 和 $\mathscr{M}_2$ 对 x 的计算，$\mathscr{M}_3$ 接受 x 当且仅当 $\mathscr{M}_1$ 接受 x 或 $\mathscr{M}_2$ 接受 x. 构造 $\mathscr{M}_4$：对输入 x，依次模拟 $\mathscr{M}_1$ 和 $\mathscr{M}_2$ 对 x 的计算，$\mathscr{M}_4$ 接受 x 当且仅当 $\mathscr{M}_1$ 接受 x 且 $\mathscr{M}_2$ 接受 x.

当 $x\in L_1\cup L_2$ 时，$\alpha(\mathscr{M}_3,x)=\alpha(\mathscr{M}_1,x)+\alpha(\mathscr{M}_2,x)-\alpha(\mathscr{M}_1,x)\alpha(\mathscr{M}_2,x)>\frac{1}{2}$.

当 $x\notin L_1\cup L_2$ 时，$\beta(\mathscr{M}_3,x)=\beta(\mathscr{M}_1,x)\beta(\mathscr{M}_2,x)=1$.

得证 $L_1\cup L_2\in$ RP.

当 $x\in L_1\cap L_2$ 时，$\alpha(\mathscr{M}_4,x)=\alpha(\mathscr{M}_1,x)\alpha(\mathscr{M}_2,x)>\frac{1}{4}$.

当 $x\notin L_1\cap L_2$ 时，$\beta(\mathscr{M}_4,x)=1-\alpha(\mathscr{M}_1,x)\alpha(\mathscr{M}_2,x)$. 由于 $x\notin L_1$ 或 $x\notin L_2$，从而 $\alpha(\mathscr{M}_1,x)=0$ 或

$\alpha(\mathscr{M}_2,x)=0$,故有 $\beta(\mathscr{M}_4,x)=1$. 由 13.8 题,得证 $L_1\cap L_2\in \mathrm{RP}$.

可类似证明 ZPP 在并运算和交运算下是封闭的.

13.13 设 $f:A^*\to A^*$ 是从 L 到 L' 的多项式时间变换,DTM $\mathscr{M}_1$ 计算 f,$\mathscr{M}_1$ 的时间上界为多项式 $p(n)$. PP 机 $\mathscr{M}_2$ 接受 L',其时间上界为多项式 $q(n)$. 记 $\mathscr{M}$ 是 $\mathscr{M}_1$ 与 $\mathscr{M}_2$ 的合成,即 $\forall x\in A^*$,首先模拟 $\mathscr{M}_1$ 对 x 的计算,得到 $f(x)$;再模拟 $\mathscr{M}_2$ 对 $f(x)$的计算,$\mathscr{M}$ 接受 x 当且仅当 $\mathscr{M}_2$ 接受 $f(x)$.

由于 $x\in L\Leftrightarrow f(x)\in L'$,故当 $x\in L$ 时,$\alpha(\mathscr{M},x)=\alpha(\mathscr{M}_2,f(x))>\frac{1}{2}$;当 $x\notin L$ 时,$\beta(\mathscr{M},x)=\beta(\mathscr{M}_2,f(x))\geqslant\frac{1}{2}$.

注意到 $|f(x)|\leqslant p(n)$,其中 $n=|x|$,不妨设 $q(n)$ 是非减的,从而 $\mathscr{M}$ 的时间上界为 $p(n)+q(|f(x)|)\leqslant p(n)+q(p(n))$,这是 n 的多项式,故 $\mathscr{M}$ 是一台 PP 机. 得证 $L\in \mathrm{PP}$.

对于 BPP,RP,ZPP 类似可证.

13.14 任给 MAXSAT 的一个实例:合取范式 F 和正整数 $k\leqslant 2^n$,其中 F 有 n 个变元 $x_1,x_2,\cdots,x_n$. 设 $k-1=2^{n-r_1}+2^{n-r_2}+\cdots+2^{n-r_t}$,其中 $1\leqslant r_1<r_2<\cdots<r_t\leqslant n$. 定义

$$\begin{aligned}G_k=&(x_1\wedge\cdots\wedge x_{r_1})\\&\vee(\neg x_1\wedge\cdots\wedge\neg x_{r_1}\wedge x_{r_1+1}\wedge\cdots\wedge x_{r_2})\\&\vee(\neg x_1\wedge\cdots\wedge\neg x_{r_2}\wedge x_{r_2+1}\wedge\cdots\wedge x_{r_3})\\&\vdots\\&\vee(\neg x_1\wedge\cdots\wedge\neg x_{r_{t-1}}\wedge x_{r_{t-1}+1}\wedge\cdots\wedge x_{r_t}).\end{aligned}$$

显然,G_k 的第 s 个简单合取式恰好有 2^{n-r_s} 个成真赋值,并且使不同简单合取式为真的赋值是不同的,从而 G_k 恰好有 $k-1$ 个成真赋值,$\neg G_k$ 恰好有 2^n-k+1 个成真赋值. 当 $k=1$ 时,$G_k=0$,$\neg G_k=1$. 令

$$G=(x_{n+1}\wedge F)\vee(\neg x_{n+1}\wedge\neg G_k),$$

显然,F 有 k 个成真赋值当且仅当 G 有 2^n+1 个成真赋值.

13.15 根据 13.4 和 13.13 题及例 13.1,MAXSAT$\in$PP. 任给 $L\in$PP,要证 $L\leqslant_m$MAXSAT.

设 PP 机 $\mathscr{M}$ 接受 L,其时间上界为 $p(n)$,任给输入 x,$|x|=n$,MAXSAT 对应的实例 $f(x)$由 F_x 和 $k=2^{p(n)-1}+1$ 组成,其中 F_x 是如 Cook 定理(定理 10.8)证明中那样构造的合取范式. $f(x)$是多项式时间可构造的. 又显然 $\mathscr{M}$ 接受 x 的计算与 F_x 的成真赋值一一对应,从而 $\mathscr{M}$ 接受 x 当且仅当 F_x 有 k 个成真赋值,即 $x\in L$ 当且仅当 $f(x)\in$MAXSAT. 得证 $L\leqslant_m$MAXSAT.

13.16 由 13.14 和 13.15 立即得到.

附　录

附录 A　记　号

记号	首次出现的章节
$\mathrm{dom}R$	1.1
$\mathrm{ran}R$	1.1
$f(x_1,\cdots,x_n)\downarrow$	1.1
$f(x_1,\cdots,x_n)\uparrow$	1.1
A^*	1.1
$\|w\|$	1.1
$\psi_{\mathscr{P}}^{(n)}(x_1,\cdots,x_n)$	1.3
$x \dot{-} y$	1.3,2.1.4
$s(x)$	2.1.3
$n(x)$	2.1.3
$u_i^n(x_1,\cdots,x_n)$	2.1.3
$\alpha(x)$	2.1.4
$y\|x$	2.3.2
$\mathrm{Prime}(x)$	2.3.2
$\min_{t\leqslant y}$	2.3.3
$\min\limits_{t}$	2.3.3
$R(x,y)$	2.3.3
p_n	2.3.3
$\lfloor x/y \rfloor$	2.3.3
$\langle x,y\rangle$	2.4.1
$l(z)$	2.4.1
$r(z)$	2.4.1
$[a_1,a_2,\cdots,a_n]$	2.4.2
$(x)_i$	2.4.2
$\mathrm{Lt}(x)$	2.4.2
$A(k,x)$	2.6
$\#(\mathscr{P})$	3.1
$\mathrm{HALT}(x,y)$	3.2

续表

记号	首次出现的章节
$\Phi^{(n)}(x_1,\cdots,x_n,y)$	3.3
$\Phi_y^{(n)}(x_1,\cdots,x_n)$	3.3
$\mathrm{STP}^{(n)}(x_1,\cdots,x_n,y,t)$	3.3
$R^+(x,y)$	2.7
$Q^+(x,y)$	2.7
$g(m,n,x)$	2.7
$h(m,n,x)$	2.7
$\mathrm{LENTH}_n(x)$	2.7
$\mathrm{CONCAT}^{(m)}(u_1,\cdots,u_m)$	习题 2.21
$\mathrm{RTEND}_n(w)$	习题 2.21
$\mathrm{LTEND}_n(w)$	习题 2.21
$\text{-}w$	习题 2.21
$w\text{-}$	习题 2.21
$\mathrm{UPCHANGE}_{n,l}(x)$	习题 2.22
$\mathrm{DOWNCHANGE}_{n,l}(x)$	习题 2.22
x^R	习题 4.1
$\chi_B(x)$	3.4.1,3.4.2
W_n	3.4.1
K	3.4.3
$\vdash$ ($\vdash_{\mathscr{M}}$)	4.1,8.4
$\overset{*}{\vdash}$ ($\overset{*}{\vdash}_{\mathscr{M}}$)	4.1,8.4
$\psi_{\mathscr{M}}^{(n)}(x_1,\cdots,x_n)$	4.1
$L(\mathscr{M})$	4.4,4.5,7.2,8.4,13.2
$\Rightarrow(\underset{\Pi}{\Rightarrow},\underset{G}{\Rightarrow})$	5.1,5.3
$\overset{*}{\Rightarrow}(\underset{\Pi}{\overset{*}{\Rightarrow}},\underset{G}{\overset{*}{\Rightarrow}})$	5.1,5.3
$\Sigma(\mathscr{M})$	5.2
$\Omega(\mathscr{M})$	5.2
$\mathrm{DERIV}(u,y)$	5.3
$L(G)$	5.3
$\mathrm{K}_{\mathscr{L}}$	6.5
$\vdash_{\mathrm{K}_{\mathscr{L}}}$	6.5
$\models$	6.5
$L_1 \cdot L_2(L_1L_2)$	7.4.1
L^*	7.4.1

续表

记号	首次出现的章节
L^+	7.4.1
$\langle\alpha\rangle$	7.4.2
$r+s$	7.4.2
$r\cdot s(rs)$	7.4.2
r^*	7.4.2
$\ker(G)$	8.2.1
$N(\mathscr{M})$	8.4
$O(f)$	9.1
$t_{\mathscr{M}}(n)$	9.1
$s_{\mathscr{M}}(n)$	9.1
DTIME($t(n)$)	9.2
DSPACE($s(n)$)	9.2
NTIME($t(n)$)	9.2
NSPACE($s(n)$)	9.2
$\leqslant_m$	10.2
$\leqslant_{\log}$	12.2
A_{DFA}	12.1.3
A_{NFA}	习题 12.3
ALL_{RE}	习题 11.3
$ALL_{RE\uparrow}$	11.2
BPP	13.2.2
CFG	7.1,8.1
CFL	7.1,8.1
coNL	12.3.2
coNP	10.5
coNPC	10.5
coRP	13.2.3
CSG	7.1,8.7
CSL	7.1,8.7
DCFL	8.6
DFA	7.2.1
DPDA	8.6
DTM	4.5
EXPSPACE	9.2,11.2
EXPTIME	9.2
FA	7.2

续表

记号	首次出现的章节
GG	11.1.3
HC	10.1,10.4.3
ILP	10.4.5
kSAT	12.1.1
L	9.2,12.1.3
LBA	8.7
M_{CFL}	习题 12.6
MAJSAT	13.2.1
MAXSAT	习题 13.15
NEXPSPACE	9.2
NEXPTIME	9.2
NFA	7.2.2
NL	9.2,12.1.2,12.3
NP	9.2,10.1
NPC	10.5
NPSPACE	9.2
NTM	4.5
P	9.2,10.1,12.1.1,12.4
PATH	练习 10.1.1,12.1.2,12.3.1
PDA	8.4
PP	13.2.1
PSPACE	9.2,11.1
PTM	13.2.1
QBF	11.1.2
r.e.	3.4.2
RP	13.2.3
SAT	10.3
TM	4.1
TSP	10.1
UNIT	12.4.1
VC	10.4.1
ZPP	13.2.4
ε-NFA	7.2.4
2SAT	12.1.1,12.3.3
3SAT	10.3

记号	含义
inf	下确界
N	自然数集
Z^+	正整数集
ε	空字符串
$\varnothing$	空集
$\lfloor x \rfloor$	不超过 x 的最大整数
$\lceil x \rceil$	不小于 x 的最小整数
$\sum_{t=0}^{y}$	求和
$\prod_{t=0}^{y}$	求积
$\cup$	并
$\cap$	交
$\subseteq$	包含于
$\subset$	真包含于
$\in$	属于
$\wedge$	与
$\vee$	或
$\neg$	非
$\forall t$	全称量词
$\exists t$	存在量词
$(\forall t)_{\leqslant y}$	有界全称量词
$(\exists t)_{\leqslant y}$	有界存在量词
$\Leftrightarrow$	当且仅当
$a \bmod n$	a 整除以 n 的余数
$a \equiv b \pmod n$	a 与 b 模 n 同余

附录B 中英文名词索引

三 画

下推自动机 pushdown automaton (8.4——所在章节,下同)
确定型 deterministic (8.6)

四 画

文法 grammar (5.3,7.1)
0型 type 0 (7.1)
1型 type 1 (7.1,8.7)
2型 type 2 (7.1,8.1)
3型 type 3 (7.1)
上下文无关 context-free (7.1,8.1)
上下文有关 context-sensitive (7.1,8.7)
正上下文无关 positive context-free (8.2.1)
正则 regular (7.1)
右(左)线性 right(left)linear (7.1)
短语结构 phrase structure (5.3,7.1)
Chomsky范式 Chomsky normal form (8.2.2)
文字 literal (10.3)

五 画

归约 reduction (6.1)
代码 code (3.1)
正则表达式 regular expression (7.4.2)
对数空间转换器 log-space transducer (12.2)
对数空间变换 log-space transformation (12.2)

六 画

闭包 closure (7.4.1)
正 positive (7.4.1)
Kleene Kleene's (7.4.1)
产生式 production (5.1)
半Thue semi-Thue (5.1)
空 null (8.2.1)
的逆 inverse of (5.1)

合成　composition　(2.1)
合式公式　well-formed formula　(10.3)
有穷自动机　finite automaton　(7.2)
　　非确定型　nondeterministic　(7.2.2)
　　确定型　deterministic　(7.2.1)
　　带 ε 转移的　with ε-transitions　(7.2.4)
合取范式　conjective normal form　(10.3)
快相　snapshort　(1.3)
多项式时间变换　polynomial-time transformation　(10.2)
后继　successor　(1.3)
问题　problem
　　易解的　tractable　(10.1,13.2.5)
　　难解的　intractable　(10.1,11.2)
　　最优化　optimization　(10.1)
　　二部图的完美匹配　perfect matching in bipartite graphs　(13.1.3)
　　三元划分　3-partition　(习题 10.6)
　　三维匹配　3-dimensional matching　(10.4.2)
　　广义地理学　generalized geography　(11.1.3)
　　子图同构　subgraph isomorphism　(练习 10.1.2)
　　子集和　subset sum　(习题 10.4)
　　互素　relatively primality　(12.1.1)
　　公式可证性　provability of formulas　(6.5)
　　公式可满足性　satisfiability of formulas　(6.5)
　　公式永真性　tautologiability of formulas　(6.5)
　　区间排序　sequencing with intervals　(习题 10.7)
　　可达性　reachability　(练习 10.11,12.1.2,12.3.1)
　　　　广义　generalized　(12.4.2)
　　可着三色　3-colorability　(习题 10.9)
　　可满足性　satisfiability　(10.3)
　　　　三元　3-　(10.3)
　　　　k 元　k-　(12.1.1)
　　　　合式公式的　of well-formed formulas　(10.3)
　　击中集　hitting set　(习题 10.3)
　　双机调度　2-processor scheduling　(10.4.4)
　　正则表达式的全体性　regular expression universality　(习题 11.3)
　　团　clique　(10.4.1)
　　　　k-　k-　(12.1.1)
　　字　word　(6.3.1)
　　合数测试　compositeness testing　(13.1.4,13.2.3)
　　划分　partition　(10.4.4)
　　全量化的布尔公式　totally quantified Boolean formula　(11.1.2)
　　多处理机调度　multiprocessor scheduling　(练习 10.1.3)
　　多项式不恒零　nonzero polynomial　(13.1.2,13.2.3)

顶点覆盖 vertex cover (10.4.1)
单文字消解 unit resolution (12.4.1)
图的 Grundy 编号 graphy Grundy numbering (习题 10.10)
图的完美匹配 perfect matching in graphs (13.1.3)
货郎 traveling salesman (10.1)
独立集 independent set (10.4.1)
背包 knapsack (10.4.4)
度数有界的生成树 degree constrained spanning tree (习题 11.5)
素数测试 primality testing (13.1.4)
线性空间接受性 linear space acceptance (习题 11.5)
停机 halting (3.2)
Turing 机的 for Turing machines (6.2)
带幂运算的正则表达式的全体性 universality for regular expressions with power operation (11.2)
最小覆盖 minimum cover (练习 10.1.3)
最小拖延排序 minimum tardiness sequencing (习题 10.8)
最长通路 longest path (习题 10.6)
成员资格 membership
集合的 set (3.4.1)
CFL 的 CFL (习题 12.6)
装箱 bin paking (练习 10.1.3)
整数线性规划 integer linear programming (10.4.5)
DFA 的接受 DFA acceptance (12.1.3)
NFA 的接受 NFA acceptance (习题 12.3)
Hamilton 回路 Hamiltonian circuit (10.1,10.4.3)
有向 directed (练习 10.1.2)
Hamilton 通路 Hamiltonian path (练习 10.4.6)
两点间的 between two points (练习 10.4.6)
Post 对应 Post correspondence (6.3.2)
字 word (1.1)
字母表 alphabet (1.1,3.4.2)
带 tape (4.1)
栈 stack (8.4)
输入 input (4.1,8.4)
字符串 string (1.1)

七　画

完全性 completeness
NL NL (12.2,12.3)
NP NP (10.2)
P P (12.2,12.3)
PP PP (13.2.5)

PSPACE　PSPACE　(11.1.1)
判定问题　decision problem　(6.1,10.1)
可判定的　decidable　(6.1)
可解的　solvable　(6.1)
不可判定的　undecidable　(6.1)
不可解的　unsolvable　(6.1)
多项式时间可判定的　polynomial-time decidable　(10.1)
状态　state　(1.3)
宏指令　macro　(1.3,1.5)
宏展开　macro expansion　(1.3,1.5)
时间　time　(9.1)

八　画

函数　function
可计算　computable　(1.4)
对数空间可计算的　log-space computable　(12.2)
多项式时间可计算的　polynomial-time computable　(10.2)
全　total　(1.1)
字　word　(1.1)
多项式相关的　polynomial related　(10.1)
后继　successor　(2.1.3)
初始　initial　(2.1.3)
投影　projection　(2.1.3)
空　null　(1.1)
空间可构造　space constructible　(9.2)
配对　pairing　(2.4.1)
递归　recursive　(2.3.3,5.5)
原始递归　primitive recursive　(2.1)
部分　partial　(1.1)
部分可计算　partially computable　(1.3,2.7)
部分递归　partial recursive　(2.3.3,5.3)
数论　number-theoretic　(1.1)
零　zero　(2.1.3)
填充　padding　(习题 11.4)
Ackermann　Ackermann's　(2.6)
$s(n)$空间可计算的　$s(n)$-space computable　(9.1)
$t(n)$时间可计算的　$t(n)$-time computable　(9.1)
极小化　minimalization　(2.3.3,5.5)
有界　bounded　(2.3.3)
真　proper　(5.5)
变元　variable　(5.3,10.3)

变量 variable (1.3)
中间 local (1.3)
输入 input (1.3)
输出 output (1.3)
空间 space (9.1)
实例 instance (6.1,10.1)
的规模 size of (10.1)
终极符 terminal (5.3)
非终极符 nonterminal (5.3)
线性界限自动机 linear bounded automaton (8.7)
确定型 deterministic (8.7)
定理 theorem
计步 step-counter (3.3)
范式 normal form (5.5)
通用性 universality (3.3)
Cook Cook's (10.3)
Fermat 小 Fermat's little (13.1.4)
Savitch Savitch's (9.2)

九 画

指令 instruction (1.3)
派生 derivation (5.1)
派生树 derivation tree (8.1.2)
复杂度 complexity (9.1)
空间 space (9.1)
时间 time (9.1)
起始符 start symbol (5.3)
栈 stack (8.4)
标号 label (1.3)
封闭性 closure property (7.4.1,8.6,12.3.2,13.2)
语言 language (3.4.2)
0 型 type 0 (7.1)
1 型 type 1 (7.1,8.7)
2 型 type 2 (7.1,8.1)
3 型 type 3 (7.1)
上下文无关 context-free (7.1,8.1)
上下文有关 context-sensitive (7.1,8.7)
下推自动机接受的 accepted by a pushdown automaton (8.4)
文法生成的 generated by grammars (5.3)
正则 regular (7.1)
有穷自动机接受的 accepted by a finite automaton (7.2)

递归　recursive　(3.4.2)
递归可枚举　recursively enumerable　(3.4.2)
易解的　tractable　(10.1,13.2.5)
难解的　intractable　(10.1)
确定型上下文无关　deterministic context-free　(8.6)
NL 完全的　NL complete　(12.2)
NL 难的　NL hard　(12.2)
NP 中的　in NP　(10.1)
NP 完全的　NP complete　(10.2)
NP 难的　NP hard　(10.2)
P 完全的　P complete　(12.2)
P 难的　P hard　(12.2)
PP 完全的　PP complete　(13.2.5,习题 13.15,习题 13.16)
PSPACE 完全的　PSPACE complete　(11.1.1)
PSPACE 难的　PSPACE hard　(11.1.1)
Turing 机接受的　accepted by a Turing machine　(4.4,4.5)
语句　statement　(1.3)
条件转移　conditional branch　(1.3)
空　dummy　(1.3)
赋值　assignment　(1.5)
减量　decrement　(1.3)
增量　increment　(1.3)

十　画

递归　recursion　(2.1)
多步(串值)　course-of-values　(2.5.2)
多变量　on several variables　(2.5.3)
原始　primitive　(2.1)
联立　simultaneous　(2.5.1)
递归集　recursive set　(3.4.1)
递归可枚举集　recursively enumerable set　(3.4.1)
格局　configuration　(4.1,8.4)
初始　initial　(4.1)
停机　halting　(4.1)
随机　random　(13.2.1)
泵引理　puming lemma
正则语言的　for regular language　(7.5)
Bar-Hillel　Bar-Hillel's　(8.3)

十 一 画

随机快速排序　Randomized Quicksort　(13.1.1)

谓词 predicate (1.4)
可计算 computable (1.4)
递归 recursive (2.3.3)
原始递归 primitive recursive (2.2)

十 二 画

程序 program (1.3)
空 empty (1.3)
通用 universal (3.3)
$\mathscr{S}$ $\mathscr{S}$ (1.3)
程序设计语言 programming language (1.3)
编码 encording (3.1,6.1,9.3,10.1)
Cantor Cantor's (习题2.13)

十三画以上

算法 algorithm (6.1,10.1)
多项式时间 polynomial-time (10.1)
指数时间 exponential-time (10.1)
非确定型 nondeterministic (10.1)
随机 randomized (13.1)
概率 probabilistic (13.1)
Las Vegas Las Vegas (13.1.5)
Monte Carlo Monte Carlo (13.1.5)
模拟 simulation (4.2,4.5,5.2,5.3,7.3,7.4,8.5)
概率 probability (13.2)
一个计算的 of a computation (13.2.1)
接受 x 的 of accepting x (13.2)
拒绝 x 的 of rejecting x (13.2)
错误 error (13.2)
错误 error (13.1.5,13.2)
双侧 two-sided (13.1.5,13.2.3)
单侧 one-sided (13.1.5,13.2.3)

其 他

BPP 机 Bounded-error Probabilistic Polynomial-time Turing Machine (13.2.2)
Chomsky 谱系 Chomsky hierarchy (7.1)
Church-Turing 论题 Church-Turing thesis (1.2,5.6)
Cook-Karp 论题 Cook-Karp thesis (1.1)
G 树 G-tree (8.1.2)

Gödel 数　Gödel number　(2.4.2)

Post 字　Post word　(5.2)

Post 对应系统　Post correspondence system　(6.3.2)

PP 机　Probabilistic Polynomial-time Turing machine　(13.2.1)

RP 机　Randomized Polynomial-time Turing machine　(13.2.3)

Thue 过程　Thue processe　(5.1)

　半　semi-　(5.1)

Turing 机　Turing machine　(4.1)

　　四元　quadruple　(4.2.1)

　　五元　quintuple　(4.2.1)

　　单向无穷带　one-way infinite　(4.2.2)

　　多带　multitape　(4.2.3)

　　多维　multidimensional　(4.2.3)

　　基本　basic　(4.1)

　　非确定型　nondeterministic　(4.5)

　　确定型　deterministic　(4.5)

　　在线　on-line　(4.2.4)

　　离线　off-line　(4.2.4)

　　概率　probabilistic　(13.2.1)

　　带输出带的　with output tape　(12.2)

　　k 带　k-tape　(4.2.3)

　　$f(n)$时间界限的　$f(n)$ time-bounded　(9.1)

　　$s(n)$空间界限的　$s(n)$ space-bounded　(9.1)

Tutte 矩阵　Tutte matrix　(13.1.3)

参 考 文 献

[1] Michael Sipser, Introduction to the Theory of Computation, PWS, 1997.
中译本:张立昂,王捍贫,黄雄译.计算理论导引.北京:机械工业出版社,2000.

[2] Harry R. Lewis, Christos H. Papadimitriou, Elements of the Theory of Computation (Second Edition). Prentice-Hall, Inc. 1998.
中译本:张立昂,刘田译.计算理论基础(第2版).北京:清华大学出版社,2000.

[3] Martin D. Davis, Elaine J. Weyuker, Computability, Complexity, and Languages, Fundamentals of Theoretical Computer Science. Academic Press, Inc. 1983.
中译本:张立昂,陈进元,耿素云译.可计算性、复杂性、语言,理论计算机科学基础.北京:清华大学出版社,1989.

[4] John E. Hopcroft, Rajeev Motwani, Jeffrey D. Ullman, Introduction to Automata Theory, Languages, and Computation (Second Edition). Addison-Wesley, 2001.
中译本:刘田,姜晖,王捍贫译.自动机理论、语言和计算导论(第2版).北京:机械工业出版社,2004.

[5] Michael R. Garey. David S. Johnson, Computers and Intractability, A Guide to the Theory of NP-Completeness. W. H. Freeman and Company, 1979.
中译本:张立昂,沈泓,毕源章译,吴允曾校.计算机和难解性,NP完全性理论导引.北京:科学出版社,1987.

[6] Christos H. Papadimitriou, Computational Complexity. Addison-Wesley, 1994.

[7] 耿素云,屈婉玲,王捍贫编著.离散数学教程.北京:北京大学出版社,2002.

[8] Rajeev Motwani, Prabhakar Raghavan, Randomized Algorithms, Cambridge University Press, 1995.

[9] C. H. Papadimitriou, K. Steiglitz, Combinatorial Optimization, Algorithms and Complexity (secend edition). Printice-Hall Inc. 1998.